高等工科院校“十二五”规划教材

机 械 设 计 基 础

主　编　王凤良　周克斌
副主编　周　旭　李明辉　高中亚
参　编　闫　芳　王春华　夏培伟
　　　　姜振华　崔保让
主　审　孟庆东

机 械 工 业 出 版 社

本书主要介绍机械设计中所必需的基础知识、平面机构的组成分析、平面连杆机构、凸轮机构、间歇运动机构、机械的调速与平衡、机构零件设计概述、螺纹联接和螺旋传动、其他形式的联接、带传动和链传动、齿轮传动、蜗杆传动和齿轮系、轴、轴承、其他常见的零部件。

本书可作为高等工科院校机械类以及近机械类专业“机械设计基础”课程教材，也可作为高等职业学校、成人高校有关课程的教材，还可供有关工程技术人员参考。

本书配有电子课件，凡使用本书作为教材的教师可登录机械工业出版社教材服务网 www.cmpedu.com 注册后下载。咨询邮箱：cmpgaozhi@sina.com。咨询电话：010-88379375。

图书在版编目（CIP）数据

机械设计基础/王凤良，周克斌主编．—北京：机械工业出版社，2013.5（2015.7 重印）

高等工科院校“十二五”规划教材

ISBN 978-7-111-42198-6

Ⅰ.①机… Ⅱ.①王…②周… Ⅲ.①机械设计－高等职业教育－教材 Ⅳ.①TH122

中国版本图书馆 CIP 数据核字（2013）第 092353 号

机械工业出版社（北京市百万庄大街 22 号 邮政编码 100037）
策划编辑：薛 礼 责任编辑：薛 礼 刘良超
版式设计：霍永明 责任校对：张 媛
封面设计：赵颖喆 责任印制：乔 宇
北京机工印刷厂印刷（三河市南杨庄国丰装订厂装订）
2015 年 7 月第 1 版第 2 次印刷
184mm×260mm · 16.25 印张 · 396 千字
3 001—5 000 册
标准书号：ISBN 978-7-111-42198-6
定价：35.00 元

凡购本书，如有缺页、倒页、脱页，由本社发行部调换

电话服务
服务咨询热线：010-88379833
读者购书热线：010-88379649

网络服务
机 工 官 网：www.cmpbook.com
机 工 官 博：weibo.com/cmp1952
教育服务网：www.cmpedu.com
金 书 网：www.golden-book.com

前　言

本书定位于对机械类、近机类和非机械类本、专科的相关专业学生讲授“机械设计基础”课程使用的教材。本书编写有以下几方面特点：

1）本书在教学内容的安排和取舍上，遵循“尊重学科，但不恪守学科”的原则，删旧增新，减少理论推导，着重阐明实际应用价值，强调专业技术基础课和专业课之间的联系，注意与专业课的对接，力求做到立足实践与应用，拓宽知识面，使一般能力的培养与职业能力的培养相结合。

2）本书从实用性出发，力求做到既保证基础知识内容，又注重知识的实用性，使教材内容有利于提高学生分析问题和解决问题的能力，教学目的性强。

3）以培养“厚基础、强技能、高素质”型人才为指导思想，着重机械设计的基本知识、基本理论和基本技能，突出应用；针对当前高校学生时期学习内容多、要求高、学时少的状况，充分注意精选编写内容，力图将本书编写成内容简洁、结构紧凑、实用性强、具有一定特色的教学用书。

4）本书中各章节是按55～75学时的要求编写的，因而教学内容取舍上有一定弹性。选用本书作为教材时可根据具体情况对各章节内容做适当调整。

本书总结了多位编者十多年来从事“机械设计基础”课程的教学经验，吸收了许多学校的教学改革成果，是一本具有较大改革力度的机械设计基础教材，突出了高等教育以培养生产、建设、服务、管理第一线的高级技术应用型人才为目标的特点，从培养学生的初步设计与应用能力出发，培养学生的创新意识和实践能力。

为配合本教材的使用，编者还同时制作了电子课件。电子课件不但是对教材内容的高度概括，还是对教材内容的拓展和延伸，汇集了丰富的图、声、视频等内容。电子课件中的动画过程循序渐进，将理论问题形象化，帮助学生加深理解，同时，也给教师教学带来了极大的便利。广大读者可登录机械工业出版社教材服务网 www. cmpedu. com 注册后下载。

本书由王凤良、周克斌担任主编，周旭、李明辉和高中亚任副主编。全书由王凤良统稿。参加编写的还有闫芳、王春华、夏培伟、姜振华和崔保让等。青岛科技大学孟庆东教授精心审阅了本书，并提出了许多宝贵意见。在此表示衷心感谢。

限于作者的水平，书中难免存在疏漏、缺点和不妥之处，敬请广大读者批评指正。

编　者

目　录

绪　论

0.1　机构、机器与机械的概念

人类通过长期的生产实践活动，创造了各种劳动工具和机械，增强了同大自然斗争的本领，发展了生产力，推进了社会进步。迄今为止，各行各业都离不开机械设备。用机械设备进行生产是现代化生产的主要方式，可靠的、高效能的机械设备是保证生产实施和确保产品质量的必要条件。

任何机器都是为实现某种功能而设计制作的。图 0-1 所示为人们熟悉的自行车简图，当人蹬脚踏板时，链轮 1 逆时针转动，同时带动链条 2 传动，飞轮 3 内的棘轮棘爪驱动后轮 4 转动，使自行车向前运动。

图 0-2 所示为汽车单缸四冲程内燃机，它由气缸体（机架）、活塞、进气阀、排气阀、连杆、曲轴、凸轮、气阀推杆、齿轮和螺旋弹簧等零件组成。其工作原理是：气缸体内气体燃烧膨胀，推动活塞运动，由连杆将动力传递到曲轴，从而带动曲轴转动；曲轴运转时，带动与之相连的输出齿轮、配气链轮对和磁电机；输出齿轮通过离合器将动力传输到变速机构实现换挡变速；配气链轮对带动配气凸轮轴运转实现进排气；磁电机发电给整车供电。上述各部分必须协调工作，才能保证汽车正常行驶。

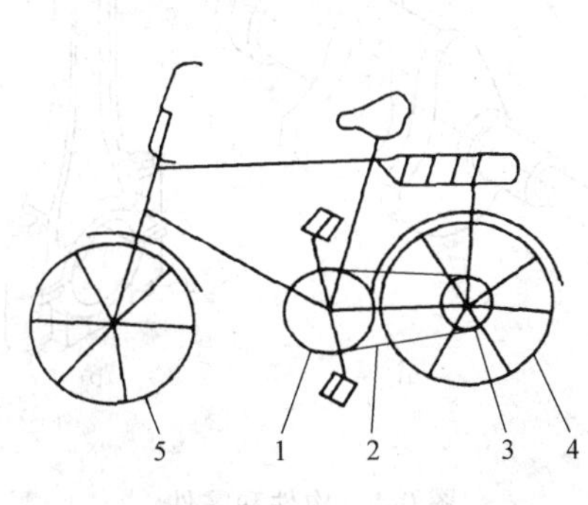

图 0-1　自行车简图

1—链轮　2—链条　3—飞轮

4—后轮　5—前轮

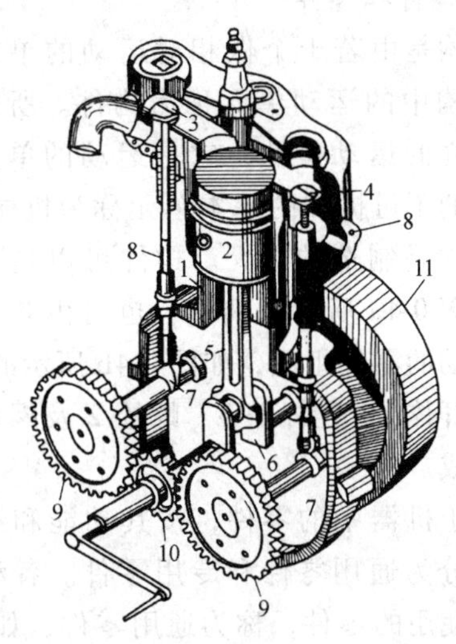

图 0-2　汽车单缸四冲程内燃机

1—气缸体　2—活塞　3—进气阀　4—排气阀

5—连杆　6—曲轴　7—凸轮　8—气阀推杆

9—大齿轮　10—小齿轮　11—螺旋弹簧

图 0-3 所示为一工业机器人，它由铰接臂机械手 1、计算机控制器 2、液压装置 3 和电力装置 4 组成。当机械手的大臂、小臂和手按指令有规律地运动时，手端夹持器（图中未示出）便将物料搬运到预定的位置。在这部机器中，机械手是传递运动和执行任务的装置，是机器的主体部分，电力装置和液压装置提供动力，计算机实施控制。

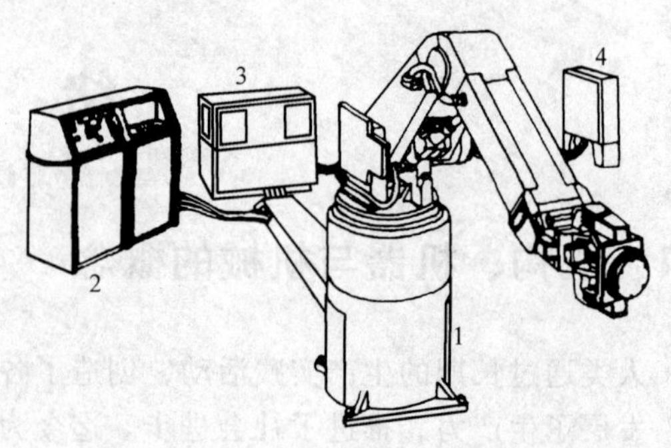

图 0-3　工业机器人

1—铰接臂机械手　2—计算机控制器　3—液压装置　4—电力装置

1. 机器与机构的特征

机器的种类繁多，其结构、性能和用途也各不相同，但从组成、运动和功能关系上分析，机器均具有三个共同的特征：

1）都是一种人为制作的实物组合。

2）各部分形成运动单元，各单元之间具有确定的相对运动。

3）在工作时能进行能量的转换（如内燃机、发电机等）或做有效的机械功（如起重机、金属切削机床等）。

只具备前两个特征的装置称为机构。但是，在研究构件的运动和受力情况时，机器与机构之间并无区别。因此，习惯上用“机械”一词作为机器和机构的总称。机器中最常用的机构有连杆机构、凸轮机构、间歇运动机构、齿轮机构和轮系等。

2. 构件和零件

机构是由若干个做相对运动的单元组成的。机构中的运动单元称为构件。所以，构件有独立的运动特性，它是运动的单元。组成机器的不可拆卸的基本单元称为机械零件，可见零件是制造的单元。构件可以是一个零件，如图 0-4a 所示的曲轴；也可由若干个无相对运动的零件组成，如图 0-4b 所示的连杆，它由连杆体 1、连杆盖 3、螺栓 2 及螺母 4 等零件组成。

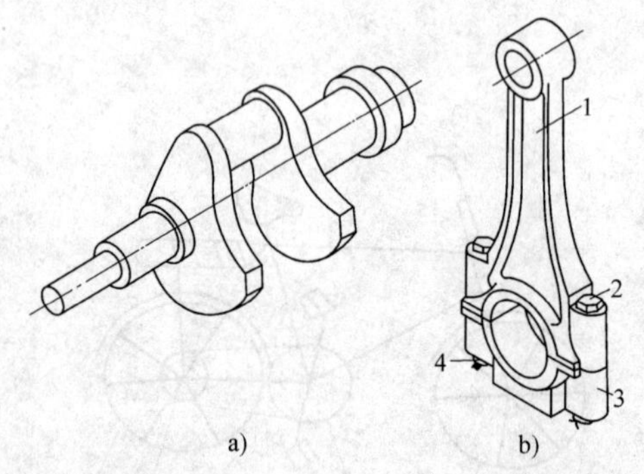

图 0-4　构件和零件

a）曲轴　b）连杆

1—连杆体　2—螺栓　3—连杆盖　4—螺母

对于机器中的零件，按其功能和结构特点又可分为通用零件和专用零件。各种机械中普遍使用的零件，称为通用零件，如螺栓、螺母、齿轮、销、键、弹簧等；仅在某些专门行业中才用到的零件称为专用零件，如内燃机的活塞与曲轴、汽轮机的叶片、机床的床身等。机构中相对固定不动的构件称为机架，驱动力直接作用的构件称为原动件，其他的构件称为从动件。对于一套协同工作且完成共同任务的零件组合，通称为部件。部件亦可分为通用部件与专用部件，如减速器、滚动轴承和联轴器等属于通用部件，而汽车转向器等则属于专用部件。

0.2　机械设计基础课程的内容、性质和任务

0.2.1　课程的内容

机械设计基础课程主要讲述机械中的常用机构和通用零部件的工作原理、运动特点、结构特点，基本设计理论与计算方法，以及机器动力学中的一些问题。同时扼要地介绍国家标准和规范、某些标准零部件的选用原则和方法，以及通用零部件的一般使用及维护知识。总之，本课程主要是讲述与常用机构和通用零部件设计有关的内容。

0.2.2　课程的性质

本课程是一门技术基础课。它综合运用高等数学、工程力学、机械制图、金属材料及热处理、互换性与技术测量、计算机程序设计等课程的基础知识，去解决常用机构、通用零部件设计等的问题。本课程是一门综合性、实用性很强、培养工程类专业学生设计能力的专业技术基础课，在相应各专业的教学计划中占有重要的地位。

0.2.3　课程的主要任务

1）使学生掌握机构的结构、运动特性，初步具有分析和设计常用机构的能力，对机械动力学的某些基础知识有所了解。

2）使学生掌握通用机械零件的工作原理、结构特点、设计计算和维护等基本知识，并初步具有设计机械传动装置的能力。

3）使学生具有运用标准、规范、手册和图册等有关技术资料的能力。

4）使学生获得本学科实验技能的初步训练。

0.3　机械设计的基本要求及一般程序

0.3.1　机械设计的基本要求

机械的类型繁多，但其设计的基本要求大致相同，主要有以下几方面。

（1）预定功能要求　一般机器的预定功能要求包括：运动性能、动力性能、基本技术指标及外形结构等方面。预定功能要求是对机械产品的首要要求，它是设计最基本的出发点，是指实现预定的功能，满足运动和动力性能的功能性要求。

（2）安全可靠性要求　安全可靠性要求是指机械产品在规定的使用条件下和规定的时间内，应具有完成规定功能的能力，它是机械产品的必备条件。

安全可靠性要求有三个含义：设备本身不因过载、失效以及其他偶然因素而损坏，切实保障操作者的人身安全（劳动保护性），不会对环境造成破坏。

（3）经济性要求　这是一个综合性指标，表现在设计制造和使用两个方面。提高设计制造经济性的途径有三条：使产品系列化、标准化、通用化，运用现代化设计制造方法，科学管理。提高使用经济性的途径有四个方面：提高机械化、自动化水平，提高机械效率，延

长使用寿命，防止无意义的损耗。

(4) 工艺性要求　工艺性要求包含两个方面：装配工艺性和零件加工工艺性。在不影响工作性能的前提下，应使机构尽可能简化，力求用简单的机构装置取代复杂的装置去实现同样的功能，为便于拆装，应尽量使用标准件。为使零件的结构合理，就要很好地处理设计与制造的矛盾，满足加工制造的需要。

(5) 其他特殊性要求　具体的机器一般有一些特殊的要求。例如，飞机结构重量要轻，起重机、钻探机等流动使用机械要便于装拆和运输，食品、印刷等机械不得对产品造成污染等。

0.3.2　机械设计的一般程序

机械设计是一项复杂、细致和科学的工作，设计方法也在不断地深入和发展，近年来发展的优化设计、可靠性设计、有限元设计、模块设计、计算机辅助设计等现代设计方法，已在机械设计中推广应用，标志着机械设计正在向综合化、科学化方向发展。但是，归根结底，行之有效的设计方法应是将试验、研究、设计、制造、安装、使用、维修综合在一起，而以设计为主进行综合权衡，也就是将设计、制造及使用综合考虑。机械设计过程视具体情况而定，没有一个通用的固定模式。机械设计的一般程序可分为设计计划、方案设计、技术设计、施工设计和改进设计五个阶段。

(1) 设计计划阶段　这一阶段的主要任务是市场调查和预测，进行需求分析、可行性分析，合理确定设计参数及制约条件，最后给出明确而详尽的设计任务书。

(2) 方案设计阶段　方案设计是最关键的设计阶段。这一阶段应进行产品功能分析、功能原理求解和评价，以决策选定最佳功能原理方案，并由此最后完成机械运动方案的设计。

(3) 技术设计阶段　这一阶段是将原理性设计方案简图具体化，完成产品总体设计、部件和零件的设计；进行技术经济评价；绘制机器总体结构图，即总装配图；必要时还应绘出电气、润滑系统图等；编制设计计算说明书等。

(4) 施工设计阶段　在施工设计阶段，应完成零件施工图的设计和编制各类技术文件。

(5) 改进设计阶段　这一阶段的主要任务是根据产品样机在试验、使用、鉴定中所暴露的问题，进一步做相应的技术完善工作，使产品达到设计任务书所规定的全部要求。

0.4　机械零件设计的标准化、系列化及通用化

标准化、系列化和通用化简称为机械产品的“三化”。“三化”是我国现行的一项很重要的技术政策，是缩短产品设计周期、提高产品质量和生产效率、降低生产成本的重要途径。

机械设计中的标准化是指对零件的特征参数、结构尺寸、检验方法和制图的规范化要求。机械零件设计的标准分为国家标准（GB）、部颁标准（如 JB、HB 等）和企业标准三级，这些标准（特别是国家和有关部颁标准）是在机械设计中必须严格遵守的。此外，进出口产品一般还应符合国际标准化组织制定的国际标准（ISO）。

有不少通用零件，如螺纹联接件、滚动轴承等，由于应用范围广、用量大，已经高度标

准化成为标准件。设计时只需根据设计手册或产品目录选定型号和尺寸，向专业商店或工厂订购。此外，有很多零件使用范围虽极为广泛，但在具体设计时随着工作条件的不同，在材料、尺寸、结构等方面选择也各不相同，这种情况则可对其基本参数规定标准的系列化数列，如齿轮的模数等。

通用化是指在不同规格的同类产品或不同类产品中采用同一结构和尺寸的零件部分，以减少零部件的种类，简化生产管理过程，降低成本和缩短生产周期。

0.5　常用的现代化机械设计方法简介

机械设计的历史可以追溯到人类开始制造和使用工具的初期。在经历了直觉设计、经验设计及半经验半理论设计的漫长演变历程后，20 世纪 70 年代，随着计算机科学与技术的迅猛发展，利用计算机来完成技术设计的有关分析、计算和绘图作业的计算机辅助设计逐渐得到开发应用。

计算机辅助设计与计算机辅助制造（CAD/CAM）是利用计算机系统对产品进行描述，并在计算机内建立模型的工作过程。该技术是近来飞速发展起来的一种综合性高新技术，是最富发展潜力的新兴生产力，其应用对传统的设计方法和组织生产模式都是一场深刻的变革。本课程的内容正是开发和应用计算机 CAD 软件所必需的重要知识之一。此外，有限元分析和机械优化设计则是机械 CAD 的两大支撑技术。

在机械 CAD 发展的同时，人们不满足于仅仅利用计算机来代替人工分析、计算和绘图，而试图在机械设计的全过程中发挥计算机的效能，于是出现了协助技术人员进行工艺设计的 CAPP 和将人工智能应用于方案设计、技术设计及工艺设计的专家系统，以实现自动化、智能化；进而又提出了将设计、制造及生产管理等运用计算机加以集成化的计算机制造系统（CIMS），CIMS 现已获得初步成效。另一方面，工程设计方法学的研究也得到重视和长足发展，如系统化设计、优化设计、人机工程以及可靠性设计等。近年来，随着对知识经济的认识和对创造性的高度重视，机械创新设计已经成为一个重要的研究方向。

所以，在学习本课程的同时，密切关注有关领域的发展动向和最新成果，才可能适应科学技术的飞速发展和国际市场的激烈竞争。

思考与练习

0.1　什么是机械、机器、机构、构件及零件？

0.2　下列实物中哪些是机器？哪些是机构？

A. 车床　B. 内燃机车　C. 机械式钟表　D. 机用虎钳　E. 客车车辆　F. 游标卡尺

0.3　下列实物中哪些是构件？哪些是零件？

A. 螺钉　B. 键　C. 火车轮　D. 自行车轮　E. 齿轮　F. 内燃机的连杆

0.4　下列实物中哪些是通用零件？哪些是专用零件？

A. 电风扇的叶片　B. 螺母　C. 内燃机的曲轴　D. 起重吊钩　E. 齿轮

第1章　平面机构的组成分析

1.1　概述

在设计平面机构时，首先应该确定选择什么类型的机构，由多少个构件、多少个运动副组成，然后才能进行机构的尺寸设计。因此，通过机构的运动简图表达机构，借助于一定的规则判断平面机构的可动性是平面机构组成原理研究的内容。

1.1.1　构件的自由度

图 1-1 所示的构件 S 在 Oxy 坐标系中可随其上任一点 A 沿 x、y 轴方向移动和绕该点（即绕垂直于 Oxy 平面的 z 轴）转动。构件这种可能出现的独立运动称为构件的自由度。所以，一个作平面运动的自由构件有三个自由度。同理，一个作空间运动的自由构件有六个自由度。

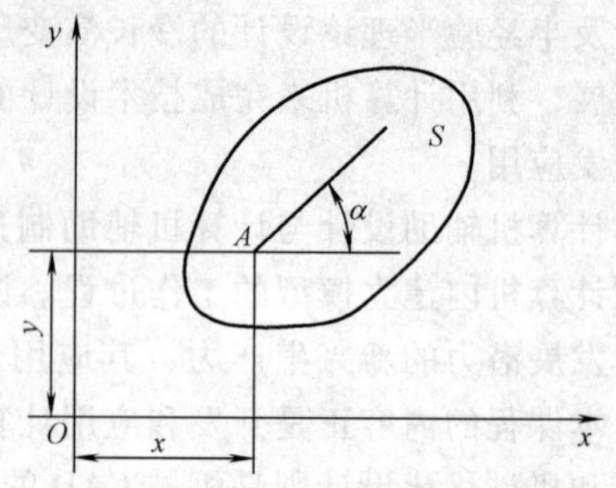

图 1-1　平面运动构件的自由度

1.1.2　运动副及其分类

1. 运动副

由构件组成机构时，总是需要用一定的方式把各个构件彼此连接起来，而且每个构件至少与一个其他构件相连接。不过这种连接必须保证彼此连接的两构件之间仍能产生某些相对运动，所以一般都不应该是刚性连接，而是可动的连接。这种由两个构件组成的可动的连接称为运动副，如图 0-2 中的活塞与连杆、活塞与气缸体、凸轮和气阀推杆之间的连接都是运动副。构件组成运动副后，它们的独立运动受到约束，但都保留一定的自由度。

2. 运动副的分类

构件间的接触方式不外乎点、线、面三种。根据接触形式的不同，运动副可分为低副和高副两种。

（1）低副　当两个构件以面接触且仍具有一定形式的相对运动的连接称为低副，低副又分转动副和移动副。

若组成运动副的两个构件只能作相对转动，这种运动副称为转动副，如图 1-2a 所示。

若组成运动副的两个构件只能作相对移动，这种运动副称为移动副，如图 1-2b 所示。

（2）高副　当两个构件以点或线接触且仍具有一定形式的相对运动的连接称为高副，如图 1-2c、d 所示。图 1-2c 中的两个构件（齿轮）作共轭相对运动，图 1-2d 中的两个构件作非共轭相对运动。

此外，常用的运动副还有图 1-3a 所示的球面副，构件 1 可相对于构件 2 绕空间坐标系的 xyz 轴独立转动；如图 1-3b 所示的螺旋副，其两个构件之间所作的相对运动是螺旋运动。这两种运动副均属空间运动副。

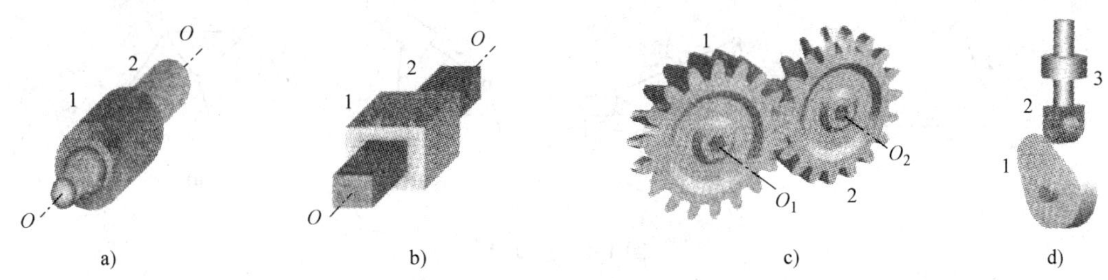

图 1-2　平面运动副的三维图

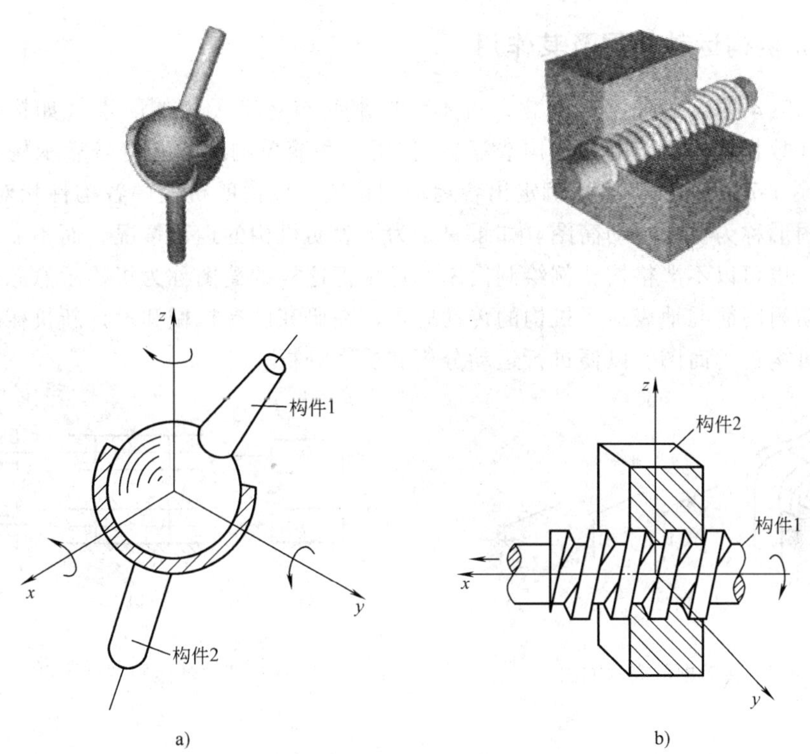

图 1-3　空间运动副

a）球面副　b）螺旋副

1.1.3　运动链

如上所述，组成机构的各构件是通过运动副而彼此相连的。我们把构件通过运动副连接而构成的相对可动的构件系统称为运动链。又如运动链的构件形成了首末封闭的环链（见图 1-4a、b），则称其为闭式运动链，或简称闭链；而其构件未构成首末封闭环链的（见图 1-4c、d），则称其为开式运动链，或简称开链。在各种机械中一般都采用闭链。

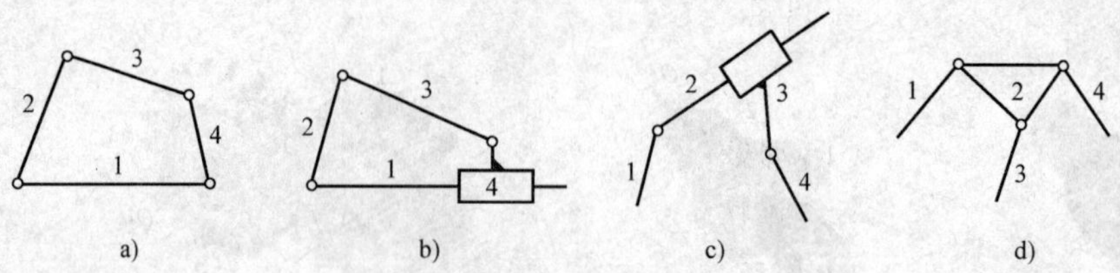

图 1-4 运动链

1.2 平面机构运动简图及其绘制

1.2.1 平面机构运动简图及其作用

研究机构运动时，为使问题简化，可不考虑那些与运动无关的因素（如构件形状、组成构件的零件数目、运动副的具体构造等），仅用一些简单的线条和符号表示构件和运动副（见图 1-5 ~ 图 1-7），并按一定比例定出各运动副位置，以说明机构中各构件相对运动关系。这样绘制的图形称为机构运动简图。如果只是为了表明机构的运动情况，而不需求出其运动参数的数值，也可以不严格按比例绘制简图，通常把这样的简图称为机构示意图。

机构运动简图简明地表达了机构的传动原理。在研究已有机械和设计新机械时，都需要画出相应的机构运动简图，以便进行运动分析和受力分析。

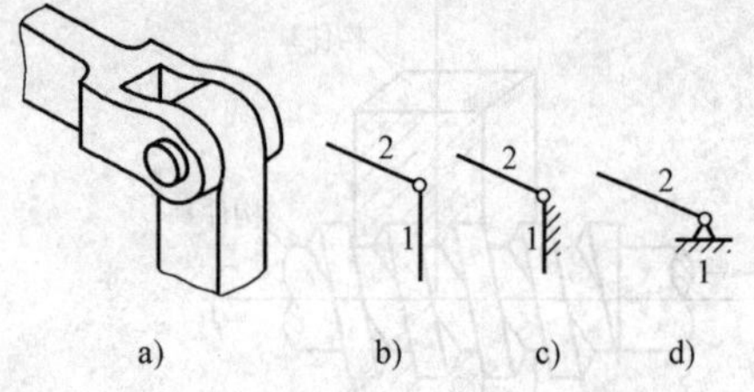

图 1-5 转动副的表示方法

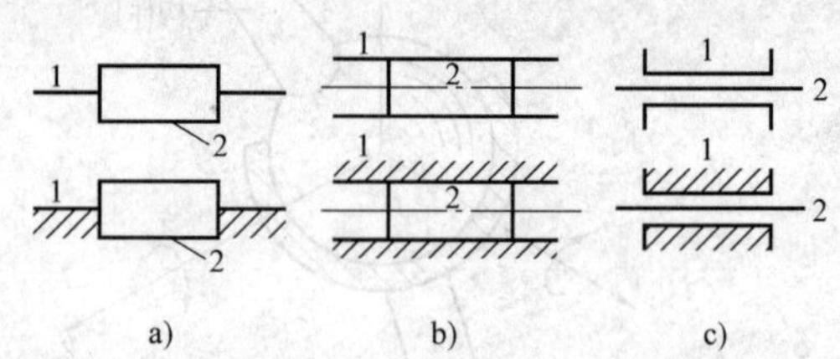

图 1-6 移动副的表示方法

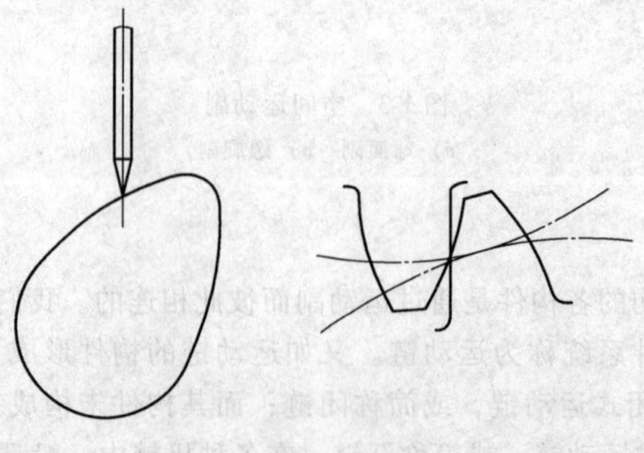

图 1-7 高副的表示方法

1.2.2　运动副的表示方法和常见构件的规定画法

1. 平面运动副的表示方法

两个构件组成转动副时，转动副的结构及简化画法如图 1-5 所示：图 1-5a 为其结构，图 1-5b 表示两构件均为活动构件，若两构件之一为机架，则应把代表机架的构件（图中的构件 1）画上斜线，如图 1-5c、d 所示。

两构件组成移动副时，其表示方法如图 1-6 所示，画有斜线的构件代表机架。

两构件组成平面高副时，其表示方法如图 1-7 所示，在简图中应画出两构件接触处的曲线轮廓。

2. 常见构件的规定画法

表达机构运动简图中的构件时，只需将构件上的所有运动副按照它们在构件上的位置用符号表示出来，再用简单的线条把它们连成一体。

参与组成两个运动副的构件的表示方法如图 1-8 所示。当按一定比例绘制机构运动简图时，表示转动副的小圆的圆心必须与相对回转轴线重合；表示移动副的滑块、导杆或导轨，其导路必须与相对移动方向一致；表示平面高副的曲线，其曲率中心的位置必须与构件的实际轮廓相符。

参与组成三个转动副的构件的表示方法如图 1-9 所示。若三个转动副的中心处于一条直线上，可用图 1-9a 表示；当三个转动副中心不在一条直线上时，可用三条直线连接三个转动副中心组成的三角形表示（见图 1-9b、c）。为了说明是同一构件参与组成三个转动副，在每两条直线相交的部位涂以焊缝记号或在三角形中间画上剖面线。以此类推，参与组成 n 个运动副的构件可以用多边形表示，如图 1-9d 所示。

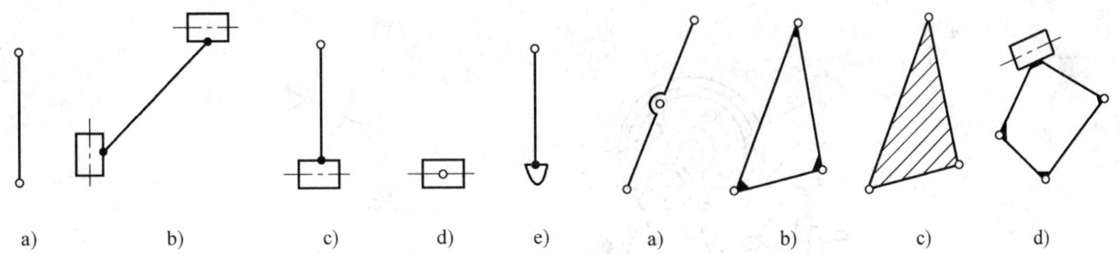

图 1-8　两个运动副的构件的表示方法　　图 1-9　三个及四个运动副的构件的表示方法

在机构运动简图中，某些特殊零件有其习惯表示方法。例如凸轮和滚子，通常画出它们的全部轮廓（见图 1-10）。圆柱齿轮副的画法则如图 1-11 所示。图 1-11a 是用齿轮的一对节圆来表示；也可在节圆上画一对互相啮合的齿廓来表示（见图 1-11b）。其他特殊零件的表示方法可参看 GB 4460—1984《机械制图　机构运动简图符号》中的规定画法。

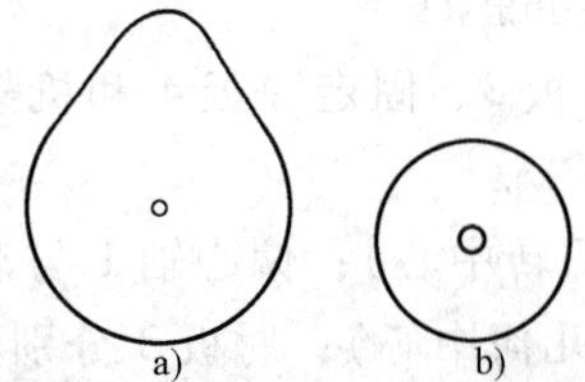

图 1-10　凸轮和滚子的表示方法

a）凸轮　b）滚子

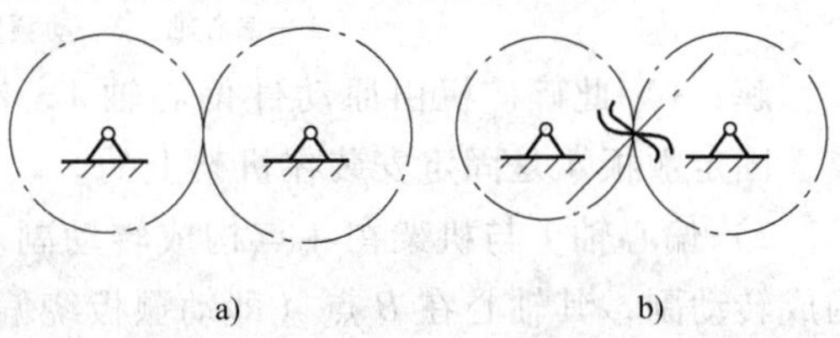

图 1-11　圆柱齿轮副的表示方法

1.2.3 绘制机构运动简图的要求

掌握了构件和运动副的简化画法后，即可绘制平面机构运动简图，其要求如下：

1）简图上应按规定符号画出全部构件，并标明主动件。必要时将各构件编号并注出。

2）简图上应按规定符号画出全部运动副。

3）简图上应按比例表示出机构的各运动尺寸，如转动副间的中心距、移动副轴线（即导路）的方向和位置、转动副到导路的距离等。必要时应注出尺寸。

1.2.4 绘制机构运动简图的步骤

通常，绘制平面机构运动简图的步骤如下：

1）仔细分析机构的运动情况，认清固定构件、原动件和从动件，从而判定该机构含有多少个活动构件。如果包含多个机构，则应按顺序、分别对每个机构仔细进行分析，并应注意各个机构间的运动传递情况。

2）仔细观察各构件间的相对运动关系，从而判定机构中包含的运动副数目与类型。

3）合理选择投影面。

4）选择适当的比例尺，测定各运动副间的相对位置和尺寸。

5）从原动件开始，按照活动构件运动传递的顺序，用选定的比例尺和规定的构件与运动副的表示符号，绘制出平面机构运动简图。

下面举例说明机构运动简图的绘制方法。

例 1.1 图 1-12a 所示为一颚式碎矿机。当偏心轴 1 绕其轴心连续转动时，动颚板 2 作往复摆动，从而将处于动颚板 2 和固定颚板 4 之间的矿石轧碎。试绘制此碎矿机的机构运动简图。

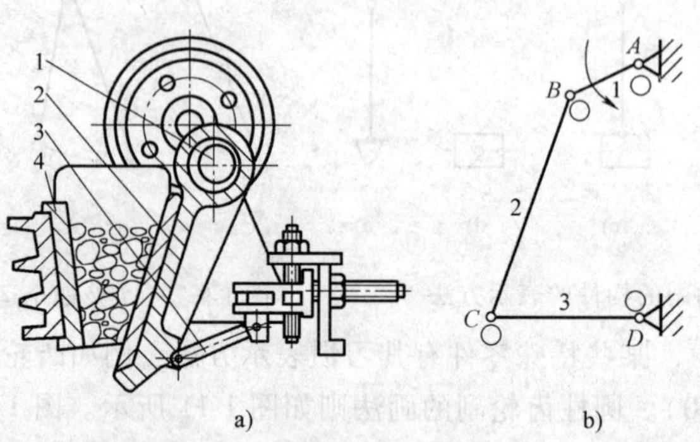

图 1-12 颚式碎矿机及运动简图

1—偏心轴 2—动颚板 3—肘板 4—固定颚板

解：1）此碎矿机由原动件偏心轴 1、动颚板 2、肘板 3、固定颚板 4 和机架等构件组成，固定颚板 4 是固定安装在机架上的。

2）偏心轴 1 与机架在 A 点构成转动副（即飞轮的回转中心）；偏心轴 1 与动颚板 2 也构成转动副，其轴心在 B 点（即动颚板绕偏心轴的回转几何中心）；肘板 3 分别与动颚板 2 和机架在 C、D 两点构成转动副。其运动传递路径为

电动机→带→偏心轮→动颚板→肘板

所以，其机构原动件为偏心轴，从动件为动颚板 2、肘板 3，它们与机架共同构成曲柄摇杆机构（曲柄摇杆机构将在第 2 章中介绍）。

3）图 1-12 已能清楚表达各构件之间的运动关系，故选此平面为简图的投影面。

4）选取合适的比例尺，确定 A、B、C、D 四个转动副的位置，即可绘制出机构运动简图，如图 1-12b 所示，最后标出原动件的转动方向（图中“○”表示转动副）。

在机构运动简图绘制完成后，还应注意对较复杂的机构需要校核其机构的自由度，以判定它是否具有确定的相对运动和所绘制的简图是否正确。

1.3 平面机构自由度的计算

1.3.1 平面机构自由度

平面机构自由度即机构相对于机架能够产生独立运动的数目，它与组成机构活动构件的数目、运动副的类型及数目有关。

任何一个作平面运动的自由构件都具有 3 个自由度。当两个构件组成运动副之后，它们之间的相对运动便受到约束，相应的自由度数目随之减少。例如，组成的运动副为高副时，构件受到一个约束，失去一个自由度，剩下两个自由度。

如果一个平面机构中包含有 n 个活动构件（机架除外），包含有 P_L 个低副和 P_H 个高副，则这 n 个活动构件在未用运动副连接前共有 $3n$ 个自由度，能产生 $3n$ 个独立的运动。当用 P_L 个低副和 P_H 个高副连接成机构后，受到 $2P_L+P_H$ 个约束，整个机构相对于机架独立运动的自由度 F 等于活动构件自由度的总数减去运动副引入约束的总数，即

$$F=3n-2P_L-P_H \tag{1-1}$$

由式（1-1）可知，要使机构能够运动，其机构自由度 F 必须大于零。

注意：此处所说的自由度是“机构”的自由度 F，而前面所说的自由度是“构件”的自由度，不要混淆。

1.3.2 平面机构具有确定运动的条件

运动机构是由构件和运动副组成的系统。机构要实现预期的运动传递和变换，必须使其运动具有可能性和确定性。如图 1-13a 所示的五杆系统，若取构件 1 作为主动件，当给定 φ_1 时，构件 2、3、4 既可以处在实线位置，也可以处在虚线或其他位置，因此其从动件的运动是不确定的。但如果给定构件 1、4 的位置参数 φ_1 和 φ_2，则其余构件的位置就都被确定下来。如图 1-13b 所示的四杆机构，当给定构件 1 的位置时，其他构件的位置也被相应确定。如图 1-13c 所示三杆系统，机构的自由度等于 0，因此该构件系统就没有运动的可能性。

由此可见，无相对运动的构件组合或无规则乱动的运动构件，都不能实现预期的运动变换。将运动链的一个构件固定为机架，当运动链中一个或几个主动件位置确定时，其余从动件的位置也随之确定，则称机构具有确定的相对运动。那么究竟取一个还是几个构件作主动件，这取决于机构的自由度。

机构自由度是机构所具有的独立运动的数目。因此当机构中的主动件数等于机构自由度数时，机构具有确定的相对运动，它是机构具有确定运动的条件。

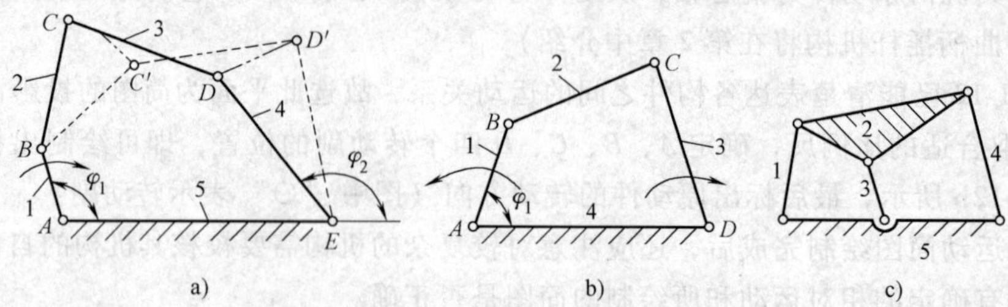

图 1-13　不同自由度机构的运动
a）两个自由度　b）1 个自由度　c）0 个自由度

1.3.3　几种特殊情况的处理

机构中有几种特殊情况，须经处理后才能用式（1-1）计算机构自由度。

1. 复合铰链

两个以上的构件共用同一转动轴线所构成的转动副称为复合铰链。图 1-14a 所示为三个构件一起构成的复合铰链，由其俯视图可知这三个构件共组成两个转动副。同理，由 m 个构件（包括固定构件）组成的复合铰链应包含（$m-1$）个转动副。图 1-14b 所示为钢板剪切机的机构运动简图，B 处即是由三个构件组成的复合铰链，故转动副应为 2 而不是 1。计算该机构自由度时，活动构件数 $n=5$，低副数 $P_L=7$，高副数 $P_H=0$，计算机构自由度

$$F=3n-2P_L-P_H=3\times5-2\times7-0=1$$

此机构需要一个原动件，机构运动即可确定。

2. 局部自由度

机构中不影响机构输入和输出运动关系的个别构件的独立运动自由度称为局部自由度。如图 1-15a 所示的凸轮机构中，辊子 3 绕自身轴线的转动不影响其他构件的运动，该转动的自由度即为局部自由度。计算时应先把辊子与从动件连成一体，消除局部自由度（见图 1-15b），再计算该机构的自由度。

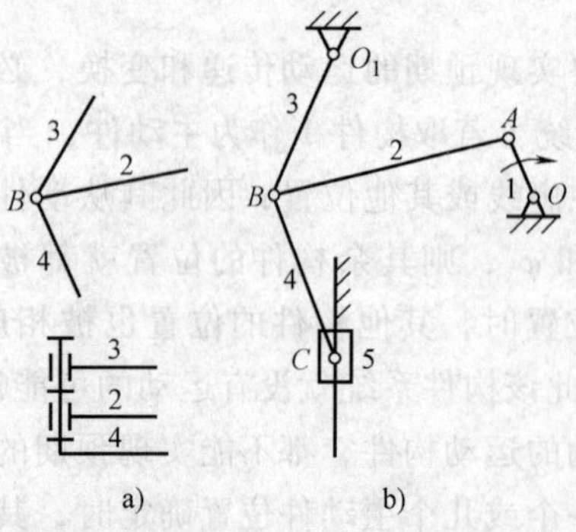

图 1-14　复合铰链

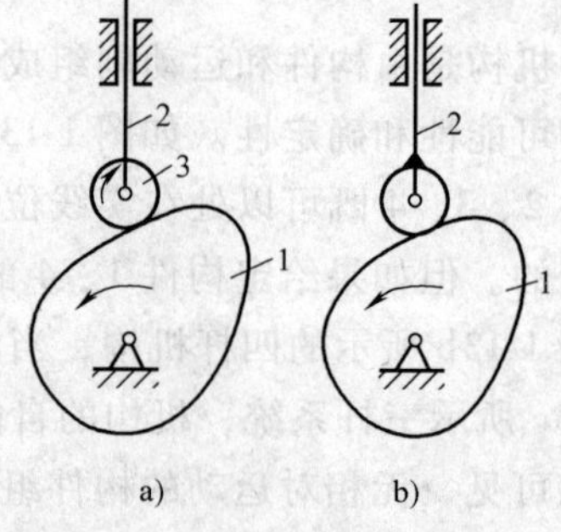

图 1-15　局部自由度
1—凸轮　2—推杆　3—辊子

3. 虚约束

对机构的运动实际不起作用的约束称为虚约束。首先分析一个例题。

例 1.2　计算图 1-16a 中平行四边形机构的自由度。

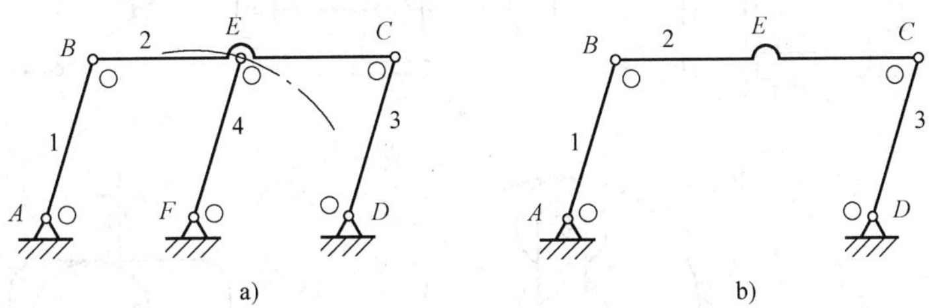

图 1-16　平行四边形机构

解　已知：AB、CD、EF 互相平行；$n=4$，$P_L=6$，$P_H=0$

$$
\begin{aligned}
F &= 3n-2P_L-P_H \\
&= 3\times4-2\times6-0=0 \text{（不动）}
\end{aligned}
$$

该机构实际上是可动的，计算结果肯定不正确。因为 $FE=AB=CD$，故增加构件 4 前后 E 点的轨迹仍是圆弧。增加的约束不起作用，应去掉构件 4，如图 1-16b 所示。

重新计算：$n=3$，$P_L=4$，$P_H=0$

$$
\begin{aligned}
F &= 3n-2P_L-P_H \\
&= 3\times3-2\times4-0=1 \text{（运动确定）}
\end{aligned}
$$

出现虚约束的场合有以下几种：

1）两构件连接前后，连接点的轨迹重合，如图 1-16 所示平行四边形机构（此例存在虚约束的几何条件是：AB、CD、EF 平行且相等），椭圆仪，蒸汽机火车机车轮连动机构等。

2）两构件构成多个移动副，且导路平行，如图 1-17a 所示。

3）两构件构成多个转动副，且同轴，如图 1-17b 所示。

4）运动时，两构件上的两点距离始终不变，如图 1-17c、d 所示。

5）对运动不起作用的对称部分，如图 1-17e 所示的多个行星轮。

6）两构件构成高副，两处接触，且法线重合，如图 1-17f 所示的等宽凸轮。

注意：法线不重合时，虚约束变成实际约束，如图 1-18 所示。

机构中虚约束是实际存在的，计算中所谓“除去不计”是从运动观点分析做的假想处理，并非实际拆除。各种出现虚约束的场合都必须满足一定的几何条件。虚约束的作用如下：

1）改善构件的受力情况，如多个行星轮。

2）增加机构的刚度，如轴与轴承、机床导轨。

3）使机构运动顺利，避免运动不确定，如车轮。

例 1.3　图 1-19a 所示为滚子从动件凸轮机构，试计算该机构的自由度。

解：原动件为凸轮 1，当它以一定的运动规律绕轴 A 转动时，通过滚子 3 使从动件 2 沿机架 4 按一定运动规律作往复直线移动。机构中有 3 个活动构件，即 $n=3$；2 个回转副，一个移动副，$P_L=3$；一个高副，$P_H=1$。按式（1-1）得机构的自由度为

$$F=3n-2P_L-P_H=3\times3-2\times3-1=2$$

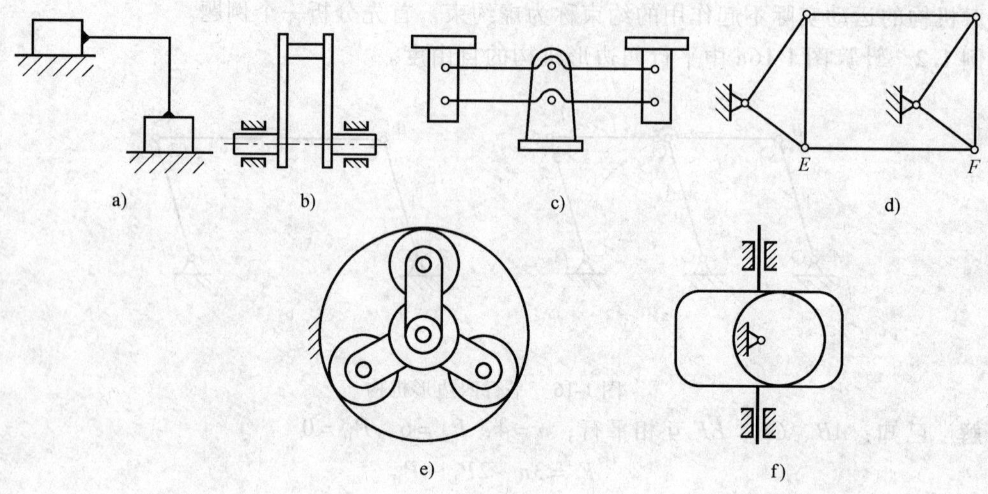

图 1-17　虚约束

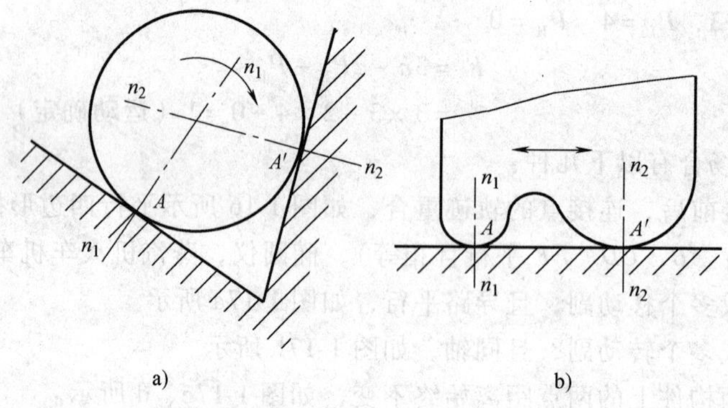

图 1-18　高副约束

此机构有两个自由度，而原动件只有一个凸轮。根据上述原则从动件 2 不能保证具有确定的运动，然而实际上这个机构的运动是确定的。进一步分析可以发现，其中一个自由度是滚子 3 绕其轴线 C 的自由转动，而滚子转动与否不影响从动件的运动规律，与整个机构运动无关，为局部自由度。在计算机构的自由度时应除去不计。如图 1-19b 所示，将滚子 3 与从动件 2 固连在一起作为一个构件来考虑，按 $n=2$、$P_L=2$、$P_H=1$ 计算，由式（1-1）得

$$F=3n-2P_L-P_H=3\times2-2\times2-1=1$$

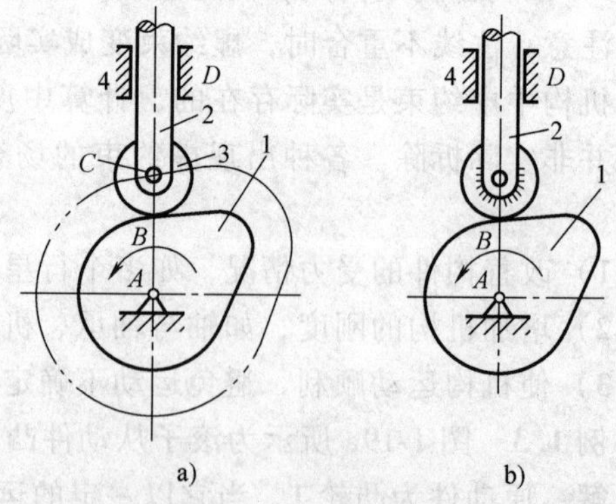

图 1-19　滚子从动件凸轮机构

1—凸轮　2—从动件

3—滚子　4—机架

即此凸轮只有一个自由度，这是符合实际情况的。

例 1.4　图 1-20 所示为一平面机构的运动简图，试计算该机构的自由度。

解： 机构中有 7 个活动构件，即 $n=7$；B、C、D 和 E 处都是由 3 个构件组成的复合铰链，各有 2 个回转副，所以共有 10 个回转副，$P_L=10$；没有高副，$P_H=0$。由式（1-1）得

$$F=3n-2P_L-P_H$$
$$=3\times7-2\times10=1$$

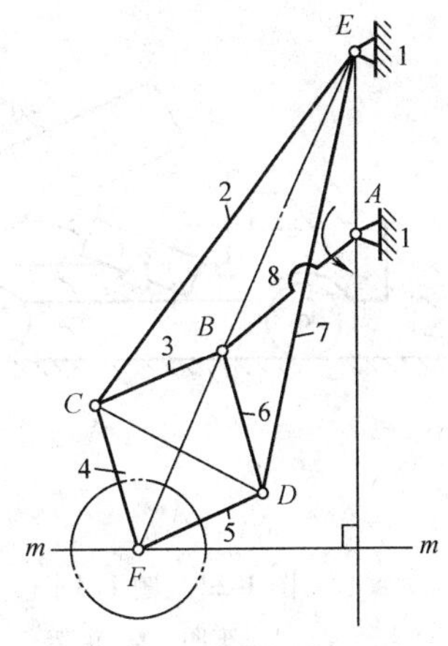

图 1-20　例 1.4 图

例 1.5　计算图 1-21a 所示大筛机构的自由度。

解： 机构中的滚子有一个局部自由度，顶杆与机架在 E 和 E' 处组成两个导路平行的移动副，其中之一为虚约束，C 处是复合铰链。现将滚子与顶杆焊成一体，去掉移动副 E'，并在 C 处注明转动副数，如图 1-21b 所示。

由图 1-21b 得，$n=7$，$P_L=9$（7 个转动副和 2 个移动副），$P_H=1$，故由式（1-1）得

$$F=3n-2P_L-P_H$$
$$=3\times7-2\times9-1=2$$

此机构的自由度等于 2，有两个原动件。

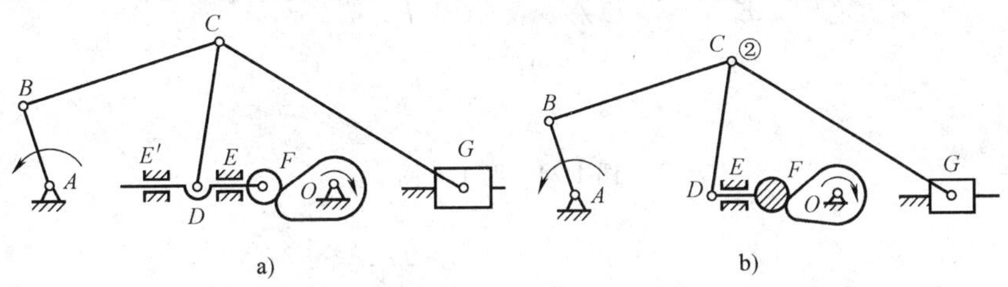

图 1-21　例 1.5 图

思考与练习

1.1　机构具有确定运动的条件是什么？

1.2　在计算机构的自由度时，要注意哪些事项？

1.3　机构运动简图有什么作用？如何绘制机构运动简图？

1.4　图 1-22 所示为卡车自动翻转卸料机构，当液压缸 3 中的压力油推动活塞杆 4，车厢 1 便绕回转副中心 B 倾斜，当达到一定角度时，物料就自动卸下。画出该机构的运动简图。

1.5　画出图 1-23 所示压力机偏心轮滑块机构的运动简图。

1.6　试计算图 1-24 所示各机构的自由度。

1.7　计算图 1-25 所示各机构的自由度，并说明欲使其有确定运动，需要有几个主动件。

1.8　图 1-26 所示机构在组成上是否合理？如不合理，请针对错误提出修改方案。

图 1-22　题 1.4 图

1—车厢　2—机架

3—液压缸　4—活塞杆

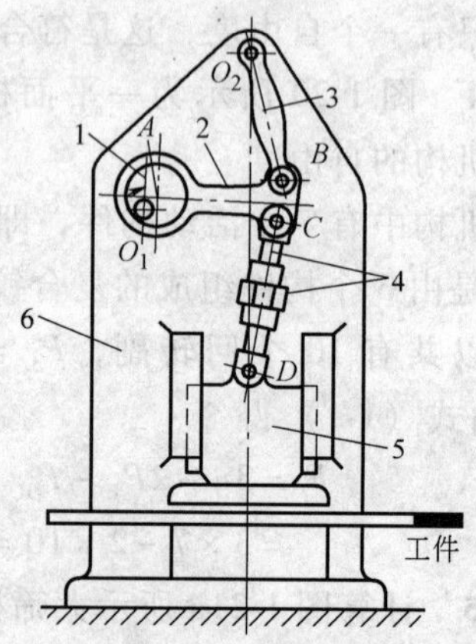

图 1-23　题 1.5 图

1—偏心轮（主动件、原动件）　2—连杆

3—摇杆　4—长度可调连杆

5—滑块（装有冲头）　6—机架

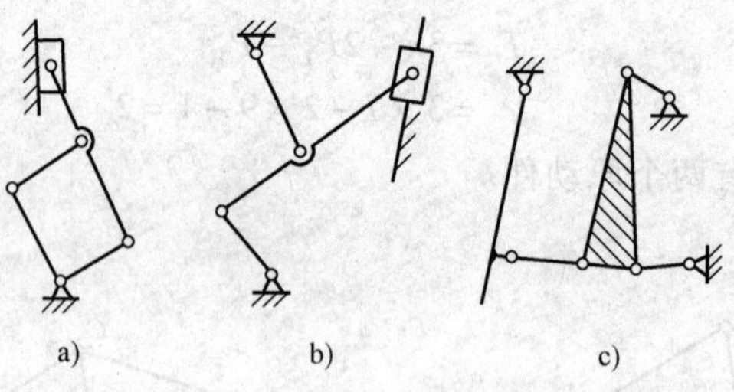

图 1-24　题 1.6 图

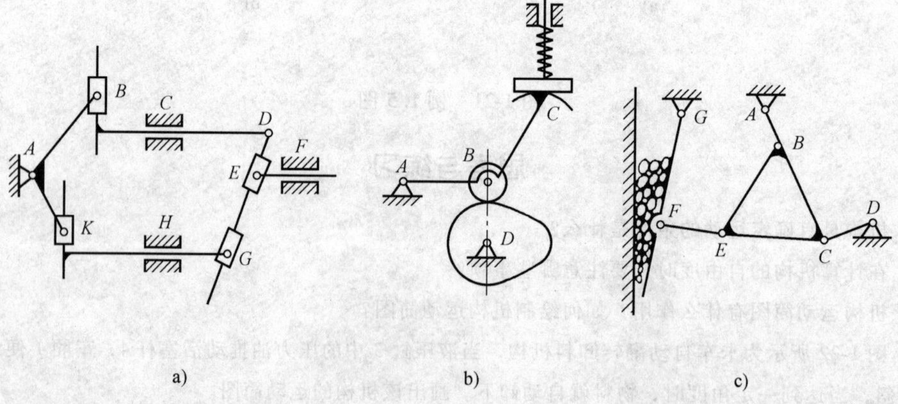

图 1-25　题 1.7 图

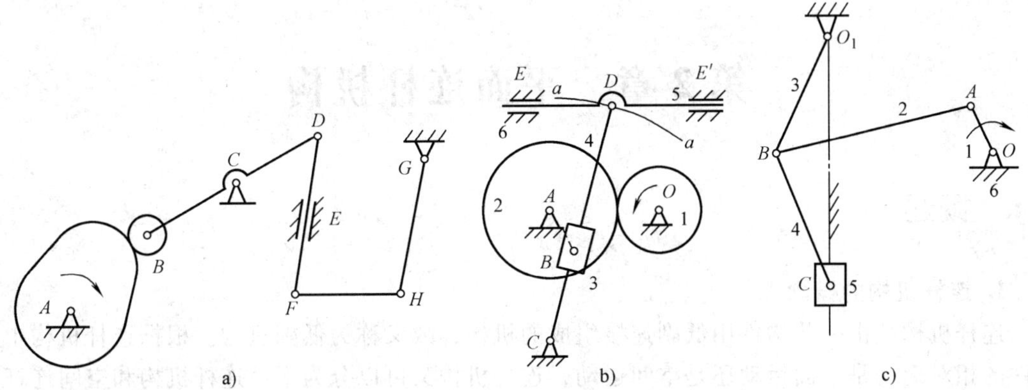

图 1-26　题 1.8 图

第 2 章　平面连杆机构

2.1　概述

1. 连杆机构的概念

连杆机构是由一些构件用低副连接组成的机构，故又称为低副机构。根据连杆机构中各构件的相对运动是平面运动还是空间运动，连杆机构又可以分为平面连杆机构和空间连杆机构。

连杆机构被广泛地使用在各种机器、仪表、操纵装置和生活实践之中，如内燃机、牛头刨床、钢窗启闭机构、碎石机、折叠桌椅和缝纫机等。

平面连杆机构的类型很多，从组成机构的杆件数来看有四杆、五杆和多杆机构。最简单的平面连杆机构是由四个构件组成的，简称平面四杆机构。平面四杆机构应用非常广泛，而且是组成多杆机构的基础，因此本章重点介绍平面四杆机构的基本类型、特性及常用的设计方法。

2. 平面连杆机构的优点

1）由于是低副，为面接触，所以承受压强小，便于润滑，磨损较轻，可承受较大载荷。

2）结构简单，加工方便，构件之间的接触是由构件本身的几何约束来保持的，因此构件工作可靠。

3）可使从动件实现多种形式的运动，满足多种运动规律的要求。

4）利用平面连杆机构中的连杆可满足多种运动轨迹的要求。

3. 平面连杆机构的缺点

1）根据从动件所需要的运动规律或轨迹来设计连杆机构比较复杂，精度不高。

2）运动时产生的惯性难以平衡，不适用于高速运动场合。

2.2　铰链四杆机构的类型及应用

2.2.1　铰链四杆机构的基本形式

全部用回转副连接的平面四杆机构称为平面铰链四杆机构，简称铰链四杆机构，它是平面连杆机构的基本形式。如图 2-1a 所示，固定构件 4 称为机架，与机架用回转副相连接的构件 1 和构件 3 称为连架杆，不与机架直接连接的构件 2 称为连杆，连杆一般作平面运动。连架杆能作整周转动的，称为曲柄，若仅能在某一角度内摆动，则称为摇杆。图 2-1b、c 所示均为铰链四杆机构的简化表示法。

对于铰链四杆机构来说，机架和连杆总是存在的，因此可按照连架杆是曲柄还是摇杆将铰链四杆机构分为三种基本形式：曲柄摇杆机构、双曲柄机构和双摇杆机构。

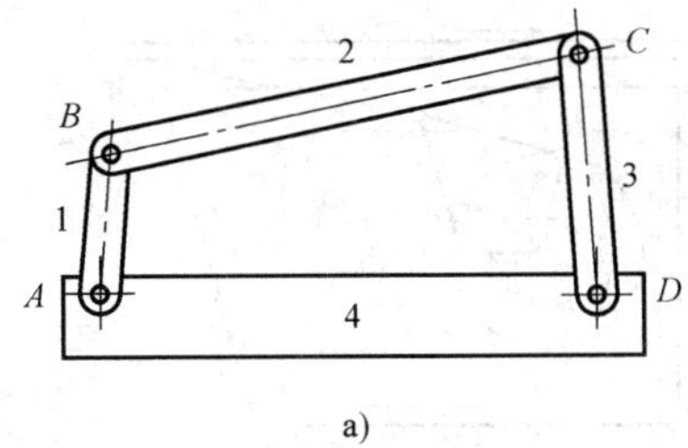

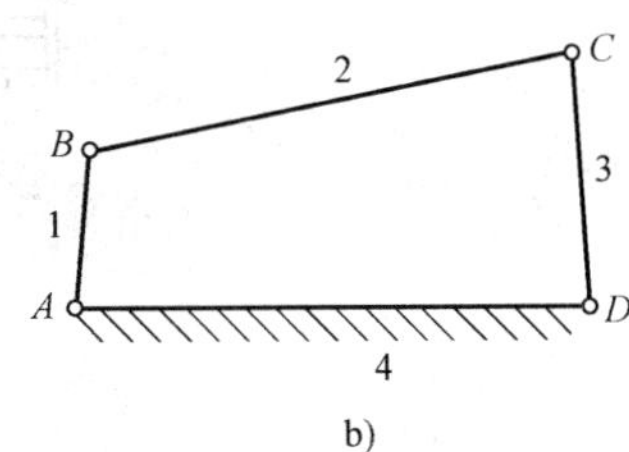

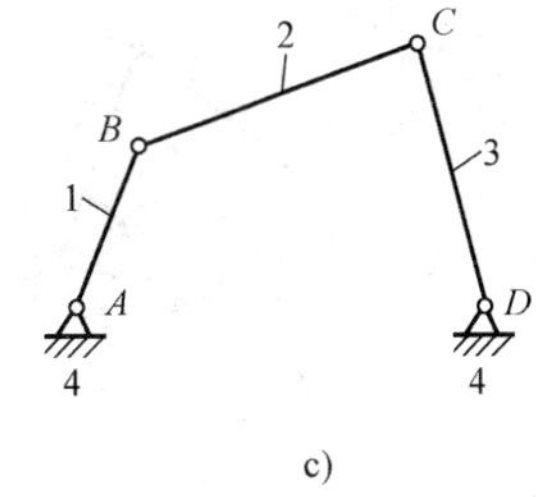

图 2-1　铰链四杆机构

1、3—连架杆　2—连杆　4—机架

1. 曲柄摇杆机构

若两连架杆中一杆为曲柄，另一杆为摇杆，此机构称为曲柄摇杆机构。如图 2-2 所示的铰链四杆机构中，构件 1 作匀速转动，为曲柄，构件 3 作往复摆动，为摇杆。该机构是曲柄摇杆机构。曲柄摇杆机构一般以曲柄为主动件作等速转动，摇杆为从动件作往复摆动。也有的曲柄摇杆机构以摇杆为主动件作往复摆动，以曲柄为从动件作等速转动。

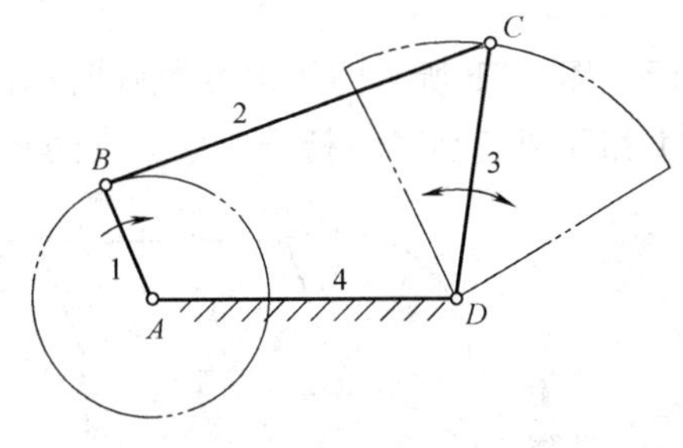

图 2-2　铰链四杆机构

1—曲柄　2—连杆　3—摇杆　4—机架

图 2-3 所示的搅拌机（曲柄 *AB* 为主动件）和图 2-4 所示的脚踏驱动砂轮机（踏板 *AB* 为主动件）是两个最常见的曲柄摇杆机构应用实例。

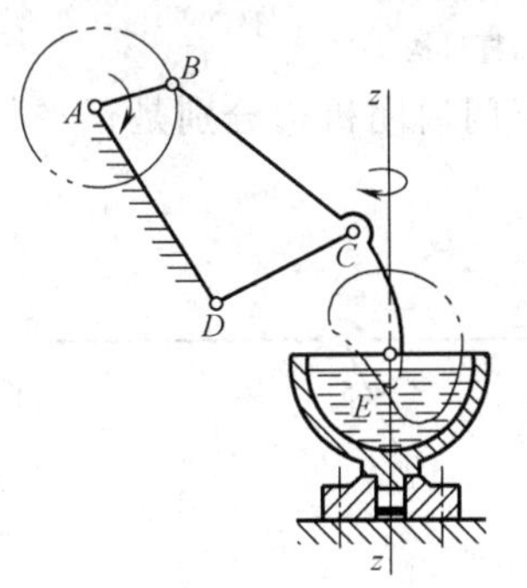

图 2-3　搅拌机

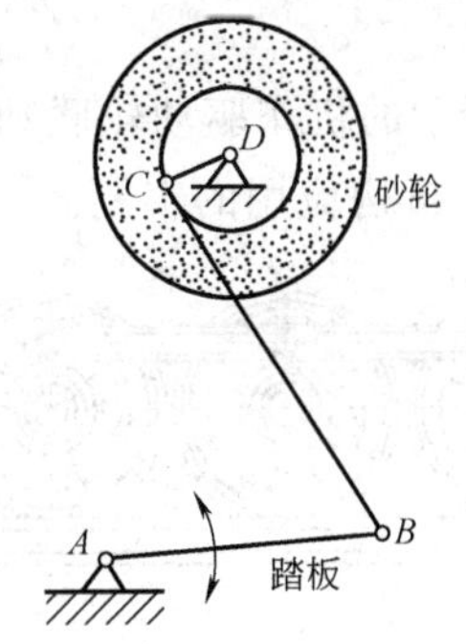

图 2-4　脚踏驱动砂轮机

2. 双曲柄机构

在铰链四杆机构中，若两连架杆均为曲柄，则称为双曲柄机构（见图 2-5）。这种机构的运动特点是当主动曲柄连续转动时，从动曲柄也作连续转动。图 2-6 所示的惯性筛机构中，*ABCD* 就是双曲柄机构。当曲柄 *AB* 作等角速转动时，另一曲柄 *CD* 作变角速转动，再通过构件 *CE* 使筛子 6 产生变速直线运动，利用筛上物料的惯性来筛选物料。

在双曲柄机构中，用得最多的是对边两杆长度分别相等的平行双曲柄机构，或称为平行四边形机构。如图 2-7a 所示的机构，其四杆形成一个平行四边形。当杆 1 作等速转动时，杆 3 也以相同的角速度沿同一方向转动，连杆 2 作平行移动，这种平行四边形机构称为正平行四边形机构。当主动轮 1 等速转动时，通过连杆使从动轮 3 和 4 得到与主动轮相同的运动。正平行四边形机构不仅能保持等传动比，而且连杆作平移运动，所以在机械中应用十分

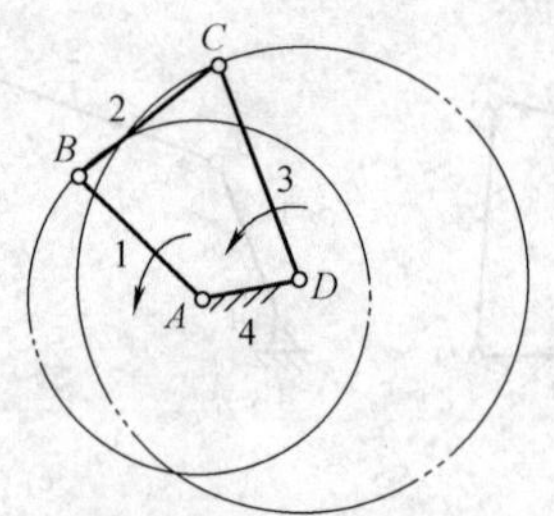

图 2-5 双曲柄机构

1、3—曲柄 2—连杆 4—机架

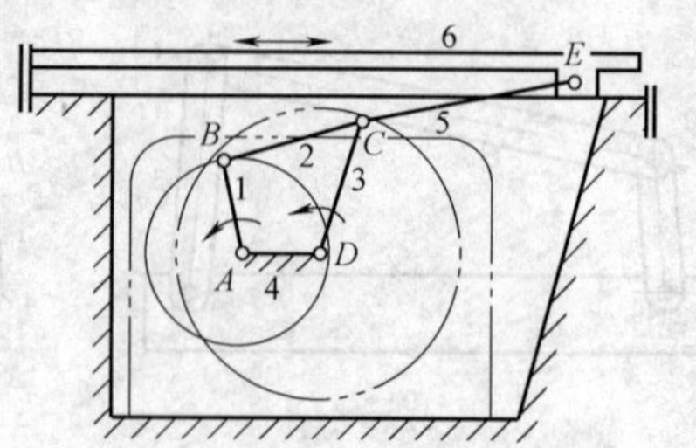

图 2-6 惯性筛中的四杆机构

1—主动曲柄 2—连杆 3—从动曲柄

4—机架 5—杆 6—筛子

广泛。图 2-7b 所示的机构虽然两曲柄的杆长相等，但不平行，称为反平行四边形机构。当杆 1 作等速转动时，杆 3 作反向变速运动。

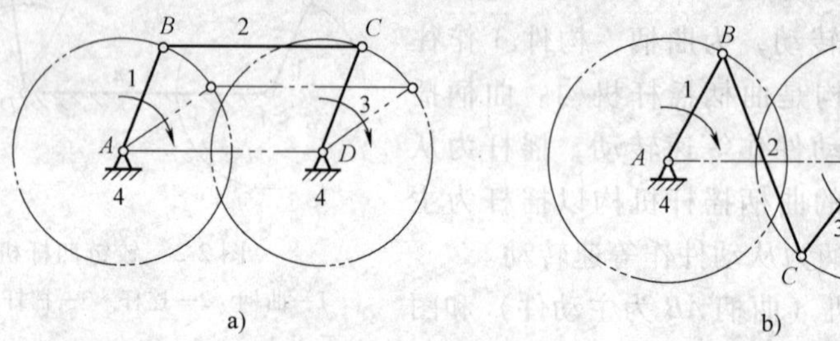

图 2-7 对边杆长度分别相等的四杆机构

a）正平行四杆机构 b）反平行四杆机构

图 2-8 所示的机车驱动轮联动机构及图 2-9 所示的车门启闭机构分别是正平行四杆机构和反平行四杆机构应用的实例。

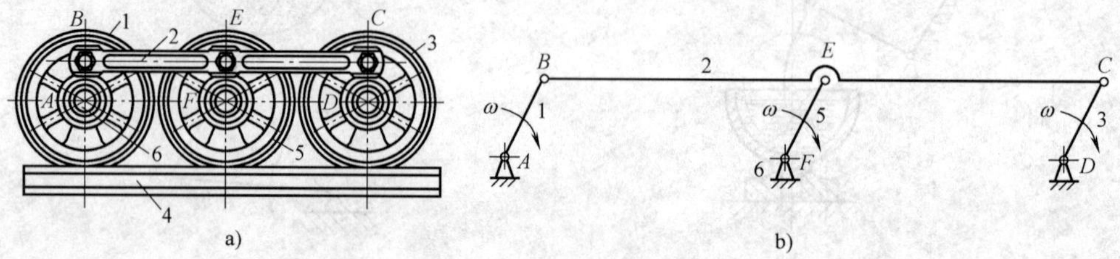

图 2-8 机车车轮的联动机构

1—主动轮 2—连杆 3、5—从动轮 4—轨道 6—车轴

3. 双摇杆机构

两连架杆均为摇杆的四杆机构称为双摇杆机构。图 2-10a 所示的鹤式起重机即为双摇杆机构，当 *CD* 杆摆动时，连杆 *CB* 上悬挂重物的点 *M* 在近似水平直线上移动，以免重物做不必要的升降而损耗能量。在双摇杆机构中，若两摇杆长度相等，则称为等腰梯形机构，图 2-10b 所示的轮式车辆的前轮转向机构就是等腰梯形机构的应用实例。车子转弯时，

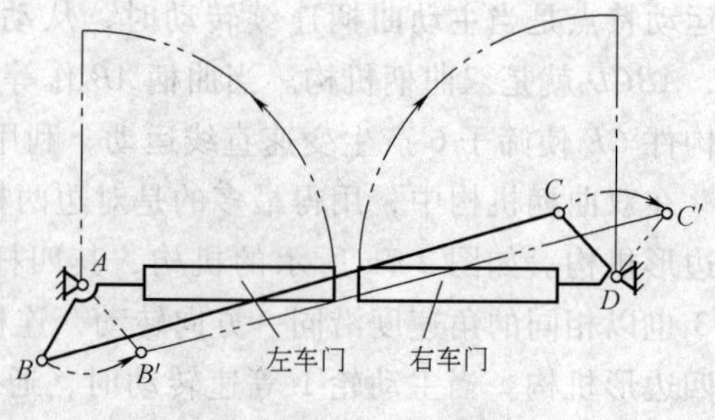

图 2-9 车门启闭机构

与前轮轴固连的两个摇杆的摆角 β 和 δ 不等，车辆将绕两轮轴线的延长线交点 P 转弯。如果在任意位置都能使两前轮轴线的交点 P 落在后轮轴线的延长线上，则当整个车身绕 P 点转动时，四个车轮都能在地面上纯滚动，避免轮胎因滑动而损伤。一般情况下，等腰梯形机构可以近似地满足这一要求。

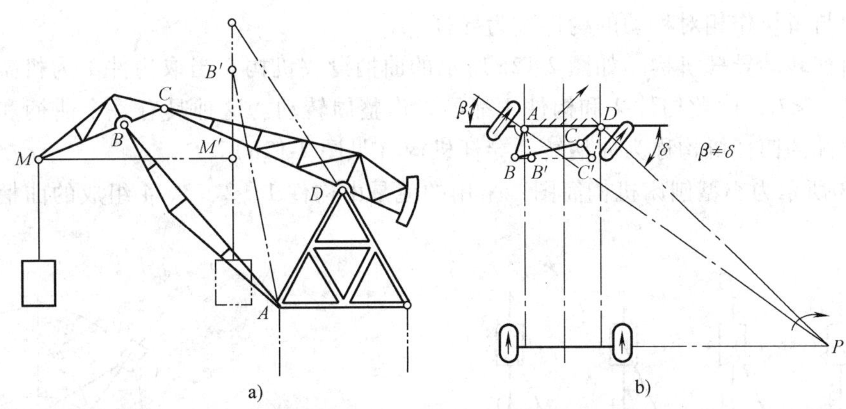

图 2-10　双摇杆机构

a）鹤式起重机　b）汽车前轮换向机构

2.2.2　平面四杆机构的演化型式

在实际应用的机械中，有各式各样带有移动副的平面四杆机构，这些机构都可以看成是由铰链四杆机构演化而来的。下面分析几种常用的演化机构。

1. 曲柄滑块机构

在图 2-11a 所示的曲柄摇杆机构中，随着摇杆 3 长度的增加，C 点的运动轨迹 $m—m$ 逐渐趋于平缓。当摇杆 3 的长度增至无限大时，C 点的运动轨迹则成为直线 $m—m$（见图 2-11b），这时构件 3 由摇杆演变成滑块，转动副 D 也转化成移动副，于是曲柄摇杆机构演化成曲柄滑块机构（见图 2-11c、d），直线 $m—m$ 即为滑块导路的中心线。

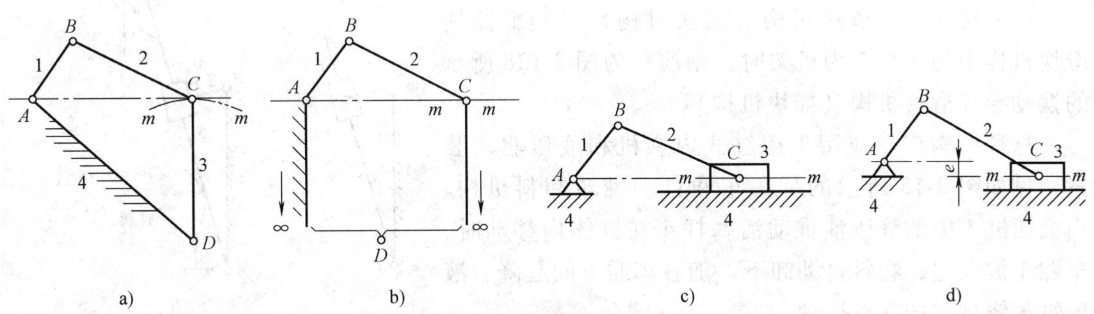

图 2-11　曲柄摇杆机构的演化

a）曲柄摇杆机构　b）杆 3 增至无限长　c）对心式曲柄滑块机构　d）偏置式曲柄滑块机构

当滑块导路中心线 $m—m$ 通过曲柄转动中心 A 时，则称该机构为对心式曲柄滑块机构

（见图 2-11c）；若当滑块导路中心线 $m—m$ 不通过曲柄回转中心 A，而有一偏距 e 时，则称该机构为偏置式曲柄滑块机构（见图 2-11d）。曲柄滑块机构广泛应用于活塞式内燃机、空气压缩机、冲床和送料机等机械中。

2. 导杆机构

导杆机构可以看成是改变曲柄滑块机构（见图 2-12a）中的固定构件演化而来的。演化后在滑块中与滑块作相对移动的构件称为导杆。

（1）曲柄转动导杆机构　如图 2-12a 所示的曲柄滑块机构，当取构件 1 为机架时，由于构件的长度 $l_1 < l_2$，因此构件 2 和构件 4 都可以作整周转动。这种具有一个曲柄和一个能作整周转动导杆的四杆机构称为曲柄转动导杆机构（见图 2-12b）。

图 2-13 所示为小型刨床机构简图，采用的就是由构件 1、2、3、4 组成的曲柄转动导杆机构。

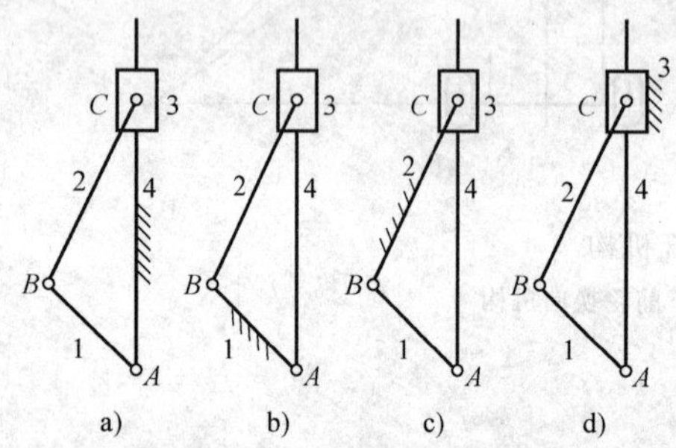

图 2-12　曲柄滑块机构的演化

a）曲柄滑块机构　b）曲柄转动导杆机构

c）摆动导杆滑块机构　d）移动导杆机构

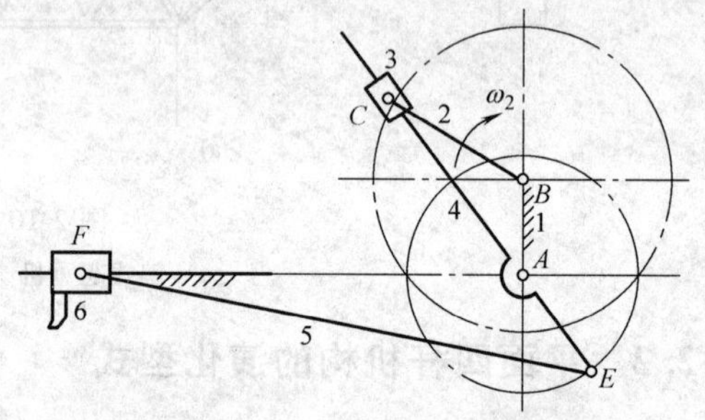

图 2-13　小型刨床机构简图

（2）曲柄摆动导杆机构　在图 2-12b 中，如果使构件 1 和构件 2 的长度满足 $l_1 > l_2$，那么机构演化成图 2-14a 所示的曲柄摆动导杆机构。图 2-14b 所示为曲柄摆动导杆机构在电气开关中的应用，当曲柄 BC 处于图示位置时，动触点和静触点接触，当 BC 偏离图示位置时，两触点分开。

（3）摆动导杆滑块机构（摇块机构）　当取曲柄滑块机构中的连杆 2 为机架时，则演化为图 2-12c 所示的摆动导杆滑块机构（摇块机构）。

这种机构广泛应用于摆缸式内燃机和液压驱动装置，例如图 2-15 所示的货车车厢自动翻转卸料机构。当液压缸 3 中的液压油推动活塞杆 4 在缸体内移动时，车厢 1 被顶起，物料自动卸下。随着车厢 1 的起降，液压缸 3 绕自身的支点摆动。

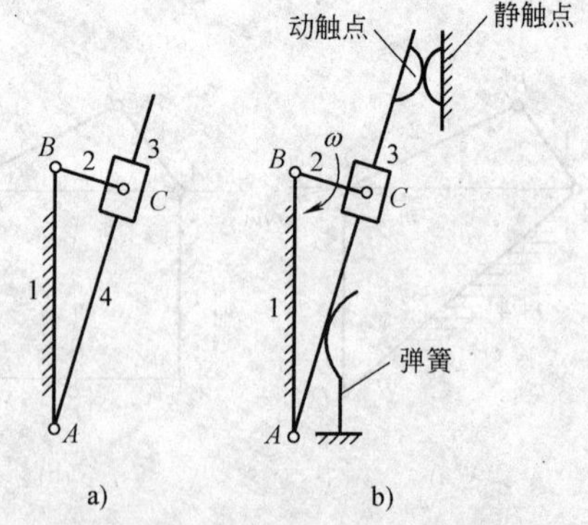

图 2-14　曲柄摆动导杆机构

a）曲柄摆动导杆机构　b）电气开关

（4）移动导杆机构　当取曲柄滑块机构中的滑块 3 为机架时，则演化为图 2-12d 所示的移动导杆机构。这种机构常用于老式的手动抽水机，如图 2-16 所示，当摇动手柄时，活塞在缸体中上下移动便可将水抽出。这种机构还可用于抽油泵中。

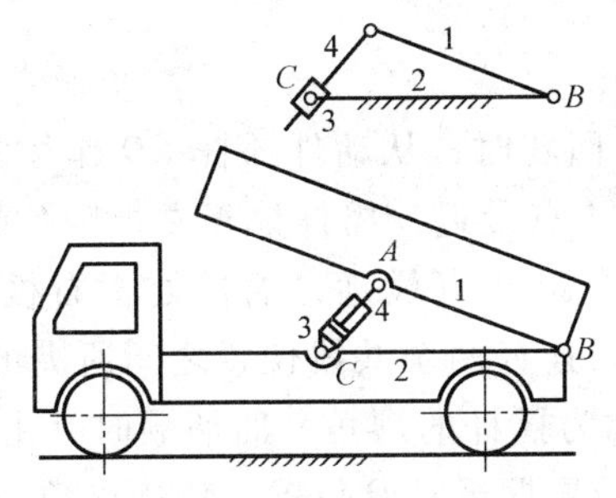

图 2-15　货车车厢自动翻转卸料机构

1—车厢　2—机架　3—液压缸　4—活塞杆

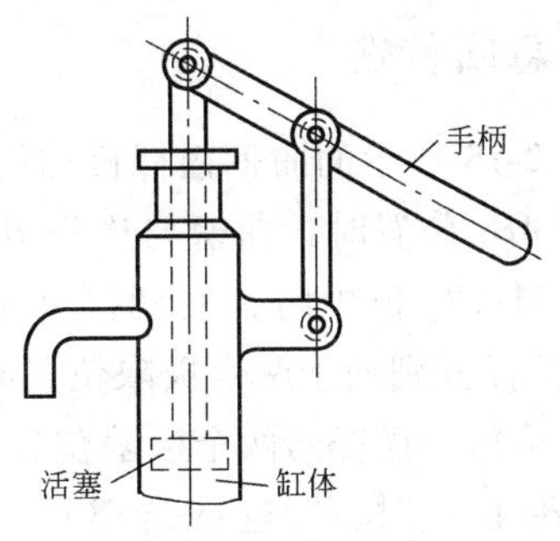

图 2-16　手动抽水机

2.3　平面四杆机构的一些基本特性

在实践中，除了需要了解上面提到的四杆机构类型外，还应进一步了解四杆机构的基本特性。这是指导我们正确选择、合理使用乃至设计平面连杆机构的基础。

2.3.1　曲柄存在条件

在铰链四杆机构中，能作整周转动的连架杆为曲柄。而曲柄是否存在则取决于机构中各杆的长度关系，欲使曲柄能作整周转动，各杆长度必须满足一定的条件，即所谓的曲柄存在条件。铰链四杆机构中，连架杆成为曲柄必须满足下列两条件：

1）最长杆与最短杆长度之和小于或等于其余两杆长度之和（简称杆长和条件）。

2）连架杆与机架两者之一为最短杆（简称最短杆条件）。

如果满足杆长和条件，铰链四杆机构的形式取决于最短杆，以最短杆作为连架杆，为曲柄摇杆机构；以最短杆作为机架，为双曲柄机构；以最短杆作为连杆，为双摇杆机构。

如果不满足杆长和条件，铰链四杆机构为双摇杆机构。

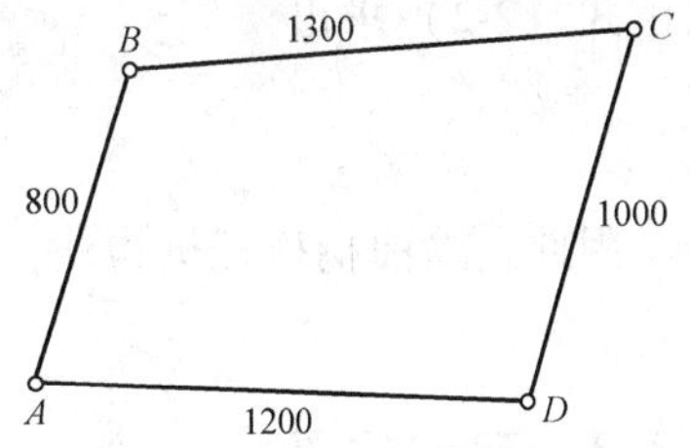

图 2-17　铰链四杆机构形式判别

例 2.1　已知各构件的尺寸如图 2-17 所示，若分别以构件 *AB*、*BC*、*CD*、*DA* 为机架，相应得到何种机构？

解： *AB* 为最短杆，*BC* 为最长杆。因为

$$l_{AB}+l_{BC}=800\text{mm}+1300\text{mm}=2100\text{mm}<l_{CD}+l_{DA}=1000\text{mm}+1200\text{mm}=2200\text{mm}$$

满足杆长和条件。

若以 *AB* 为机架，因最短杆为机架，两连架杆均为曲柄，所以得到双曲柄机构。

若以 *BC* 或 *AD* 为机架，因最短杆为连架杆，且为曲柄，所以得到曲柄摇杆机构。

若以 *CD* 为机架，因最短杆为连杆，不满足最短杆条件，且无曲柄，所以得到双摇杆机构。

2.3.2 急回特性

在图 2-18 所示的曲柄摇杆机构的曲柄 AB 作等速回转时，从动件摇杆 CD 作往复摆动，曲柄到达 AB_1 位置时，曲柄与连杆 BC 重叠，C 点距 A 点最近，摇杆处于左极限位置 C_1D；当曲柄转到 AB_2 位置时，曲柄同连杆成一直线，C 点距 A 点最远，摇杆处于右极限位置 C_2D。当摇杆分别处于两个极限位置时，原动件曲柄与连杆两个共线位置之间所夹的锐角 θ 称为极位夹角，摇杆的两个极限位置之间的夹角 ψ 称为摇杆的摆角。曲柄顺时针由 AB_1 位置转到 AB_2 位置时，转过 $\omega_1=180°+\theta$，摇杆自 C_1D 位置摆至 C_2D 位置，转过 ψ 角，设所需时间为 t_1，C 点平均推进速度为 v_1；当曲柄由 AB_2 位置转到 AB_1 位置时，转过 $\omega_2=180°-\theta$，摇杆自 C_2D 位置摆回到 C_1D 位置，转过 ψ 角，设所需时间为 t_2，C 点平均返回速度为 v_2。因为 $\omega_1>\omega_2$，故 $t_1>t_2$，$v_2>v_1$。

由此可见，当曲柄等速回转时，摇杆在极限位置间的往复摆动的平均速度不同，把机构的这种特性叫急回特性。它能满足某些机械的工作要求，如牛头刨床和插床，工作行程要求速度慢而均匀以提高加工质量，空回行程要求速度快以缩短非工作时间，提高工作效率。

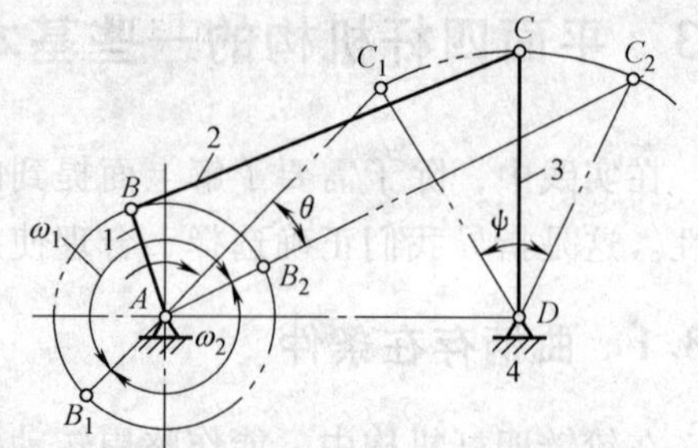

图 2-18 曲柄摇杆机构的急回运动及死点位置

1—曲柄 2—连杆 3—摇杆

v_2 和 v_1 的比值称为机构的行程速比系数，用 k 表示，则

$$k=\frac{v_2}{v_1}=\frac{\omega_1}{\omega_2}=\frac{180°+\theta}{180°-\theta} \tag{2-1}$$

k 值的大小表示机构急回特性的显著程度。若给定行程速比系 k，机构的极位夹角 θ 可以由式（2-2）求出

$$\theta=\frac{180°\times(k-1)}{k+1} \tag{2-2}$$

因此，除曲柄摇杆机构外，偏置曲柄滑块机构和摆动导杆机构等四杆机构也具有急回特性。

2.3.3 死点位置

如图 2-18 所示的曲柄摇杆机构中，若以摇杆 3 为原动件，曲柄 1 为从动件，则当摇杆摆到极限位置 C_1D 和 C_2D 时，连杆 2 与曲柄 1 两次共线，若不计各杆的质量，这意味着连杆加给曲柄的力将通过柄的回转中心 A，此时驱动力产生的有效分力为零，也就是说使曲柄转动的有效力矩为零，因此不能使曲柄转动。机构的这种位置称为死点位置。由此得出结论：四杆机构中是否存在死点位置，取决于从动件是否与连杆共线。

死点位置对于传动机构来说是不利的，它会使机构的从动件出现卡死或运动不确定的现象。如图 2-19 所示的缝纫机的踏板机构，当踏板 2（摇杆）为主动件并作往复摆动时，机构在两处有可能出现死点位置，致使曲柄 4 不动，或出现倒转现象（处于死点位置时 $\theta=0°$）。因此应该采取措施使机构能顺利通过死点位置。

为了消除死点位置的不良影响，可利用构件本身和飞轮的惯性作用，或对从动曲柄施加额外的力，也可用几个四杆机构组合的方式来保证机构顺利通过死点位置。

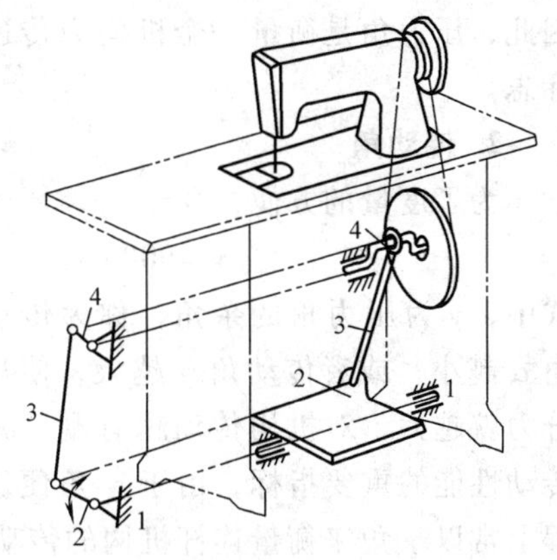

图 2-19　缝纫机的踏板机构

1—机架　2—踏板　3—连杆　4—曲柄

机构存在死点位置对于传动来说是有害的。但在工程上有时也利用死点位置的性质来实现某些要求。如图 2-20 所示的工件夹紧机构，就是利用机构的死点进行工作的。当在手柄（连杆 2）上加力 F 夹紧工件时，杆 2、杆 3 的三个铰链 B、C、D 处于同一直线位置。而在去掉力 F 后，工件作用于直角杆 1 上的反力经杆 2 传给杆 3，并通过铰链中心 D（即铰链 B、C、D 的反力均在同一直线上），所以杆 3 不会转动，从而使工件仍处于夹紧状态，这样便可进行加工。当要取出工件时，只需向上扳动手柄即可。这种夹具在工程中广泛采用。

在产品结构设计中也常用到死点，如飞机起落架机构设计成双摇杆机构，如图 2-21 所示。飞机着陆前，需要将着陆轮 1 从飞机起落架仓 4 中推放出来，如图中实线所示；飞机起飞后，为了减小空气阻力，又需要将着陆轮收入飞机起落架仓中，如图中虚线所示。这些动作是由主动摇杆 3，通过连杆 2、从动摇杆 5 带动着陆轮 1 来实现的。飞机着陆时，构件 AB 和 BC 处于一条直线上，无论机轮所在的摇杆 DC 受多大的力，起落架都不会反转，使飞机降落可靠。

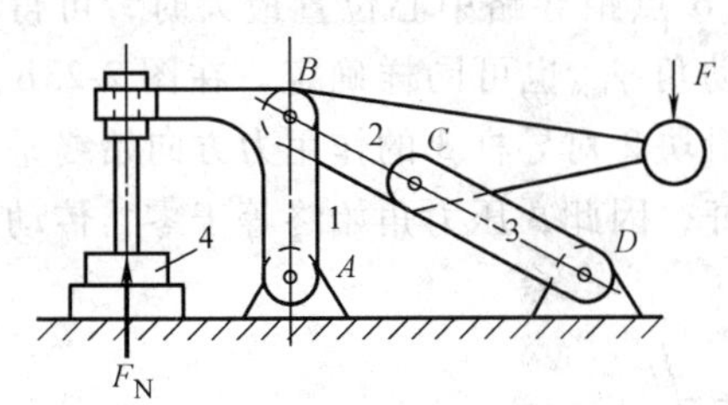

图 2-20　工件夹紧机构

1、2、3—杆　4—工件

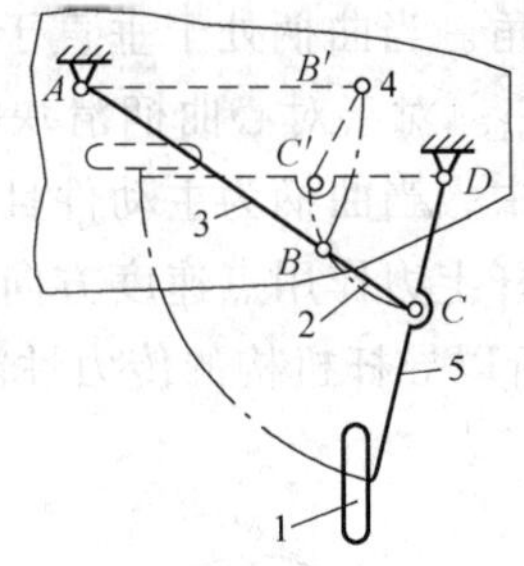

图 2-21　飞机起落架机构

1—着陆轮　2—连杆　3、5—摇杆　4—起落架仓

2.3.4　四杆机构的压力角和传动角

1. 压力角

在图 2-22 所示的曲柄摇杆机构中，曲柄 AB 为主动件。AB 杆经过连杆 BC 作用于 CD 杆上 C 点的力为 F，F 可分解为沿点 C 速度方向的分力 F_t 及沿 CD 方向的分力 F_n；分力 F_n 经 CD 杆作用在铰链 D 上，没有使从动杆 CD 运动的效应，而 F_t 才是推动从动杆 CD 运动的有效分力。

由图可知

$$F_t = F\cos\alpha \tag{2-3}$$

式中，α 为作用在从动件上力的方向和从动件受力点的速度方向之间所夹锐角，称为机构的压力角。从式（2-3）可见，压力角 α 越小，有效分力 F_t 越大，而 F_n 越小，对机构越有利。

因此，压力角是衡量一个机构力传递性能好坏的主要标志。

2. 传动角

为了度量的方便，令

$$\gamma = 90° - \alpha \tag{2-4}$$

式中，γ 为压力角的余角，称为传动角。显然，压力角 α 越小，或者传动角 γ 越大，使从动杆运动的有效分力就越大，对机构传动越有利。α 和 γ 是反映机构传动性能的重要指标，由于 γ 角便于观察和测量，工程上常以 γ 角来衡量连杆机构的传动性能。机构运转时其传动角是变化的，为了保证机构传动性能良好，设计时一般应使 $\gamma_{min} \geqslant 40°$，对于高速大功率机械应使 $\gamma_{min} \geqslant 50°$。因此，必须确定 γ_{min}时机构的位置，并检验 γ_{min}的值是否不小于上述的许用值。

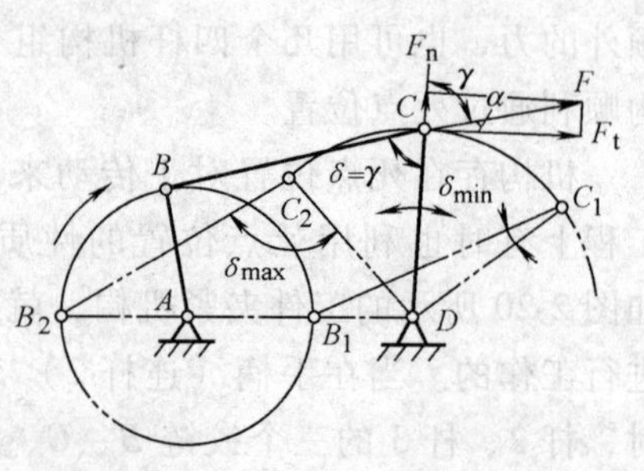

图 2-22　压力角 α 和传动角 γ

铰链四杆机构运转时，其最小传动角出现的位置可由下述方法求得。

如图 2-22 所示，当连杆与从动件的夹角 δ 为锐角时，$\gamma = \delta$；当 δ 为钝角时，$\gamma = 180° - \delta$。因此，这两种情况下分别出现 δ_{min}及 δ_{max}的位置，即为可能出现 γ_{min}的位置。又由图可知，在△BCD 中，BC 和 CD 为定长，BD 随 δ 而变化，当 $\delta = \delta_{max}$时，$BD = BD_{max}$；当 $\delta = \delta_{min}$时，$BD = BD_{min}$。对于图 2-22 所示的机构，$BD_{max} = AD + AB_2$，$BD_{min} = AD - AB_1$，即此机构在曲柄与机架共线的两位置之一处出现最小传动角。

在图 2-23a 所示的偏置曲柄滑块机构中，当曲柄为主动件时，传动角 γ 为连杆 BC 与导路垂线的夹角。当曲柄处于垂直于导路方向位置且 B 点距导路中心位置最大时，可得到最小传动角 γ_{min}。对于对心曲柄滑块机构，其最小传动角 γ_{min}也可同样确定。在图 2-23b 所示的导杆机构中，当曲柄为主动件且不考虑摩擦时，滑块 2 对导杆 3 的作用力方向始终垂直于导杆，而导杆上力作用点速度方向也总是垂直于导杆，因此，压力角始终等于零，传动角恒等于 90°，所以导杆机构的传力性能好。

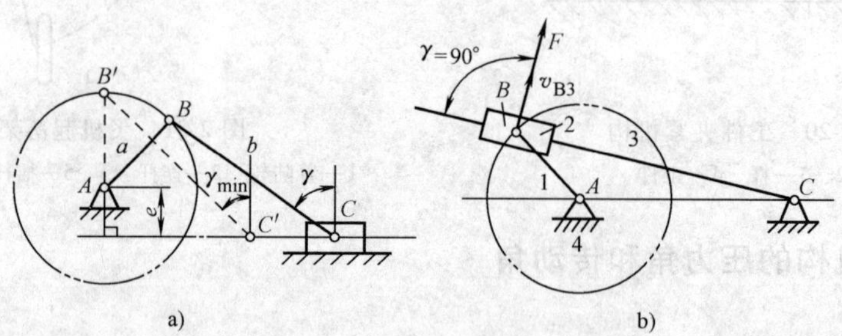

图 2-23　曲柄滑块机构、导杆机构的最小传动角 γ_{min}的位置

2.4　平面四杆机构的运动设计

平面四杆机构的运动设计主要是根据给定的运动条件，确定机构运动简图的尺寸参数。为了使设计的机构可靠、合理，有时还应考虑几何条件和动力条件（最小传动角 γ_{min}）等。生产实践中的要求是多种多样的，给定的条件也各不相同，常碰到的是下面两类问题：

1）按照给定从动件的位置设计四杆机构，称为位置设计。

2）按照给定点的轨迹设计四杆机构，称为轨迹设计。

设计平面机构的方法有图解法、实验法和解析法。图解法和实验法直观性强，简单、易操作，精度稍低，但可满足一般工程设计需要。本章主要介绍图解法和实验法设计四杆机构。解析法精度高，但工作量大，适于用计算机求解，本书中不做介绍。

2.4.1　用图解法设计四杆机构

1. 按给定连杆位置及连杆长度设计平面四杆机构

这类设计问题按给定条件可分为下列两种情况。

（1）按给定连杆两个位置及连杆长度设计平面四杆机构　图 2-24 所示为一个构件的两个给定位置Ⅰ和Ⅱ，如将该构件视为连杆，并选定 B、C 为连杆上的铰链中心，显然 B_1C_1 和 B_2C_2 可以代表连杆的两个位置，由于连杆上的铰链中心 B 和 C 分别沿某一圆弧运动，因而可分别作 B_1B_2 和 C_1C_2 的垂直平分线，回转中心 A 和 D 可分别在两垂直平分线上任取，同时由于连杆上铰链中心 B 和 C 也是任取的（一般取在易于铰接的连杆平面内），故有无穷多解。实际设计时，可考虑其他辅助条件，如最小传动角、要求结构紧凑等，则可得唯一解。

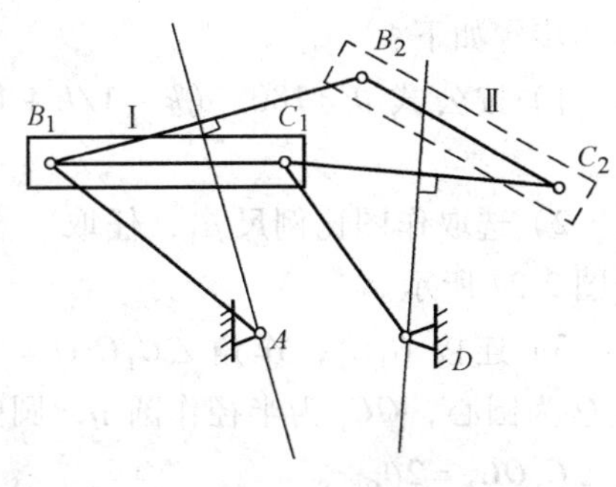

图 2-24　按给定连杆两个位置及连杆长度设计平面四杆机构

例 2.2　图 2-25 所示为某加热炉炉门的两个位置，实线所示为关闭位置，双点画线为开启位置。工作条件要求开启时，炉门处于水平位置，并可当作小平台使用。试设计一铰链四杆机构，并满足连杆（即炉门）的两个位置要求。有关尺寸见图。

解：按图 2-25 中所给尺寸，用 1∶1 的比例尺画出炉门（即连杆）的两个位置 B_1C_1 和 B_2C_2。连接 B_1B_2 和 C_1C_2 并作其中垂线 b_{12} 和 c_{12}，则两个固定铰链中心 A、D 可分别在 b_{12} 和 c_{12} 上任意选取，有无穷多解。此处将固定铰链分别选在炉壁上的 A、D 处。则 AB_1C_1D 即为所求的四杆机构。因所用比例尺为 1∶1，所以各杆长可从图上直接量取：

$$l_{AB}=94\text{mm}\qquad l_{BC}=28\text{mm}$$

$$l_{CD}=18\text{mm}\qquad l_{AD}=105\text{mm}$$

即为四杆机构各杆的长度。

（2）按给定连杆三个位置及连杆长度设计平面四杆机构　若给定连杆三个位置，图解法与上述基本相同。如图 2-26 所示，连杆的三个给定位置分别为 B_1C_1、B_2C_2 和 B_3C_3，利用三点求圆心的方法，分别作 B_1B_2 和 B_2B_3 的垂直平分线交于 A 点，再作 C_1C_2 和 C_2C_3 的垂直平分线交于 D 点，AB_1C_1D 即为所求的铰链四杆机构。若铰链中心 B 点和 C 点是已

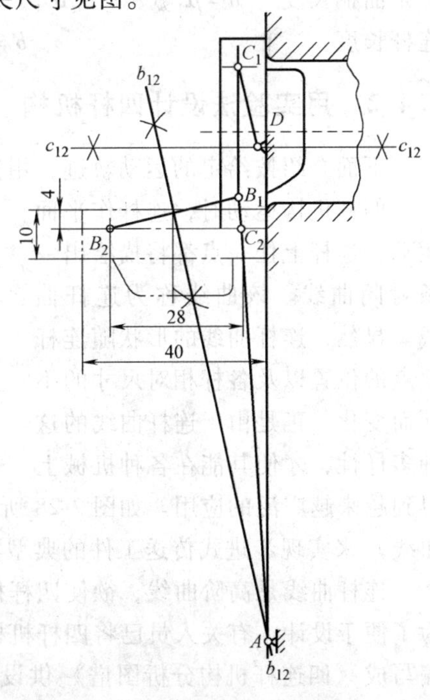

图 2-25　加热炉炉门设计

知的，则该解是唯一解；若 B 点和 C 点是在连杆平面上任取的，则有无穷多解，可考虑其他辅助条件，以求得确定的解。

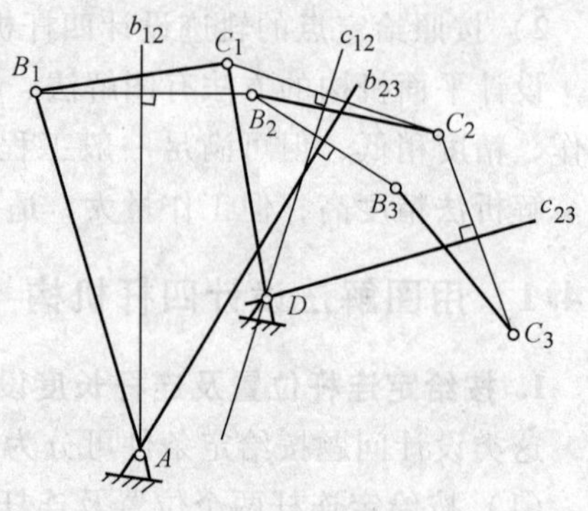

图 2-26　给定连杆三个位置设计平面四杆机构

2. 已知行程速比系数 k 设计曲柄摇杆机构

已知摇杆 CD 的长度 c，摆角 ψ 及行程速比系数是 k。欲在满足 k 值前提下，设计曲柄摇杆机构，即确定曲柄 AB、连杆 BC 和机架 AD 的长度 a、b 和 d。

确定固定铰链中心 A 是这类设计问题的关键。具体步骤如下：

1）按公式 $\theta=180°\ (k-1/k+1)$ 算出极位夹角。

2）选取作图比例尺 μ_1，任取一点 D，按 c 和 ψ 作出摇杆的两个极限位置 C_1D 和 C_2D，如图 2-27 所示。

3）连接 C_1C_2，作角 $\angle C_1C_2O=\angle C_2C_1O=90°-\theta$。以 O 为圆心，OC_1 为半径作圆 η，圆弧 C_1C_2 所对的圆心角 $\angle C_1OC_2=2\theta$。

4）在圆 η 上，圆弧 C_1C_2 所对的圆周角为 θ，因此在圆周上适当地选取 A 点，使 $\angle C_1AC_2=\theta$，则 AC_1、AC_2 即为曲柄与连杆共线的两个位置。前面已设曲柄与连杆的长度分别为 a、b，则

$$\mu_1\cdot AC_1=b-a,\ \mu_1\cdot AC_2=b+a,$$

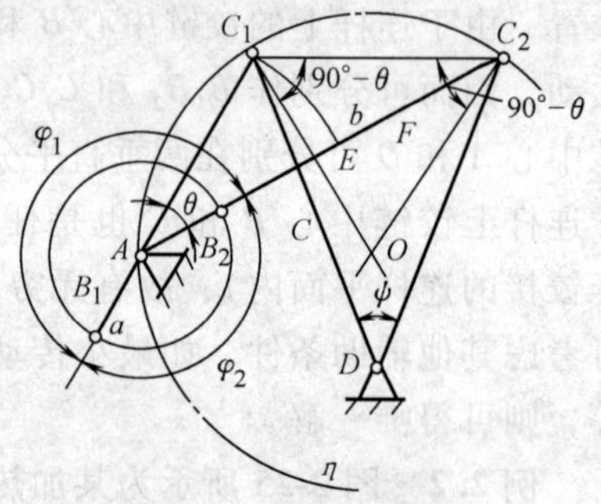

图 2-27　按给定行程速比系数

于是曲柄长度　$a=\mu_1\ (AC_2-AC_1)\ /2$

连杆长度　$b=\mu_1\ (AC_2+AC_1)\ /2$

2.4.2　用实验法设计四杆机构

下面介绍按给定的运动轨迹，用实验法设计四杆机构。

四杆机构运动时，连杆作平面运动，连杆上任一点都将描绘出一条封闭曲线。该曲线称为连杆曲线。显然，连杆曲线的形状随连杆上点的位置以及各杆相对尺寸的不同而变化。正是由于连杆曲线的这种多样性，才使其能在各种机械上得到越来越广泛的应用。如图 2-28 所示的自动线步进式传送机构即为应用连杆曲线（卵形曲线）来实现步进式传送工件的典型实例。

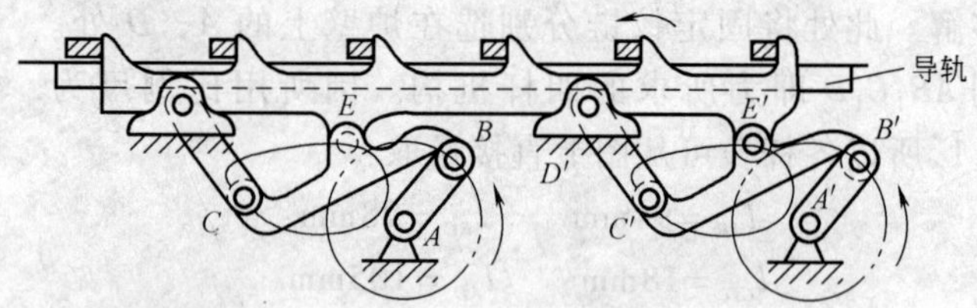

图 2-28　自动线步进式传送机构

连杆曲线是高阶曲线，欲使四杆机构的连杆上某点实现给定的运动轨迹是十分困难的。为了便于设计，有关人员已将四杆机构的各杆长度按一定比例组合，绘制出许多连杆曲线，编写成《四连杆机构分析图谱》供设计者参考。设计时，只需按给定的运动轨迹，从图谱中查出与其相近的曲线，即可得到四杆机构各杆尺寸。这种方法就是通常工程上所称的图谱

法。图 2-29a 所示就是图谱中的一张，图中 β-β 曲线便是连杆上 E 点在机构运动时所形成的连杆曲线；此外，图中还列出各杆长度与曲柄长度的比值。若给定的运动轨迹与图中的 $\beta-\beta$ 曲线相似，便可按提供的比值算出各杆的实际尺寸和求得 E 点在连杆上的位置。这样便得到图 2-29b 所示的四杆机构。

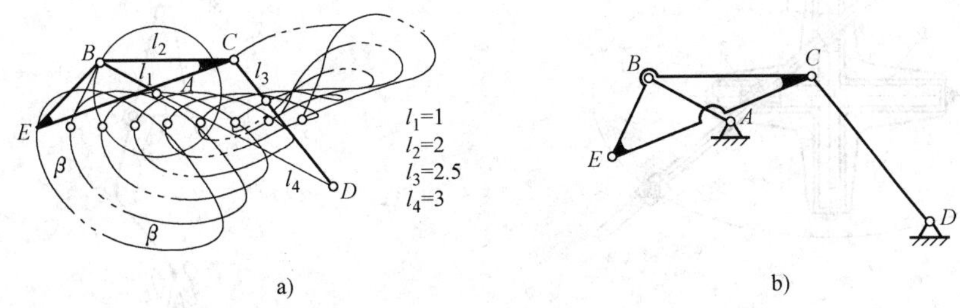

图 2-29　连杆曲线分析图谱

a）连杆曲线　b）四杆机构

2.5　平面连杆机构的应用

平面连杆机构因其承载能力大，可以满足或近似满足很多运动规律，所以，应用十分广泛。下面对一些典型应用作简单的介绍。

（1）电扇摇头机构　对于双摇杆机构，它的两个连架杆相对于机架均作摆动，当连杆为转动主动件时，如图 2-30 所示，则可以实现电扇的摇头。

（2）车门启闭机构　图 2-31 所示为用反平行四边形机构设计的一种车门启闭机构，当主动曲柄 2 转动时，通过连杆 3 使从动曲柄 4 沿相反方面转动，从而保证两扇门同时开启或关闭。

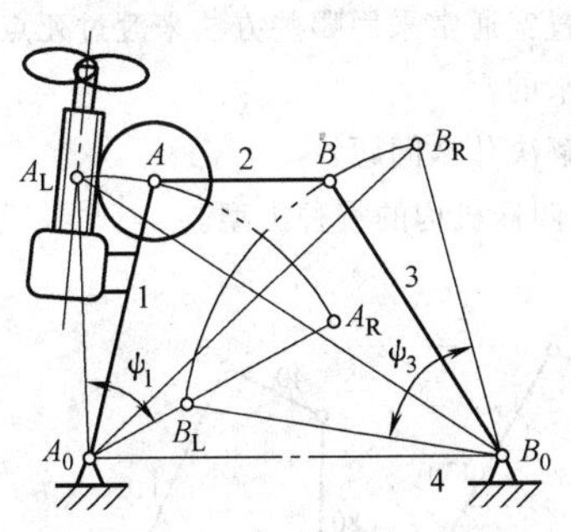

图 2-30　电扇摇头机构

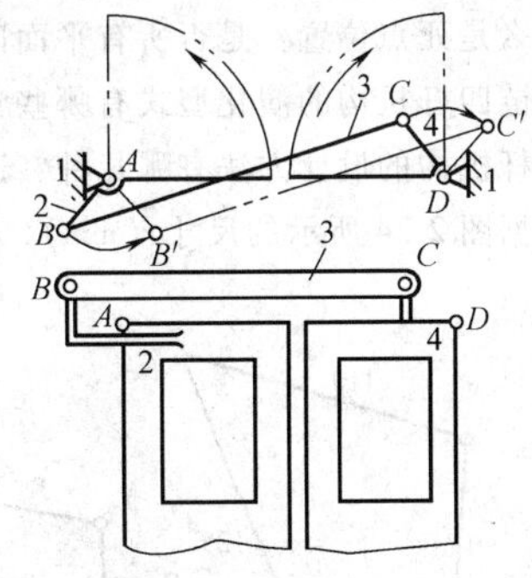

图 2-31　车门启闭机构

1—机架　2、4—曲柄　3—连杆

（3）椭圆仪机构　图 2-32 所示为双滑块椭圆仪机构简图，当滑块 1 和 3 沿机架 4 的十字槽滑动时，连杆 2 上的各点便描绘出长、短径不同的椭圆。

（4）电动玩具马机构　图 2-33 所示为电动玩具马的主体运动机构。它能模仿马的奔驰运动形态，使骑在玩具马上的小朋友仿佛身临其境。实际上，这种电动马由曲柄摇块机构叠加在两杆机构绕 $O-O$ 轴转动的构件上。两杆机构在此作为运载机构使马绕以 $O-O$ 轴为圆心的圆周向前奔驰，而构件 2 的摇摆和伸缩则使马获得跃上、窜下、前俯后仰的姿态。

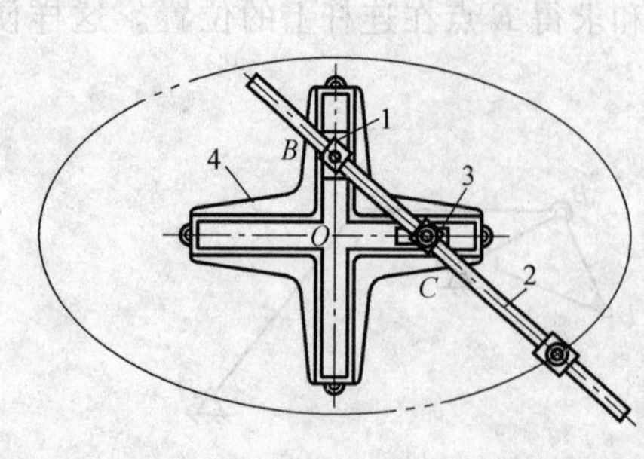

图 2-32　椭圆仪机构

1、3—滑块　2—连杆　4—机架

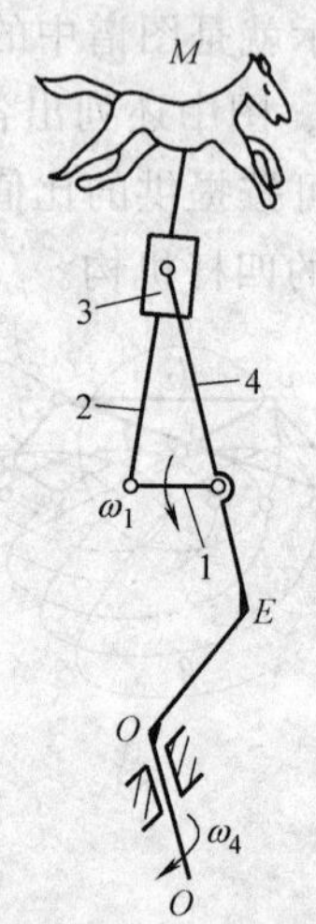

图 2-33　电动玩具马的主体运动机构

1—曲柄　2、4—连杆　3—滑块

思考与练习

2.1　什么是平面连杆机构？它有哪些优、缺点？

2.2　在平面四杆机构中，什么是曲柄、摇杆和连杆？举例说明。并试述铰链四杆机构的曲柄存在条件。

2.3　铰链四杆机构的基本类型有哪几种？如何判断，各有什么特点？

2.4　什么是四杆机构的压力角和传动角？对机构的工作有何影响？铰链四杆机构最小传动角出现在什么位置？

2.5　什么是急回运动特性？试说明 $k=1$ 和 $k>1$ 的含义是什么。

2.6　什么是死点位置？是否所有平面四杆机构都有死点位置？通常采用哪些方法来渡过死点位置？

2.7　铰链四杆机构的演化型式有哪些？它们是如何演化而来的？

2.8　连杆机构的设计方法有哪几种？连杆机构的设计主要解决什么问题？

2.9　根据图 2-34 所示的尺寸（mm），判断各机构属于铰链四杆机构的哪种类型。

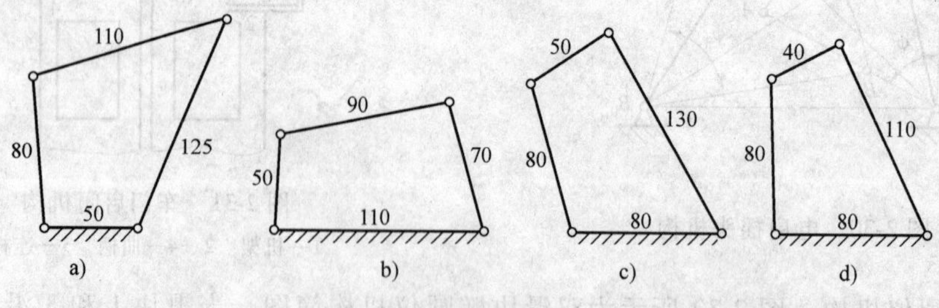

图 2-34　题 2.9 图

2.10　试设计一曲柄摇杆机构。已知行程速比系数 $k=1:2$，摇杆的长度 $l_{CD}=100\text{mm}$，摆角 $\psi=45°$，固定铰链中心 A 和 D 在同一水平线上。

2.11　图 2-35 所示为某加热炉炉门的两个位置，实线为关闭位置，双点画线为开启位置。工作条件要求开启位置时炉门处于水平位置而当做小平台使用。试设计一铰链四杆机构，满足连杆（即炉门）的两个位置要求。有关尺寸见图。

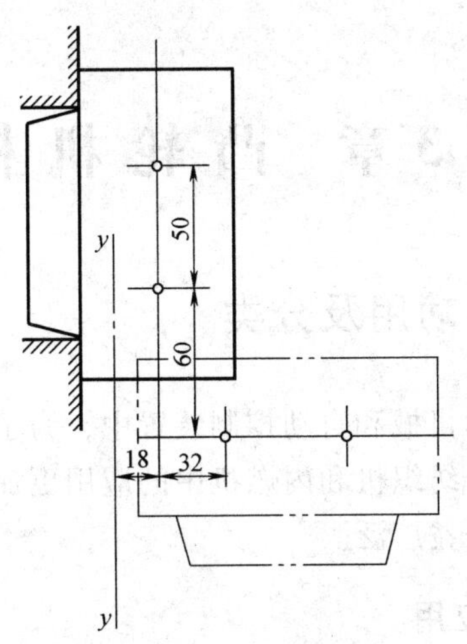

图 2-35　加热炉炉门设计

第3章 凸轮机构

3.1 凸轮机构的构成、功用及分类

在各种机械中，特别是自动机械和自动控制装置中，为了实现复杂的运动要求，经常会用到凸轮机构，特别在印刷机、纺织机和内燃机中的应用更加普遍。随着工业自动化程度的不断提高，凸轮机构的应用也日益广泛。

3.1.1 凸轮机构的构成、应用

图 3-1 所示的机构是由凸轮 1、从动件 2 和机架 3 组成的高副机构，称为凸轮机构。一般情况下，凸轮是具有曲线形状的盘状体或柱状体，通常为主动件，且作等速转动。从动件可作往复直线转动，也可作往复摆动。

图 3-1 为盘状凸轮机构示意图。图3-1a为直动从动件盘形凸轮机构，图 3-1b 为摆动从动件盘形凸轮机构。

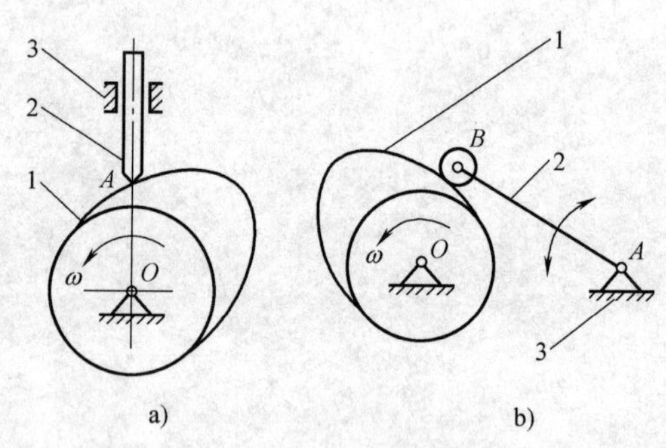

图 3-1 盘状凸轮机构

a）直动从动件盘形凸轮机构 b）摆动从动件盘形凸轮机构

1—凸轮 2—从动件 3—机架

下面举几个机械中应用凸轮机构的实例。

图 3-2 所示为内燃机配气凸轮机构。当凸轮 1（主动件）匀速转动时，它的轮廓驱使挺杆 2（从动件）作往复移动，使其按预期的运动规律开启或关闭气阀（关闭是靠弹簧 3 的作用）以控制燃气准时进入气缸或废气准时排出气缸。图 3-3 所示为一绕线机的凸轮绕线机构。绕线时，凸轮 1 和绕线轴 3 同时由其他机构带动，而凸轮轮廓始终与从动轴叉 2 接触，迫使其绕 O 点按一定运动规律往复摆动，从而引导线均匀地缠在

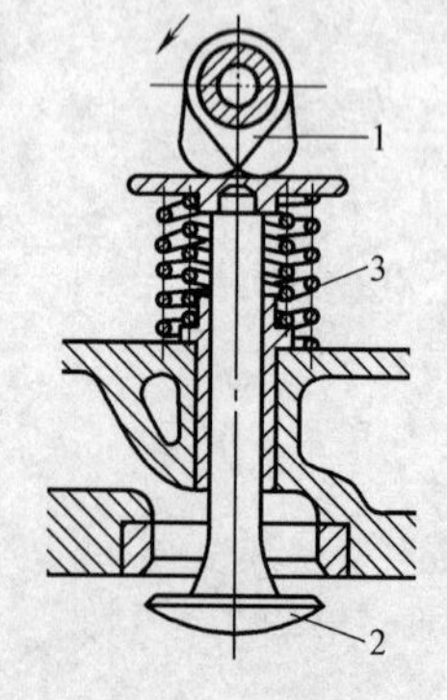

图 3-2 内燃机配气凸轮机构

1—凸轮 2—挺杆 3—弹簧

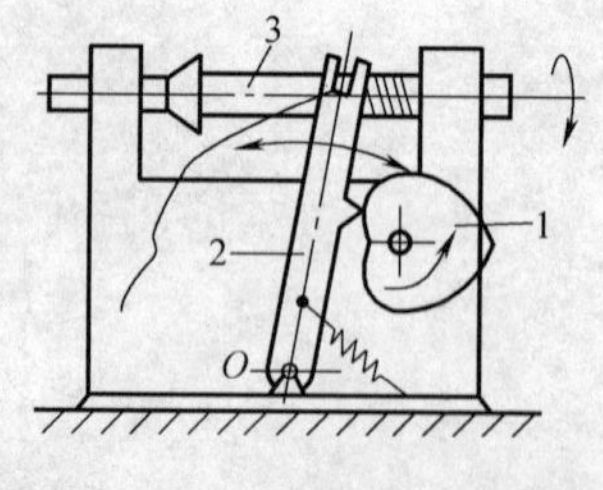

图 3-3 绕线机的凸轮绕线机构

1—凸轮 2—从动轴叉 3—绕线轴

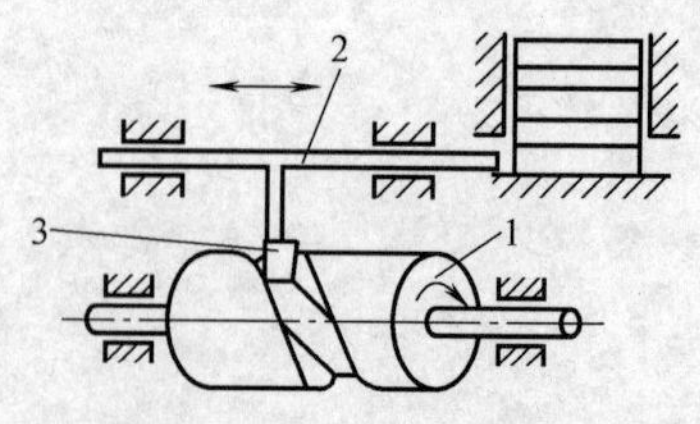

图 3-4 自动送料机构

1—带凹槽的圆柱凸轮

2—从动件 3—滚子

绕线轴 3 上。图 3-4 所示为自动送料机构，带凹槽的圆柱凸轮 1 作等速转动，槽中的滚子 3 带动从动件 2 作往复移动，将工件推至指定位置从而完成自动送料任务。

由上述各例可见，凸轮是具有特定曲线轮廓或沟槽的构件，当凸轮转动时，通过其曲线轮廓或沟槽推动从动件实现预期的运动规律。从动件运动规律完全取决于凸轮轮廓的形状。因此，凸轮机构设计的主要任务就在于根据从动件预定的运动规律，恰当地确定凸轮的轮廓。

3.1.2　凸轮机构的特点

1. 凸轮机构的主要优点

只要正确地设计制造出凸轮轮廓曲线，就可使从动件实现预定的运动规律，而且结构简单、紧凑，工作可靠。

2. 凸轮机构的主要缺点

由于凸轮与从动件之间为点接触或线接触，易于磨损。因此，凸轮机构多用于传递动力不大的控制机构和调节机构中。

3.1.3　凸轮机构分类

凸轮机构的应用广泛，其类型也很多。按凸轮的形状分，有盘形凸轮、移动凸轮和圆柱凸轮；按从动件的形式分，有尖底从动件、滚子从动件和平底从动件；按锁合方式分，有力锁合、几何锁合，见表 3-1。

表 3-1　凸轮机构的分类和应用

类型		图例	特点与应用
凸轮形状	盘形凸轮	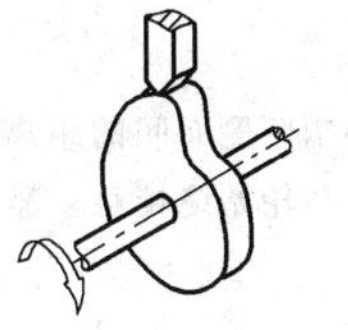	盘形凸轮是凸轮的最基本形式。这种凸轮是一个绕固定轴线转动并具有变化矢径的盘形构件。凸轮绕其轴线旋转时，可推动从动件移动或摆动。盘形凸轮结构简单，但从动件行程不能太大，否则会使凸轮的径向尺寸变化过大，对工作不利，因此盘形凸轮多用在行程较短的传动中
	移动凸轮	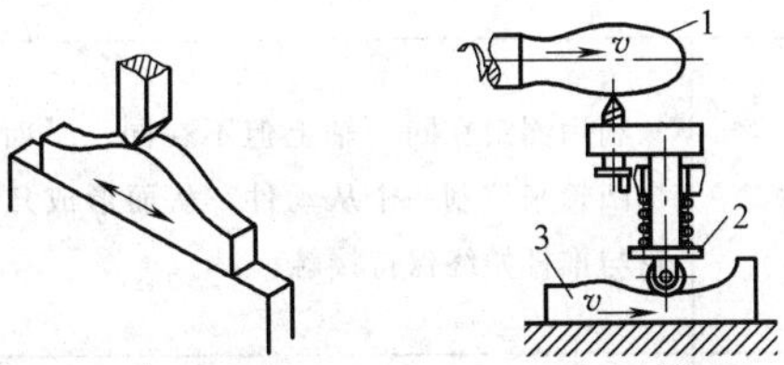 a)　b) 1 2 3 v	当盘形凸轮的回转中心趋于无穷远时，凸轮相对机架作往复移动，这种凸轮称为移动凸轮。图 a 中凸轮移动时，推动从动件在同一平面内往复运动；图 b 为运用靠模法切削工件（手柄）的示意图。图中凸轮 1 作为靠模被固定，当拖板 3 纵向移动时，凸轮的曲线轮廓迫使滚子从动件 2 带动刀架进退，从而切削出工件的复杂外形
	圆柱凸轮	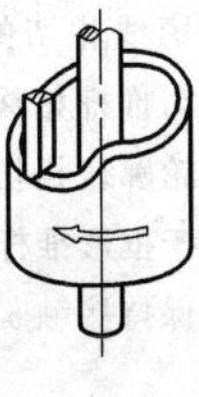	圆柱凸轮是一个在圆柱面上开有曲线凹槽，或是在圆柱端面上作出曲线轮廓的构件。圆柱凸轮可认为是将移动凸轮卷成圆柱体而演化成的。这种凸轮机构可用于行程较大的场合 移动凸轮与从动件之间的相对运动为平面运动；而圆柱凸轮与从动件之间的相对运动为空间运动，所以前者属于平面凸轮机构，后者属于空间凸轮机构

（续）

<table>
<tr><th colspan="3">类　型</th><th>图　例</th><th>特点与应用</th></tr>
<tr><td colspan="2" rowspan="3">从动件形式</td><td>顶尖</td><td></td><td>尖底能与任意复杂的凸轮轮廓保持接触，从而使从动件实现任意运动。但因尖底易于磨损，故只宜用于传力不大的低速凸轮机构中</td></tr>
<tr><td>滚子</td><td></td><td>这种推杆由于滚子与凸轮之间为滚动摩擦，所以磨损较小，可用来传递较大的动力，应用最普遍</td></tr>
<tr><td>平底</td><td></td><td>这种推杆的优点是凸轮对推杆的作用力始终垂直于推杆的底边（不计摩擦时），故受力比较平稳。而且凸轮与平底的接触面间容易形成楔形油膜，润滑较好，所以常用于高速传动中</td></tr>
<tr><td colspan="2">锁合方式</td><td>力锁合</td><td></td><td>利用从动件的重力、弹簧力或其他外力使从动件与凸轮保持接触</td></tr>
<tr><td rowspan="3">锁合方式</td><td rowspan="3">几何锁合</td><td>凹槽凸轮</td><td></td><td>其凹槽两侧面间的距离等于滚子的直径，故能保证滚子与凸轮始终接触。显然这种凸轮只能采用滚子从动件</td></tr>
<tr><td>共轭凸轮</td><td></td><td>利用固定在同一轴上但不在同一平面内的主、回两个凸轮来控制一个从动件，从而形成几何封闭，使凸轮与推杆始终保持接触</td></tr>
<tr><td>等径和等宽凸轮</td><td>a)　b)</td><td>图 a 为等径凸轮机构，因过凸轮轴心所作任一径向线上与凸轮廓线相切的两滚子中心的距离处处相等，故可使凸轮与推杆始终保持接触。图 b 为等宽凸轮机构，因与凸轮廓线相切的任意两平行线间的距离始终相等，且等于框形推杆的框形内壁宽度，所以凸轮和推杆可始终保持接触</td></tr>
</table>

3.2　从动件常用的运动规律及其选择

3.2.1　凸轮轮廓曲线与从动杆运动规律的关系

通常，主动凸轮等速转动，从动杆作往复移动或摆动。从动杆的运动直接与凸轮轮廓曲线上各点向径的变化有关，而轮廓曲线上各点向径大小又随凸轮的转角变化，这种关系称为从动杆的运动规律。若以方程式可表示，称为从动杆的运动方程；若以图线表示，称为从动杆的运动线图。由于凸轮等速转动，其转角与时间成正比，故上述关系也可表示为运动参数随时间而变化的关系。根据运动方程或运动线图，即可绘制出凸轮的轮廓曲线。在如图 3-5 所示的尖顶移动从动杆盘形凸轮机构中，凸轮与从动杆的运动关系如下：

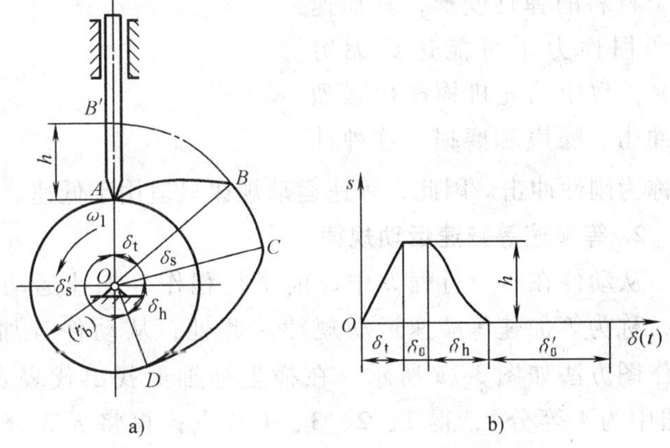

图 3-5　凸轮与从动杆的运动关系

以凸轮轮廓最小半径 r_b 为半径的圆称为基圆，r_b 称为基圆半径。设计凸轮轮廓曲线时，应首先确定凸轮的基圆半径。

在图 3-5 所示位置，尖顶与凸轮轮廓上的 A 点（基圆与轮廓 AB 的连接点）相接触，此时为从动杆上升的起始位置。当凸轮以 ω_1 逆时针方向回转一个角度 δ_t 时，从动杆被凸轮轮廓推动，以一定的规律由起始位置 A 到达最高位置 B'，这个过程称为从动杆的升程，它所移动的距离 h 称为行程，而与升程对应的转角 δ_t 称为升程角。凸轮继续回转 δ_s 时，以 O 为中心的圆弧 BC 与尖顶接触，从动杆在最高位置停歇不动，角 δ_s 称为远休止角。凸轮继续回转 δ_h 时，从动杆以一定的规律回到起始位置，这个过程称为回程，角 δ_h 称为回程角。凸轮再回转 δ'_s 时，从动杆在最近位置停歇不动，角 δ'_s 称为近休止角。当凸轮继续回转时，从动杆重复上述运动。

3.2.2　常用从动件的运动规律

根据上面对各种凸轮机构的介绍，不难理解，从动件的运动是靠凸轮的轮廓形状来实现的。因此，从动件的位移 s、速度 v 和加速度 a 与凸轮的轮廓曲线有直接关系，要想实现从动件的不同运动规律就要求凸轮具有不同形状的轮廓曲线。所以，在设计凸轮机构时，要根据工作要求和条件选择适当的运动规律，并绘出凸轮的轮廓曲线。从动件的运动规律即从动件的位移 s、速度 v 和加速度 a 随时间 t 变化的规律，当凸轮作匀速转动时，其转角 δ 与时间 t 成正比，所以从动件的运动规律用运动参数随凸轮转角的变化规律来表示，即 $s=s(\delta)$，$v=v(\delta)$，$a=a(\delta)$。通常用从动件运动线图直观地表述这些关系。

下面介绍几种常用的从动件运动规律及其选择。

1. 等速运动规律

从动件推程或回程的运动速度为定值的运动规律，称为等速运动规律。

从动件的等速运动规律运动线图可用图 3-6 表示，以推程为例，设凸轮以等角速度 ω 转动，当凸轮转过推程角时，从动件升程为 h。

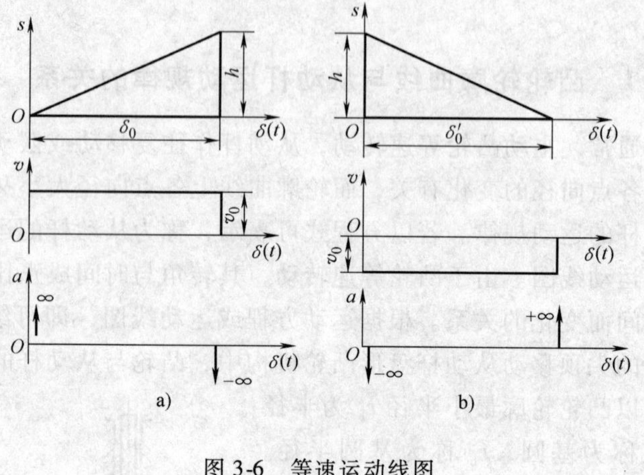

图 3-6　等速运动线图

a）推程　b）回程

由图可知，从动件在推程（或回程）开始和终止的瞬时，速度有突变，其加速度和惯性力在理论上为无穷大（实际上由于材料的弹性变形，其加速度和惯性力不可能达到无穷大），致使凸轮机构产生强烈的冲击、噪声和磨损，这种冲击称为刚性冲击。因此，等速运动规律只适用于低速、轻载的场合。

2. 等加速等减速运动规律

从动件在一个行程 h 中，前半行程作等加速运动，后半行程作等减速运动的运动规律，称为等加速等减速运动规律。此处，从动件等加速上升的位移曲线是二次抛物线，其作图方法如图 3-7a 所示。在横坐标轴上找出代表 $\delta_0/2$ 的一点，将 $\delta_0/2$ 分成若干等分（图中为 4 等分），得 1、2、3、4 各点；再将 $h/2$ 分成若干等分（图中为 4 等分），得 01′、02′、03′、04′直线，它们分别与横坐标轴上的点 1、2、3、4 的垂线相交，最后将各交点连成一光滑曲线，该曲线便是等加速段的位移曲线。图 3-7a 所示为升程时作等加速等减速运动从动件的位移曲线。同理，不难做出回程时等加速等减速运动从动件的运动线图，如图 3-7b 所示。

由运动线图可知，这种运动规律的加速度在 A、B、C 三处存在有限的突变，因而会在机构中产生有限值的冲击力，这种冲击称为柔性冲击。与等速运动规律相比，其冲击程度大为减小。因此，等加速等减速运动规律适用于中速、中载的场合。

3. 简谐运动规律

当一质点在圆周上作匀速运动时，它在该圆直径上投影所形成的运动称为简谐运动。图 3-8 所示为从动件作简谐运动时推程段、回程段的运动线图。由于其加速度线图为一余弦函数，故简谐运动规律又称为余弦加速度运动规律。由加速度线图可知，此运动规律在行程的始末两点加速度存在有限突变，故也存在柔性冲击，只适用于中速场合。但从动件作无停歇的升—降—升连续往复运动时，则得到连续的余弦曲线，运动中完全消除了柔性冲击，这种情况下可用于高速传动。

从动件按正弦加速度规律运动时，在全行程中无速度和加速度的突变，因此不产生冲击。所以，对于高速机构，应减小惯性力、改善动力性能，可选用正弦加速度运动规律。限于篇幅，这里不再详述，必要时可参考《机械设计手册》。

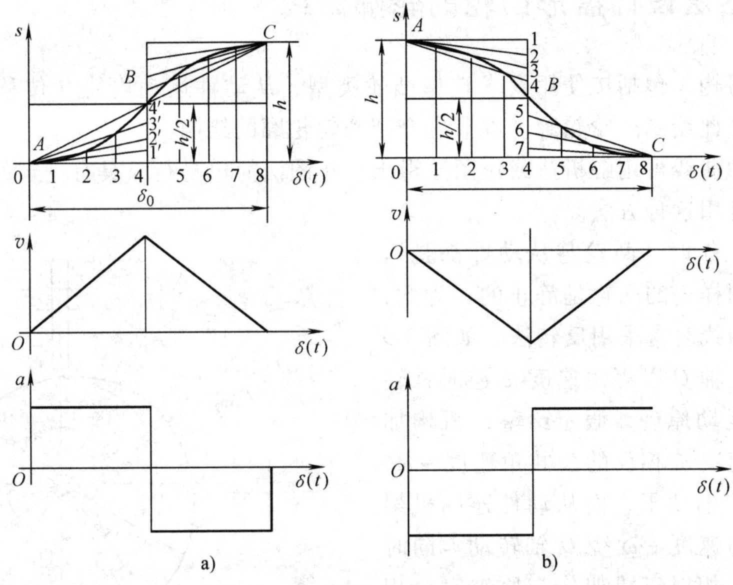

图 3-7　等加速等减速运动线图

a）推程　b）回程

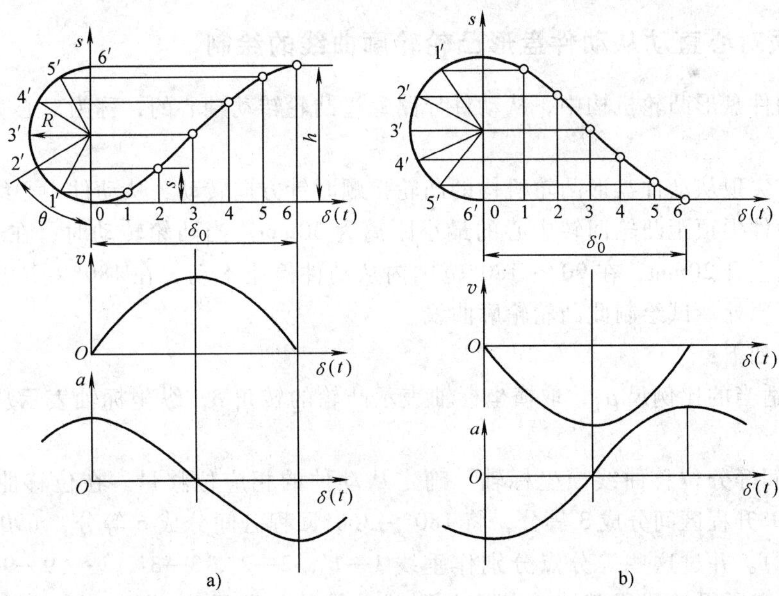

图 3-8　简谐运动线图

a）推程　b）回程

3.3 用作图法设计盘形凸轮的轮廓曲线

设计凸轮机构，包括按使用要求选择凸轮类型、从动件运动规律（位移线图）和基圆半径等，然后据此绘制凸轮轮廓。本节先介绍凸轮轮廓的绘制。

凸轮的轮廓曲线可用解析法或作图法得出。作图法简单易行，具有一定的精确度，在一般凸轮设计中常用这种方法。

凸轮机构工作时，凸轮与从动件都是运动的，而绘在图样上的凸轮是静止的，为此，绘制凸轮轮廓曲线时常采用反转法。如图 3-9 所示，设凸轮绕轴 O 以等角速度 ω 逆时针转动。根据相对运动原理，假定给整个机构加上一个与等角速度 ω 相反的公共角速度 $-\omega$，这样凸轮就固定不动了，而从动件连同机架一起以公共等角速度 $-\omega$ 绕 O 轴转动。同时从动件在导轨中相对于机架作与原来完全相同的往复移动。由于从动件尖顶始终与凸轮轮廓曲线接触，故从动件尖顶的运动轨迹便是凸轮的理论轮廓线。这就是反转法原理。反转法原理适用于各种凸轮轮廓曲线的设计。

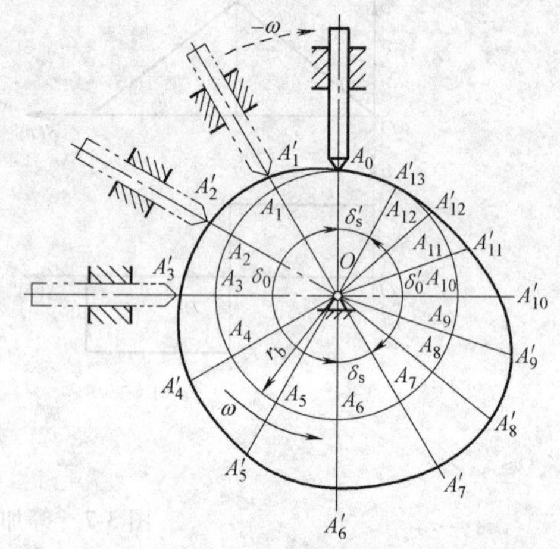

图 3-9 反转法绘制凸轮轮廓曲线

3.3.1 尖顶对心直动从动件盘形凸轮轮廓曲线的绘制

直动从动件盘形凸轮机构中，从动件导路通过凸轮转动轴心的，称为对心直动从动件盘形凸轮机构。

设已知某尖顶从动件盘形凸轮机构的凸轮按顺时针方向转动，从动件中心线通过凸轮回转中心，从动件尖顶距凸轮回转中心的最小距离为 30mm。当凸轮转动时，在 0°~90°范围内从动件匀速上升 20mm，在 90°~180°范围内从动件停止不动，在 180°~360°范围内从动件匀速下降至原处。试绘制此凸轮轮廓曲线。

作图步骤如下：

1）选择适当的比例尺 μ_1，取横坐标轴表示凸轮的转角 δ，纵坐标轴表示从动件的位移 s。

2）按区间等分位移曲线横坐标轴，确定从动件的相应位移量。在位移曲线横坐标轴上，将 0°~90°升程区间分成 3 等分，将 180°~360°回程区间分成 6 等分，（90°~180°停止区间不需等分）。并过这些等分点分别作垂线 1—1′，2—2′，3—3′，…，9—9′，这些垂线与位移曲线相交所得的线段就代表相应位置从动件的位移量 s，即 $s_1=11'$，$s_2=22'$，$s_3=33'$，…，$s_9=99'$（见图 3-10a）。

3）作基圆，作各区间的等分角线。以 O 为圆心，以 $OA_0=30\text{mm}$ 为半径，按已选定的比例尺作圆，此圆称为基圆，如图 3-10b 所示。沿凸轮转动的相反方向，按位移曲线横坐标的等分方法将基圆各区间作相应等分，画出各等分角线 OA_0，OA_3，OA_3，…，OA_9。

4）绘制凸轮轮廓曲线。在基圆各等分角线的延长线上截取相应线段 $A_1A_1'=s_1$，$A_2A_2'=s_2$，$A_3A_3'=s_3$，…，$A_9A_9'=s_9$，得 A_1'，A_2'，A_3'，…，A_9'各点，将这些点连成一光滑曲线，即为所求的凸轮轮廓曲线（见图 3-10b）。

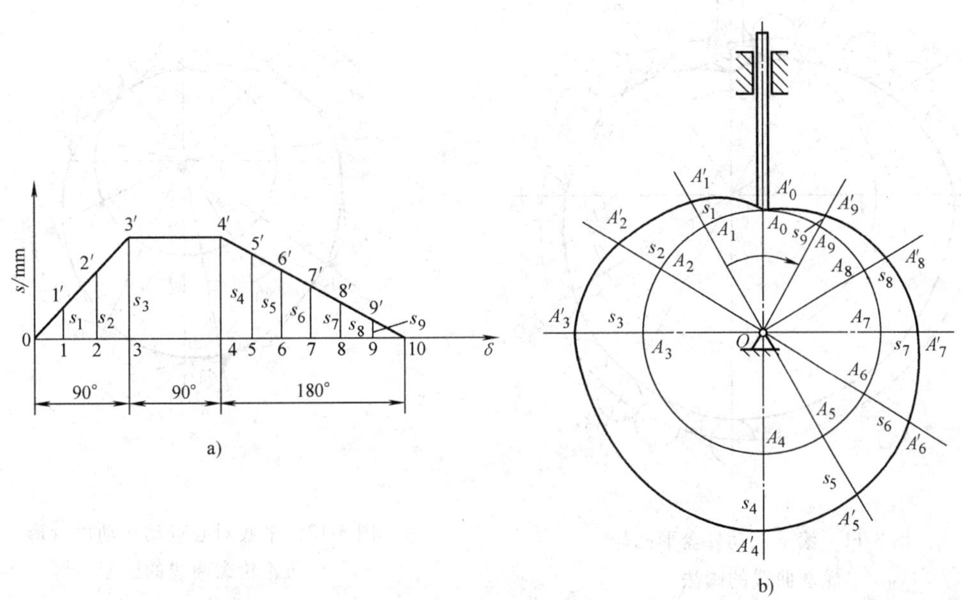

图 3-10　尖顶对心直动从动件盘形凸轮轮廓曲线的画法
a）位移曲线　b）绘制凸轮轮廓曲线

3.3.2　滚子对心直动从动件盘形凸轮轮廓曲线的绘制

绘制滚子从动件盘形凸轮轮廓曲线可分为如下两步：

1）把从动件滚子中心作为从动件的尖顶，按照尖顶从动件盘形凸轮轮廓曲线的绘制方法，绘制凸轮轮廓曲线 B，该曲线称为理论轮廓曲线，如图 3-11 所示。

2）以理论轮廓曲线上的各点为圆心，以已知滚子半径为半径作一簇滚子圆，再作这些圆的光滑内切曲线 C，即得该滚子从动件盘形凸轮的工作轮廓曲线（见图 3-11）。作图时，在理论轮廓曲线的急剧转折处应画出较多的滚子小圆。

3.3.3　平底对心直动从动件盘形凸轮轮廓曲线的绘制

平底从动件盘形凸轮轮廓的绘制方法也与上述相似。如图 3-12 所示，首先在平底上选一固定点 A_0，按照尖顶从动件凸轮绘制的方法，求出理论轮廓上一系列点 A_1，A_2，A_3，…；其次，通过这些点画出各个位置的平底 A_0B_0，A_1B_1，A_2B_2，…；然后作这些平底的内包络线，便得到凸轮的实际轮廓曲线。为了保证平底始终与轮廓接触，平底左侧长度应大于 m，右侧长度应大于 l。

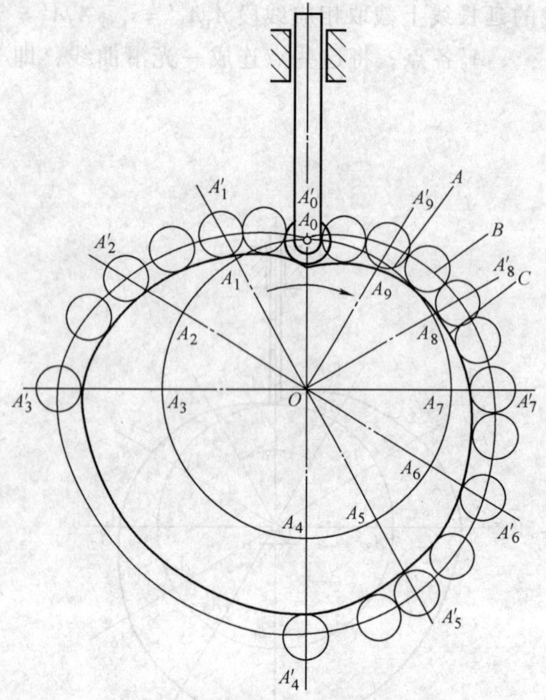

图 3-11　滚子从动件盘形凸轮轮廓曲线的画法

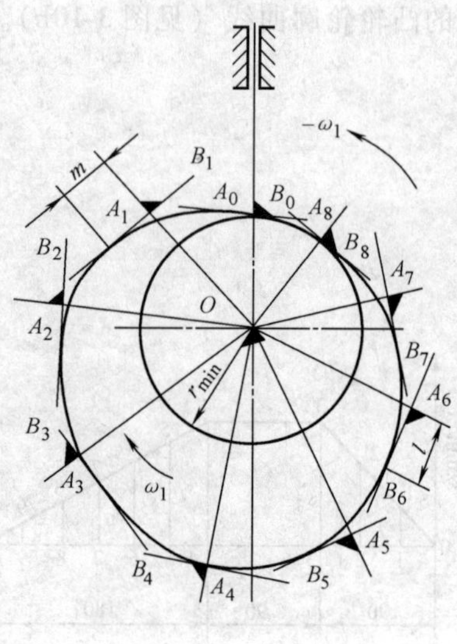

图 3-12　平底对心直动从动件盘形凸轮轮廓曲线的绘制

3.3.4　偏置移动尖顶从动件盘形凸轮

图 3-13 所示为一偏置移动尖顶从动件凸轮机构。轮廓曲线的绘制方法也与前述相似。但由于在这种凸轮机构中，从动件的轴线不通过凸轮的回转轴心 O，而距轴心 O 有一偏距 e，所以从动件在反转过程中，其导路轴线始终与以偏距 e 为半径所作的偏距圆相切，因此从动件的位移应沿这些切线量取。作图方法如下：

1）根据已知从动件的运动规律，作出从动件的位移线图，并将横坐标分段等分。

2）在基圆上，任取一点 B_0 作为从动件升程的起始点，并过 B_0 作偏距圆的切线，该切线即从动件导路线的起始位置。

3）由 B_0 点开始，沿 ω_1 的相反方向将基圆分成与位移线图相同的等份，得各等分点 B_1，B_2，B_3，…，并过各点作偏距圆的切线并沿长，则这些切线即为从动件在反转过程中依次占据的位置。

4）在各条切线上自 B_1'，B_2'，B_3'…截取 $B_1'B = 11'$，$B_2'B_2 = 22'$，$B_3'B_3 = 33'$…，得 B_1，B_2，B_3，…各点。将 B_1，B_2，B_3，…各点连成光滑曲线，即为

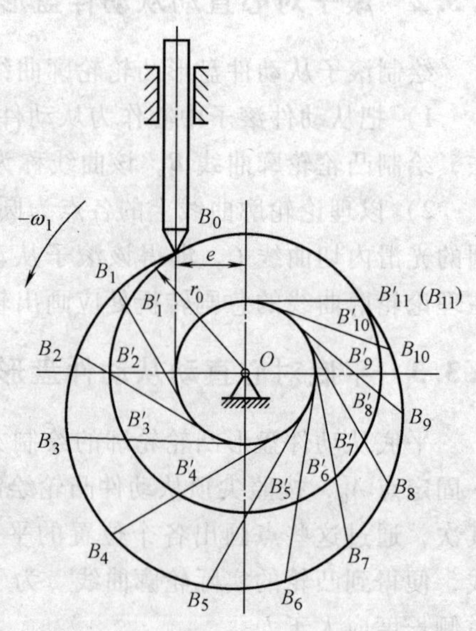

图 3-13　偏置移动尖顶从动件盘形凸轮

凸轮轮廓曲线。

3.4　凸轮机构基本尺寸的确定

设计凸轮机构不仅要保证从动件能实现预期的运动规律，还要求整个机构传力性能良好，结构紧凑。这些要求与凸轮机构的压力角、基圆半径和滚子半径等有关。

3.4.1　凸轮的压力角

1. 压力角概念

图3-14所示为尖顶直动从动件凸轮机构。当不考虑摩擦时，凸轮给予从动件的力 F 是沿法线方向的，从动件运动方向与力 F 方向之间的夹角 α 即为压力角。

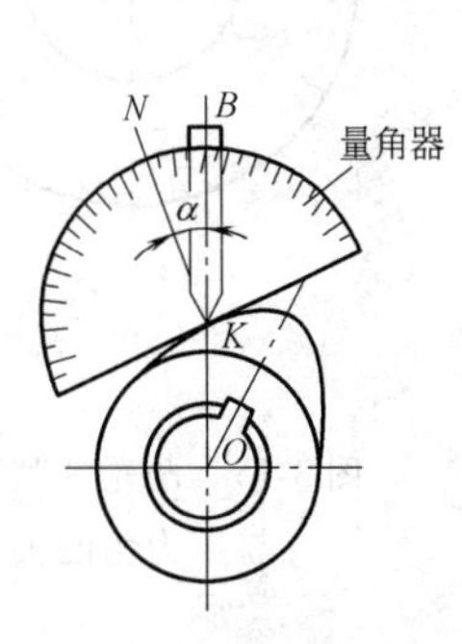

图3-14　凸轮压力角

a）凸轮机构的压力角　b）用量角器测取压力角

2. 凸轮压力角的确定

若将力 F 分解为沿从动件运动方向的有用分力 F' 和使从动件压紧导路的有害分力 F''，其关系式为

$$F''=F'\tan\alpha \tag{3-1}$$

因此，为了保证良好的传力性能，必须限制最大压力角 α_{max}。设计时应使 $\alpha_{max}<[\alpha]$，许用值 $[\alpha]$ 的大小通常由经验确定。一般，推程时：对于直动从动件，取 $[\alpha]=30°$，对于摆动从动件，取 $[\alpha]=45°$；回程时，从动件通常受弹簧力或重力的作用，不会引起自锁，可不必校验压力角。压力角大小可简便地用量角器测取（见图3-14b）。最大压力角 α_{max} 一般出现在从动件上升的起始位置、从动件具有最大速度 v_{max} 的位置或在凸轮轮廓上比较陡的地方。研究表明，从动件运动规律相同时，对应点的压力角与基圆半径 r_b 等因素有关。如图3-15所示，基圆半径较大的凸轮对应点的压力角较小，传力性能好些，但结构尺寸较大；基圆半径小时，压力角较大，容易引起自锁，但凸轮的结构比较紧凑。因此，实际设计中，只能在保证凸轮轮廓的最大压力角不超过许用值的前提下，考虑缩小凸轮的尺寸。

如果 $\alpha_{max}>[\alpha]$，可采用增大凸轮基圆半径 r_b（见图3-15）或将从动件导路适当地偏向凸轮转动方向（见图3-16）布置等措施，以减小 α_{max} 的值，满足使用要求。

由于平底从动件的压力角 α 始终等于零（见图3-17），故其传力性能最好。

3.4.2　凸轮的基圆半径

目前，凸轮基圆半径 r_b 常根据凸轮的结构确定。

1. 当凸轮与轴做成一体（凸轮轴）时

$$r_b=r+r_T+2\sim5\text{mm} \tag{3-2}$$

2. 当凸轮装在轴上时

$$r_b=r_h+r_T+2\sim5\text{mm} \tag{3-3}$$

式中，r 为凸轮轴的半径（mm）；r_h 为凸轮轮毂的半径（mm）；一般 $r_h=(1.5\sim1.7)r$；r_T 为从动件滚子的半径（mm）。

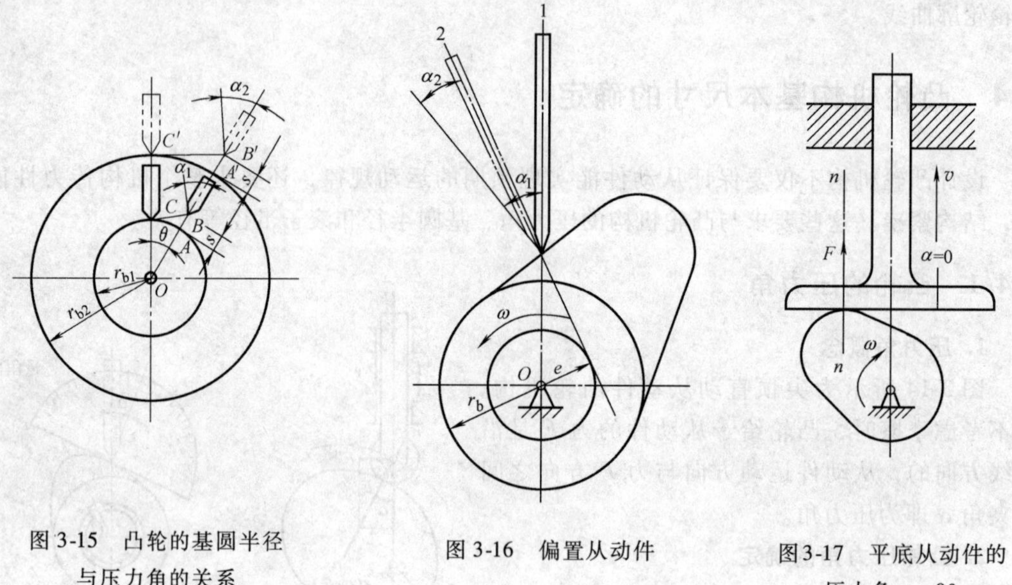

图 3-15　凸轮的基圆半径与压力角的关系

图 3-16　偏置从动件

图 3-17　平底从动件的压力角 $\alpha=0°$

若凸轮机构为非滚子从动件，在计算基圆半径时，式（3-2）和式（3-3）中的 r_b 可不计。

3.4.3　滚子半径的选择

采用滚子推杆时，滚子半径 r_T 的大小首先应满足接触强度要求。另外，要注意若滚子半径选择不当，会使从动件不能实现给定的运动规律，这种情况称为运动失真。如图 3-18a 所示，当滚子半径 r_T 大于理论轮廓曲率半径 ρ 时，包络线会出现自相交叉现象，由此而造成的阴影部分在制造时不可能制出，这时从动件不能处于正确位置，致使从动件运动失真。避免方法是保证理论轮廓最小曲率半径 ρ_{min} 大于滚子半径 r_T（见图 3-18b），这时包络线不自交。通常 $r_T<\rho_{min}-3mm$，对于一般自动机械，r_T 取 10～25mm。

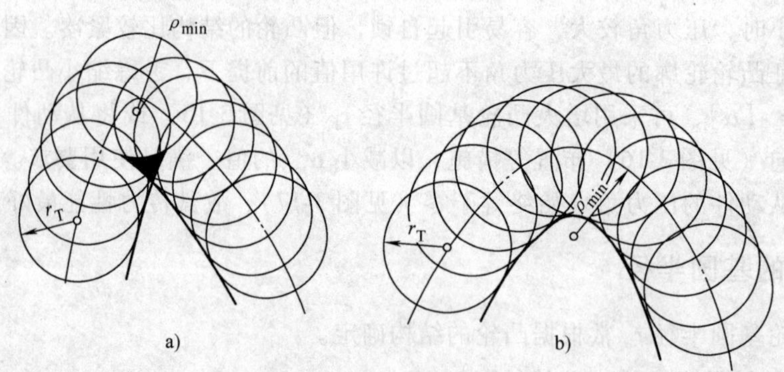

图 3-18　滚子半径的选择

a）$\rho_{min}<r_T$　b）$\rho_{min}>r_T$

如果出现运动失真情况，可采用减小滚子半径的方法来解决。若由于滚子半径的结构等因素不能减小其半径时，可适当增大基圆半径 r_b 以增大理论轮廓线的最小曲率半径。

3.4.4 材料和热处理

凸轮通常用 45 钢或 40Cr 来制造，一般要淬硬到 52～58HRC。有时可用 15 钢或 20Cr 渗碳并淬硬至 56～62HRC，或用渗氮处理的钢材，以增加轮廓的耐磨性。轻载的凸轮可用铸铁、45 钢调质或塑料制造。要求抗腐蚀时可选用有色金属合金。

滚子的制造和更换都比较方便。其材料和热处理方式与凸轮相同时，滚子先磨损，故可用与凸轮相同的材料和热处理方式，或用碳素工具钢 T8 淬硬到 55～59HRC，或用合适的滚动轴承作滚子。

3.4.5 凸轮工作图

凸轮的结构形式及与轴的固定方式有整体式（见图 3-19）、键联接式（见图 3-20）、销联接式（见图 3-21）和弹性开口锥套螺母联接式（见图 3-22，多用于凸轮与轴的角度需要经常调整的场合）等。

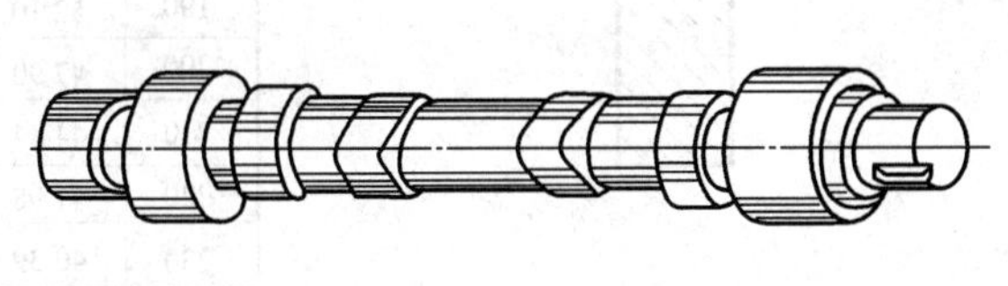

图 3-19　整体式凸轮

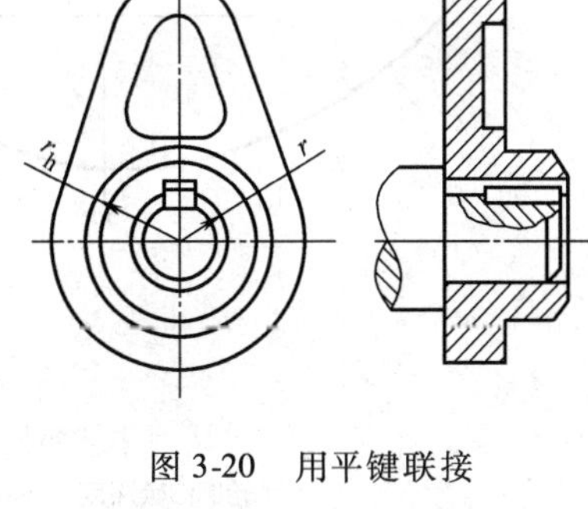

图 3-20　用平键联接

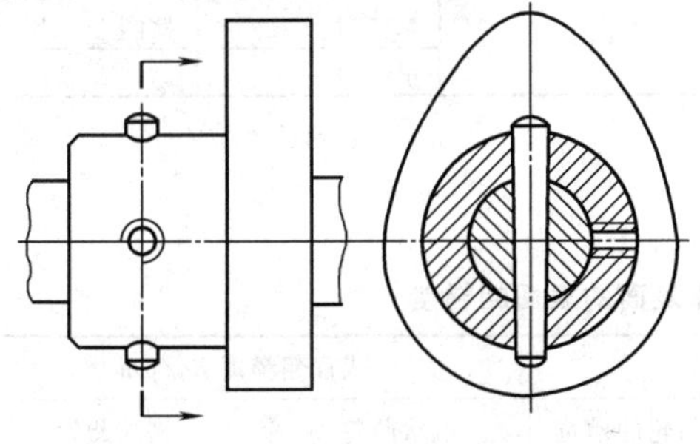

图 3-21　销联接

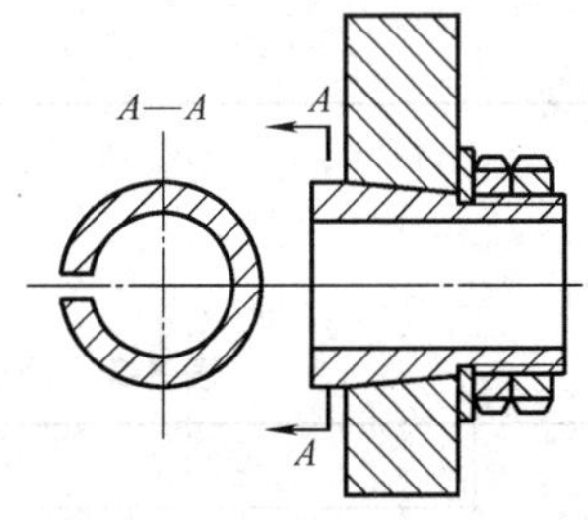

图 3-22　用弹性锥套和螺母联接

凸轮零件工作图如图 3-23 所示。画图时应注意以下几点：

1）为便于凸轮的加工和检验，图中应列有推程表，表中列出凸轮每隔一定角度（分隔越小，精确度越高）所对应的工作轮廓的向径值。

2）凸轮的加工精度，主要是指凸轮工作轮廓的向径公差、表面粗糙度和基准孔偏差的大小，画图时可参照表 3-2 选取。

3）当凸轮与其他零件间有一定的位置要求时，要根据设计要求，在凸轮上作一标记，如图 3-23 中，在 0°起始线处，打印有标记“0”。

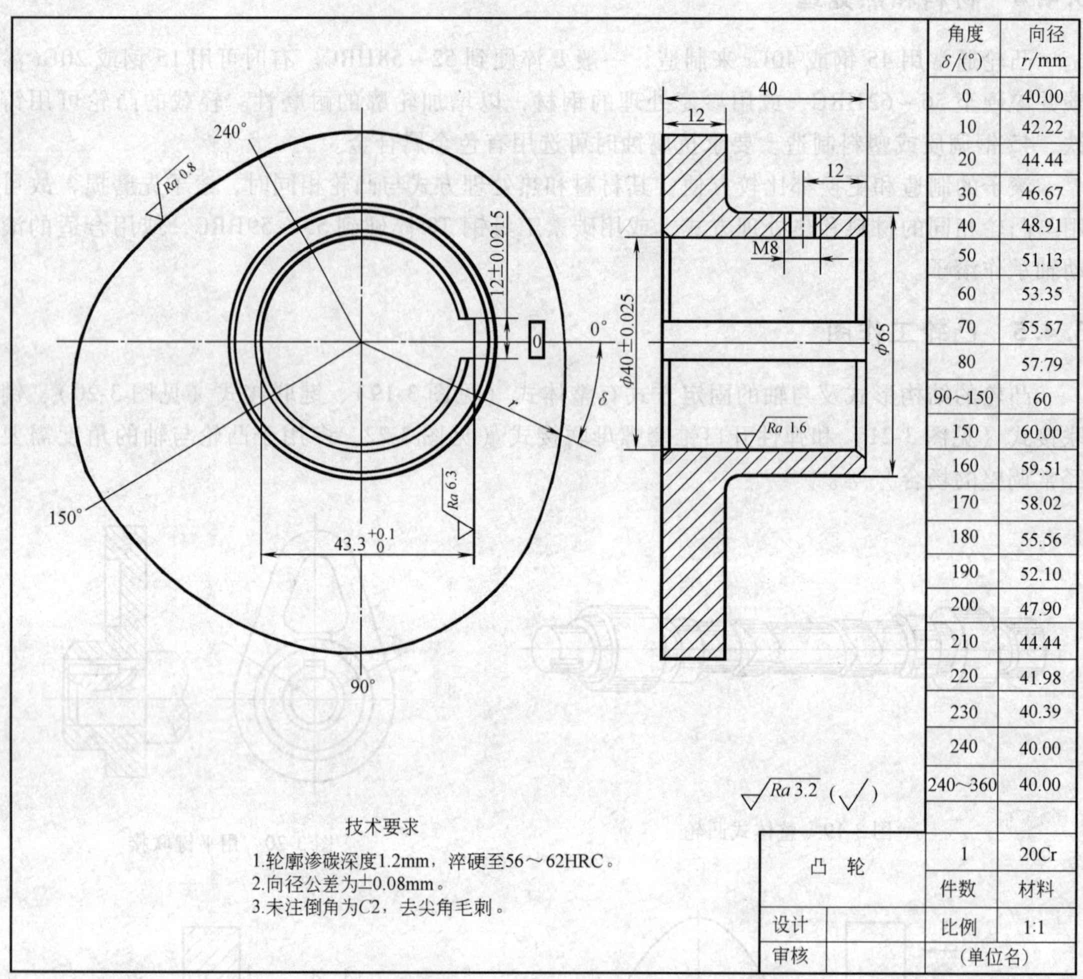

图 3-23　凸轮工作图

表 3-2　凸轮公差及轮廓工作表面的表面粗糙度

凸轮精度	极限偏差			表面粗糙度 Ra/μm	
	向径/mm	基准孔	槽式凸轮的槽宽	盘状凸轮	槽式凸轮
高粗度	±（0.05～0.10）	H7	H7（H8）	0.4	0.8
一般精度	±（0.10～0.20）	H7（H8）	H8	0.8	1.6
低精度	±（0.2～0.5）	H8	H8　H9	1.6	1.6

3.4.6　凸轮机构在工程上应用的实例

（1）配气凸轮机构　图 3-24 所示为内燃机中的配气凸轮机构。内燃机在燃烧过程中，驱动凸轮轴及其上的凸轮转动，通过凸轮的曲线轮廓推动配气摇臂摆动，并由配气摇臂推动进、排气门按特定的规律往复移动，从而达到控制气缸燃烧室中进、排气的功能。

（2）摩托车换挡机构　图 3-25 所示为摩托车换挡机构。当圆柱凸轮绕其轴线转动时，通过其沟槽与换挡拨叉接触，推动换挡拨叉沿拨叉轴轴向移动，换挡拨叉带动换挡毂实现齿轮 1、3 和齿轮 2、4 的接合和分离，完成摩托车的换挡动作。

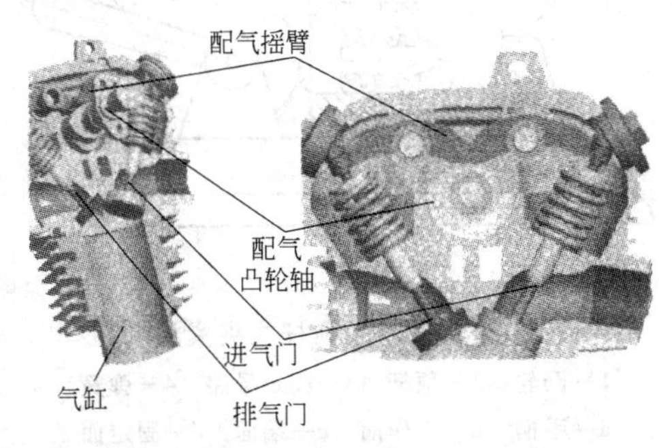

图 3-24　内燃机配气凸轮机构

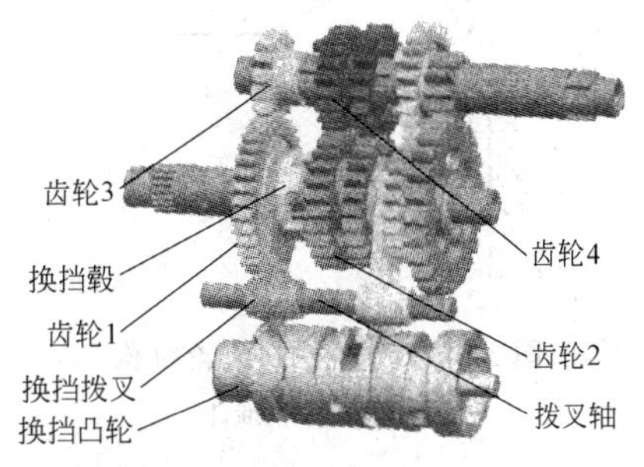

图 3-25　摩托车换挡机构

（3）缝纫机中的挑线凸轮机构　图 3-26 所示为缝纫机中的挑线凸轮机构。安装在挑线板 2 上的小滚轮嵌在圆柱凸轮 1 的螺旋状沟槽内，当凸轮 1 绕自身轴线连续转动时，通过其沟槽推动小滚轮作相对移动，于是挑线板 2 绕机架 3 的轴摆动，成为摆杆，并使穿在挑线板右上方小孔中的针线被拉紧并不断向前输送，用以缝制服装。

（4）摆动筛机构　图 3-27 所示为摆动筛机构。主动偏心轮 1 转动时，通过左右带轮带动筛体 2 往复摆动。筛体 2 悬挂在铰链连接的杆或平板弹簧上。这种机构由于采用两个挠性带，可吸收一部分能量，动力性能较好。

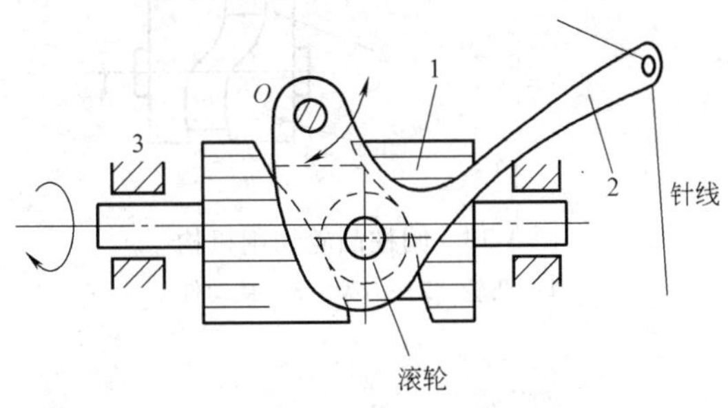

图 3-26　缝纫机中的挑线凸轮机构
1—凸轮　2—挑线板　3—机架

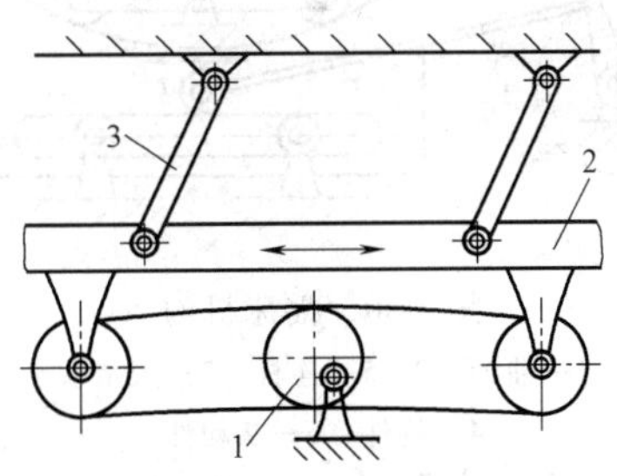

图 3-27　摆动筛机构
1—偏心轮　2—筛体　3—杆

（5）行程控制凸轮机构　图 3-28 所示为组合机床等机器中常用的行程控制凸轮机构。凸轮 1 固定在机器的运动部件上并随之一起移动，当到达预定位置时，其轮廓将接触并推动电气行程开关（或液压行程阀）的推杆 2，使之发生电信号（或液压信号），从而使移动部件变速、变向或停止运动等，以实现机器的自动工作循环等要求。

（6）凸轮式夹紧装置　图 3-29 所示为凸轮—顶杆式夹紧机构。凸轮 1 与手柄 a 固连，当凸轮绕轴心 A 转动时，其工作面 b 沿着顶杆 2 的端面 c 滑动，而顶杆沿着固定导路 3 移动。因此，若逆时针方向转动手柄，则凸轮使顶杆向左移动，将工件相对于固定面 d 夹紧；

若顺时针方向转动手柄，则弹簧4使顶杆向右移动，工件被松开。

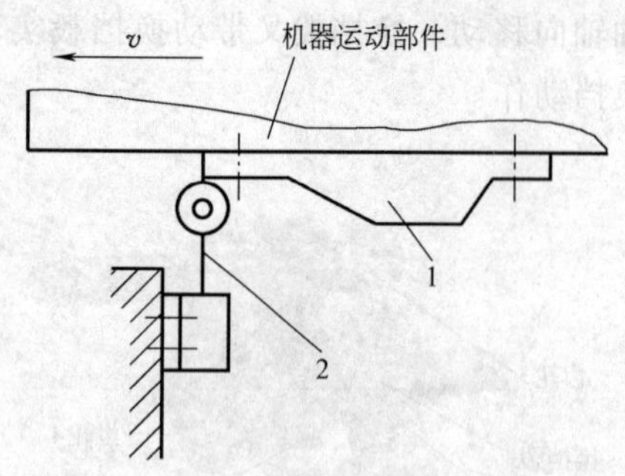

图 3-28　行程控制凸轮机构

1—凸轮　2—推杆

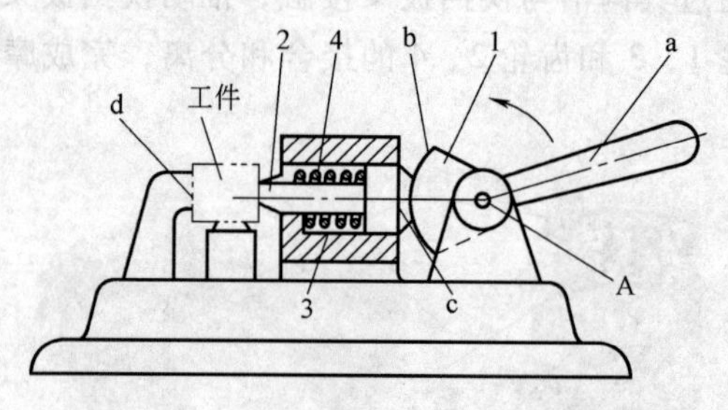

图 3-29　凸轮—顶杆式夹紧机构

1—凸轮　2—顶杆　3—固定导路　4—弹簧

a—手柄　b—工作面　c—端面　d—固定面

（7）摇床机构　图3-30所示为摇床机构的示意图，摇床机构由连杆机构与移动凸轮机构组成，曲柄1为主动件，通过连杆2使大滑块3（移动凸轮）作往复直线移动。滚子 G、H 与凸轮轮廓线接触，使构件4绕固定轴 E 摆动，再通过连杆5驱动从动件6按预定的运动规律往复移动。该机构适用于中低速轻负荷的摇床机构或推移机构。

（8）圆柱凸轮切削机构　图3-31所示为圆柱凸轮切削机构。切削利用带沟槽的凸轮机构完成。凸轮1带动与从动件3固接的刀架2作往复运动，对工件进行切削。

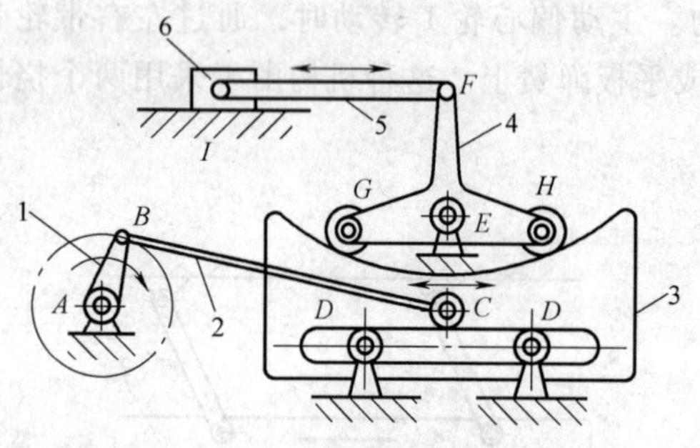

图 3-30　摇床机构

1—曲柄　2、5—连杆　3—大滑块

4—构件　6—从动件

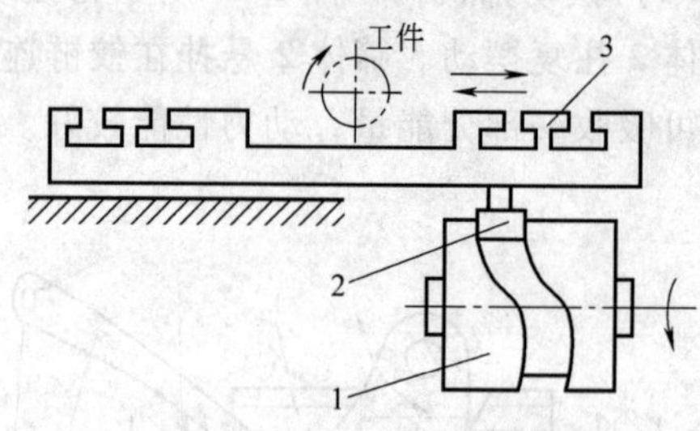

图 3-31　圆柱凸轮切削机构

1—凸轮　2—刀架　3—从动件

思考与练习

3.1　为什么凸轮机构广泛应用在自动和半自动机械的控制装置中？

3.2　什么是刚性冲击和柔性冲击？如何避免刚性冲击？

3.3　什么是凸轮机构的压力角？压力角的大小与凸轮尺寸有何关系？它对传力性能有何影响？

3.4　滚子从动件凸轮机构中，基圆半径过大或过小会出现什么问题？

3.5　已知从动件的升程 $h=120\text{mm}$，凸轮以 $\omega=$ 常数作顺时针转动，推程运动角 $\delta=120°$ 时，从动件上升至最高位置，此时停止不动，远休止角 $\delta=30°$。凸轮继续转过回程运动角 $\delta_h=120°$，从动件以等加速等减速下降，下降距离为 $h=120\text{mm}$。最后凸轮转过近休止角 $\delta'_s=90°$。此时从动件停止不动。试用图解法设计基圆半径 $r_b=200\text{mm}$ 的凸轮轮廓。

3.6　为什么在滚子从动件凸轮机构中要先求出理论轮廓曲线，然后求其实际轮廓曲线？

3.7　设计一对心滚子直动推杆盘形凸轮。已知凸轮的基圆半径 $r_b = 35\text{mm}$，凸轮以等角速度 ω 逆时针转动，推杆行程 $h = 20\text{mm}$，滚子半径 $r_T = 10\text{mm}$，位移线图 $s-\delta$ 如图 3-32 所示。

3.8　设计一偏置滚子直动推杆盘形凸轮。已知凸轮以等角速度 ω 顺时针转动，凸轮转轴 O 偏于推杆的右方 10mm 处，基圆半径 $r_b = 35\text{mm}$，推杆行程 $h = 32\text{mm}$，滚子半径 $r_T = 10\text{mm}$，其位移线图 $s-\delta$ 如图 3-33 所示。

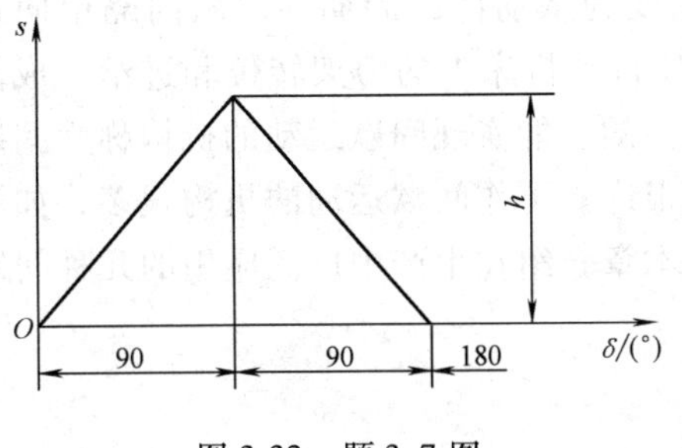

图 3-32　题 3.7 图

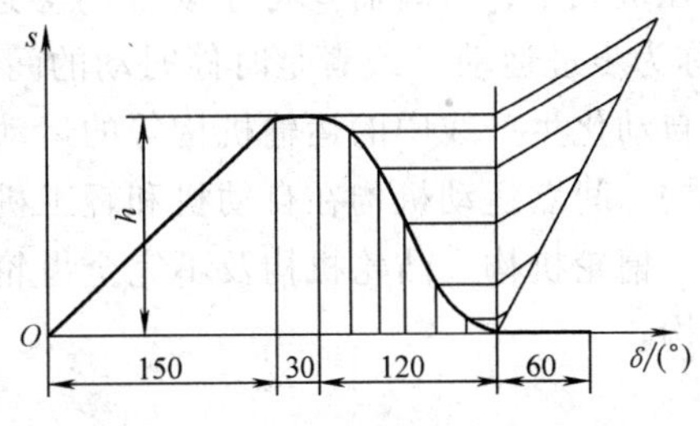

图 3-33　题 3.8 图

第 4 章　间歇运动机构

在机械中，有时需要将原动件的等速连续转动变为从动件的周期性停歇间隔单向运动（又称为步进运动）或者是时停时动的间歇运动，如自动机床中的刀架转位和进给，成品输送及自动化生产线中的运输机构等的运动都是间歇性的。能实现间歇运动的机构称为间歇运动机构。间歇运动机构在自动机和轻工机械中应用很广。可作间歇运动的机构很多，如棘轮机构、槽轮机构、凸轮机构及不完全齿轮机构等。本章介绍在生产中广泛应用的几种间歇运动机构。

4.1　棘轮机构

4.1.1　棘轮机构的结构及工作原理

棘轮机构主要由棘轮、棘爪和机架组成。图 4-1 所示为一典型的齿式棘轮机构，由棘轮、棘爪、摇杆、机架以及制动爪组成。弹簧是用来使制动爪和棘轮保持接触的。摇杆和棘轮的回转轴线重合。当摇杆逆时针摆动时，驱动棘爪插入棘轮的齿槽中，推动棘轮转过一定角度，而制动爪则在棘轮的齿背上滑过。当摇杆顺时针摆动时，驱动棘爪在棘轮的齿背上滑过，而制动爪则阻止棘轮作顺时针转动，棘轮静止不动。因此，当摇杆作连续的往复摆动时，棘轮将作单向间歇转动。

图 4-2 所示为双动式棘轮机构，可使棘轮在摇杆往复摆动时都能作同一方向转动。驱动棘爪可做成钩头（见图 4-2a）或直头（见图 4-2b）。

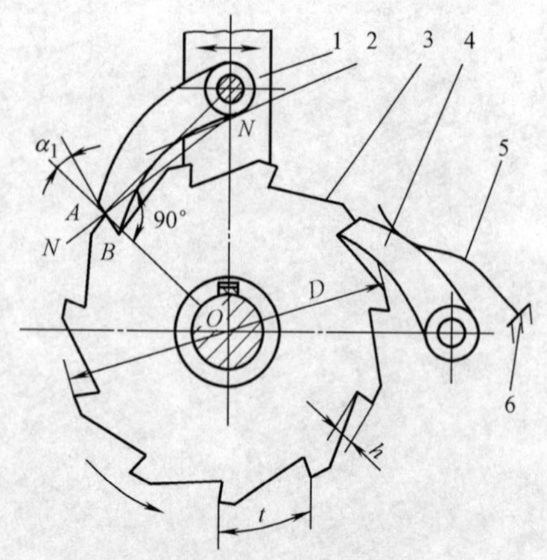

图 4-1　齿式棘轮机构

1—摇杆　2—棘爪　3—棘轮　4—制动爪　5—弹簧　6—机架

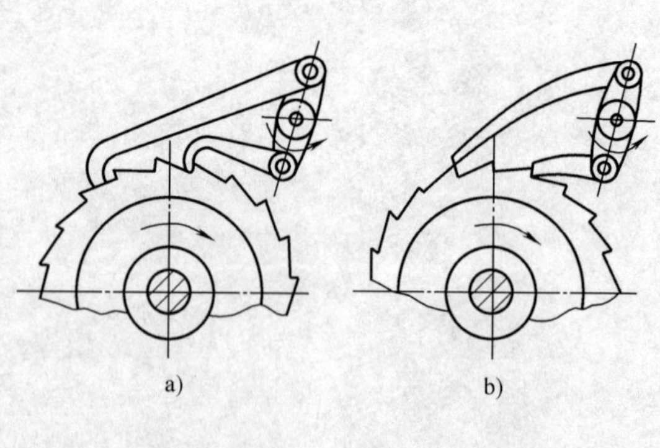

图 4-2　双动式棘轮机构

a）钩头棘爪　b）直头棘爪

图 4-3 所示为双向棘轮机构，可使棘轮作双向间歇运动。图 4-3a 采用具有矩形齿的棘轮，当棘爪处于实线位置 B 时，棘轮作逆时针间歇转动；当棘爪处于虚线位置 B'时，棘轮则作顺时针间歇运动。图 4-3b 采用回转棘爪，当棘爪按图示位置放置时，棘轮将作逆时针间歇转动。若将棘爪提起，并绕本身轴线转 180°后再插入棘轮齿槽时，棘轮将作顺时针间歇转动。若将棘爪提起并绕本身轴线转动 90°，棘爪将被架在壳体顶部的平台上，使棘轮与棘爪脱开，此时棘轮将静止不动。

4.1.2　棘轮机构的应用及特点

棘轮机构常用在各种机床和自动机的进给机构上，也常用作停止器或制动器。现举几个应用实例。

图 4-4 所示为起重设备中的棘轮制动器。棘轮和毂轮为同一刚体，固连在轴上，当提升重物时，棘轮逆时针转动，棘爪 3 在棘轮 1 齿背上滑过；当需使重物停在某一位置时，棘爪将及时插入棘轮的相应齿槽中，防止棘轮在重力 W 作用下顺时针转动使重物下落，以实现制动。

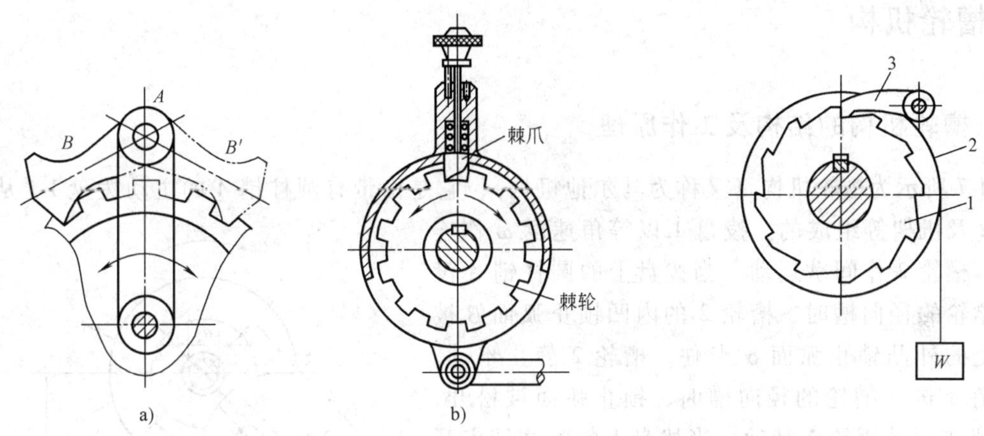

图 4-3　双向棘轮机构

a）采用具有矩形齿的棘轮　b）采用回转棘爪

图 4-4　起重设备中的棘轮制动器

1—棘轮　2—毂轮　3—棘爪

棘轮机构不仅能够实现间歇运动，而且还能实现超越运动，即从动件可以超越主动件而转动。如图 4-5 所示为自行车后轮轴上的棘轮机构，当人蹬踏板时，通过大链轮 1 和链条 2 带动小链轮 3 和内棘轮（它和链轮 3 同为一刚体）顺时针转动，再经过棘爪 4 的作用使后轮轴 5 顺时针转动，从而驱使自行车前进。人需要休息时或下坡时，不再蹬踏板，而自行车必须照常行驶。此时，后轮轴 5 即超越链轮 3 而转动，棘爪 4 则不起作用并受迫在棘轮齿背上不断滑过。所以，自行车照常行驶。

综上所述，棘轮机构的特点是结构简单，改变转角大小较方便（如改变摇杆的摆角），还可实现超越运动；但它传递动力不大，且传动平稳性差，因此只适用于转速不高，转角不大的低速传动，常用来实现机械的间歇送进、分度、制动和超越等运动。

另外，以上所讨论的齿式棘轮的转角都是相邻两齿所夹中心角的倍数，也就是说，棘轮的转角是有级性改变的。如果要实现无级性改变，就需要采用无棘齿的棘轮机构。图 4-6 所示棘轮是通过棘爪 1 与棘轮 2 之间的摩擦力来传递运动的（3 为制动棘爪），故又称为摩擦式棘轮机构。这种机构在传动过程中很少发生噪声，但其接触表面间容易发生滑动。

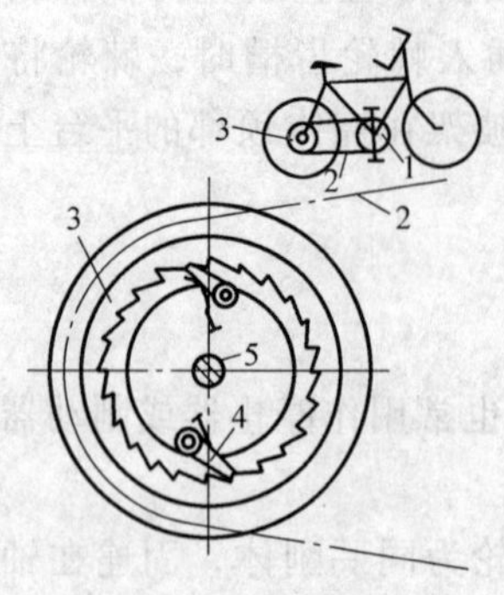

图 4-5 自行车后轴上的棘轮机构

1—大链轮 2—链条 3—小链轮 4—棘爪 5—后轮轴

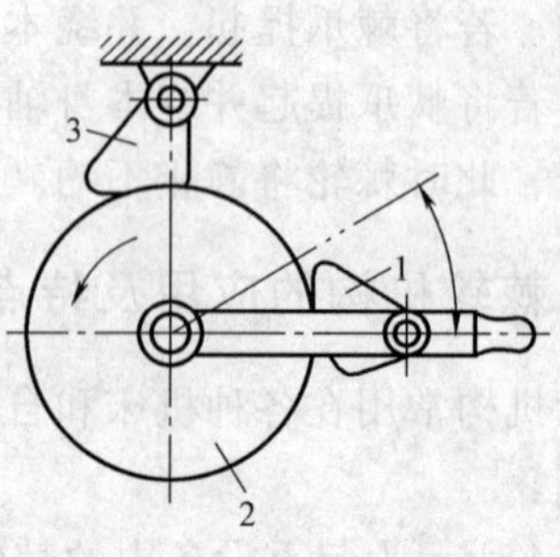

图 4-6 摩擦式棘轮机构

1—棘爪 2—棘轮 3—制动棘爪

4.2 槽轮机构

4.2.1 槽轮机构的结构及工作原理

图 4-7 所示为槽轮机构（又称为马尔他机构），它是由带有圆柱销 A 的主动拨盘 1、从动槽轮 2 及机架等组成的。拨盘 1 以等角速度 ω 作连续回转，槽轮 2 作间歇运动。当拨盘上的圆柱销 A 没有进入槽轮的径向槽时，槽轮 2 的内凹锁止弧面 β 被拨盘 1 上的外凸锁止弧面 α 卡住，槽轮 2 静止不动。当圆柱销 A 进入槽轮的径向槽时，锁止弧面被松开，则圆柱销 A 驱动槽轮 2 转动。当拨盘上的圆柱销离开径向槽时，下一个锁止弧面又被卡住，槽轮又静止不动。由此将主动件的连续转动转换为从动槽轮的间歇转动。

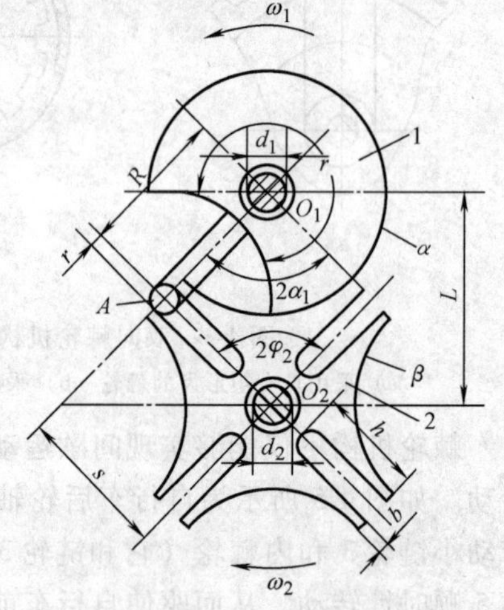

图 4-7 外啮合槽轮机构

1—拨盘 2—槽轮

4.2.2 槽轮机构的类型、特点及应用

槽轮机构有外啮合槽轮机构（见图 4-7）和内啮合槽轮机构（见图 4-8），前一种拨盘与槽轮的转向相反，而后一种则转向相同，它们均为平面槽轮机构。此外还有如图 4-9 所示的空间槽轮机构，从动槽轮为半球状结构，槽和锁止弧均分布在球面上，主动构件的轴线和销的轴线均与槽轮的回转轴线汇交于槽轮球心 O，故又称为球面槽轮机构。当主动构件连续回转时，槽轮作间歇转动。

槽轮机构中拨盘（杆）上的圆柱销数、槽轮上的径向槽数以及径向槽的几何尺寸等均可视运动要求的不同而定。圆柱销的分布和径向槽的分布可以不均匀，同一拨盘（杆）上若干个圆柱销离回转中心的距离也可以不同，同一槽轮上各径向槽的尺寸也可以不同。

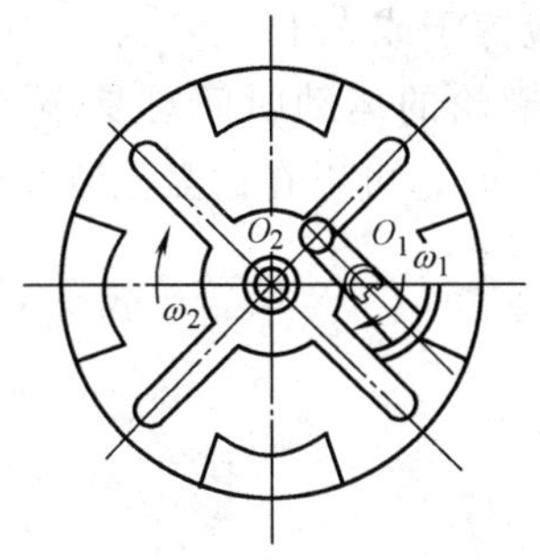

图 4-8　内啮合槽轮机构

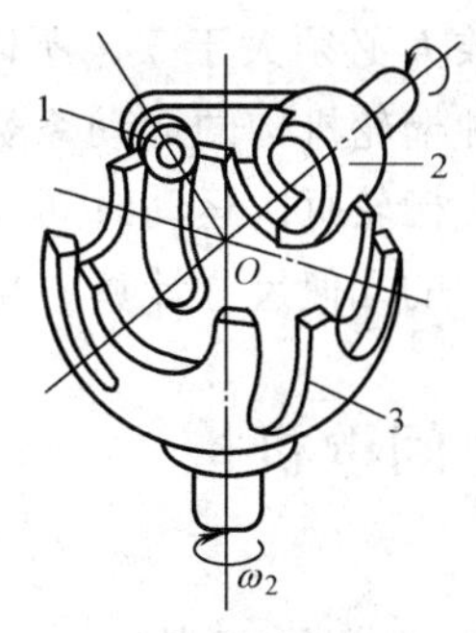

图 4-9　空间槽轮机构

1—销　2—主动构件　3—槽轮

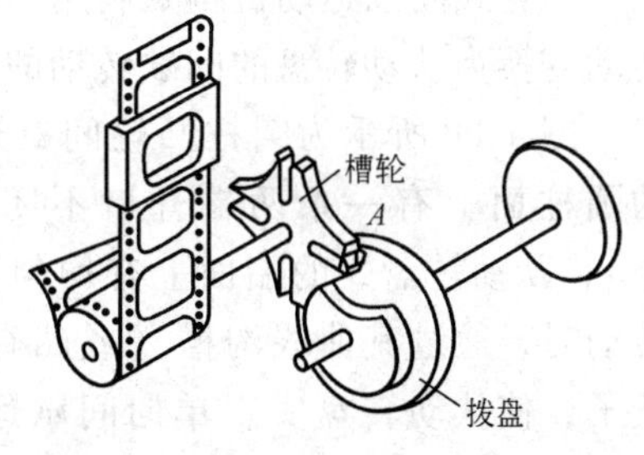

图 4-10　电影放映机卷片机构

槽轮机构的特点是结构简单、工作可靠、机械效率高，能较平稳、间歇地进行转位。但因圆柱销突然进入与脱离径向槽，传动存在柔性冲击，不适用于高速场合。此外槽轮的转角不可调节，故只能用于定转角的间歇运动机构中。如图 4-10 所示的电影放映机卷片机构，槽轮具有四个径向槽，拨盘上装一个圆销 A。拨盘转 1 周，圆销 A 拨动槽轮转过 1/4 周，胶片移动一个画格，并停留一定时间（即放映一个画格）。拨盘继续转动，重复上述运动。利用人眼的视觉暂留特性，当每秒钟放映 24 帧画面时即可使人看到连续的画面。

4.2.3　槽轮机构的运动系数

在单圆销的槽轮机构中，拨盘转动一周称为一个运动循环。一个运动循环中，槽轮的运动时间 t_2（即拨盘圆销拨动槽轮转过一个槽所用的时间）与拨盘运动时间 t_1 之比称为运动系数，用符号 K 表示。由于主动拨盘通常作等速转动，故运动系数 K 也可用相应的转角表示。对只有一个圆销的槽轮机构，时间 t_2 和 t_1 分别对应于拨盘的转角 $2\alpha_1$ 和 2π（见图 4-7），则

$$K = t_2/t_1 = 2\alpha_1/2\pi \tag{4-1}$$

由图 4-7 可知，拨盘圆销在进入和退出径向槽时，为了减小冲击，径向槽的中线应切于圆销中心运动的圆周，即 O_2A 垂直于 O_1A。因此，拨盘的转角 $2\alpha_1$ 与槽轮转角 $2\varphi_2$ 之和应为

$$2\alpha_1 + 2\varphi_2 = \pi$$

$$2\alpha_1 = \pi - 2\varphi_2$$

设 z 为槽轮上均匀分布的径向槽数，则

$$2\varphi_2 = \frac{2\pi}{z}$$

所以

$$2\alpha_1 = \pi - 2\varphi_2 = \pi - \frac{2\pi}{z} = \frac{\pi(z-2)}{z} \tag{4-2}$$

故
$$K = \frac{z-2}{2z} = \frac{1}{2} - \frac{1}{z} \tag{4-3}$$

运动系数 K 必须大于零，所以，槽轮的径向槽数 z 应等于或大于 3。

由于这种槽轮机构的运动系数 K 总是小于 0.5，即槽轮的运动时间总是小于其停歇时间。如果需要槽轮每次运动时间大于停歇时间（$K>0.5$）时，可以在拨盘上装几个圆销。

槽轮机构的几何尺寸计算，见其他有关资料。

4.3　其他间歇机构

4.3.1　凸轮式间歇机构

1. 凸轮式间歇机构的组成和工作原理

凸轮式间歇运动机构是利用凸轮的轮廓曲线，通过对转盘上滚子的推动，将凸轮的连续转动变换为从动转盘的间歇转动的机构。它一般由主动凸轮、从动转盘和机架组成。

图 4-11 所示为圆柱凸轮间歇运动机构，主动凸轮 1 的圆柱面上有一条两端开口不闭合的曲线沟槽（或凸脊），从动转盘 3 的端面上有均匀分布的滚子 2。当凸轮转动时，通过其曲线沟槽（或凸脊）拨动从动转盘上的滚子，使从动转盘实现单向间歇运动。由于圆柱凸轮上不同半径处的线速度不同，如果从动件上采用圆柱滚子，那么它和凸轮的工作面之间会产生相对滑动。为了改善磨损情况和便于调整间隙，可以把滚子制成上大下小的圆锥体。

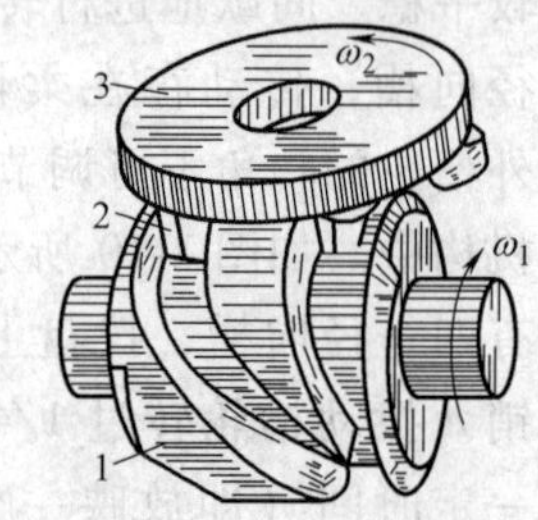

图 4-11　圆柱凸轮间歇运动机构

1—主动凸轮　2—滚子　3—从动转盘

2. 凸轮式间歇机构的特点与应用

凸轮式间歇运动机构的优点是结构简单，运转可靠，转位精确，传动平稳，无噪声，且只要适当选择从动件的运动规律和合理设计凸轮的轮廓曲线，即可减小动载荷和避免冲击，适应高速运转的要求。这是它不同于棘轮机构、槽轮机构的最突出的优点。凸轮式间歇运动机构的主要缺点是装配与调整要求较高，加工比较复杂。凸轮式间歇运动机构主要用于能传递交错轴间的间歇传动，在轻工机械、冲压机械等高速机械中常用作高速、高精度的步进进给、分度转位等机构，如卷烟机、包装机、多色印刷机和高速冲床等。

4.3.2　不完全齿轮机构

1. 不完全齿轮机构组成和工作原理

不完全齿轮机构是由渐开线齿轮机构演变而成的一种间歇运动机构，与一般齿轮机构相比，最大区别在于其齿轮的轮齿不布满整个圆周。如图 4-12 所示，在主动轮上只制出一个或数个轮齿，其余部分为外凸锁止弧，从动轮 2 上有与主动轮齿相啮合的齿间和内凹锁止弧相间布置。当主动轮 1 的有齿部分作用时，从动轮就转动，主动轮的外凸锁止弧作用时，从动轮停止不动。因此当主动轮连续转动时，从动轮获得时转时停的间歇运动。

在图 4-12a 所示的不完全齿轮机构中，主动轮 1 上只有一个齿，从动轮 2 上有八个齿间，故主动轮每转一周，从动轮只转 1/8 周。在图 4-12b 所示的不完全齿轮机构中，主动轮 1 上有四个轮齿，从动轮 2 的圆周有四个运动段和四个停歇段，而每个运动段有四个齿间与主动轮齿相啮合，主动轮转一周，从动轮转 1/4 周。

图 4-13 所示为不完全齿轮齿条机构，当主动齿轮连续转动时，从动齿条作时动时停的往复直线移动。

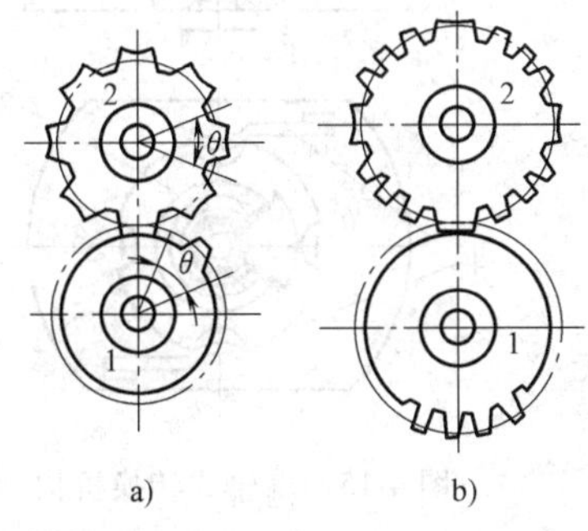

图 4-12　不完全齿轮机构

1—主动轮　2—从动轮

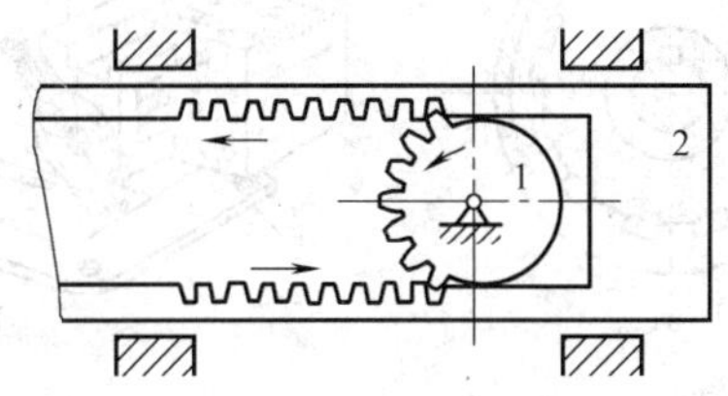

图 4-13　不完全齿轮齿条机构

1—主动轮　2—从动齿条

2. 不完全齿轮间歇机构的特点与应用

不完全齿轮间隙机构的优点是设计灵活，工作可靠，传递的力大，而且从动轮停歇的次数、每次停歇的时间及每次转过角度的变化范围比较大。缺点是加工工艺较复杂，从动轮在运动开始和终了时有较大的冲击，不宜用于高速传动，且主、从动轮不能互换。

不完全齿轮机构一般用于低速、轻载的场合，如在自动机械和半自动机械中，用做工作台的间歇转位机构、间歇进给机构以及计数装置等。

4.4　间歇运动机构的工程实例

（1）机床进给机构　图 4-14 所示为牛头刨床进给传动系统的核心部分。构件 1（OA）、2（AB）、3（BC）和机架 8 构成一套连杆机构。杆 1 转动一周，杆 3 往复摆动一次。杆 3 逆时针摆动时，安装在杆 3 上的棘爪 4 推动棘轮 5 转过一定的角度；杆 3 顺时针摆动时，棘爪 4 在棘轮上滑回，棘轮不转动。这套棘轮机构又带动一套螺旋机构。棘轮 5 与螺杆 6 连为一体，当棘轮转动时，带动螺杆转动，螺杆在其轴线方向上被限制而不能移动。在工作台 7 中固定着一个螺母（图中未画出），螺母套在螺杆上。当螺杆转动时，螺母连同工作台 7 就会沿着螺杆的轴线方向移动一个很小的距离。杆 1 和主传动系统中的圆盘是一体的。所以，圆盘转动一周，滑枕往复运动一次，工作台就沿横向移动一步。这个移动发生在滑枕的空回行程中。工作台的这个运动称为进给运动，有了进给运动，才能刨削出整个被加工平面。

（2）棘轮式转换机构　图 4-15 所示为棘轮式转换机构。轴 A 上固连着旋钮 1 和棘轮 2，转动旋钮时，棘轮因弹簧 3 的作用从一个指定位置转到另一个指定位置。在该指定位置上，弹性棘爪 4 与棘轮的齿槽相咬合，将棘轮固定。

（3）棘轮制动器机构　图 4-16 所示为杠杆控制的带式制动器，制动轮 4 与棘轮 2 固接，棘爪 3 铰接于固定架上 A 点，制动轮上围绕着由杠杆 5 控制的钢带 6，制动轮 4 按顺时针方向自由转动，棘爪 3 在棘轮齿背上滑动，若该轮向相反方向转动，则被制动。

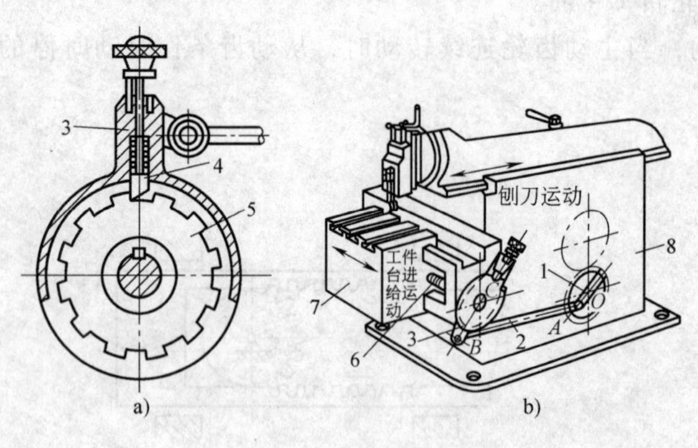

图 4-14　机床进给机构

1、2、3—杆　4—棘爪　5—棘轮

6—螺杆　7—工作台

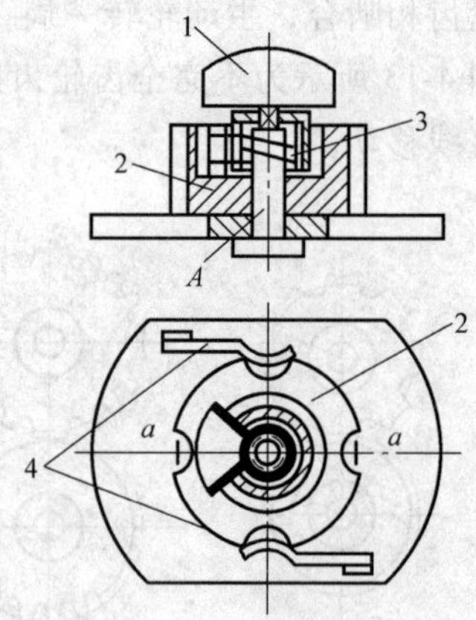

图 4-15　棘轮式转换机构

1—旋钮　2—棘轮　3—弹簧

4—棘爪

(4) 单向转动棘轮机构　图 4-17 所示为单向转动棘轮机构，该机构由曲柄滑块机构和双棘爪棘轮机构组成。棘爪 4、6 铰接于滑块 3，通过弹簧可靠地与棘轮接触。主动曲柄 1 匀速转动，带动滑块 3 往复移动，滑块 3 右移时，垂头棘爪 4 推动棘轮 5 顺时针转动，钩头棘爪 6 在棘轮上滑动；滑块 3 左移时，钩头棘爪 6 带动棘轮作顺时针转动，而垂头棘爪 4 只作空滑。因此从动件棘轮只作单向脉动式转动。

该单向转动棘轮机构常用于脉冲计数器中作计数装置，或用于生产线作转位装置。

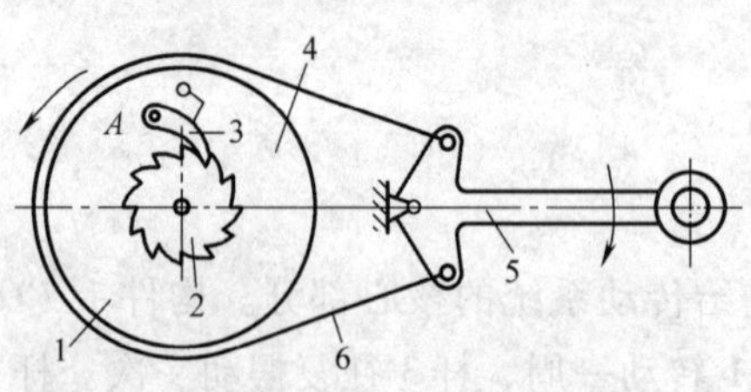

图 4-16　杠杆控制的带式制动器

1—固定架　2—棘轮　3—棘爪

4—制动轮　5—杠杆　6—钢带

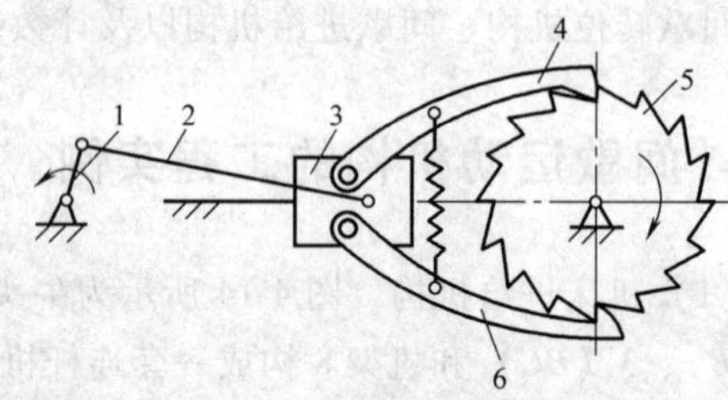

图 4-17　单向转动棘轮机构

1—主动曲柄　2—连杆　3—滑块

4、6—棘爪　5—棘轮

(5) 连杆棘轮机构　纺织行业棉毛车的卷取装置就是连杆机构和棘轮机构组合而成的连杆棘轮机构，如图 4-18 所示。曲柄摇杆机构 O_1ABO_3 的摇杆上的 C 点分别铰接两个Ⅱ级杆组 CDO_3 和 CEO_3 组成了八杆机构。D、E 铰链上铰接的棘爪 9、棘爪 10 与棘轮 8 组成双棘爪机构。

主动曲柄 1 转动时通过摇杆 3 和连杆 4、6 带动摆杆 5、7 作相反方向的摆动。当杆 5 顺时针摆动时，棘爪 9 推动棘轮 8 顺时针摆动，而杆 7 逆时针摆动带动棘爪 10 在棘轮齿背上滑过。同理，杆 5 作逆时针摆动时，由棘爪 10 推动棘轮转动，而棘爪 9 在齿背上滑过。实现了从动棘轮的间歇转动。

（6）车床刀架转位槽轮机构　槽轮上径向槽的数目不同就可以获得不同的分度数，如图 4-19 中的六角车床的刀架转位机构就是由一个分度数 $n=6$ 的外槽轮机构驱动的。在槽轮上开有六条径向槽，圆销进出槽轮一次，则可推动刀架转动一次（60°），由于刀架上装有 6 种可以变换的刀具。就可以自动地将需要的刀具依次转到工作位置上，以满足零件加工工艺的要求。

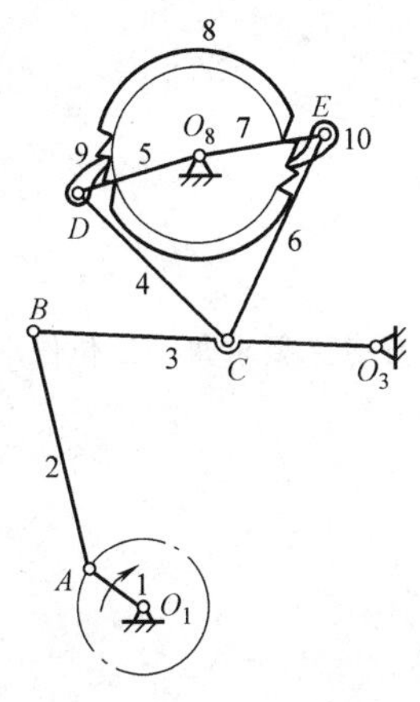

图 4-18　连杆棘轮机构

图 4-19　六角车床的刀架转位机构

（7）具有两个不同停歇时间的四槽槽轮机构　图 4-20 所示为具有两个不同停歇时间的四槽槽轮机构，在主动拨盘 1 上装有两个圆销 2 和 3，两圆销中心到拨盘中心连线间的夹角为 β。当主动拨盘 1 均匀转动时，圆销 2、圆销 3 分别拨动槽轮 4 转动及停歇。由于夹角 $\beta<180°$，可使槽轮两次停歇时间不同。圆销 3 出槽后到圆销 2 进槽前为从动槽轮 4 的第一次停歇时间，该时间对应于主动拨盘 1 转过（$\beta-90°$）的角度；圆销 2 出槽后到圆销 3 进槽前为从动槽轮 4 的第二次停歇时间，该时间对应于主动拨盘 1 转过（$\beta-270°$）的角度。

（8）压制蜂窝煤球工作台间歇机构　图 4-21 所示为压制蜂窝煤球工作台间歇机构，工作台 1 在压制蜂窝煤球时需用 5 个工位来完成装填、压制、退煤等动作，因此要求工作台作间歇运动，即工作台每转动 1/5 转后停歇一段时间。为了满足这一要求，在工作台上装有一个大齿圈 5，主动齿轮 4 为不完全齿轮，当不完全齿轮 4 转动时，它与中间齿轮 3 组成间歇运动机构，可使工作台 1 完成所需的间歇运动。

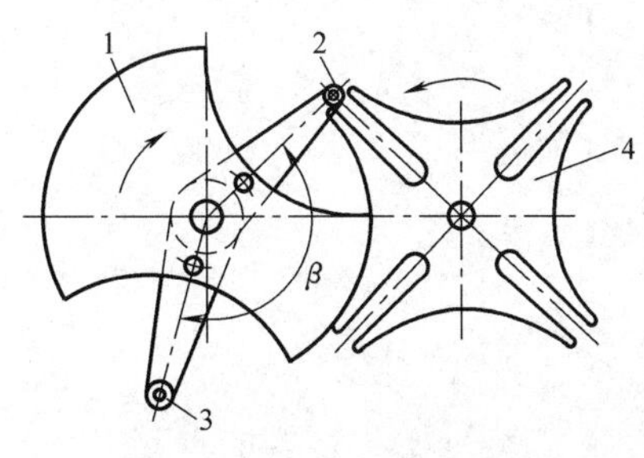

图 4-20　具有两个不同停歇时间的四槽槽轮机构
1—拨盘　2、3—圆销　4—槽轮

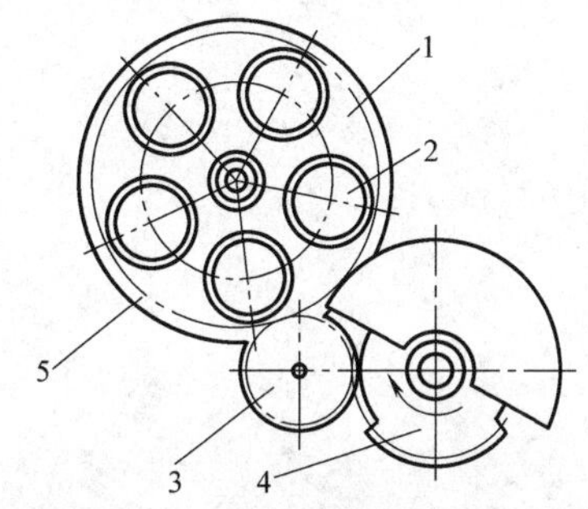

图 4-21　压制蜂窝煤球工作台间歇机构

思考与练习

4.1　间歇运动机构的运动特点是什么？常见的间歇运动机构有哪两种类型？

4.2　棘轮机构的工作原理是什么？有哪些特点？

4.3　棘轮转角的调节方法有几种？如何调节？

4.4　试举例说明棘轮机构有哪些功能。

4.5　常用的棘轮机构有哪几种？

4.6　槽轮机构的工作原理是什么？有哪些特点？

4.7　槽轮机构有哪些常见类型？

4.8　试举 2 ~ 3 个槽轮机构应用实例。

4.9　不完全齿轮机构有何特点？

4.10　某加工自动线上有一工作台要求有 5 个转动工位。为了完成加工任务，要求每个工位停歇的时间为 12s。如果设计者选用单销外槽轮机构来实现工作台的转位，试求：

1）槽轮机构的运动系数。

2）拨盘的转速。

3）槽轮的运动时间。

第5章　机械的调速与平衡

5.1　机械速度波动的调节

5.1.1　调节机械速度波动的目的和方法

机械是在外力（包括驱动力和阻力）作用下运转的。如果驱动力所做的功等于阻力所做的功，则机械的主轴将保持匀速运转。但是，大多数机械在运转中，其驱动功与阻力功不是时时相等的：当 $W_{驱} > W_{阻}$ 时，会出现盈功，使机械的动能增加；反之，当 $W_{驱} < W_{阻}$ 时，会出现亏功，机械的动能减少。驱动功与阻力功的差值称为盈亏功。盈亏功引起机械动能的增减，从而导致机械运转速度的波动。机械速度的波动致使运动副中产生附加动压力，导致机械振动加剧、传动效率降低、寿命缩短、工作质量下降。例如，发电机速度波动会导致输出电压波动，机床速度波动会降低工件的加工质量，电风扇速度波动会产生噪声等。因此，为减小上述不良影响，必须设法调节机械的速度波动，将其限制在允许范围内。机械的速度波动可分为周期性速度波动和非周期性速度波动两种。

1. 周期性速度波动及其调节方法

当机械动能作周期性变化时，其主轴的角速度作周期性波动，如图5-1中虚线所示。主轴的角速度经过一个运动周期 T 后，又回到初始状态，其动能没有增减。这说明在整个周期中 $W_{驱} = W_{阻}$；但是，在周期中的某段时间间隔内，动能不相等，因此，出现速度的波动。机械的这种有规律的速度波动称为周期性速度波动。图中机械的运动周期 T 对应于机械主轴回转一周（如压力机和二冲程内燃机）、两周（如四冲程内燃机）或数周（如轧钢机）的时间。调节周期性速度波动的方法通常是在机械的转动构件上加装一个转动惯量较大的回转件——飞轮。当 $W_{驱} > W_{阻}$ 出现盈功时，飞轮的转速略增，将多余的能量储存起来；反之，当 $W_{驱} < W_{阻}$ 出现亏功时，飞轮的转速略降，把储存的能量释放出来，补偿亏功，以减少机械的速度波动，达到调速的目的。图5-1中实线为安装飞轮后速度的波动，其幅值变化已大大减小。此外，由于飞轮能够储存和释放能量，因而可以利用飞轮克服短期过载。所以在选择原动机的功率时，只需考虑它的平均功率，而不必考虑高峰负荷所需的瞬时最大功率。因此，安装飞轮不仅可以避免机械运转速度发生过大的波动，而且可以选择功率较小的原动机。

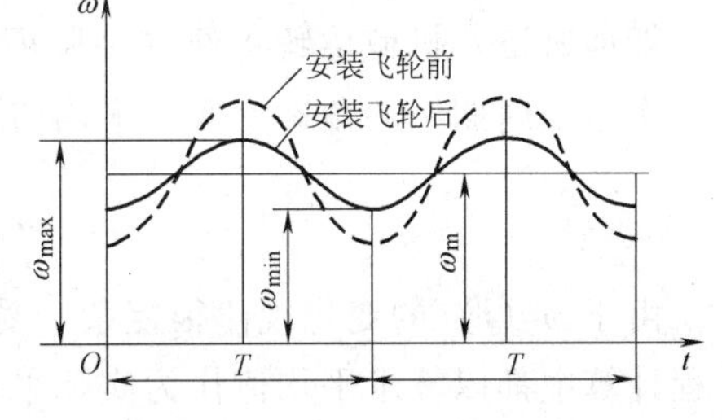

图5-1　周期性的速度波动

2. 非周期性速度波动及其调节方法

如果驱动力所做的功在很长一段时间内总是大于阻力所做的功，则机械运转的速度会不断升高，直至超过机械强度所允许的极限转速而导致机械损坏；反之，如果驱动力所做的功总是小于阻力所做的功，则机械运转速度将不断下降直至停机。例如，在汽轮发电机组中，当供汽量不变而用电量却无规律地大幅度增减时，就会出现上述类似情况。这种随机的、不规则的、没有一定周期性的速度波动称为非周期性速度波动。这种速度波动不能依靠飞轮来进行调节，只能采用特殊的装置使驱动力所做的功与阻力所做的功趋于平衡，以达到新的稳定运转。常用的调节装置为调速器。

调速器的种类很多，现以机械式离心调速器为例简要说明其工作原理，如图 5-2 所示。图中离心球 2 的支架 1 与发动机轴相连同速运转，离心球 2 铰接在支架 1 上，并通过连杆 3 与活塞 4 相连。油箱供给的燃油经增压泵 7 增压后一部分输送到发动机去，另一部分经过油路 a 进入调节油缸 6，再经过油路 b 回到增压油泵口处。系统处于稳定运转状态时，发动机轴的角速度 ω 保持不变。当发动机负荷减小时，发动机的角速度 ω 提高，离心球 2 将因离心力的增大而向外摆动，通过连杆 3 推动活塞 4 向右移动，这时被活塞 4 部分封闭的回油孔间隙加大，回油量加大，从而输送到发动机的油量减少。发动机的转速相应下降，系统重新稳定运转；反之，当发动机负荷加大时，发动机的角速度 ω 下降，离心球 2 离心力减小，活塞 4 在弹簧 5 作用下向左移动，回油孔间隙减小，回油量减少，输送到发动机的油量加大。发动机的转速相应上升，系统再次恢复稳定运转。

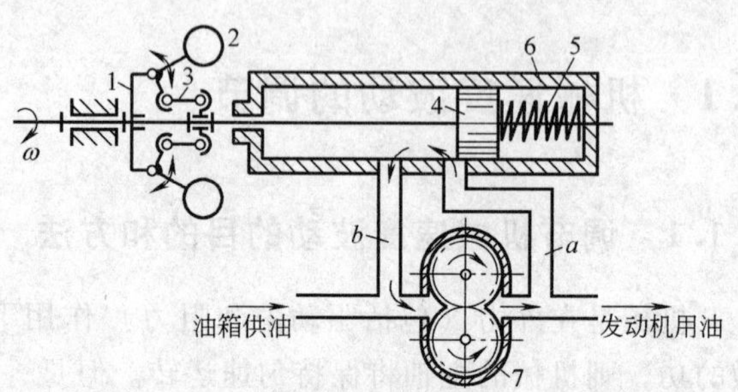

图 5-2 机械式离心调速器工作原理示意图

1—支架 2—离心球 3—连杆 4—活塞

5—弹簧 6—调节油缸 7—增压泵

5.2 机械运转的平均角速度和不均匀系数

5.2.1 平均角速度

如前所述，机械运转角速度会随着盈亏功的变化而变化，若其变化规律为 $\omega=\omega(t)$，则一个运动周期中的角速度实际平均值 ω_m 可表示为

$$\omega_m = \frac{1}{T}\int_0^T \omega(t)\,dt \tag{5-1}$$

由于 $\omega(t)$ 的变化规律很复杂，受多种因素（如外力、机械配置方式等）影响，故在工程计算中都以算术平均值作为实际平均值，即

$$\omega_m = \frac{\omega_{max}+\omega_{min}}{2} \tag{5-2}$$

式中，ω_{max} 和 ω_{min} 分别为最大角速度和最小角速度。这个实际平均值称为机械的额定角速度。

5.2.2 不均匀系数

最大角速度 ω_{max} 和最小角速度 ω_{min} 的差值表示机械主轴速度波动的大小，但不能完全反映机械主轴速度波动的严重程度。为了能更好地反映速度波动的严重程度，可采用不均匀系数 δ 表示，其定义为角速度波动的幅度（$\omega_{max}-\omega_{min}$）与平均角速度 ω_m 的比值，即

$$\delta = \frac{\omega_{max} - \omega_{min}}{\omega_m} \tag{5-3}$$

由式（5-3）可知，ω_m 一定时，δ 越小，速度波动的幅度（$\omega_{max} - \omega_{min}$）越小，主轴越接近匀速转动；$\delta$ 越大，速度波动的幅度越大，会影响机械的正常运转。不同机械的运转速度均匀系数 δ 是根据它们的工作要求确定的。例如，驱动发电机的柴油内燃机，如果主轴的速度波动太大，则输出的电压电流也将波动，会影响其他工作机的运转，所以设计这类机械时运转速度不均匀系数应当取小一些；而冲床、剪床和破碎机等一类机械，速度波动稍大也不会影响其工作性能，这类机械的运转速度不均匀系数便可取得大一些。几种常见机械的运转速度不均匀系数许用值［δ］可按表 5-1 选取，作为设计时的参考。

表 5-1　常用机械运转速度不均匀系数许用值［δ］

机械名称	［δ］	机械名称	［δ］
交流发电机	0.002 ~ 0.003	农业机械	0.02 ~ 0.20
直流发电机	0.005 ~ 0.01	轧钢机	0.04 ~ 0.10
内燃机	0.007 ~ 0.0125	破碎机	0.10 ~ 0.20
船用发动机	0.007 ~ 0.05	冲、剪、锻床	0.05 ~ 0.15
纺织机	0.01 ~ 0.017	金属切削机床	0.02 ~ 0.05
减速机	0.015 ~ 0.020	压缩机和水泵	0.03 ~ 0.05

由式（5-2）和式（5-3）可得：

$$\omega_{min} = \omega_m\left(1 - \frac{\delta}{2}\right) \tag{5-4}$$

$$\omega_{max} = \omega_m\left(1 + \frac{\delta}{2}\right) \tag{5-5}$$

$$\omega_{max}^2 - \omega_{min}^2 = 2\delta\omega_m^2 \tag{5-6}$$

设计机械时，首先根据机械的运动和动力性能合理选定原动机，并确定主轴角的最大值和最小值，然后根据式（5-2）~式（5-6）中任一式计算出不均匀系数 δ，与表 5-1 中的相应许用值［δ］比较，使速度不均匀系数 δ 不超过其许用值，即

$$\delta \leqslant [\delta] \tag{5-7}$$

当满足（5-7）时，说明该设计运转速度的均匀性方面满足要求。若不能满足式（5-7），则应采用飞轮调节转速。

为了使机械运转的不均匀系数 $\delta \leqslant [\delta]$，需在机械中安装一个转动惯量较大的盘状零件——飞轮，来调节周期性速度的波动。因此，飞轮设计的基本问题是，根据机械主轴所需的平均角速度 ω_m 和许用不均匀系数［δ］来确定飞轮的转动惯量 J_F。一般机械的动能与飞轮的动能相比，可略去不计，因此飞轮的动能就可近似地认为是整个机械的动能。当飞轮处于 ω_{max} 时，具有动能的最大值 E_{max}；当飞轮处于 ω_{min} 时，具有动能的最小值 E_{min}。E_{max} 与 E_{min} 之差表示在一个周期内动能的最大变化量，通常称为机械的最大盈亏功。

$$W_{max} = E_{max} - E_{min} = \frac{1}{2}J_F(\omega_{max}^2 - \omega_{min}^2) = J_F\omega_m^2\delta$$

或

$$J_F = \frac{W_{max}}{\omega_m^2 \delta} \tag{5-8}$$

式中，最大盈亏功 W_{max} 可根据机械的驱动力矩变化曲线和阻力矩的变化曲线求得。

当最大盈亏功 W_{max} 已知，选定许用的不均匀系数［δ］值，再根据平均角速度 ω_m 或名义转速 n，由式（5-8）即可求出所需飞轮的转动惯量 J_F，以保证机械速度波动在允许的范围之内。

例 在电动机驱动的剪床中，已知剪床主轴上的阻力矩变化曲线 M_r-φ 如图 5-3a 所示。电动机驱动，可认为驱动力矩 M_d 为常数，电动机转速为 1500r/min。求许用不均匀系数 δ = 0.05 时，所需安装在电动机主轴上的飞轮转动惯量。

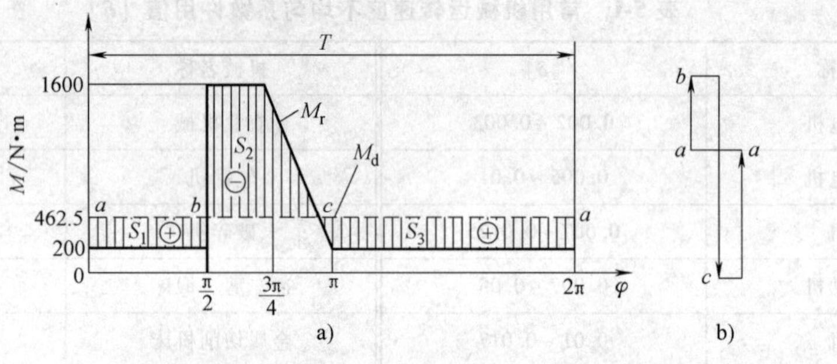

图 5-3 剪床主轴上的九矩和功、能指示图

a）力矩变化曲线 b）功能指示图

解： 1）求驱动力矩 M_d。在一个运动周期中，驱动力矩 M_d 和阻力矩 M_r 所做的功分别为

$$W_d = \int_0^{2\pi} M_d \mathrm{d}\Phi = M_d 2\pi$$

$$W_r = \int_0^{2\pi} M_r \mathrm{d}\Phi = 200 \times 2\pi \mathrm{J} - (1600 - 200)\frac{\pi}{4}\mathrm{J} + \frac{1}{2}(1600 - 200)\frac{\pi}{4}\mathrm{J} = 2906\mathrm{J}$$

根据稳定运转时一个周期中功相等的原理求出驱动力矩为

$$M_d = \frac{W_r}{2\pi} = \frac{2906}{2\pi}\mathrm{J} = 462.5\mathrm{J}$$

作出 M_d-φ 曲线，如图 5-3a 中虚线所示。

2）确定最大盈亏功 W_{max}。图 5-3a 中标有正号的面积为盈功，标有负号的面积为亏功。M_d-φ 与 M_r-φ 中所包围的各小块面积及其所代表的功分别为

$$S_1 = (462.5 - 200)\frac{\pi}{2}\mathrm{J} = 412.3\mathrm{J}$$

$$S_2 = (1600 - 462.5)\frac{\pi}{2}\mathrm{J} + \frac{1}{2}(1600 - 462.5)\frac{1600 - 462.5}{1600 - 200} \times \frac{\pi}{2}\mathrm{J} = 1256.3\mathrm{J}$$

$$S_3 = (462.5 - 200)\pi \mathrm{J} + \frac{1}{2}(462.5 - 200)\left(\frac{\pi}{4} - \frac{\pi}{4} \times \frac{1600 - 462.5}{1600 - 200}\right)\mathrm{J} = 844\mathrm{J}$$

确定最大盈亏功可借助于动能指示图，如图 5-3b 所示。取 a 点表示运动循环开始时机械的动能。以一定的比例依次作向量 ab、bc、ca 代表上述各小块面积 S_1、S_2、S_3。盈功为正，箭头向上；亏功为负，箭头向下。由于循环结束时与开始时的动能相等。因此该指示图

的箭头应首尾相接。由图 5-3b 可见，b 点具有最大动能 E_{max}，对应于最大角速度 ω_{max}；c 点具有最小动能 E_{min}，对应最小角速度 ω_{min}；向量 bc 即代表最大盈亏功 W_{max}。

3）求飞轮转动惯量 J_F。由式（5-8）得

$$J_F = \frac{W_{max}}{\omega_m^2 \delta} = \frac{1256.3}{\left(\frac{1500\pi}{30}\right)^2 \times 0.05} \text{kg} \cdot \text{m}^2 = 1.02 \text{kg} \cdot \text{m}^2$$

知道飞轮的转动惯量 J_F，即可由理论力学确定其直径、宽度、轮缘厚度等有关结构尺寸（请参阅有关资料）。

工程实际中，不一定非要外加飞轮这一专门构件，还可采取增大带轮（或齿轮）的尺寸和质量的方法，使它们兼起飞轮的作用。

本章所介绍的飞轮设计方法，没有考虑除飞轮外其他构件动能的变化，因而是近似的。由于机械运转速度不均匀系数 δ 允许有一定的变化范围，所以这种近似设计可以满足一般使用要求。

5.3　机械的平衡

5.3.1　机械平衡的目的

机械运转时，由于构件的质心与回转中心不重合，将产生离心惯性力，它会在运动副中产生附加动压力，增加摩擦损耗，降低传动效率和使用寿命。随着惯性力的不断变化，会使机械和基础产生有害振动，从而降低机械的工作可靠性和安全性，降低机械的精度，增大噪声，严重时会造成机械的破坏。机械平衡的目的是为了完全或部分地消除惯性力给机械带来的不良影响。

机械中绕固定轴线转动的构件称为回转件（或转子）。下面介绍用于一般机械中的刚性回转件的平衡原理与方法。对于高速汽轮机和发电机转子等，因构件回转时的变形问题不容忽视，故应属于挠性回转件，其平衡原理和方法请参阅有关资料。

5.3.2　回转件的静平衡

回转件的质量分布在同一回转面内的平衡问题称为静平衡。

1. 回转件的静平衡的条件

对于轴向宽度 B 很小的回转件（$B \leqslant 0.2D$，D 为转子直径）的平衡，应使其质心与回转轴线相重合，此时回转件质量对回转轴线的静力矩为零，该回转件可以在转动时的任何位置保持静止，这种平衡称为静平衡。静平衡的条件是：分布于回转件上各个质量的离心力的向量和等于零。

2. 回转件的静平衡试验

静平衡试验通常在静平衡架上进行。图 5-4a 所示为回转件的静平衡架，其主要部分为水平安装的两条相互平行的刀口形导轨。试验时，将回转件的轴颈支承在导轨上。如果质心不处在铅垂下方，则回转件将在重力矩的作用下沿轨道滚动，直到质心 s 转到铅垂下方时，回转件才会停止滚动。可在质心的相反方向加一适当的平衡质量，并逐步调整其大小或径向

位置，经反复试验，直到该回转件能在任意位置都保持静止为止。这种试验方法设备简单，平衡精度高，但必须保证两导轨在同一水平面内，且导轨平行，故调整较困难。

图 5-4b 所示为滚子式静平衡架。试验时，将被平衡回转件的轴颈支承在两对滚子上，平衡方法与刀口式静平衡架相同。这种试验方法应用较方便，但因滚轮的摩擦阻力较大，故平衡精度较低。

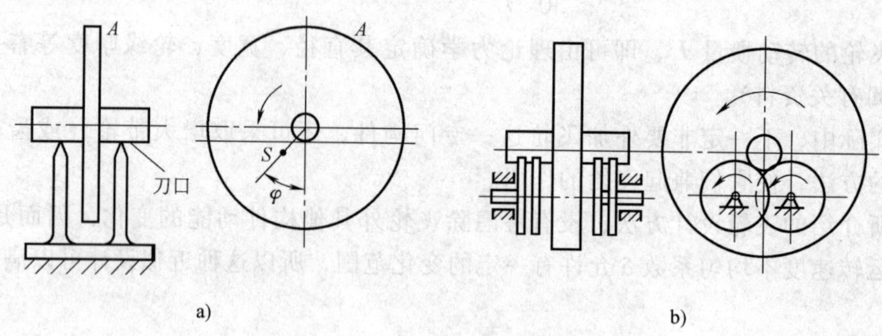

图 5-4　回转件的静平衡架

a）刀口式静平衡架　b）滚子式静平衡架

5.3.3　回转件的动平衡

回转件的质量分布在不同回转面上的平衡问题称为动平衡。

1. 回转件的动平衡的条件

对于轴向尺寸比较大的回转件（当 $B>0.2D$ 时）在运动状态下保持平衡，不仅要平衡惯性力，同时还要平衡惯性力矩，这种平衡称为动平衡。动平衡的条件是：分布于回转件上的各个质量的离心力的矢量和等于零，同时离心力所引起的离心力矩的矢量和也等于零。

2. 回转件的动平衡试验

回转件的动平衡试验是在动平衡机上进行的。构件在进行动平衡试验以前，应先通过静平衡试验。经过动平衡试验的回转件，其离心惯性力和离心惯性力矩都已经平衡。动平衡机可分为机械式和电测式两大类。不论哪种动平衡机，其目的均在于测定回转件不平衡质量的大小和方位，用以改善被平衡回转件的质量分布，具体测量方法请参阅有关资料。

思考与练习

5.1　试述为什么要进行机器的速度波动调节？

5.2　周期性速度波动与非周期性速度波动的特点是什么？它们各用什么方法来调节？经过调节之后主轴能否获得匀速转动？

5.3　在某机械系统中，主轴平均转速 $n_m=1000\text{r/min}$，阻力矩 M_r-φ 如图 5-5 所示。设驱动力矩 M_d 为常数，且除飞轮以外其他构件的转动惯量均可略去不计，求保证速度不均匀系数 δ 不超过 0.04 时，安装在主轴上的飞轮转动惯量 J_F。设该机械由电动机驱动，所需平均功率多大？如希望把此飞轮转动惯量减少一半，而保持原来的 δ 值，则应如何考虑？

5.4　某机械换算到主轴上的阻力矩 M_r-φ 在一个工作循环中的变化规律如图 5-6 所示。设驱动力矩 M_d 为常数，主轴平均转速 $n_m=300\text{r/min}$。速度不均匀系数 $\delta<0.05$，设机械中其他构件的转动惯量均略去不计。采用平均直径 $D_m=0.5\text{m}$ 的轮辐式飞轮，试确定飞轮的转动惯量和质量。

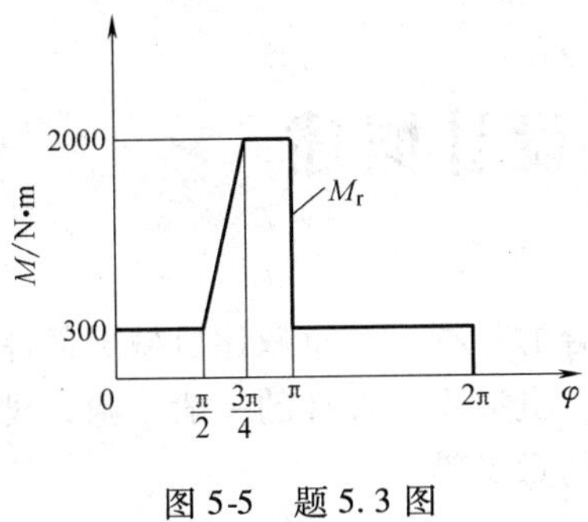

图 5-5　题 5.3 图

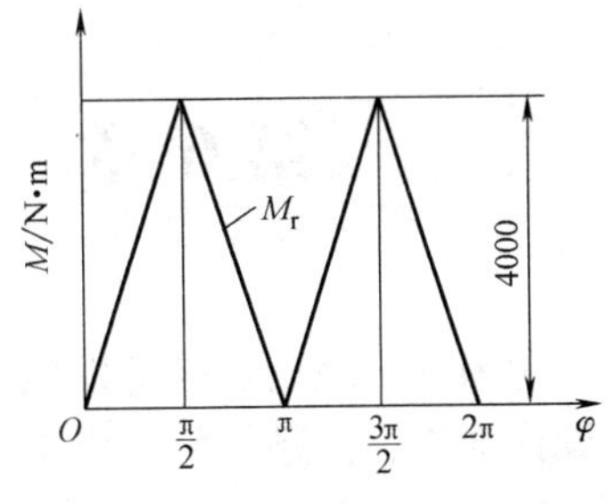

图 5-6　题 5.4 图

5.5　在电动机驱动的剪床中，已知作用在剪床主轴上的阻力矩的变化规律如图 5-5 所示。设驱动力矩 M_d 为常数，电动机转速 $n=800\text{r/min}$，机组的速度不均匀系数 $\delta=0.05$，求所需安装在电动机轴上的飞轮的转动惯量。

5.6　为减轻飞轮的重量，飞轮最好安装在何处？

5.7　为什么经过静平衡的回转件不一定是动平衡的，而经过动平衡的回转件必定是静平衡的？

5.8　举出工程中需满足静平衡条件的回转件的两个例子，需满足动平衡条件的回转件的两个例子。

第 6 章　机械零件设计概述

机械设计的基础理论是科学发展和生产实践相结合的产物，本章叙述机械零部件的失效和对应的设计准则，回顾材料力学中常用的强度理论，机械零件设计的一般步骤，机械零件常用材料的选择，以及机械零件工艺性和标准化概念的意义等。

6.1　机械零件的主要失效形式

机械零件由于某些原因而丧失原有设计所规定的功能称为失效。零件出现失效将直接影响机器的正常工作。因此，研究机械零件的失效及其产生的原因对机械零件设计具有重要意义。

生产实践中，机械零件的失效形式多种多样，可大致归纳为以下几种。

1. 整体断裂

零件在外载荷作用下，某一危险截面上的应力超过零件的强度极限时，会造成断裂失效，如螺栓的断裂。在循环变应力作用下长时间工作的零件，容易发生疲劳断裂，如齿轮轮齿根部的折断等。

断裂是严重的失效，有时会导致严重的人身或设备事故，所以在设计过程中要注意避免。

2. 过大的变形

零件受载后会产生弹性变形，过量的弹性变形会影响机器的精度，对高速机械有时还会造成较大的振动。零件的应力如果超过了材料的屈服极限，零件将产生残余塑性变形，使零件的尺寸和形状改变，破坏各零件间的相对位置和配合，使机器不能正常工作。

3. 表面失效

磨损、腐蚀和接触疲劳等都会导致零件表面失效，它们都是随工作时间的延续而逐渐发生的失效形式。处于潮湿空气中或与水、汽及其他腐蚀介质接触的金属零件，均有可能产生腐蚀失效。有相对运动的零件接触表面都会有磨损。在接触变应力作用下工作的零件表面将可能发生疲劳点蚀。

4. 破坏正常工作条件而引起的失效

有些零件只有在一定条件下才能正常工作，如带传动，只有当传递的有效圆周力小于临界摩擦力时才能正常工作；液体摩擦的滑动轴承只有在保持完整的润滑油膜时才能正常工作等。如果破坏了这些条件，将会发生失效。例如，滑动轴承将发生过热、胶合、磨损等形式的失效。

综上可见，失效并不一定意味着零件的断裂，如某轴产生过大的弹性变形使得其丧失工作能力，该轴并未断裂，但它却失效了。

6.2　机械零件的工作能力及其设计准则

6.2.1　机械零件的工作能力

为了避免机械零件失效，应使其具有足够的工作能力。工作能力是指在一定的运动、载荷环境下，在预定的使用期限内，不发生失效的安全工作限度。承受载荷的工作能力称为承载能力。衡量零件工作能力的指标称为零件的工作能力准则。它是抵抗零件失效、确定零件基本尺寸的依据，故也称为设计准则。

6.2.2　机械零件的设计准则

对于具体的零件，应根据它们的主要失效形式，采用相应的设计准则。常用的设计准则有强度、刚度、耐磨性、振动稳定性和可靠性等。

1. 强度准则

强度是指机械零件承载后，抵抗发生断裂或超过允许限度残余变形的能力。强度准则要求零件在工作时不产生强度破坏。可表示为

$$\sigma \leqslant [\sigma] = \frac{\sigma_{\lim}}{S_\sigma} \text{或} \tau \leqslant [\tau] = \frac{\tau_{\lim}}{S_\tau} \tag{6-1}$$

式中，σ、τ 分别为拉伸（压缩、弯曲）、剪切工作应力；$[\sigma]$、$[\tau]$ 分别为拉伸（压缩、弯曲）、剪切许用应力；S_σ、S_τ 分别为拉伸（压缩、弯曲）、剪切的安全系数；$\sigma_{\lim}$、$\tau_{\lim}$ 分别为拉伸（压缩、弯曲）、剪切的极限应力。

在静应力情况下，脆性材料常取材料的强度极限为极限应力，塑性材料常取材料的屈服极限为极限应力。在变应力的情况下，可取材料（零件）疲劳极限为极限应力。

2. 刚度准则

刚度是指零件在载荷作用下抵抗弹性变形的能力。刚度准则是控制零件的弹性变形小于或等于允许值。刚度计算的条件式为

$$y \leqslant [y] \quad \theta \leqslant [\theta] \quad \varphi \leqslant [\varphi] \tag{6-2}$$

式中，y、$[y]$ 分别为零件的挠度、许用挠度；θ、$[\theta]$ 分别为零件的扭转角、许用扭转角；φ、$[\varphi]$ 分别为零件的偏转角、许用偏转角。

3. 耐磨性准则

运动副摩擦表面的物质不断损失的现象叫做表面损伤，主要有磨粒磨损、胶合磨损和点蚀磨损。统计表明，80% 以上的零件是由于表面损伤而损坏的。零件的磨损量超过一定限度后，将使零件丧失工作能力。控制与磨损有关的参数，作为磨损计算的准则，通常引采用条件性计算来控制。

1）限制摩擦表面的压强 p 不超过许用值，防止压力过大使零件表面的油膜破坏而导致过快磨损。其验算式为

$$p \leqslant [p] \tag{6-3}$$

式中，$[p]$ 为材料的许用压强。

2）对于滑动速度 v 较大的摩擦表面，要限制单位接触面上的摩擦功不要过大，防止摩

擦温升过高使油膜破坏，磨损加剧，甚至出现胶合。若摩擦系数为常数，其验算式为

$$pv \leqslant [pv] \tag{6-4}$$

式中，[pv] 为 pv 的许用值。

摩擦表面受载时因润滑不良，材料的部分高点接触，产生很大的压强，引起塑性变形，甚至使金属粘着，相对滑动时材料又发生转移，接触表面划伤或撕脱，称为胶合磨损。一般限制使用条件来控制它的发生，如合理选择摩擦副材料可减轻胶合磨损，维持表面良好的润滑状态，避免金属直接接触，以减小胶合发生的可能性。

点蚀磨损损伤往往同表面接触应力有直接关系，设计时需控制表面接触应力，其强度准则目前理论比较完善。

4. 振动稳定性准则

当周期性载荷的作用频率（激振源频率）接近机械系统或零件的固有频率（自振频率），振幅将急剧增加，即发生共振。可在短期内导致零件，甚至整个系统的破坏，造成事故。所谓振动稳定性，是指机器在工作时不发生超过允许振动频率的现象。

振动稳定性准则就是设计时使零件的自振频率 f 与激振源频率 f_p 错开，其表达式为

$$f < 0.85f_p \quad 和 \quad f > 1.15f_p \tag{6-5}$$

5. 可靠性准则

可靠性表示系统、机器或零件等在规定的时间内能稳定工作的程度或性质，用可靠度表示。可靠度是指机器或零件在规定的使用时间内和预定环境条件下，能正常完成其工作的概率。

在应用上述准则设计零件时，应根据其主要的失效形式来确定其设计的内容，必要时再进行其他内容的校核。

6.3 机械零件设计的一般步骤

6.3.1 机械零件设计应满足的基本要求

由于机械设计的基本要求落实于零件的设计要求之中，因此，所设计的零件应当性能优越、结构合理、工作可靠、易于制造、便于维修、造型美观、成本低廉。其中最重要的要求是零件应在规定的使用条件下和规定的使用期限内安全可靠地工作，即满足工作能力的要求。若要零件满足工作能力的要求，就应当根据不同的工作情况适当地选取上面相应的（一种或多种）计算准则，用以控制其可能出现的常见失效形式在预期工作寿命内不发生。

6.3.2 机械零件设计的一般步骤

因机械零件的种类不同，所以具体的设计方法也不同，具体的设计步骤也不一样。但通常可按图 6-1 所示的步骤进行。

根据设计过程的不同，机械零件的计算可分为设计计算和校核计算。设计计算是根据零件承受的载荷，运用由相应准则判定条件确定的设计公式，计算出零件的基本尺寸；然后根据结构、工艺要求和尺寸协调原则，使零件结构具体化。校核计算则是先参照已有实物、图样、经验数据、规范或近似计算，初步拟订零件的形状和尺寸；然后校核是否满足由相应准

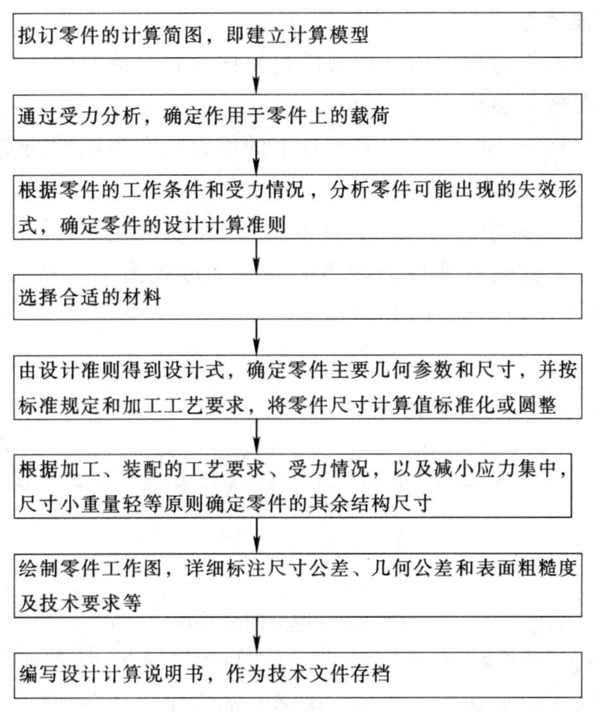

图 6-1　机械零件设计的一般步骤

则判定条件决定的验算公式。

设计计算多用于能通过简单的力学模型进行设计的零件；校核计算则多用于零件的结构复杂、应力分布复杂，计算数据用在零件的尺寸和结构已知的场合。

顺便指出，一般机械中，只有一部分零件是通过计算确定其主要尺寸和形状的，而大部分零件是仅根据工艺和结构要求进行设计的。

6.4　机械零件的强度计算

在理想的平稳工作条件下作用在零件上的载荷称为名义载荷，但一般机器运转时，零件还会受到各种附加载荷，由于情况复杂，这些附加载荷要想直接准确地计算出来确有困难，所以通常用引入载荷系数 K（有时只考虑工作情况的影响，则用工作情况系数 K_A）的办法来估计这些因素的影响。载荷系数与名义载荷的乘积，称为计算载荷。按照名义载荷，用力学公式求得的应力称为名义应力，按照计算载荷求得的应力称为计算应力。

另外，生活实践中人们都有常识：用手无法直接拉断的铅丝可以在不断弯折的情况下轻易使其断裂。这个简单实例说明零件的损坏除与应力大小数值有关外，还和应力的性质有直接关系。因此我们有必要深入研究应力的这种变化性质。

6.4.1　应力的分类

按随时间变化的情况，应力可分为静应力和变应力两类。

一般来说，静载荷产生静应力，变载荷产生变应力。但有时静载荷也可产生变应力，如齿轮、带、轴、滚动轴承等。

不随时间变化的应力称为静应力。因自然世界中变化是绝对的，不变是相对的，所以如应力变化缓慢，就可看做是静应力。

随时间变化的应力称为变应力。很多零件上的应力具有周期性的变化，此类应力称为循环变应力，图 6-2a 所示为一般非对称循环变应力。图 6-2b、c、d 所示为变应力的 3 种常见典型情况：图 6-2b 所示为典型的静应力，图 6-2c 所示为对称循环变应力，图 6-2d 所示为脉动循环变应力。一般非对称循环变应力相当于在一个静应力（其值为非对称循环变应力的平均应力 σ_m）上叠加一个对称循环变应力。

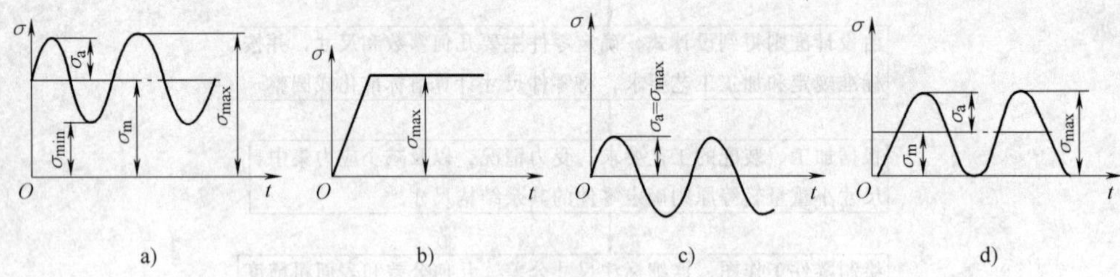

图 6-2　应力的分类

a）一般非对称循环变应力　b）静应力　c）对称循环变应力　d）脉动循环变应力

常用以下 4 个参数描述循环变应力中应力变化的具体特征：

最大应力　$\sigma_{max} = \sigma_m + \sigma_a$　　最小应力　$\sigma_{min} = \sigma_m - \sigma_a$

平均应力　$\sigma_m = 1/2(\sigma_{max} + \sigma_{min})$　　应力幅值　$\sigma_a = 1/2(\sigma_{max} - \sigma_{min})$

为了说明和比较应力的变化情况，定义应力循环特征系数 r

$$r = \frac{\sigma_{min}}{\sigma_{max}} \tag{6-6}$$

显然，静应力：$r = +1$，$\sigma_{max} = \sigma_{min}$，$\sigma_m = \sigma_{max}$，$\sigma_a = 0$；对称循环变应力：$r = -1$，$\sigma_{max} = -\sigma_{min}$，$\sigma_m = 0$，$\sigma_a = \sigma_{max}$；脉动循环变应力：$r = 0$，$\sigma_{min} = 0$，$\sigma_a = (\sigma_{max} - \sigma_{min})/2$，$\sigma_m = \sigma_a$；非对称循环变应力：$r$ 值一般在 $-1 \sim +1$ 之间。

6.4.2　静应力下机械零件的强度计算

静应力作用下，零件常常表现的破坏形式为塑性变形或断裂，因此其强度条件式就可以利用式（6-1）所表示的强度准则计算。

静应力作用下的极限应力一般仅与材料的力学性能有关。对于塑性材料的零件，其主要失效形式是塑性变形，材料极限应力一般取其屈服极限，即 $\sigma_{lim} = \sigma_s$，$\tau_{lim} = \tau_s$；对于脆性材料零件，其主要失效形式为脆性断裂，应取材料强度极限作极限应力，即 $\sigma_{lim} = \sigma_b$，$\tau_{lim} = \tau_b$。

安全系数 S 的确定有如下两种方法：

1）查表法。不同的机械制造行业常规定本行业的安全系数规范。对于通用机械零件的安全系数，详见后面各章中给出的具体数值。

2）部分系数法。在无可靠资料时，可考虑影响安全的各方面因素来确定安全系数，即

$$S = S_1 S_2 S_3$$

式中，S_1 为载荷和应力的计算准确性系数，取 $S_1=1\sim1.5$；S_2 为材料性质的均匀性系数，对于锻钢和轧钢件，取 $S_2=1.2\sim1.5$，对于铸铁件，取 $S_2=1.5\sim2.5$；S_3 为零件的重要性系数，取 $S_2=1\sim1.5$。如还有其他应当考虑的因素，可以继续增加该部分的安全系数到连乘积中。上面推荐的可选数值范围应根据具体情况适当选取。

6.4.3　变应力下机械零件的疲劳强度计算

1. 疲劳的概念

变应力作用下，零件的失效形式主要表现为疲劳断裂。其形式虽为断裂，但与静应力作用下的断裂机理完全不同。疲劳断裂的发生机理为材料在反复应力作用下，内部微观裂纹或缺陷逐步扩大和发展，并最终导致断裂。大多数变应力作用的机械零件都表现为疲劳断裂失效，这种断裂来得突然，即使是塑性很好的材料也会发生类似脆性材料的突然断裂，危险性比较大，需特别关注。显然，疲劳失效是无法用静应力强度条件公式中的极限应力来控制的，需专门研究针对疲劳失效的极限应力。

2. 材料的疲劳曲线和疲劳极限

很明显，静应力下零件损坏与否主要取决于零件上的最大应力是否超过其许用应力单一因素。但是从多次弯曲折断钢条的实例中我们很容易悟到，当变应力作用在零件上，对该零件强度的影响肯定是多因素的，除了与截面上应力的大小有关外，还与应力的作用方式、应力循环特征系数、循环作用次数、零件截面结构因素、零件的尺寸大小和零件表面的强化手段等主要因素有关。因此，有必要认真研究这些因素同零件疲劳强度之间的关系。

（1）疲劳曲线　疲劳曲线主要研究在某种应力循环特征 r 下，极限应力的大小和应力循环次数 N 之间的关系。它表示在该种循环特征 r 下，变应力的最大值 σ_{rN} 与材料疲劳破坏时应力循环次数 N 之间的关系。通过实验得到，典型的疲劳曲线如图 6-3 所示。曲线明显分为两部分。在 AC 段，应力越小，试件所能经受的应力循环次数就越大。曲线上 C 点对应的应力循环次数 N_0 称为循环基数。对于一般结构钢，硬度 <350HBW 时，$N_0=10^7$；硬度 >350HBW 时，$N_0=25\times10^7$。

对应 N_0 的应力称为材料的无限寿命疲劳极限 σ_r（以下简称“材料的疲劳极限”），C 点以后曲线趋于水平，可以认为当应力小于 σ_r 时，循环次数 N 为“无穷大”，材料可受“无限次”应力循环而不破坏。$N\geqslant N_0$ 的区域称为无限寿命区，$N<N_0$ 的区域称为有限寿命区。

在 BC 段，每一应力循环次数 N 对应一个产生疲劳破坏的最大应力 σ_{rN}，称为材料有限寿命的疲劳极限。显然，如知道材料的疲劳极限，就可以作为极限应力代入强度条件公式中。

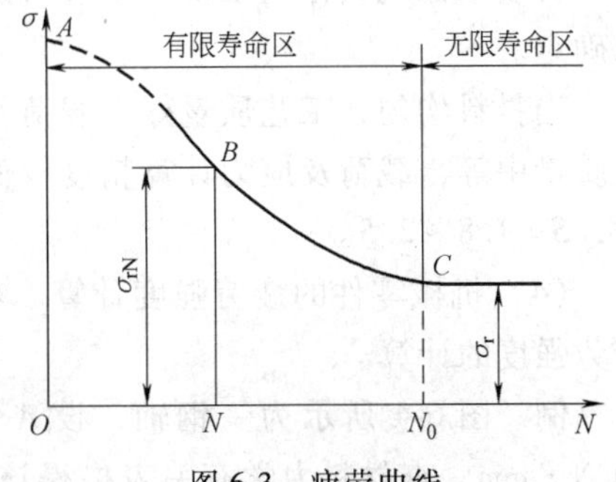

图 6-3　疲劳曲线

根据疲劳实验数据及其后的数值分析，疲劳曲线的 BC 段可近似用下式表示

$$\sigma_{rN}^{m}N=\sigma_{r}^{m}N_0=C(\text{常量}) \tag{6-7}$$

式中，m 为寿命指数，与材料性质、试样形式和载荷方式等因素有关，由实验数据分析得到，如钢制零件受弯曲时，$m=9$。

由式（6-7）求得应力循环次数为 N 时，有限寿

命疲劳极限 σ_{rN} 为

$$\sigma_{rN} = \sqrt[m]{\frac{N_0}{N}}\sigma_r = K_N\sigma_r \tag{6-8}$$

$$K_N = \sqrt[m]{\frac{N_0}{N}} \tag{6-9}$$

式中，K_N 为寿命系数。当 $N \geqslant N_0$ 时，取 $N = N_0$，则 $K_N = 1$。

应当说明，疲劳曲线适用范围为 $N = 10^3$（或 10^4）到 N_0 之间，因为当循环次数过小后，材料的疲劳极限可能超过材料的屈服极限，此时由于应力变动过小，按静应力处理更为合理。

（2）零件变应力下的极限应力和许用应力　显然在变应力作用下，可采用无限寿命（或有限寿命）下的疲劳极限作为强度计算时的极限应力。但必须注意，以上疲劳曲线的实验一般是采用该材料制作的光滑小试件在疲劳实验机上完成的，反映出了在该种应力循环特征的情况下材料的疲劳极限。但实践中使用的零件在形状、大小和加工方式等上与试件是有很大区别的，而这些区别会较大程度地影响零件的疲劳寿命（这些因素对静应力影响甚微，可以忽略），必须加以修正。这些影响因素变化极多，无法用计算方式逐一考虑。一般采用实验的方法，针对各种情况做出各种修正系数详表，计算中根据使用的实际情况从表中查取相近的系数代入公式中，对材料的疲劳极限进行修正，得到零件的疲劳极限，建立疲劳强度的强度条件公式。对称循环变应力时零件的许用应力公式为

$$[\sigma_{-1}] = \frac{\varepsilon_\sigma \beta \sigma_{\lim}}{k_\sigma S} \qquad \sigma_{\lim} = K_N\sigma_{-1} \tag{6-10}$$

$$[\tau_{-1}] = \frac{\varepsilon_\tau \beta \tau_{\lim}}{k_\tau S} \qquad \tau_{\lim} = K_N\tau_{-1} \tag{6-11}$$

式中，ε_σ（ε_τ）为绝对尺寸系数；k_σ（k_τ）为有效应力集中系数；β 为表面状况系数。以上系数请查阅材料力学的书籍或有关手册中对应的表格。

若上式中 $K_N \neq 1$，为有限寿命工况，即零件工作寿命要求小于循环基数，则应采用有限寿命计算，这样可有效地减小零件的体积和重量，节省成本。如 $r \neq -1$ 时，为非对称循环的情况，应将极限应力式中的疲劳极限 σ_{-1}（τ_{-1}）替换成对应的疲劳极限 σ_r（τ_r）。

（3）安全系数的确定　变应力情况下的安全系数一般应取比静应力时的大。

安全系数确定得正确与否对零件安全和尺寸有很大影响，过大将使结构笨重，过小又不够安全。在各个不同的机械制造部门，都制订有适合本部门的安全系数，最好查取这类规范，可以保证既具体又准确。如没有这样的规范，变应力的安全系数可以参考下列经验数据来确定。

当材料均匀，工艺质量好，载荷及应力计算精确时，$S = 1.3 \sim 1.5$；当材料均匀性和工艺质量中等，载荷及应力计算精度较低时，$S = 1.5 \sim 1.8$；当材料很不均匀，计算精度很低时，$S = 1.8 \sim 2.5$。

（4）机械零件的疲劳强度计算　将上面得到的结果代入强度条件式（6-1），就可完成疲劳强度的计算。

例　图 6-4 所示为一钢轴，设 A—A 为危险截面，直径 $d = 80\text{mm}$，截面上受弯矩 $M = 10^7\text{N}\cdot\text{mm}$。查材料力学有关表格得该危险截面的有效应力集中系数 $k_\sigma = 1.4$，绝对尺寸系

数 $\varepsilon_\sigma=0.91$，表面状况系数 $\beta=1$，材料的 $\sigma_{-1}=450\text{MPa}$，$N_0=10^7$，$m=9$；轴的转速 $n=40\text{r/min}$，要求工作时间 800h，安全系数 $S=1.4$，试校核危险截面的疲劳强度。

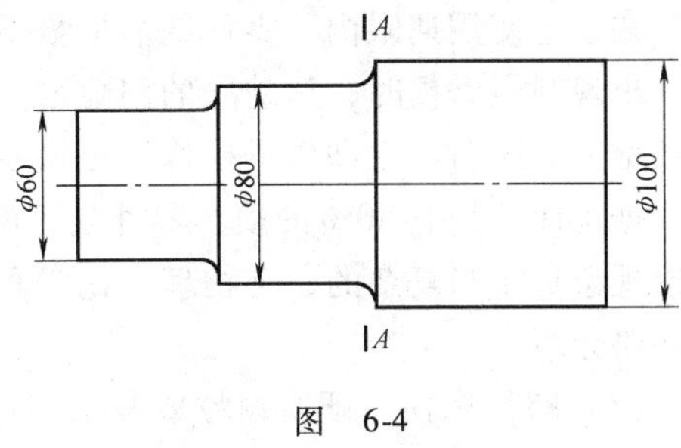

图　6-4

1）求截面上最大工作应力 $\sigma_{\max}$。

$$\sigma_{\max}=\frac{M}{\frac{\pi d^3}{32}}=\frac{10^7}{\frac{\pi\times 80^3}{32}}\text{MPa}=198.94\text{MPa}$$

分析：当转动轴受力方向不变时，其内部产生弯曲应力应属对称循环，因此 $r=-1$

2）求材料的疲劳极限应力。因应力循环次数 $N=60tn=60\times 800\times 40=1.92\times 10^6<N_0=10^7$，其寿命系数 K_N

$$K_N=\sqrt[m]{\frac{N_0}{N}}=\sqrt[9]{\frac{10^7}{1.92\times 10^6}}=1.2$$

$$\sigma_{\lim}=K_N\sigma_{-1}=1.2\times 450\text{MPa}=540\text{MPa}$$

3）求危险截面的许用应力。

$$[\sigma_{-1}]=\frac{\varepsilon_\sigma\beta\sigma_{\lim}}{k_\sigma S}=\frac{0.91\times 1\times 540}{1.4\times 1.4}\text{MPa}=251\text{MPa}$$

$$\sigma_{\max}=198.94\text{MPa}<[\sigma_{-1}]=251\text{MPa}$$

结论：该截面强度足够。

6.5　接触应力和接触强度的概念

1. 整体强度和接触强度的概念

零件受载时，若在较大体积内产生应力，这种状态下的零件强度称为整体强度，如常见的拉压、剪切、扭转和弯曲等都属于这种强度。若两零件在受载前为高副接触，受载后在受载区域因弹性变形而形成面接触，承载面积很小，而表面局部应力很大，离开接触面后表面所受到的应力迅速衰减的应力称为接触应力。接触应力作用下零件的强度称为接触强度。齿轮、滚动轴承等的承载能力不仅取决于整体强度，还取决于表面的接触强度。

2. 机械零件的接触强度

两个以点接触或线接触的物体相互作用受力时，在接触处产生的应力称为接触应力，以符号 σ_H 表示。对于以点接触或线接触工作的零件，如齿轮、滚动轴承、凸轮和滚动螺旋等，在设计时必须考虑其接触强度。关于零件表面强度（包括平面接触的挤压强度、曲面初始线接触的接触强度等）的计算问题，在以后用到时另行讨论。

还需说明的是，按照前述方法设计零件，称为理论设计；有些零件是根据经验或按经验公式计算来定出它们的尺寸，这种方法称为经验设计；对于特别重要或要求特别可靠的零件，还可试制出它的模型（或实物），通过试验来进行设计，这种方法称为模型试验设计。

6.6　机械零件的耐磨性

运动副中，摩擦表面物质不断损失的现象称为磨损。磨损会逐渐改变零件尺寸和摩擦表面状态。零件抗磨损的能力称为耐磨性。除非运动副摩擦表面被一层润滑剂隔开而不直接接触，否则磨损总是难以避免的。但是只要磨损速度稳定缓慢，零件就能保持一定寿命。所以，在预定使用期限内，零件的磨损量不超过允许值时，就认为是正常磨损。

出现剧烈磨损时，运动副的间隙增大，能使机械的精度降低，效率下降，振动、冲击和噪声增大。这时应立即停机检修、更换零件。

据统计，约有80%的损坏零件是因磨损而报废的。可见研究零件耐磨性具有重要意义。磨损现象是相当复杂的，有物理、化学和机械等方面原因。下面对机械中磨损的主要类型作一简略介绍。

（1）磨粒磨损　硬质颗粒或摩擦表面上硬的凸峰，在摩擦过程中引起的材料脱落现象称为磨粒磨损。硬质颗粒可能是零件本身磨损造成的金属微粒，也可能是外来的尘土杂质等。摩擦面间的硬粒能使表面材料脱落而留下沟纹。

（2）粘着磨损（胶合）　加工后的零件表面总有一定的表面粗糙度。摩擦表面受载时，实际上只有部分峰顶接触，接触处压强很高，能使材料产生塑性流动。若接触处发生粘着，滑动时会使接触表面材料由一个表面转移到另一个表面，这种现象称为粘着磨损（胶合）。所谓材料转移是指接触表面擦伤和撕脱，严重时摩擦表面能相互咬死。

（3）疲劳磨损（点蚀）　在滚动或兼有滑动和滚动的高副中（如凸轮、齿轮等），受载时材料表层有很大的接触应力，当载荷重复作用时，常会出现表层金属呈小片状剥落，而在零件表面形成小坑，这种现象称为疲劳磨损或点蚀。

（4）腐蚀磨损　在摩擦过程中，与周围介质发生化学反应或电化学反应的磨损，称为腐蚀磨损。

实用耐磨计算是将限制运动副的压强 p 与许用值［p］进行比较，即按式（6-3）进行。

相对运动速度较高时，还应考虑运动副单位时间单位接触面积的发热量 fpv。在摩擦系数一定的情况下，可将由 pv 值与许用值［pv］进行比较，即按式（6-4）进行。

6.7　机械制造常用的材料及其选择原则

6.7.1　机械制造常用的材料

机械制造常用的材料有黑色金属（钢及铸铁）、有色金属（铜合金等）及非金属材料（橡胶、塑料等），其中用量最大的是黑色金属。

1. 黑色金属

（1）钢　钢的品种很多，按照化学成分，可分为碳素钢及合金钢；也可按含碳量分为高碳钢（碳的质量分数为0.6%～1.3%）、中碳钢（0.25%～0.6%）及低碳钢（<0.25%）。含碳量高，则强度、硬度高，但塑性低。还可按用途不同把钢分为结构钢（用于制造机械零件及工程结构的构件）、工具钢（用于制造工具、刀具、量具、模具等）及特殊性能钢（如不锈钢、耐酸钢、耐热钢等）。由于钢具有高的强度、韧性及塑性，且能通过热处理改善其力学性能和加工性能，还可用锻造、冲压、铸造、焊接等多种方法制取零件毛坯，故在机械制造中应用甚广。

1）普通碳素结构钢。这类钢按供应条件主要有甲、乙两类，机械制造中则用甲类。甲类钢只按机械能供应，使用时不作热处理，主要用于制造一般机械零件和工程结构的构件。

2）优质碳素结构钢。这类钢材具有较好的力学性能，又能用热处理在较大的范围内提高力学性能，故应用较广。常用于制造要求较高的螺栓、螺母、钩环、扳手、轴、齿轮和凸轮等。

3）合金结构钢。由于碳素结构钢的综合性能有时不能令人满意（例如，强度较高时，韧性往往较低；韧性好时，强度又较低），也不能满足耐磨损、耐腐蚀或耐热等特殊要求，所以常在碳素钢中有针对性地加入锰（>0.8%）、硅（>0.5%）、镍、铬、钒、钼等元素，以提高某方面的性能。例如，锰能提高钢的耐磨性、韧性、强度和硬度，镍能提高耐热性和强度又不致降低其韧性等。但应注意，只有碳素钢不能满足要求时才应选用合金结构钢，而且使用时要进行热处理，以便充分发挥其作用。

4）铸钢。铸钢主要用于铸造形状较复杂且强度要求较高的零件，如气缸、飞轮、齿轮圈、蒸汽锤及重载机架等。

(2）铸铁　铸铁具有适当的易熔性、良好的液态流动性，可铸成形状复杂的零件。此外它的减振性、耐磨性、切削性均较好，且成本低廉，因此在机械制造中应用甚广。常用的铸铁有以下两种：

1）灰铸铁。灰铸铁内部含有较多的片状游离石墨，组织较疏松，相当于内部布满孔洞和裂纹，应力集中较严重，因此抗拉性能远低于钢，但有良好的抗振性、耐磨性和可加工性，常用于制作机器的底座和外壳等，较脆，不适合制作受冲击载荷的零件。国家标准牌号用 HT 来表示，其后数字表示灰铸铁的最低抗拉强度，如 HT150。

2）球墨铸铁。球墨铸铁是铁液经过球化处理（添加球化剂）及孕育处理（添加孕育剂）后得到的一种铸铁，其球墨在基体中呈球状，而不是灰铸铁中的片状。与灰铸铁相比，球墨铸铁具有较高的抗拉强度和弯曲疲劳极限，也具有相当良好的塑性和韧性，这是因为球形石墨对金属晶体截面削弱作用减小，使得基体比较连续，且在拉伸时引起应力集中效应明显减弱。另外，球墨铸铁的刚性也比灰铸铁好，但球墨铸铁的消振能力比灰铸铁低很多。

由于它比普通灰铸铁显著提高了强度、塑性和冲击韧度，故在不少场合已成功地代替了 20、35、45 等碳钢及 20Cr、40Cr、30CrMo 等合金钢。如北京牌吉普车中的曲轴，原由 40Cr 钢锻造后机械加工而成，后改用球墨铸铁所代替，大大地降低了曲轴制造成本。

球墨铸铁的牌号由字母 QT 和数字表示，QT 为“球铁”汉语拼音的首字母，后面的第一组数字代表最低抗拉强度，第二组数字代表最低延伸率，如 QT400-218、QT500-2 等。

2. 有色金属

有色金属及其合金种类繁多，分别具有某些特殊的性能，所以在一些特殊的场合得到应用。机械零件中常用的有铝合金、铜合金等。

(1）铝及铝合金　铝及铝合金的使用量仅次于钢铁，主要是因为铝合金的密度只有钢材的 1/3，但它的比强度和比刚度与钢接近甚至超过钢，在承受同样大的载荷时，铝合金零件的质量要比钢零件轻得多。其次，铝合金具有良好的导热、导电性能，其导电性能大约为铜的 60%，由于质量轻，在远距离输送的电缆中常代替铜线。铝合金无毒而且还有良好的抗腐蚀能力，广泛应用在建筑结构、容器、包装、电器和航空航天工业中。例如，波音 747 飞机上 81% 的用材是铝合金。

（2）铜及铜合金　纯铜由于其力学性能很差，故在机械工业中应用并不多，主要应用在导电材料中。机械工业中应用的主要是铜合金。铜合金有一定的强度和硬度，导电、导热性能优异，减摩、耐磨、抗腐蚀性能良好。

铜合金按主加金属元素的不同，又分为黄铜和青铜。

黄铜以锌（Zn）为主加元素，同时含有少量的锰（Mn）、铝（Al）和铅（Pb）。黄铜塑性和铸造流动性好，有一定的抗腐蚀能力，但强度和耐磨性不高。

青铜以主加元素的不同又可分为锡青铜和铝青铜等。青铜比黄铜有更高的强度、硬度、耐磨性和抗腐蚀性。在机械设计中，常用青铜与钢组成配对材料。

3. 非金属材料

（1）工程塑料　塑料与我们日常生活有着密切的关系，随处可见，绝大部分都是通用塑料，真正能用在工程上，作为结构零件的塑料并不多。一般把工作应力大于50MPa，连续工作温度超过100℃以上的塑料称为工程塑料。它具有强度高，质量轻，减摩、耐磨、耐腐蚀，耐热，绝缘等特点。其成形工艺性好，生产效率高，故发展很快，应用范围日益扩大，越来越受到工程界的重视。常用的五大工程塑料有聚酰胺（尼龙）、聚碳酸酯、聚甲醛、聚苯醚、热塑性聚酯。

（2）橡胶　橡胶常用来制造轮胎、垫板、隔热板、传动带和减振零件等。

（3）夹布胶木　夹布胶木常用来制造板材、电工元件、轻载无噪声齿轮和耐腐蚀元件等。

工业上，经常使用的非金属材料还有陶瓷、皮革、木材和纸板等。

6.7.2　材料的选择原则

设计机械零件时，从品种繁多的材料中选择恰当的材料，是贯彻技术经济性的一个重要方面。零件材料的选择主要取决于下列因素：

1）零件受力的大小和性质，应力的大小、性质及分布情况。

2）零件的工作情况，如工作繁重性、有无很大的摩擦及磨损、工作环境条件及特点等。

3）零件的重要程度。

4）安装部位对零件尺寸和质量的限制。

5）零件形状复杂程度、材料加工的可能性及生产批量。

6）材料的经济性与供应的可能性等。

上面前四个因素涉及零件的使用性，后两个因素则涉及经济性。应该明确，为了满足使用性，并不一定是非用贵重材料不可，而是要充分发挥热处理和化学热处理的功能。例如，低碳钢经过渗碳处理，就能显著提高其表面的硬度，以便用于制造要求耐磨损的零件。材料的经济性并非仅指材料本身的价格，而是指用它制造出零件的总价格。所以设计者要对常用材料的物理、化学及力学性能，加工工艺以及价格等有充分的了解和较多的使用经验，才能选出相当合适的材料。

常用材料之间相对价格关系可参考表6-1。但经济性不只考虑材料的价格，还要结合加工成本、维修费等综合考虑，如用球墨铸铁替代钢材，工程塑料替代有色金属材料，采用热处理或表面强化处理，充分发挥材料的潜在力学性能。

采用表面镀层提高局部品质，用我国富有元素（锰、硅、硼、钒等）的钢种替代稀有元素（铬、镍等）钢种，采用组合式的零件结构，采用无切削的冷镦、碾压工艺等。

表 6-1　常用材料的相对价格

材料	种类和规格		相对价格
热轧圆钢	普通碳素钢 Q235	(ϕ33 ~ ϕ42)	1
	优质碳素钢	(ϕ29 ~ ϕ50)	1.5 ~ 1.8
	合金结构钢	(ϕ29 ~ ϕ50)	1.7 ~ 2.5
	滚动轴承钢	(ϕ29 ~ ϕ50)	3
	合金工具钢	(ϕ29 ~ ϕ50)	3 ~ 20
	4Cr9Si2 耐热钢	(ϕ29 ~ ϕ50)	5
铸件	灰铸铁件		0.85
	碳素钢铸件		1.7
	铜、铝合金铸件		8 ~ 10

对于一般通用零件材料的选择，以后各章中还将作一些具体的说明。

6.8　机械零件的工艺性及标准化

6.8.1　工艺性的概念

工艺性是以最低的成本和最少的劳动量制造零件，并使零件易于装配、维修和更换。

设计机械零件时不仅应满足使用要求，还应具有良好的工艺性。机械零件的良好工艺性应贯穿在其毛坯制备、机械加工、热处理、装配和维修的全过程中。零件良好工艺性的获得取决于其结构设计的合理性。显然，结构越简单越易获得良好的工艺性。因零件的结构与工艺密切相关，故常合称结构工艺性。工艺性定义虽然简单，但却是很复杂的问题，涉及多方面的知识，并且要求有一定的实践经验。本书只对应注意的主要方面作一概述。

6.8.2　工艺性应当注意的几个主要方面

1. 毛坯种类的选择

机械零件的毛坯可由铸造、锻造、冲压、焊接或由型材获得，零件采用何种毛坯与零件的形状、尺寸、生产规模、材料和成本等有关。形状复杂和尺寸较大的零件宜用铸造或焊接；单件或小批量生产的零件不应采用铸造、模锻或冲压；大批生产的零件宜用型材、模锻或冲压。毛坯直接采用型材成本一般最低。铸铁的成本较低，但由于需要造型和铸造，所以适用于批量比较大的情况。

2. 零件结构尽可能简化、合理

在功能允许的情况下，应尽可能采用简单结构。为便于取模，箱体应有沿着取模方向留 1:20 的拔模斜度；为防止铁水灌注不全，铸件壁厚不应当太薄；为避免应力集中和铁水灌注不全造成内部空洞，两个实体结合的部分应有过渡圆角；铸造毛坯的壁厚应比较均匀，壁厚不等时，应采用逐渐过渡结构，避免铸造时由于冷却速度不一致，结合部位因过大的内应力发生开裂现象。

3. 良好的生产加工工艺性

规定合理的制造精度及表面粗糙度。表面粗糙度过小或尺寸精度过高，都会增加零件的制造成本，因此不应盲目地提高零件的尺寸精度和降低表面粗糙度值。结构形状应以平面、圆柱等为主，便于加工。有装配的面应有倒角，便于相配合零件装入。

4. 最大限度地方便装拆、调配、维修

零件应装配方便，并保证要求的装配精度。例如，对于紧固件（如螺纹联接），应保证有必要的装、拆空间（见图6-5）；结构设计时须便于加工（见图6-6）；考虑维修需要，零件应拆卸方便（见图6-7）。以上仅仅是举例说明工艺性问题。实践中类似的问题还有很多，读者一定要给予重视。

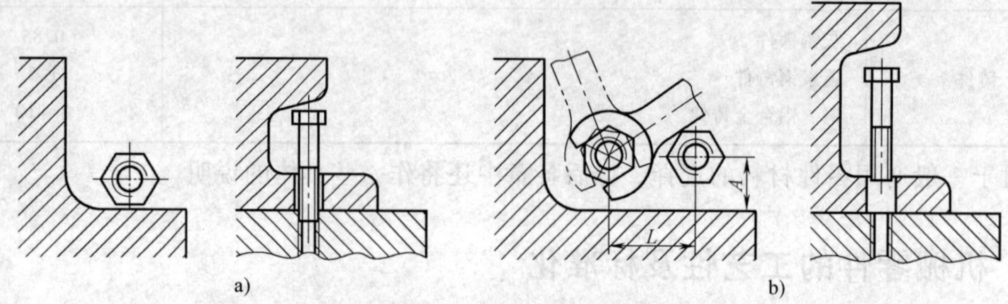

图6-5　保证螺纹联接的装配空间

a）不合理机构　b）合理结构

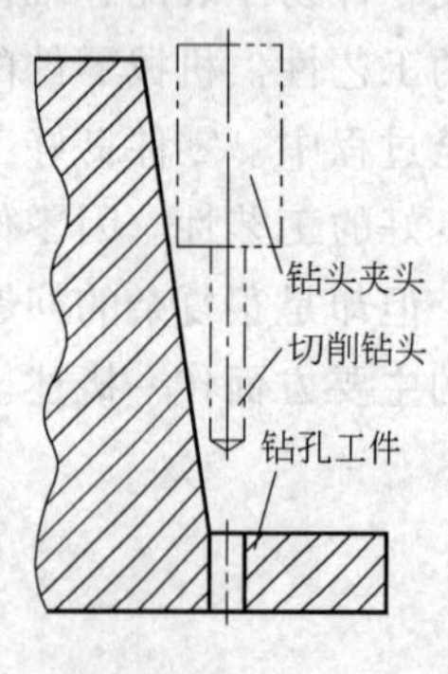

图6-6　孔位置设计不合理

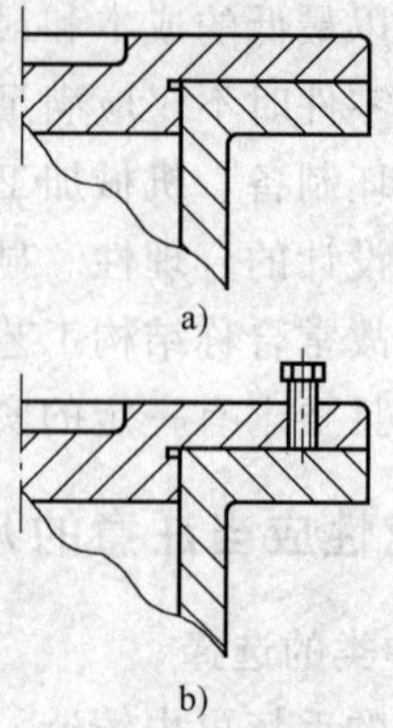

图6-7　拆卸的工艺

a）不合理结构　b）合理结构

6.9　标准化、通用化、系列化的概念和意义

标准化就是将产品的形式、尺寸、参数和性能等统一规定为数量有限的种类。标准化的零件称为标准件，如螺栓、螺母、滚动轴承等；标准化有利于简化设计和保证产品的互换性，并使维修方便。标准件可以组织专业化生产，既保证质量，又降低成本。

通用化是尽量使功能相同的零部件在同类或不同类产品中通用。通用化是广义的标准化。

系列化是对产品的规格参数（如功率、中心距等）按一定规律组成系列以减少产品规格数目。

以上提到的“三化”在机械设计中具有重要意义，它可减轻设计工作量，可以使设计者把主要精力用于关键零部件的设计。对标准件、通用件可以组织大批、大量生产，有利于采用先进设备、工艺以改善产品质量，节省原材料，提高生产率和降低成本，能减少设计中的差错。提高设计质量，可缩短产品试制周期，加速开发新产品，便于机器维修等。

国家标准化法规定我国实行四级标准化体制，即国家标准（代号 GB）、行业标准（如 ZZ 为重型机械行业标准）、地方标准（省级或市级有关单位制订的标准）和企业标准。另外，还有国际标准化组织规定的国际标准（代号 ISO）。

为了增强在国际市场的竞争能力，我国鼓励积极采用国际标准和国外先进标准。近年我国颁布的国家标准，许多都采用了相应的国际标准。设计人员必须熟悉现行的有关标准。一般《机械设计手册》及《机械工程手册》（简称手册）中都收录了常用的标准和资料，以供查阅。本课程的一个重要任务就是学会查阅和利用相关标准和资料。

思考与练习

6.1　试述机械零件设计的一般步骤及主要内容。

6.2　机械零件常见的失效形式有哪些？何谓机械零件工作能力计算准则？

6.3　何谓名义载荷和计算载荷？

6.4　在强度计算中，如何确定计算应力 σ 和极限应力 $\sigma_{\min}$？

6.5　图 6-8 所示为一拐形零件，当 A 点受一垂直向下的力 F 时，试分析其与板连接处 B 截面的力的种类，并判断 B 截面有可能产生的失效形式。

6.6　在图 6-9 所示零件的极限应力线图中，零件的工作应力位于 M 点，在零件的加载过程中，可能发生哪种失效？若应力循环特性 r 等于常数，应按什么方式进行强度计算？

6.7　什么叫疲劳曲线？疲劳曲线分为哪几段？各段分别表示什么？

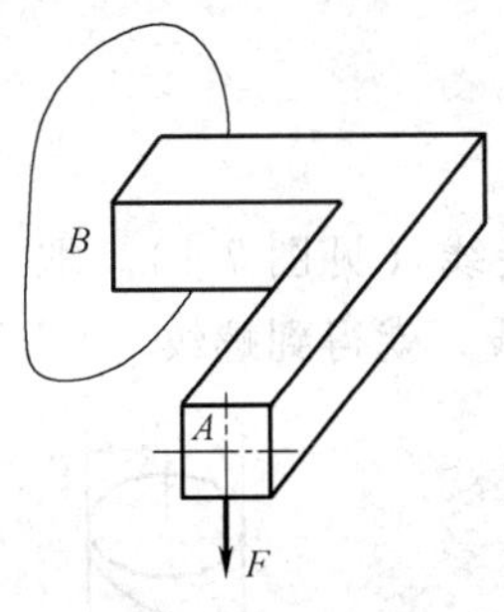

图 6-8　题 6.5 图

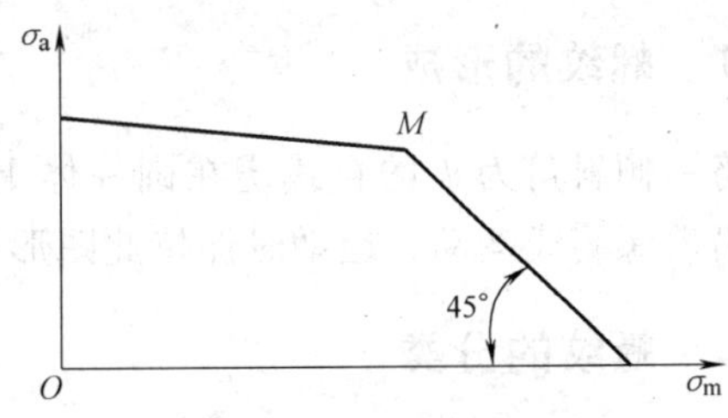

图 6-9　题 6.6 图

6.8　机械零件上的哪些位置易产生应力集中？举例说明。如果零件一个截面有多种产生应力集中的结构，有效应力集中系数如何计算？

6.9　零件的截面形状一定，当截面尺寸增大时，其疲劳极限值将如何变化？

6.10　影响零件疲劳强度的 3 个主要因素是什么？它们是否对应力幅和平均应力都有影响？

6.11　什么叫点蚀？如何防止点蚀？

6.12　什么是工艺性？工艺性应当注意的几个主要方面？

6.13　设计机械零件时，材料的选择主要取决于哪些因素？

6.14　简述标准化、通用化、系列化的概念和意义。

第7章　螺纹联接和螺旋传动

在机械制造中，联接是指被联接件与联接件的组合。就机械零件而言，被联接件有轴与轴上零件（如齿轮、飞轮）、轮圈与轮心、箱体与箱盖、焊接零件中的钢板与型钢等。联接件又称为紧固件，如螺栓、螺母、销、铆钉等。有些联接则没有专门的紧固件，如靠被联接件本身变形组成的过盈联接等。

联接分为可拆的和不可拆的。允许多次装拆而无损于使用性能的联接称为可拆联接，如螺纹联接、键联接和销联接等。若不损坏组成零件就不能拆开的联接则称为不可拆联接，如焊接、粘接和铆接。

铆接噪声大，劳动条件恶劣，目前除桥梁和飞机制造业之外，已很少应用；焊接和粘接涉及面广，已有专著论述，本章均不作介绍。

可拆联接中，螺纹联接应用最为广泛，最为重要，同时其选择计算也较复杂，内容丰富，故单作一章专门研究。又因为螺纹联接和螺旋传动都是利用具有螺纹的零件进行工作的，前者作为紧固联接件用，后者则作为传动件用。两者虽然用途不同，但其几何形状和受力关系相似，故本章中对螺旋传动一并讨论。

本章主要讨论螺纹联接的结构，重点介绍单个螺栓联接的强度计算、提高螺栓联接强度的措施。

7.1　螺纹参数

7.1.1　螺纹的形成

将一倾斜角为 ψ 的直线绕在圆柱体上便形成一条螺旋线（见图7-1）。取一平面图形，使它沿着螺旋线运动，运动时保持此图形通过圆柱体的轴线，就得到螺纹。

7.1.2　螺纹的分类

螺纹的分类方法很多。

1）按照平面图形的形状，螺纹分为三角形螺纹、矩形螺纹、梯形螺纹和锯齿形螺纹等（见图7-2）。

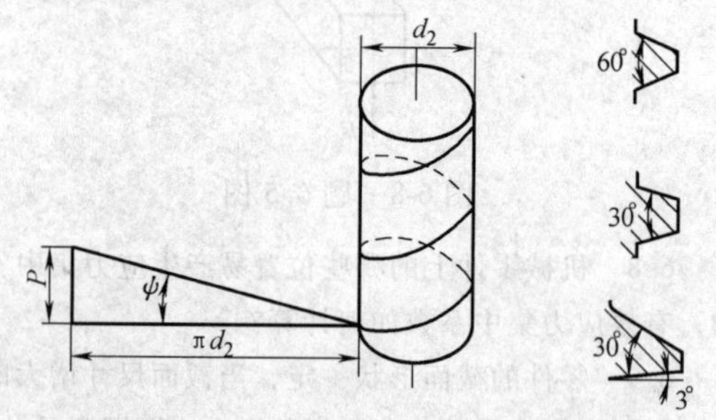

图7-1　螺旋线的形成

2）按照是否外露，螺纹分为内螺纹和外螺纹（见图7-2），两者旋合可组成螺纹副（或称螺旋副）。用于联接的螺纹称为联接螺纹，如三角形螺纹；用于传动的螺纹称为传动螺纹，如矩形螺纹、梯形螺纹和锯齿形螺纹等，相应的传动称为螺旋传动。

3）按照螺旋线的旋向，螺纹分为右旋螺纹（见图7-3a）和左旋螺纹（见图7-3b）。

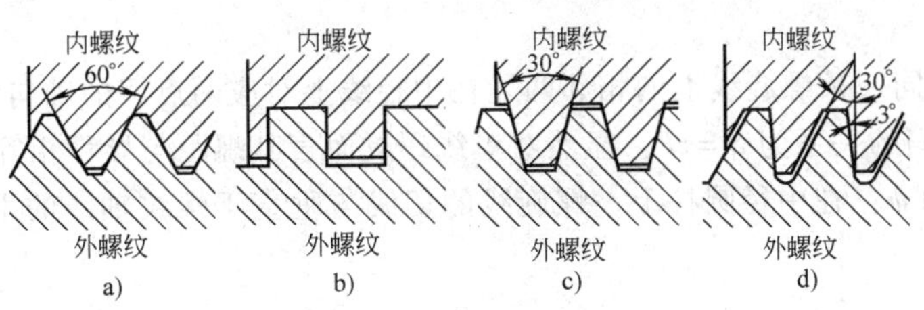

图 7-2　平面图形的牙型

a) 三角形螺纹　b) 矩形螺纹　c) 梯形螺纹　d) 锯齿形螺纹

4）按照螺旋线的数目，螺纹还分为单线螺纹（见图 7-3a）和等距排列的多线螺纹（见图 7-3b）。为了制造方便，螺纹的线数一般不超过 4。

机械制造一般采用右旋螺纹，有特殊要求时，才采用左旋螺纹，并且要注明旋向。右旋螺纹和左旋螺纹拧紧时的旋向示意图如图 7-4 所示。

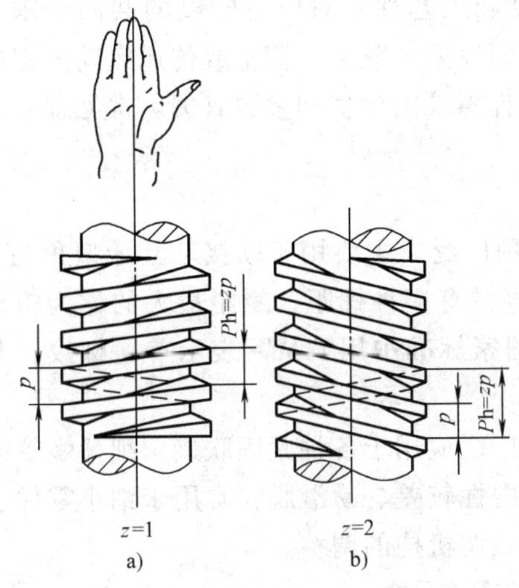

图 7-3　螺旋线的旋向和线数

a) 单线右旋螺纹　b) 双线左旋螺纹

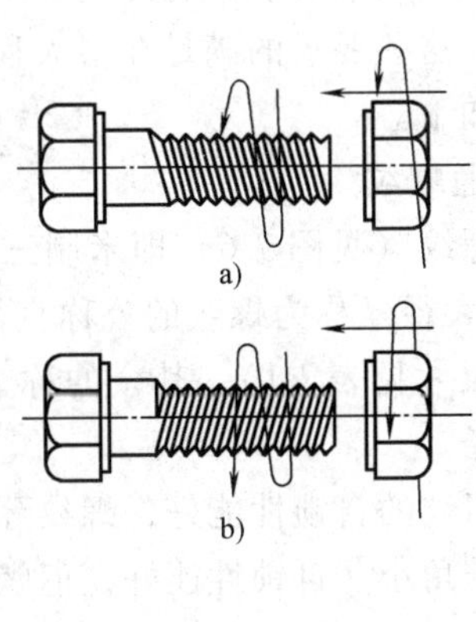

图 7-4　螺纹旋向

a) 右旋　b) 左旋

5）按照母体形状，螺纹分为圆柱螺纹和圆锥螺纹。

7.1.3　螺纹主要几何参数

现以图 7-5 所示的圆柱螺纹为例，说明螺纹的主要几何参数。

1）大径 d：与外螺纹牙顶或内螺纹牙底相切的假想圆柱的直径，是螺纹的最大直径，在有关螺纹的标准中称为公称直径。

2）小径 d_1：与外螺纹牙底或内螺纹牙顶相切的假想圆柱的直径，是螺纹的最小直径，常选此直径作为强度计算的依据。

3）中径 d_2：母线通过牙型上沟槽和凸起宽度相等处的假想圆柱的直径。

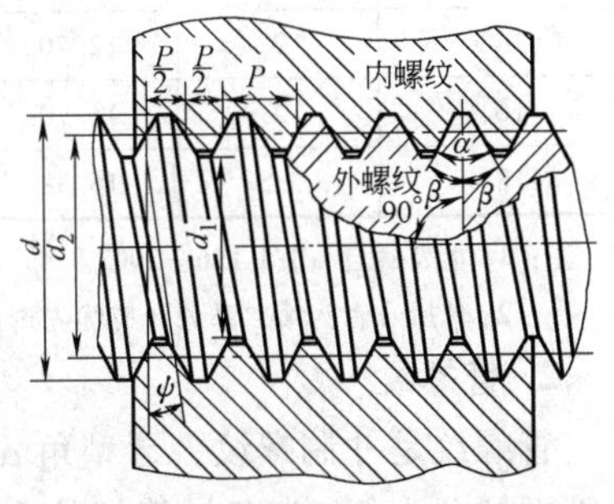

图 7-5　主要几何参数

4）螺距 P：螺纹相邻两牙在中线上对应两点间的轴

向距离。

5）导程 S：同一条螺旋线上的相邻两牙在中径线上对应两点间的轴向距离。导程 S、螺距 P 及线数 z 之间的关系为 $S=zP$。显然对单线螺纹而言其螺距与导程相等。

6）螺纹升角 ψ：在中径圆柱上，螺旋线的切线与垂直于螺纹轴线的平面的夹角。由图 7-5 可得

$$\mathrm{tg}\psi = \frac{S}{\pi d_2} = \frac{zP}{\pi d_2} \tag{7-1}$$

7）牙型角 α 和牙型斜角 β。牙型上两相邻牙侧间的夹角称为牙型角。牙型侧边与螺纹轴线的垂线间的夹角称为牙型斜角，三角形螺纹和梯形螺纹具有对称牙型斜角，锯齿形螺纹的牙型斜角是不对称的（见图 7-2d）。

7.1.4 常用螺纹的特点及应用

螺纹是螺纹联接和螺旋传动的关键部分，强度和工艺性是对所有螺纹的共同要求。此外，联接螺纹要求自锁，有的还要求紧密性；传动螺纹要求效率；调整或传递运动的螺纹则要求精度。这些要求的满足在很大程度上与正确选择螺纹的牙型和参数有关。常见螺纹的特点和应用如下。

1. 普通螺纹

普通螺纹（见图 7-6）即米制三角形螺纹，应用广泛，主要用于联接。其牙型角为 $\alpha=60°$，螺纹大径 d 称为螺纹的公称直径。同一公称直径有多种螺距，螺距最大的称为粗牙螺纹（基本尺寸见表 7-1），其余的称为细牙螺纹，国家标准中用“M”表示普通螺纹，其后加公称直径。

普通螺纹的自锁性能好，螺纹牙根的强度高，广泛应用于各种紧固联接。细牙螺纹螺距小、螺纹升角小、自锁性能好，但螺牙强度低、耐磨性较差、易滑脱，常用于细小零件、薄壁零件或受冲击、振动和变载荷的联接，还可用于微调机构的调整。

表 7-1 粗牙普通螺纹的基本尺寸 （单位：mm）

公称直径 d	螺距 P	中径 d_2	小径 d_1	公称直径 d	螺距 P	中径 d_2	小径 d_1
6	1	5.35	4.92	20	2.5	18.38	17.29
8	1.25	7.19	6.65	(22)	2.5	20.38	19.29
10	1.5	9.03	8.38	24	3	22.05	20.75
12	1.75	10.86	10.11	(27)	3	25.05	23.75
(14)	2	12.70	11.84	30	3.5	27.73	26.21
16	2	14.70	13.84	(33)	3.5	30.73	29.21
(18)	2.5	16.38	15.29	36	4	33.40	31.67

注：1. 本表摘自 GB/T 196—2003。

2. 带括号者为第二系列，应优先选用第一系列。

2. 管螺纹

管螺纹是寸制螺纹，牙型角 $\alpha=55°$，公称直径为管子的内径。按螺纹体外形来分，可将管螺纹分为 55°非密封管螺纹和 55°密封管螺纹。前者用于低压场合，后者适用于高温、高压或密封性要求较高的管联接。

（1）55°非密封管螺纹（见图 7-7）　牙型角 $\alpha=55°$，牙顶呈圆弧。旋合螺纹间无径向间隙，紧密性好，用于有气密性要求的管联接。管螺纹的公称直径近似为管子的孔径，以 in 为单位 。

（2）55°密封管螺纹　55°密封管螺纹（见图 7-8）通常用于高温、高压条件下工作的管子联接。与 55°非密封管螺纹相似，但螺纹分布在 1∶16 的圆锥表面，紧密性更好。当与 55°非密封内管螺纹配用时，在 1MPa 压力下已足够紧密。

55°密封管螺纹通过螺纹牙的变形保证联接的紧密性，有圆锥内、外螺纹及圆柱内、外螺纹两种形式，密封性能好，适用于高温、高压条件，并可迅速旋紧和旋松。55°非密封管螺纹，其内、外螺纹分别在内、外圆柱面上，螺纹副本身不具有密封性；若要求联接后具有密封，可压紧被联接件螺纹副外的密封面或在密封面间添加密封物（如麻丝、生胶带）。

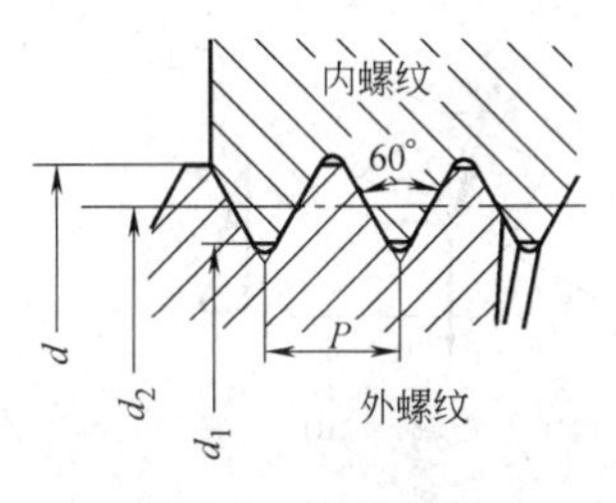

图 7-6　普通螺纹

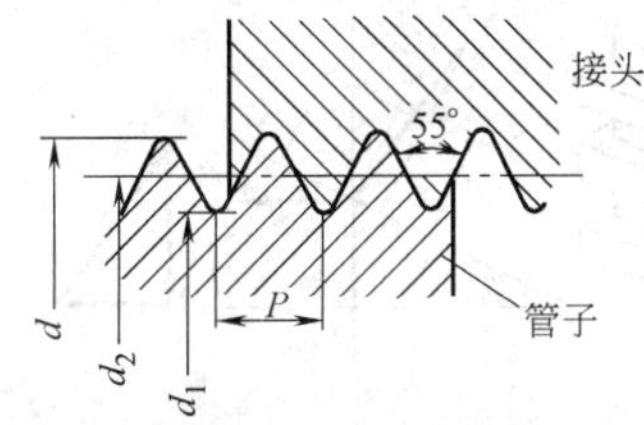

图 7-7　55°非密封管螺纹

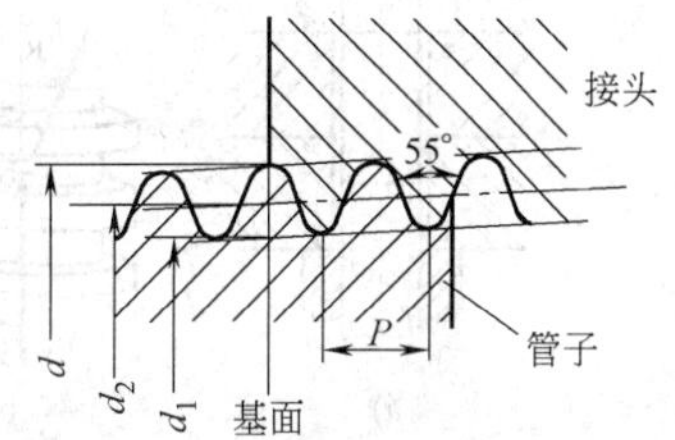

图 7-8　55°密封管螺纹

3. 矩形螺纹

矩形螺纹（见图 7-9）螺纹牙的断面通常为方形，牙厚为螺距的一半，尚未标准化。牙根强度较低，难于精确加工，磨损后易松动，间隙难于补偿，对中精度低。但当量摩擦因数最小，效率较其他螺纹要高，故用于传动，目前应用较少。

4. 梯形螺纹

梯形螺纹（见图 7-10）牙型角 $\alpha=30°$。效率比矩形螺纹低，但工艺性好，牙根强度高，螺纹副对中性好，如用剖分螺母，还可调整间隙，用于双向受力的传动或螺旋，可避免矩形螺纹的缺点。现广泛用于传动，如车床丝杠。

5. 锯齿形螺纹（见图 7-11）

锯齿形螺纹（见图 7-11）牙型为不等腰梯形，工作面的牙型斜角 $\beta_1=3°$，传动效率高，且便于加工；非工作面的牙侧角 $\beta_2=30°$，在外螺纹牙根处有相当大的圆角，增加了根部强度。螺纹副的大径处无间隙，便于对中。它综合了矩形螺纹效率高和梯形螺纹牙根强度高的优点，能承受较大的载荷，但只能单向传动，适用于起重螺旋、螺旋压力机等单向受力的传动和联接中。

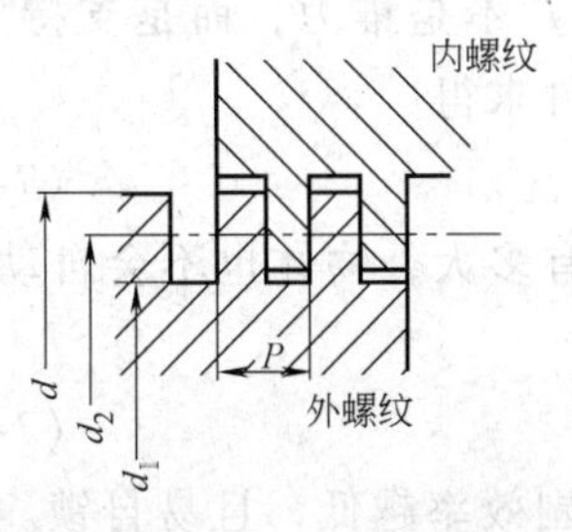

图 7-9　矩形螺纹

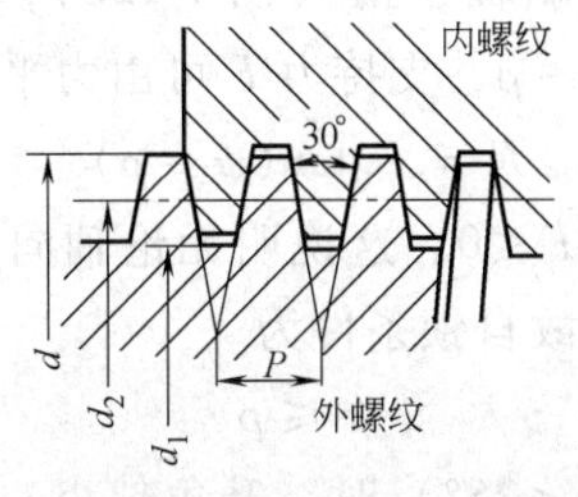

图 7-10　梯形螺纹

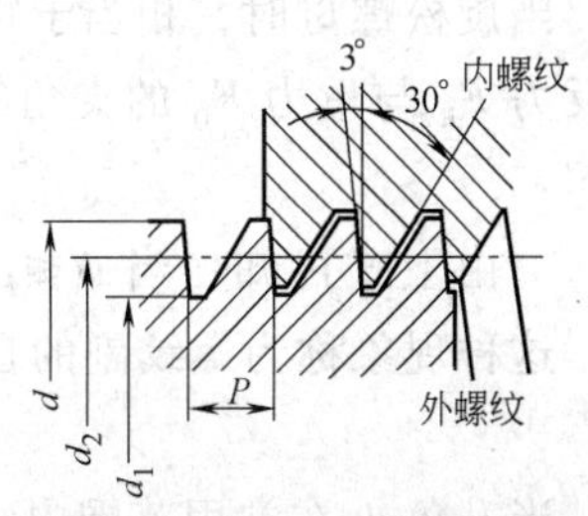

图 7-11　锯齿形螺纹

7.2 螺纹副的运动、受力、自锁和效率

螺纹副是由内螺纹与外螺纹旋合而成的。下面介绍螺纹副的受力分析、效率和自锁。

7.2.1 矩形螺纹副

在矩形螺纹副（见图7-12a）中，当螺母拧紧时，可视为受轴向载荷为 F_Q 的滑块沿螺纹斜面向上移动（见图7-12b），也可视为滑块在沿螺纹中径 d_2 展开后所得到的斜面上滑（见图7-12c）。

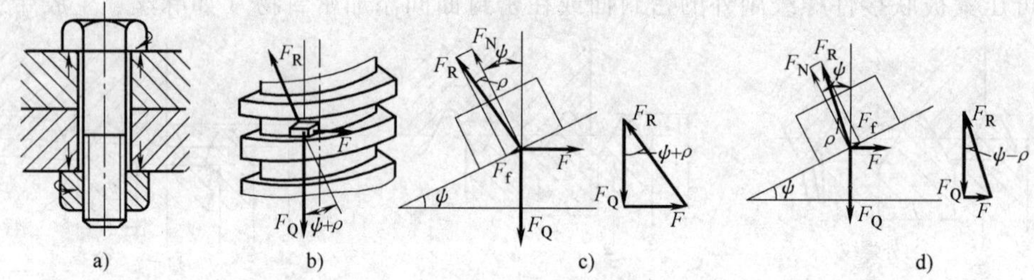

图7-12 矩形螺纹副的受力分析

a）在螺纹副中拧紧螺母 b）滑块沿螺旋面上滑 c）滑块沿斜面上滑 d）滑块沿斜面下滑

设 F 为作用在螺纹中径上的推力，F_N 为斜面法向反力，f 为摩擦因数，F_f 为摩擦力，ψ 为螺纹升角，ρ 为摩擦角。滑块沿斜面等速上升时，摩擦力向下，全反力 F_R 与载荷 F_Q 的夹角为 $\psi+\rho$，推力 F 可由力平衡条件求得

$$F = F_Q\tan(\psi+\rho) \tag{7-2}$$

旋转螺母所需的力矩

$$T = F\frac{d_2}{2} = \frac{1}{2}d_2F_Q\tan(\psi+\rho) \tag{7-3}$$

当螺母转动一周时，输入功为 $2\pi T$，此时举升重物所做的有效功为 F_QS，故螺纹副的效率为

$$\eta = \frac{F_QS}{2\pi T} = \frac{\tan\psi}{\tan(\psi+\rho)} \tag{7-4}$$

由上式可知，当摩擦角 ρ 一定时，螺纹副的效率只取决于螺纹升角 ψ 的大小。但过大的螺纹升角会造成加工的困难，故 ψ 一般应不大于 $20°\sim25°$。

当旋松螺母时，相当于物体沿斜面下滑（图7-12d），此时 F 不是推力，而是支持力。全反力 F_R 与重力 F_Q 的夹角等于 $\psi-\rho$，支持力 F 可由力平衡条件求得

$$F = F_Q\tan(\psi-\rho) \tag{7-5}$$

由上式可知，当 $\psi\leqslant\rho$ 时，$F\leqslant0$。这说明无论轴向载荷有多大，物体也不会自动下滑，这种现象称为螺纹副的自锁，故自锁条件为

$$\psi\leqslant\rho \tag{7-6}$$

当升角 ψ 在常用范围内（取 $\psi<25°$）时，升角越小，螺纹副效率越低，且易自锁。单线螺纹升角小（一般小于5°），易于自锁，故多用于联接；多线螺纹升角大，效率高，故多

用于传动。

7.2.2　非矩形螺纹副

矩形螺纹的牙型角 $\alpha=0$，而非矩形螺纹的牙型角 $\alpha\neq0$，故其螺纹副的受力情况不相同（见图 7-13）。非矩形螺纹的摩擦因数和摩擦角均相应地增大为当量摩擦因数 f_v 和当量摩擦角 ρ_v，于是相应的计算公式为

$$F = F_Q\tan(\psi+\rho_v) \tag{7-7}$$

当量摩擦角

$$\rho_v = \arctan f_v = \arctan\frac{f}{\cos\beta} \tag{7-8}$$

自锁条件　$\psi\leqslant\rho_v$　(7-9)

螺纹副效率

$$\eta = \frac{\tan\psi}{\tan(\psi+\rho_v)} \tag{7-10}$$

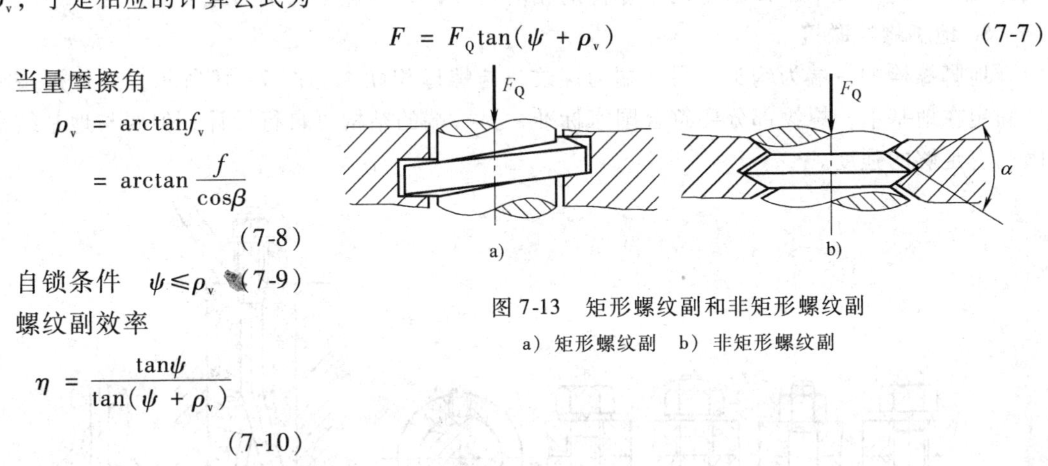

图 7-13　矩形螺纹副和非矩形螺纹副
a）矩形螺纹副　b）非矩形螺纹副

由于 $f_v>f$，$\rho_v>\psi$，故非矩形螺纹副比矩形螺纹副效率低，但自锁性好。

由此可以看出，ρ_v 直接影响螺纹的传动效率，所以用于传动的螺纹副，其牙型斜角的选择直接影响其传动效率，这点在选用时要注意。

7.3　螺纹联接的基本类型和螺纹联接件

7.3.1　螺纹联接的基本类型

1. 螺栓联接

这种联接利用一端有头，另一端有螺纹的螺栓穿过被联接件的光孔，拧上螺母将被联接件联成一体。被联接件不需要加工螺纹，而螺栓和螺母多采用标准件，因此不需单独加工，可降低生产成本。螺栓联接常应用于被联接件不太厚，并能从被联接件的两面穿螺栓的场合。

螺栓联接有普通螺栓联接和铰制孔螺栓联接两种。前者结构特点是被联接件的通孔与螺栓杆间有间隙，拧紧螺母后螺栓杆受拉力，如图 7-14a 所示。这种联接的通孔加工精度低，结构简单，装拆方便，因此应用广泛。

图 7-14b 所示为铰制孔螺栓联接，孔和螺栓的杆都采用基孔制过渡配合，加工精度要求高，这种联接的螺栓杆主要承受横向载荷。

2. 双头螺柱联接

双头螺柱的端部都加工成螺纹，联接时一端拧紧在被联接件之一的螺纹孔内，另一端穿过另一被联接件的通孔，再旋上螺母，如图 7-14c 所示。拆卸时，只需拧下螺母，不必拧下双头螺柱就能将被联接件分开。这种联接可用于被联接件之一的厚度很大，不便钻成通孔，且需经常拆装的场合。

3. 螺钉联接

螺钉的杆部全部为螺纹，其联接的特点是不用螺母，用途与双头螺柱联接相似，多用于不需经常拆卸的场合，如图 7-14d 所示。

4. 紧定螺钉联接

如图 7-14e 所示，将紧定螺钉旋入一零件的螺纹孔中，并以其末端顶住另一零件的表面或嵌入相应的凹坑中，以固定两个零件的相对位置，并传递不大的力或转矩。

5. 地脚螺栓联接

地脚螺栓的一端为钩头，另一端为螺纹，与螺母相联，如图 7-14f 所示。其作用是将设备固定在地基上，螺纹部分要符合国家标准，另一端的结构可自行设计，但要与地基结合牢固，有足够的强度。

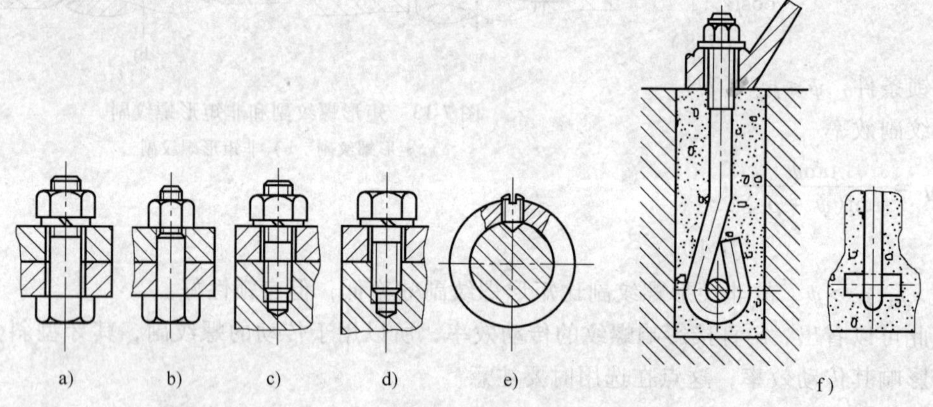

图 7-14　螺纹联接的基本类型

7.3.2　标准螺纹联接零件

螺纹联接件种类很多，如螺栓、双头螺柱、螺钉、紧定螺钉、螺母、垫圈以及防松零件等。这些零件大多已有国家标准，其品种和规格可由相关标准或手册查得。表 7-2 列出了部分常用螺纹联接件的类型、特点与应用。

表 7-2　常用螺纹联接件

类型	图　例	特点与应用
螺栓	L　L_0　d　　L　L_0　d	螺栓是工程上、日常生活中应用最为普遍、广泛的紧固件之一。螺栓的头部有各种不同形状，但是最常见的是六角头，为了满足工程上的不同需要，六角头又有标准六角头和小六角头。一般情况下使用标准六角头，在空间尺寸受到限制的地方使用小六角头螺栓。但是，小六角头螺栓的支承面积较小，如果用于经常拆卸的场合时，螺栓头的棱角也易于磨圆

（续）

类型	图　例	特点与应用
双头螺栓	双头螺柱 L_0—座端长度　L_1—螺母端长度	双头螺栓的两端都制有螺纹，两端的螺纹可以相同，也可以不同。其安装方式是一端旋入被联接件的螺纹孔中，另一端用来安装螺母
螺钉	半圆头螺钉　沉头螺钉 圆柱头螺钉　内六角圆柱螺钉	螺钉的头部有各种形状。为了明确表示螺钉的特点，所以通常以其头部的形状来命名，如半圆头螺钉、圆柱头螺钉、沉头螺钉和内六角圆柱螺钉等。螺钉的承载力一般较小。但是注意：在许多情况下，螺栓也可以用做螺钉
紧定螺钉	内六角头　开槽头　锥端　长圆柱端　平端　凹端 头部结构　尾部结构	紧定螺钉主要用于小载荷的情况下。例如，以传递圆周力为主的情况下，防止传动零件的轴向窜动等。可以看出：紧定螺钉的工作面是在末端，所以对于重要的紧定螺钉需要淬火硬化后才能满足要求
螺母	六角螺母　圆螺母	螺母是和螺栓相配套的标准零件，其外形有：六角形、圆形、方形及其他特殊的形状。其厚度有厚的、标准的和扁的，其中以标准的应用最广
垫圈	a)光垫圈　b)粗垫圈　c)弹簧垫圈　d)鞍形垫圈　e)弹簧垫圈　f)止动垫圈　g)方斜垫圈	垫圈也是标准件，品种也最多。但是，应用最多、最常见的有平垫圈和弹簧垫圈两种。平垫圈主要是为了增加支承面积，同时对支承面起保护作用。弹簧垫圈主要是用于防止螺母和其他紧固件的自动松脱。所以凡是有振动的地方又未采取其他防松措施时，原则上都应该加装弹簧垫圈 除了以上两类垫圈外，还有一些特殊的垫圈，如方斜垫圈、止动垫圈等。在需要的时候可查阅设计手册

7.4 螺纹联接的预拧紧和防松

7.4.1 螺纹联接的预拧紧

大多数情况下，在装配螺栓时要预拧紧螺母。预拧紧的目的是增强联接的可靠性、密封性和防松能力，以防止受载后被联接件间出现缝隙或发生相对滑动。

预紧力的大小是通过拧紧力矩 T 来控制的，螺母被拧紧，使被联接件受到预紧压力 F，其反作用力通过螺母与螺栓旋合的螺纹，使螺栓受到预紧拉力，如图 7-15 所示。对于一般的螺纹联接，预紧力的大小靠装配经验，在拧紧时控制；但对于重要联接（例如气缸盖的螺栓联接），预紧力必须加以控制。为获得一定的预紧力所需的拧紧力矩 T，要克服螺纹副中相对转动的阻力矩 T_1 和螺母支承表面上的摩擦力矩 T_2，即

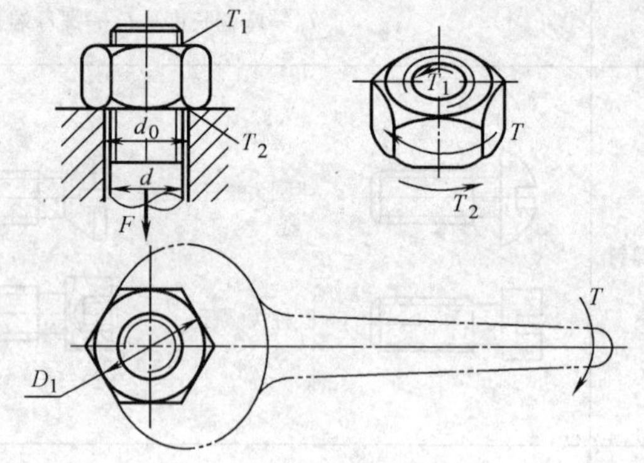

图 7-15 预紧力

$$T = T_1 + T_2 \tag{7-11}$$

式中，

$$T_2 = \frac{fF_0(D_1 + d_0)}{4}$$

F_0 为预紧力；D_1 为螺母支承面外径；d_0 为螺栓直径；f 为支承面与螺母接触面之间的摩擦因数，当表面较光滑时，取 $f = 0.2$。

7.4.2 防松

一般在静载荷和温度不高的情况下，拧紧螺母后，只靠螺纹之间的预紧力产生的摩擦力是能自锁的（因联接采用三角形螺纹，其螺纹升角仅为 1.5°～3.5°），不会自行松脱，但在冲击、振动或变载荷作用下，螺纹之间的摩擦力可能瞬时消失，联接仍有可能松脱而发生事故。因此，使用这种螺纹联接时，必须考虑防松问题。

螺纹联接防松的根本在于防止螺纹副相对转动。防松的方法很多，常用的几种防松方法见表 7-3。

例 7.1 已知 M12 螺栓用碳素结构钢 Q235 制成，螺纹间的摩擦因数 $f = 0.10$，螺母与支承面间的摩擦因数 $f_c = 0.15$，螺母支承面外径 $d_0 = 16.6\text{mm}$，螺栓孔直径 $d = 13\text{mm}$。欲使螺母拧紧后螺杆的拉应力达到材料屈服限的 50%，求应施加的拧紧力矩，并验算其能否自锁。

解：1）求当量摩擦因数及当量摩擦角。

$$f_v = \frac{f}{\cos\beta} = \frac{0.10}{\cos 30°} = 0.115$$

$$\rho_v = \arctan f_v = 6.59°$$

表 7-3　常用的防松方法

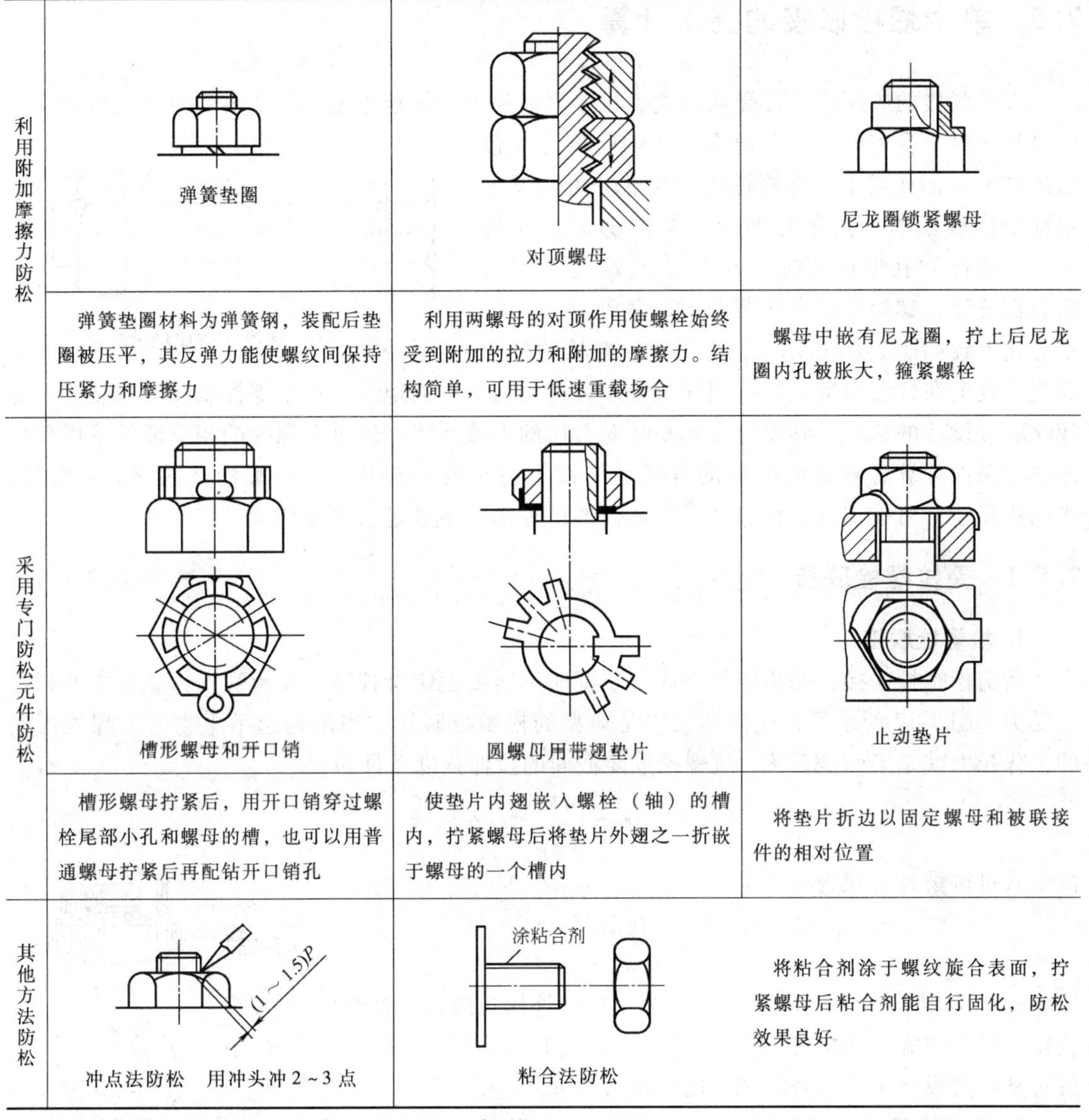

利用附加摩擦力防松	弹簧垫圈	对顶螺母	尼龙圈锁紧螺母
	弹簧垫圈材料为弹簧钢，装配后垫圈被压平，其反弹力能使螺纹间保持压紧力和摩擦力	利用两螺母的对顶作用使螺栓始终受到附加的拉力和附加的摩擦力。结构简单，可用于低速重载场合	螺母中嵌有尼龙圈，拧上后尼龙圈内孔被胀大，箍紧螺栓
采用专门防松元件防松	槽形螺母和开口销	圆螺母用带翅垫片	止动垫片
	槽形螺母拧紧后，用开口销穿过螺栓尾部小孔和螺母的槽，也可以用普通螺母拧紧后再配钻开口销孔	使垫片内翅嵌入螺栓（轴）的槽内，拧紧螺母后将垫片外翅之一折嵌于螺母的一个槽内	将垫片折边以固定螺母和被联接件的相对位置
其他方法防松	$(1\sim1.5)P$ 冲点法防松　用冲头冲 2～3 点	涂粘合剂 粘合法防松	将粘合剂涂于螺纹旋合表面，拧紧螺母后粘合剂能自行固化，防松效果良好

2）求螺纹升角 ψ。由表 7-1 查 M12 螺纹 $P=1.75\text{mm}$，$d_2=10.86\text{mm}$，$d_1=10.11\text{mm}$。

$$\psi = \arctan\frac{1.75}{10.86\pi} = 2.94°$$

$\rho_v>\psi$，故具有自锁性。

3）求螺杆总拉力（预紧力）F_a。

$$F_a = \frac{\pi d_1^2}{4}\times\frac{\sigma_s}{2} = \frac{10.11^2\times 235\pi}{4\times 2}\text{N} = 9420\text{N}$$

4）求拧紧力矩 T。

$$T = F_a\frac{d_2}{2}\tan(\psi+\rho_v)+f_cF_ar_f = \frac{9420\times 10.86}{2}\tan(2.94°+6.59°)\text{N}\cdot\text{m} +$$

$$0.15\times 9420\times\frac{16.6+13}{4}\text{N}\cdot\text{m} = 19.05\text{N}\cdot\text{m}$$

7.5　单个螺栓联接的强度计算

螺栓联接的应用广泛，受载形式也很多，但就单个螺栓来说，其主要受力形式可分为轴向受拉或横向受剪两类。普通螺栓在轴向拉力（包括预紧力）的作用下，螺栓杆或螺纹部分可能发生塑性变形或断裂；铰制孔螺栓在横向剪力的作用下，螺栓杆和孔壁间可能发生压溃或螺栓杆被剪断。据统计，螺栓受轴向变载荷时，各部分损坏的百分比大致如图 7-16 所示。由此可见，螺栓的疲劳断裂常发生在螺纹根部，即截面面积较小且有应力集中的地方。单个螺栓联接的强度计算是螺纹联接设计的基础。其设计准则是针对具体的失效形式，通过对螺栓的相应部位采用相应的强度条件计算螺栓危险截面的直径（螺纹小径）或校核其强度。螺栓其他部分及螺母、垫圈等尺寸，可按螺纹公称直径直接从标准中查出，不必进行强度计算。

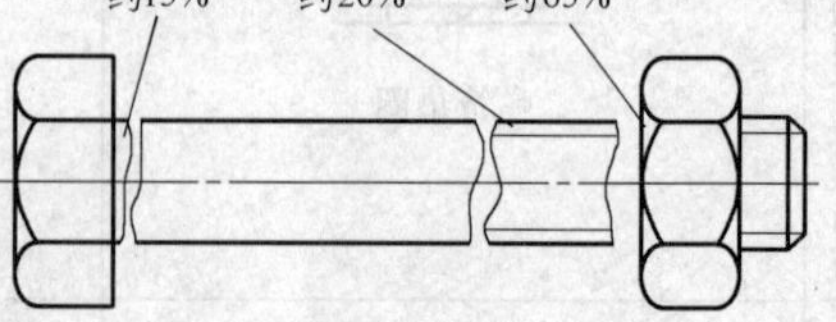

图 7-16　螺栓失效比例分析

7.5.1　受拉螺栓联接

1. 松螺栓联接

所谓松螺栓联接，是指螺栓在联接装配时不需要把螺母拧紧，在承受工作载荷之前螺栓不受力。图 7-17 所示吊钩尾部的联接是典型的松螺栓联接。当吊钩起吊重物时，螺栓所受的工作拉力就是工作载荷 F，故螺栓危险截面的拉伸强度条件为

$$\sigma = \frac{4F}{\pi d_1^2} \leqslant [\sigma] \tag{7-12}$$

由上式可得设计公式为

$$d_1 \geqslant \sqrt{\frac{4F}{\pi[\sigma]}} \tag{7-13}$$

式中，d_1 为螺纹小径（mm）；$[\sigma]$ 为螺栓的许用拉应力（MPa），可查表获得。对普通螺栓联接可以取 $[\sigma] = \sigma_s/(1.2 \sim 1.7)$。计算得出 d_1 值后再从有关设计手册中查得螺纹的公称直径 d。

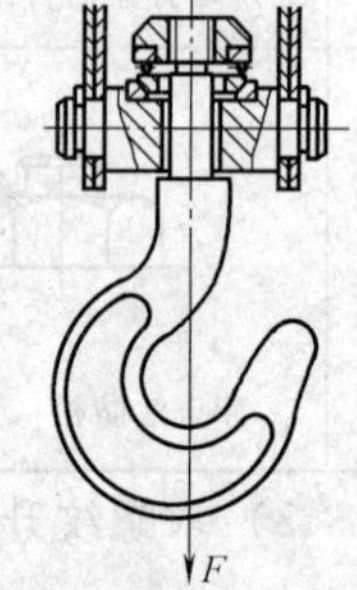

图 7-17　吊钩螺栓联接

2. 紧螺栓联接

所谓紧螺栓联接，是指螺栓在承受工作载荷之前必须将螺母拧紧，使螺栓联接产生预紧力，设预紧力为 F_0。这时，螺栓一方面受拉，另一方面因螺纹副中摩擦阻力矩的作用而受扭，故在危险截面上既有拉应力 σ，又有受扭矩而产生的切应力 τ。根据第四强度理论，对于常用的钢制螺栓，可取 $\tau = 0.50\sigma$。求其螺纹部分的强度仍按拉伸强度公式计算，考虑到扭转切应力的影响，把螺栓所受的轴向拉应力增加 30%，即为 1.3 倍（不控制预紧力）。因此，螺纹部分的强度条件可简化为

$$\sigma = \frac{1.3 \times 4F_0}{\pi d_1^2} \leqslant [\sigma] \tag{7-14}$$

$$d_1 \geqslant \sqrt{\frac{5.2F_0}{\pi[\sigma]}} \tag{7-15}$$

式中，d_1 为螺纹小径（mm）；[σ] 为螺栓的许用拉应力（MPa）。

按式（7-15）求出 d_1 后，即可查标准选出公称直径 d，其他联接件按 d 查标准选定。

3. 只受预紧力的紧螺栓联接

1）受横向工作载荷和接合面内受转矩作用的普通螺栓联接，均为只受预紧力 F_0 作用下的紧螺栓联接。图 7-18 所示为受横向工作载荷 F 的普通螺栓联接，工作载荷 F 靠接触面间的摩擦力来传递。因此，螺栓所受的拉力在承受工作载荷以前和以后并没有变化，都等于预紧力 F_0。图 7-18a、b 分别表示单层、双层接触面单螺栓联接，而图 7-18c 则表示单层接触面，四个螺栓的紧螺栓联接。

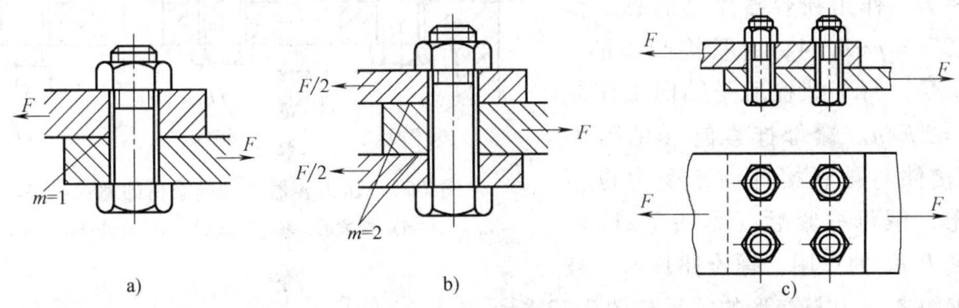

图 7-18　普通螺栓联接

a）单层接触面单螺栓　b）双层接触面单螺栓　c）单层接触面四个螺栓

为了使被联接件之间不出现相对滑动以及联接可靠，螺栓所受的预紧力 F_0 应为

$$F_0 \geqslant \frac{CF}{fzm} \tag{7-16}$$

式中，f 为接合面之间的摩擦因数，对于钢或铸铁件可取 0.1 ~ 0.15；C 为可靠性系数，对于钢或铸铁件可取 1 ~ 1.5；m 为接合面数目；z 为螺栓的根数。

由式（7-16）可知，若取 $f=0.15$，$C=1.2$，$m=1$，$z=1$，则预紧力 F_0 为

$$F_0 = \frac{CF}{fzm} = 8F$$

可见，这种靠摩擦力传递横向载荷的普通螺栓联接，其尺寸是较大的。为了避免上述缺陷，常用卸载装置来承担横向工作载荷（见图 7-19），而螺栓仅起联接作用。

2）接合面内受转矩 T_1 作用的普通螺栓联接。图 7-20 所示为工作转矩 T 也是靠接合面的摩擦力来传递的。若各螺栓的中心线到螺栓组形心距离相等，均为 r，则由理论力学可知预紧力应为

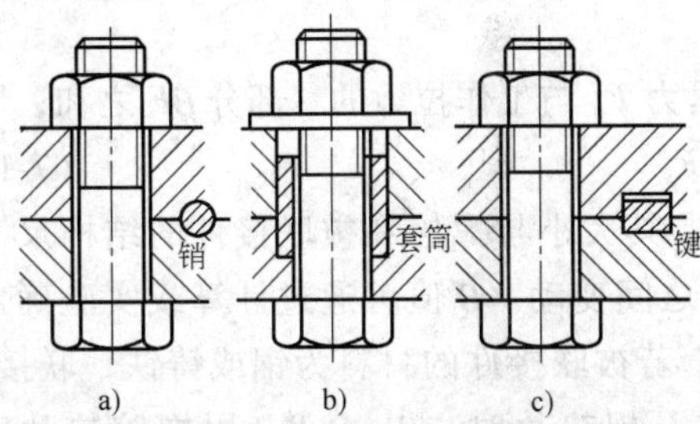

图 7-19　螺栓联接的卸载装置

a）销　b）套筒　c）键

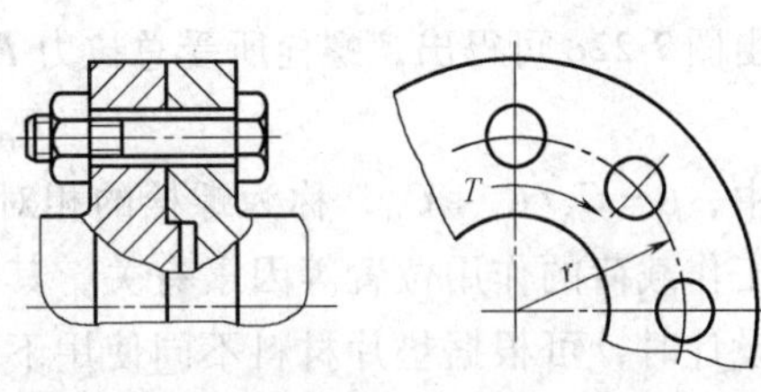

图 7-20　受转矩 T_1 作用的普通螺栓联接

$$F_0 = \frac{CT}{frz} \tag{7-17}$$

式中，f 为接合面之间的摩擦因数，$f = 0.1 \sim 0.4$；C 为可靠性系数，取 $C = 1.1 \sim 1.3$；z 为螺栓根数；r 为螺栓轴线分布圆周半径。

4. 受轴向载荷的紧螺栓联接

这种联接比较常见，压力容器的顶盖和壳体的凸缘联接为其典型实例，如图 7-21 所示。压力容器内气压为 p，气缸内径为 D，作用在容器盖上的总工作载荷为 $\Sigma F = p\pi D^2/4$，由联接凸缘的 n 个螺栓承受，每个螺栓所受轴向工作载荷为 $F = \Sigma F/n$。螺母拧紧前（见图 7-21a）联接件与被联接件均不受力也不产生变形。螺母拧紧后（见图 7-21b），由于预紧力 F_0 的作用，螺栓伸长 δ_1，被联接件缩短 δ_2。力与变形的关系如图 7-22 所示。

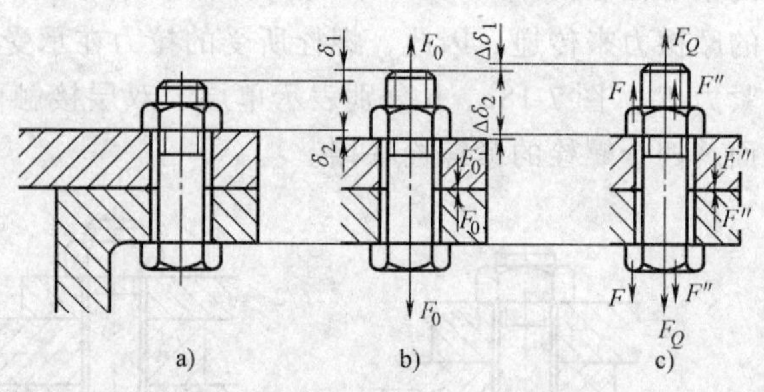

图 7-21　压力容器受轴向载荷的螺栓联接

a）拧紧前　b）拧紧后　c）合并图

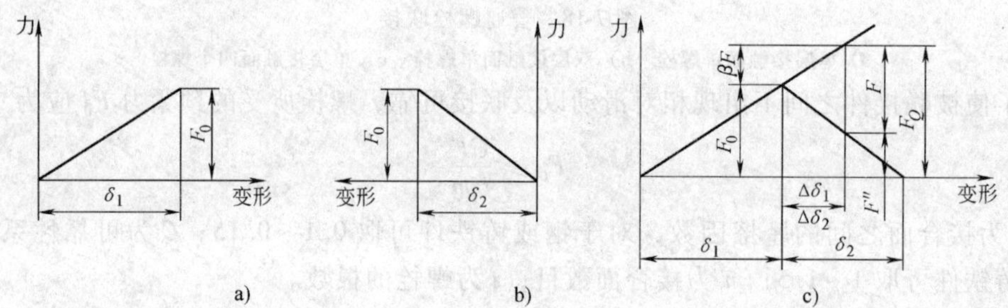

图 7-22　螺栓和被联接件的力与变形的关系

当联接承受工作载荷 F 时（见图 7-21c）。螺栓继续伸长 $\Delta\delta_1$，总伸长量为 $\delta_1 + \Delta\delta_1$；此时被联接件随螺栓的伸长而回缩了 $\Delta\delta_2$，其总压缩量为 $\delta_2 - \Delta\delta_2$，$\Delta\delta_1 = \Delta\delta_2 = \Delta\delta$。此时，被联接件仅受残余预紧力 F''，螺栓所受的总拉力 F_Q 为工作载荷与残余预紧力之和，即

$$F_Q = F + F'' \tag{7-18}$$

为了保证联接的紧密性，应使 $F'' > 0$。对于一般联接，工作载荷稳定时，取 $F'' = (0.2 \sim 0.6)F$；不稳定时，取 $F'' = (0.6 \sim 1.0)F$；对有密封性要求时，取 $F'' = (1.5 \sim 1.8)F$；对于地脚螺栓联接，取 $F'' > F_Q$。

由图 7-22c 可得出，螺栓所受总拉力 F_Q 等于预紧力 F_0 与工作拉力的一部分 βF 之和，即

$$F_Q = F_0 + \beta F \tag{7-19}$$

上式中，$\beta = C_b/C_b + C_m$，称为螺栓的相对刚度系数，其大小与螺栓和被联接件的结构尺寸、材料工作载荷的作用位置等因素有关，其值在 0～1 之间变动。β 值可通过计算或实验确定。一般设计时，可根据垫片材料不同使用下列推荐值：若被联接件的材料为钢或铸铁，联接不用垫片或用金属垫片时，取 $\beta = 0.2 \sim 0.3$；用铜皮石棉垫片时，$\beta = 0.8$；用橡胶垫片时，$\beta = 0.9$。

螺栓的强度条件为

$$\sigma_{ca} = \frac{4 \times 1.3F_Q}{\pi d_1^2} \leqslant [\sigma] \tag{7-20}$$

或

$$d_1 \geqslant \sqrt{\frac{4 \times 1.3F_Q}{\pi[\sigma]}} \tag{7-21}$$

式中，$[\sigma]$ 是螺栓许用拉应力（MPa）。

7.5.2　受剪螺栓联接

图 7-23 所示为铰制孔用螺栓联接，此种联接所受拧紧预紧力很小。螺栓在横向载荷 F 作用下，主要失效形式是螺栓被剪断及螺栓或被联接件的孔壁被压溃。因此，其强度条件是保证螺栓的抗剪强度和联接的抗挤压强度。

抗剪强度条件为

$$\tau = \frac{4F}{\pi d_0^2} \leqslant [\tau] \tag{7-22}$$

抗挤压强度条件为

$$\sigma_p = \frac{F}{d_0 h} \leqslant [\sigma_p] \tag{7-23}$$

上两式中，d_0 是螺栓受剪面直径（mm）；F 是横向载荷（N）；h 是接触面最小轴向长度；$[\tau]$ 是螺栓许用切应力（MPa）；$[\sigma_p]$ 是螺栓或孔壁较弱材料的许用挤压应力（MPa）。

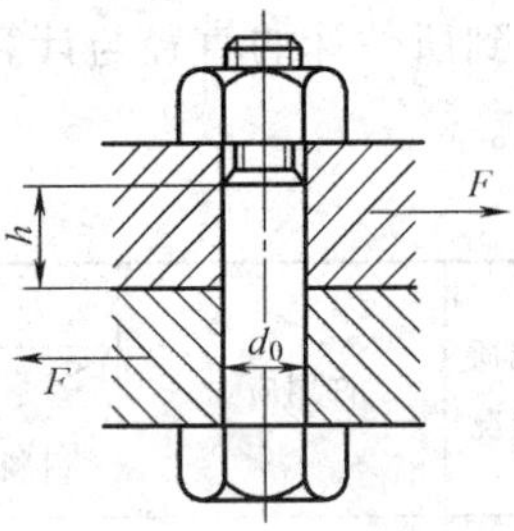

图 7-23　铰制孔用螺栓联接

7.5.3　螺栓的材料和许用应力

1. 螺栓的常用材料

螺栓的常用材料有碳素结构钢（Q215、Q235）和优质中、低碳钢（20、35、45）。重要和特殊用途的螺栓联接件可采用力学性能较好的中、低碳合金钢（15Cr、40Cr、30CrMnSi）。

此外，有防蚀或导电等要求时，螺纹联接件材料也可用铜及其合金或其他有色金属。常用材料及热处理方法见表 7-4，使用时应使其满足相应的性能等级。

由表 7-4 可知，螺栓、螺钉和螺柱按力学性能不同分为十级。螺母的性能等级分为七级，分别与相配螺栓的性能等级对应，见表 7-5。

表 7-4　螺栓、螺钉、螺柱性能等级

性能等级	3.6	4.6	4.8	5.6	5.8	6.8	8.8	9.8	10.9	12.9
抗拉强度 σ_{bmin}/MPa	330	400	420	500	520	600	800	900	1040	1220
屈服强度 σ_{smin}/MPa	190	240	340	300	420	480	640	720	940	1100
硬度/HBW	90	114	124	147	152	181	240	276	304	366
推荐材料	低碳钢或中碳钢						中碳钢、低碳合金钢		中碳钢、合金钢	合金钢
							淬火并回火（回火温度 340～425℃）			

注：1. 性能等级的标记代号含义：小数点前的数字为公称抗拉强度 σ_b 的 1/100，小数点后的数字为屈强比的 10 倍，即（σ_s/σ_b）×10。

2. 规定性能等级的螺栓、螺母在图样上只注性能等级，不标注材料牌号。

3. 本表摘自 GB/T 3098.1—2010。

表 7-5 螺母性能等级

螺母性能等级	4	5		6	8	9		10	12
相配螺栓性能等级	3.6，4.6，4.8	3.6，4.6，4.8	5.6，5.8	6.8	8.8	8.8	9.8	10.9	12.9
直径范围/mm	>16	≤16	≤39			>16	>16	≤39	

注：1. 螺母性能等级用螺栓最高性能等级的第一部分数字表示。性能等级较高的螺母可以替换性能等级较低的螺母。
2. 本表摘自 GB/T 3098.2—2010。

2. 螺栓联接的许用应力

螺栓联接的许用应力与材料、载荷性质、尺寸、装配以及构造等因素有关，可参考表 7-6、表 7-7 选用。由表 7-6 可看出，不控制预紧力时，螺栓的许用应力还和螺栓直径有关。因此，设计时首先要估计直径，若计算结果和原估计直径相差很大，应重新估计，重新计算，直到所估计的直径与计算结果接近为止。这种方法在机械设计中是经常采用的，应逐步熟悉它。

表 7-6 普通螺栓紧联接的许用应力和安全系数

<table>
<tr><td rowspan="2">载荷情况</td><td rowspan="2">许用应力</td><td colspan="8">不控制预紧力时 S</td><td colspan="4">控制预紧力时 S</td></tr>
<tr><td>直径
材料</td><td colspan="3">M6 ~ M16</td><td colspan="4">M16 ~ M30</td><td colspan="4">不分直径</td></tr>
<tr><td rowspan="2">静载</td><td rowspan="2">$[\sigma]=\frac{\sigma_s}{S}$</td><td>碳钢</td><td colspan="3">5 ~ 4</td><td colspan="4">4 ~ 2.5</td><td colspan="4" rowspan="4">1.2 ~ 1.5</td></tr>
<tr><td>合金钢</td><td colspan="3">5.7 ~ 5</td><td colspan="4">5 ~ 3.4</td></tr>
<tr><td rowspan="8">变载</td><td rowspan="2">按最大应力
$[\sigma]=\frac{\sigma_s}{S}$</td><td>碳钢</td><td colspan="3">12.5 ~ 8.5</td><td colspan="4">8.5</td></tr>
<tr><td>合金钢</td><td colspan="3">10 ~ 6.8</td><td colspan="4">6.8</td></tr>
<tr><td rowspan="6">按循环应力幅
$[\sigma]_a=\frac{\varepsilon_\sigma k_m \sigma_{-1}}{K_\sigma S_a}$</td><td colspan="8">$S_a=2.5 \sim 4$</td><td colspan="4">$S_a=1.5 \sim 2.5$</td></tr>
<tr><td rowspan="2">尺寸系数 ε_σ</td><td>d/mm</td><td>≤12</td><td>16</td><td>20</td><td>24</td><td>30</td><td>36</td><td>42</td><td>48</td><td>56</td><td>64</td></tr>
<tr><td>ε_σ</td><td>1.0</td><td>0.87</td><td>0.80</td><td>0.74</td><td>0.67</td><td>0.63</td><td>0.60</td><td>0.57</td><td>0.54</td><td>0.53</td></tr>
<tr><td colspan="2" rowspan="2">有效应力集中系数
K_σ</td><td colspan="2">σ_b/MPa</td><td colspan="2">400</td><td colspan="2">600</td><td colspan="2">800</td><td colspan="2">1000</td></tr>
<tr><td colspan="2">K_σ</td><td colspan="2">3.0</td><td colspan="2">3.9</td><td colspan="2">4.8</td><td colspan="2">5.2</td></tr>
<tr><td colspan="8">螺纹制造工艺系数 k_m：辗压 $k_m=1.25$</td><td colspan="4">车制 $k_m=1.2$</td></tr>
</table>

表 7-7 螺栓许用切应力及许用挤压应力 （单位：MPa）

<table>
<tr><td rowspan="2">螺栓的许用切应力 $[\tau]$</td><td>静　载</td><td>$\frac{\sigma_s}{2.5}$</td></tr>
<tr><td>变　载</td><td>$\frac{\sigma_s}{3.5 \sim 5}$</td></tr>
<tr><td rowspan="3">螺栓或被联接件的许用挤压应力
$[\sigma]_p$</td><td rowspan="2">静　载</td><td>钢$\frac{\sigma_s}{1.25}$</td></tr>
<tr><td>铸铁$\frac{\sigma_b}{2 \sim 2.5}$</td></tr>
<tr><td>变　载</td><td>较静载时减小 20% ~30%</td></tr>
</table>

7.6 螺栓组的设计计算

上面介绍了单个螺栓联接的问题。在实际工程上可以看到，单独利用一个螺栓来实现联接的情况并不多见，基本上都是由几个螺栓按适当的规律排列起来（称为螺栓组），共同完成和实现一个联接任务的。

7.6.1　螺栓组的结构设计应考虑的几个问题

在长期的工作实践中，人们了解到，如何尽可能地使各个螺栓接近均匀地承担外载荷，是设计、安装螺栓组的主要问题。合理布置同一组内的螺栓的位置起着关键的作用。通过实践发现，在进行螺栓组结构设计时应该考虑以下几个方面的问题。

（1）螺栓（钉）的布置　螺栓组的钉孔应合理地分布在几何形状简单的接合面上，如矩形、方形和圆形等。钉孔分布应与接合面的轴线对称。图 7-24a 所示为钉孔均匀地分布在一个圆周上，图 7-24b 所示为钉孔分布在一个矩形边框上。钉孔中心到结构件外壁间要留出足够的扳手或其他工具操作的空间，如图 7-24b 中的尺寸 A 所示。钉距 t 要按照联接的使用特点和要求确定。A 和 t 可查机械设计手册选取。下面推荐的计算钉距的经验公式可作为一般设计时参考。

1）$t \leqslant 7d$，用于压力 $p \leqslant 1.6$MPa 的压力容器。

2）$t \approx 4.5d$，用于压力 p 为 1.6～10MPa 的压力容器。

3）$t \leqslant 10d$，用于接合面无特别要求的压力容器。

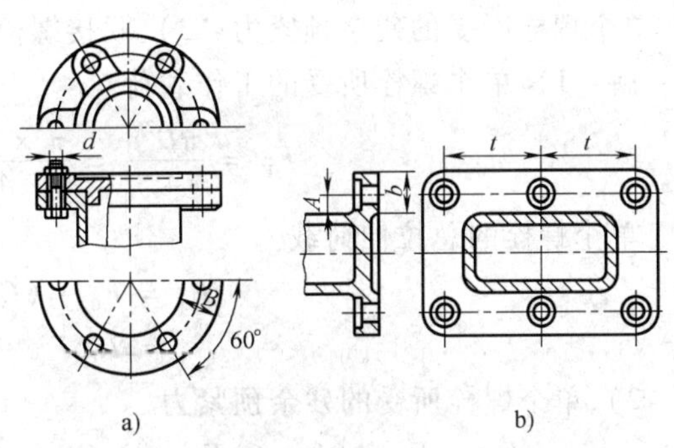

图 7-24　螺栓组联接
a）缸盖螺栓组　b）机架螺栓组

（2）支承面的要求　被联接件上与螺母或螺栓头接触的支承面应该平整，并且要求与螺栓轴线垂直，以免引起偏心载荷而削弱螺栓强度。为便于加工，经常将支承面做成凸台或沉头（鱼眼坑），如图 7-28 所示。

（3）螺栓数量的选择　分布在同一圆周上的螺栓数应取为 3、4、6、8、12 等易于分度的数目，以利于划线钻孔和加工。当然，如果自动化程度较高，也可以采用其他的分度方法。

（4）螺栓规格的选择　在通用机械中，为简化设计、制造，对同一螺栓组内的螺栓及配套件而言，不管受力大小，应该选择同样材料、规格的同一标准的螺栓，便于采购、管理和装配。

（5）其他应注意的问题

1）一般情况下，螺栓与钉孔之间应留有间隙。由于螺栓是标准件，在螺栓选定之后，螺栓的直径就已经确定。所以，必须依照螺栓直径选择其钉孔直径（参见 GB/T 5277—1985）。

2）拧入螺纹深度、螺纹伸出长度、螺孔加工深度及光孔深度等尺寸同样也可以查阅相关的标准或手册，不能凭空想象。

3）要有可靠的螺栓联接的预紧及防松措施。

7.6.2　简单螺栓组联接的强度计算

前面所述均为单个螺栓联接的强度计算，它们是螺栓组联接强度计算的基础。

尽管同一螺栓组中的各个螺栓受力大小有所不同，但为了简化结构及便于加工装配，各螺栓及其配套零件的规格和材料均应相同，并取其中受力最大的螺栓进行强度计算。

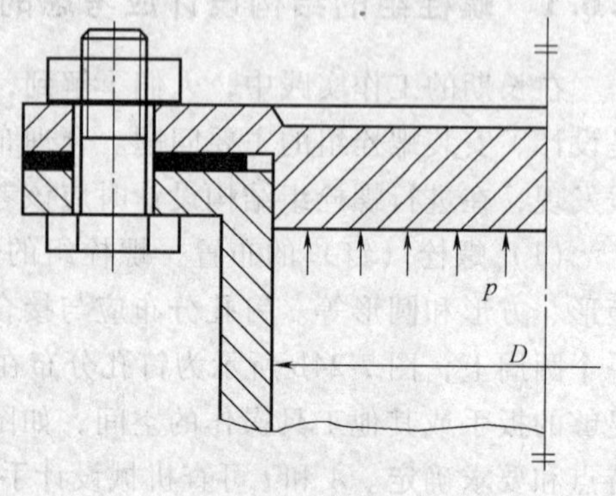

图 7-25　例 7.2 图

例 7.2　钢制液压缸如图 7-25 所示。油压 $p = 1\text{N/mm}^2$，液压缸内径 $D = 160\text{mm}$，缸筒与缸底采用 8 个螺栓均布联接。螺栓联接的相对刚度系数 $\beta = C_b/C_b + C_m = 0.3$。预紧力 $F_0 = 2.5F_E$（F_E 为螺栓的工作载荷），螺栓的许用应力 $[\sigma] = 120\text{N/mm}^2$，试求：1）单个螺栓的总拉伸载荷，2）单个螺栓所受的残余预紧力，3）联接螺栓的小径。

解：1）单个螺栓所受的工作载荷

$$F_E = \frac{\pi D^2 p}{4z} = \frac{\pi \times 160^2 \times 1}{4 \times 8}\text{N} = 2513\text{N}$$

单个螺栓的总拉伸荷载

$$F_a = F_0 + (C_b/C_b + C_m)F_E$$
$$= 2.5F_E + 0.3F_E = 2.8 \times 2513\text{N} = 7036.4\text{N}$$

2）单个螺栓所受的残余预紧力

$$F_1 = F_0 - (1-\beta)F_E = 2.5F_E - 0.7F_E = 1.8 \times 2513\text{N} = 4523.4\text{N}$$

3）根据螺栓联接最危险截面的强度条件可得所需螺栓小径

$$d_1 \geqslant \sqrt{\frac{4 \times 1.3F_a}{\pi[\sigma]}} = \sqrt{\frac{4 \times 1.3 \times 7036.4}{\pi \times 120}}\text{mm} = 9.85\text{mm}$$

例 7.3　图 7-26 所示为一凸缘联轴器。已知用 8 个螺栓联接，螺栓中心圆直径 $D = 195\text{mm}$，联轴器传递的转矩 $T = 1.1\text{N} \cdot \text{m}$。试确定螺栓直径。

解：作用于联轴器上的转矩 T 通过螺栓联接传递，因此联接螺栓受到与螺栓轴线垂直并与直径为 D 的圆周相切的圆周力。总的圆周力 $F_\Sigma = 2T/D$，由于 8 个螺栓均布于直径为 D 的圆上，故每个螺栓受力情况一样，每个螺栓联接处受到载荷 $F_\Sigma/8$。由于螺栓杆与孔有间隙，圆周力是靠接合面间的摩擦力来传递的，因此，螺栓装配时必须拧紧。所以这是受横向载荷的紧螺栓联接。

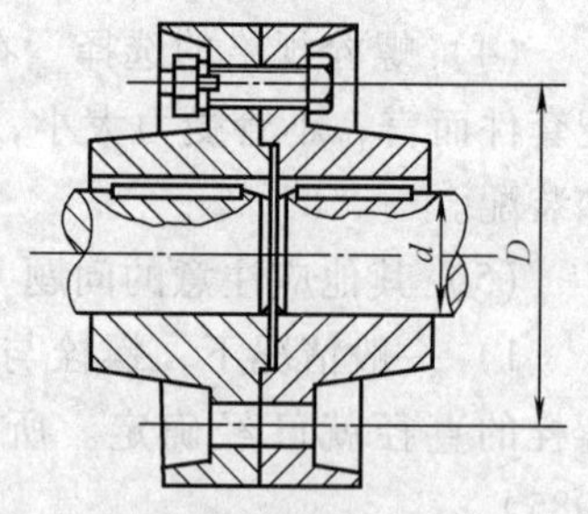

图 7-26　例 7.3 图

1）每个螺栓联接处受到的外载荷 F。

$$F = \frac{F_\Sigma}{8} = \frac{T}{4D} = \frac{1.1}{4 \times 0.195}\text{kN} = 1.41\text{kN}$$

2）每个螺栓的预紧力 F_0，螺栓联接的接合面数 $n = 1$，防滑安全系数 S 取 1.2，接合面间的摩擦因数 f 取 0.2，则

$$F_0 = \frac{SF}{fn} = \frac{1.2 \times 1.41}{1 \times 0.2}\text{kN} = 8.46\text{kN}$$

3）螺栓的直径。用试算法假定螺栓直径 $d = 16$mm。螺栓材料采用 Q235 钢，$\sigma_s = 240$MPa。查表得许用拉应力 $[\sigma] = 0.330$，$\sigma_s = 0.33 \times 240\text{MPa} = 79.2\text{MPa}$。由式（7-21）得螺纹直径

$$d_1 \geqslant \sqrt{\frac{4 \times 1.3 \times F_0}{\pi[\sigma]}} = \sqrt{\frac{4 \times 1.3 \times 8.46 \times 10^3}{3.14 \times 79.2}}\text{mm}$$

从而可得

$$d_1 \geqslant 13.3\text{mm}$$

由表 7-1 查得标准粗牙普通螺纹大径 $d = 16$mm 时，小径 $d_1 = 13.84$，与计算出的 $d_1 = 13.3$ 接近，故采用 M16 的螺栓。

7.7　提高螺栓联接强度的措施

一般说来，螺栓联接的强度主要取决于螺栓的强度，因此提高螺栓的强度，将大大提高联接的可靠性。影响螺栓强度的因素很多，如材料、结构、尺寸、工艺、螺纹牙型、载荷分布、力学性能和装配工艺等。本节仅以承受轴向载荷的普通螺栓联接为例，简介影响螺栓联接强度的因素及其改善措施。

7.7.1　避免或减小附加弯曲应力

由于设计、制造或安装的疏忽，有可能使螺栓承受偏心载荷（见图 7-27），螺栓除受拉伸外，还要产生附加弯曲应力，严重降低了螺栓的强度。因此，在铸件和锻件等未加工表面上安装螺栓时，常采用凸台或沉头座等结构，经局部切削加工后可获得平整的支承面（见图 7-28），使被联接件、螺栓头部和螺母等的支承面垂直于螺栓孔的轴线，从而避免或减小螺栓的附加弯曲应力。

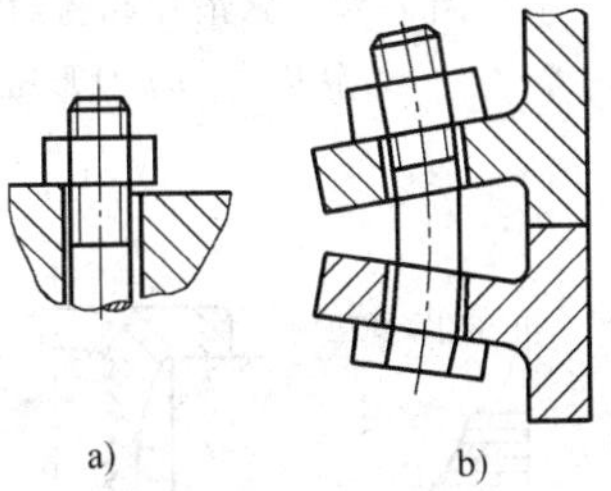

图 7-27　引起附加应力的原因

a）支承面不平　b）被联接件变形太大

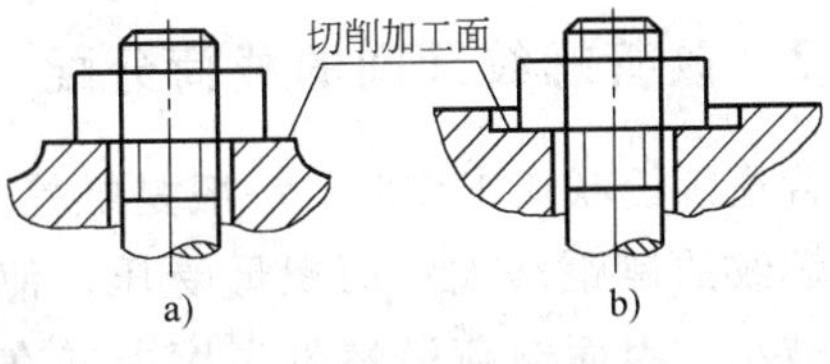

图 7-28　避免附加应力的方法

a）凸台　b）沉头座

7.7.2　减小螺栓的应力变化幅度

对于受轴向变载荷的紧螺栓联接，应力变化幅度是影响其疲劳强度的重要因素。应力变化幅度越小，疲劳强度越高。减小螺栓的刚度 k_1（见图 7-29）或增大被联接件的刚度 k_2，均能使应力变化幅度减小。

减小螺栓刚度的办法有：适当增大螺栓长度、减小螺栓光杆直径，如图 7-30 所示；也

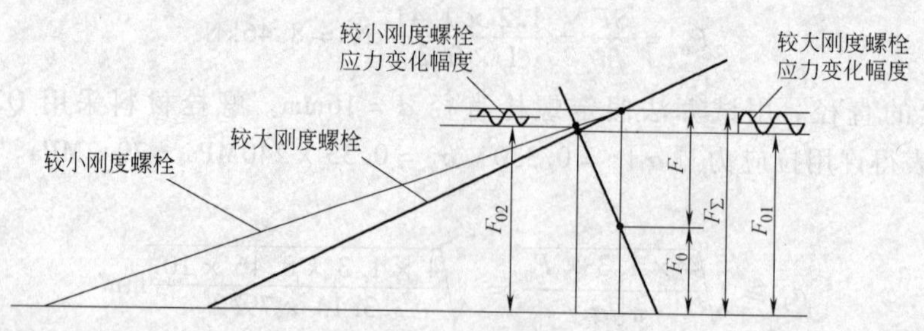

图 7-29 减小螺栓刚度

可在螺母下装弹性元件以降低螺栓刚度，如图 7-31 所示。

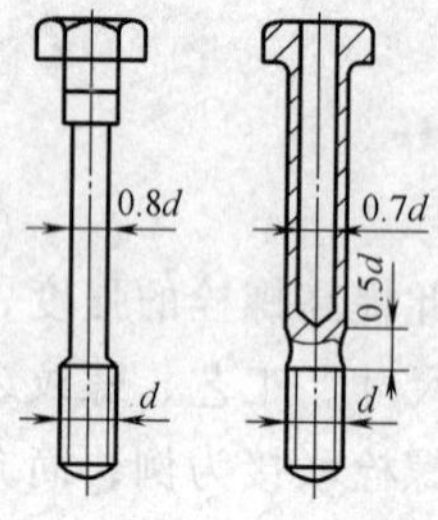

图 7-30 降低螺栓刚度的措施

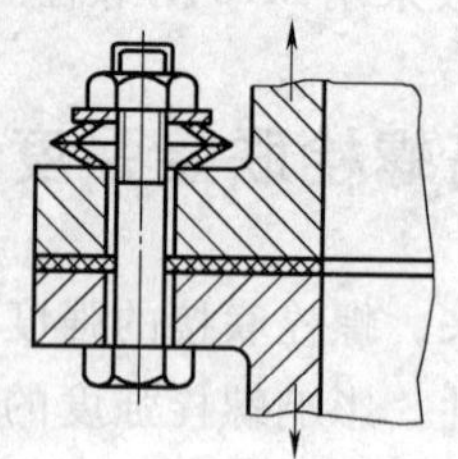

图 7-31 螺母下装弹性元件

要增大被联接件的刚度，除可以从被联接件的结构和尺寸考虑外，还可以采用刚度较大的金属垫片或不设垫片。对于有紧密性要求的气缸螺栓联接，从提高疲劳强度考虑，采用图 7-32b 所示的 O 形密封圈比采用图 7-32a 所示的软垫片好。

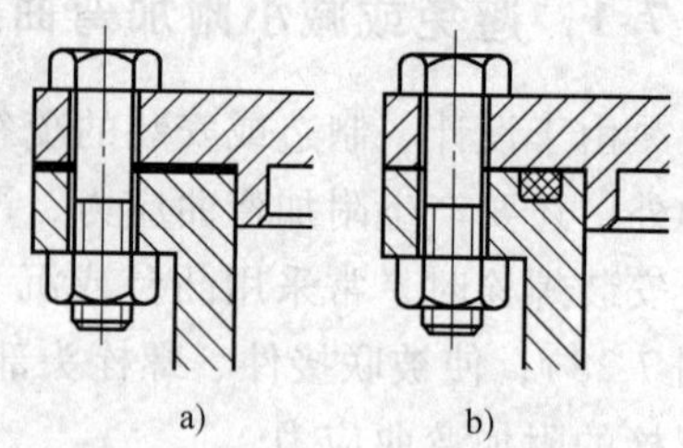

图 7-32 软垫片和密封环密封

a）软垫片 b）O 形密封圈

如果同时采用上述两种方法则减小应力变化幅度的效果会更好。

7.7.3 改善螺纹牙间的载荷分配

普通螺栓联接工作时，一般是螺栓受拉，使外螺纹的螺距增大；而螺母受压，使内螺纹距减小，因而载荷沿螺母高度方向在旋合螺纹各圈间的分配是不均匀的。从螺母支承面算起，第一圈螺纹牙受载最大，由下向上依次递减（见图 7-33a)，到第 8 ~ 10 圈以后，螺纹几乎不受载荷。所以，采用圈数多的厚螺母，并不能提高联接的强度。若采用图 7-33b 所示的悬置（受拉）螺母，则螺母锥形悬置段与螺栓杆均为拉伸变形，有助于减少螺母与栓杆的螺距变化差，从而使载荷分配比较均匀。图 7-33c 所示为环槽螺母，其作用和悬置螺母相似。

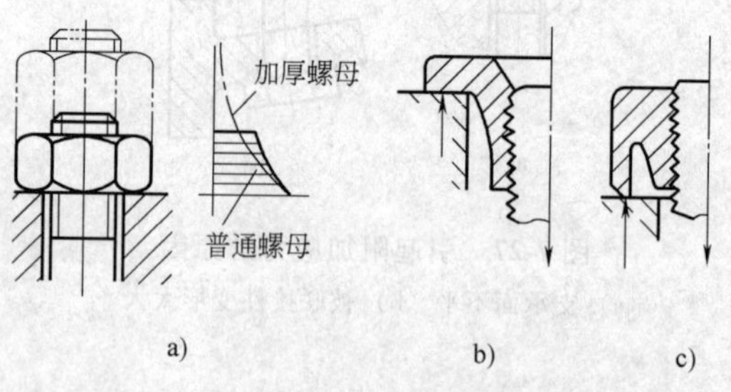

图 7-33 改善螺纹牙间的载荷分配

7.7.4　减少应力集中

螺栓上的螺纹（特别是螺纹的收尾）、螺栓头和螺栓杆的过渡处及螺栓横截面面积发生变化的部位等，都会产生应力集中。

如图 7-34 所示，为了减小应力集中的程度，可以采用加大过渡圆角和卸载结构，或将螺纹收尾改为退刀槽等。注意：采取这些特殊的结构会增加制造的成本，一般只用于重要联接中。

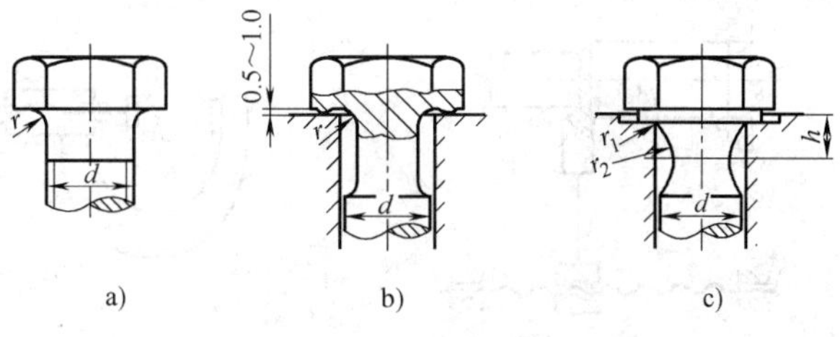

图 7-34　圆角和卸载结构

a) $r>2d$　b) $r\approx 0.2d$　c) $r_1\approx 0.15d$　$r_2\approx d$　$h\approx 0.5d$

使螺栓轴截面变化均匀缓和是减小应力集中的有效方法，故常在螺栓的头部与螺栓杆交界处、螺栓收尾部分和螺纹牙根加大过渡圆角半径或切制卸载槽，但会使制造成本提高。此外，在制造工艺上采取冷镦头部和辗压螺纹的螺栓，其疲劳强度比车削螺栓约高 30%，采用氮化、氰化及喷丸等表面硬化处理措施也能提高螺栓的疲劳强度。

7.8　螺旋传动

螺旋传动是由螺杆、螺母和机架组成的螺旋机构，主要用于将回转运动转变为直线运动，同时传递运动和动力的场合。

7.8.1　螺旋传动的类型

螺旋传动很多。其分类分类方法有两种：按用途分类和按摩擦形式分类。

1. 根据用途分类

（1）传力螺旋　以传递动力为主，以较小的驱动力可产生较大的轴向载荷 F_Q，如图 7-35 所示。一般速度不大，如起重螺旋、螺旋压力机压下螺旋等。这类螺旋受力很大，一般为间歇工作，通常要求自锁。

（2）传导螺旋　以传递运动为主，一般为连续工作，要求有较高的传动精度和工作速度，有时也承受较大的轴向载荷，如机床中的刀架或工作台的丝杠，如图 7-36 所示。

（3）调整螺旋　调整螺旋是用以调整（或固定）机械零部件相互位置的螺旋，如量具的测量螺旋（见图 7-37）、机床卡盘等。这类螺旋一般受力较小，常在空载下调整。

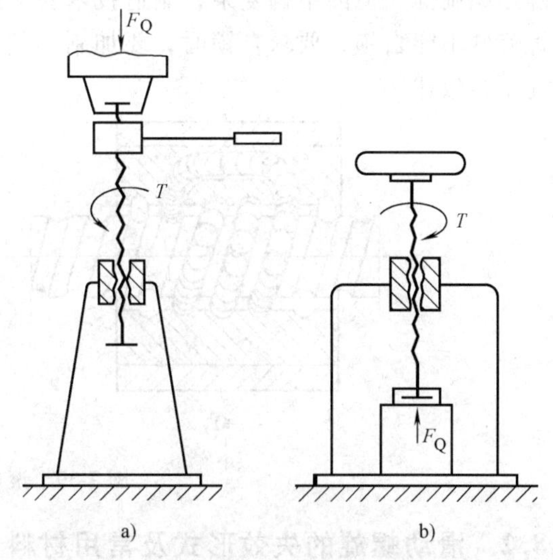

图 7-35　传力螺旋图

a）起重螺旋　b）压力螺旋

下面介绍一种工程上常用到的实现差动位移的机构——差动位移螺旋。

有些微调装置（如测微器、分度机构和机床刀具微调机构），常希望在主动件转动较大角度时，从动件只作微量位移，这时可在同一螺杆上制出两旋向相同、导程不同的螺旋，可用其导程之差，产生微小位移量，这种螺旋称为差动位移螺旋，如图 7-38 所示。

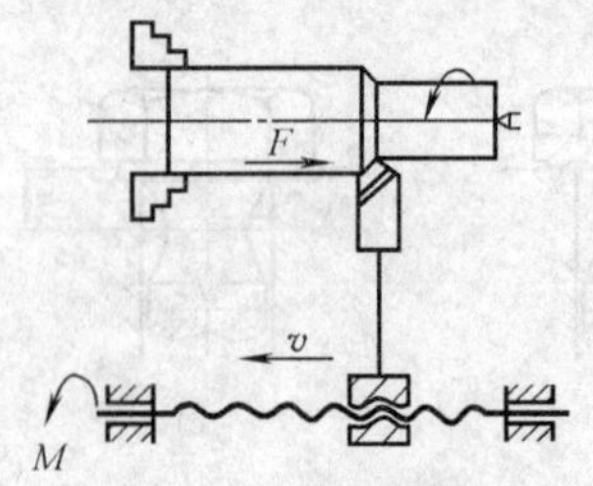

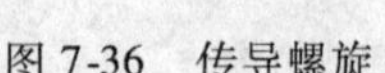

图 7-36 传导螺旋

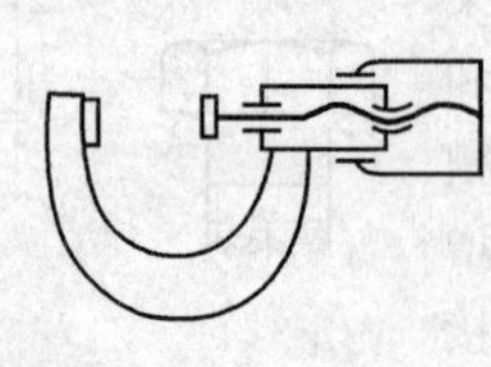

图 7-37 量具的测量螺旋

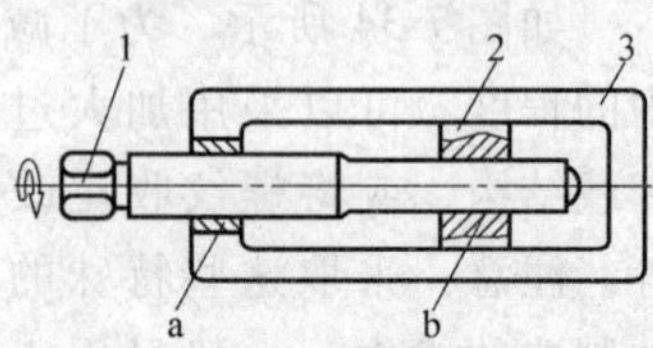

图 7-38 差动位移螺旋

1—螺杆 2—活动螺母 3—机架

例如，机床刀具微调机构（见图 7-38）中螺杆 1 分别与机架 3 及活动螺母 2 组成 a 和 b 两段螺旋副，a 段为固定螺母，b 段为活动螺母，它不能回转，能沿机架导向槽内移动，两段螺纹旋向相同，当螺杆转动，螺母 2 的实际移动距离为

$$L = n(S_a + S_b) \tag{7-24}$$

如两段螺纹旋向相反，则实际移动距离为

$$L = n(S_a - S_b) \tag{7-25}$$

式中，L 为活动螺母实际移动距离（mm）；n 为螺杆的回转圈数，S 为固定螺母的导程（mm）；S_b 为活动螺母的导程（mm）。

2. 按摩擦形式分类

以上所述均为普通螺旋传动。其螺杆与螺母螺旋面间的摩擦为滑动摩擦，故摩擦损耗大，磨损严重，效率低。近年来，采用螺旋面间的滚动摩擦或用压力泵注入液体而产生的液体摩擦来代替滑动摩擦，可以较好地克服上述缺点。其应用实例有滚珠螺旋（见图 7-39）和静压螺旋等，但因结构复杂，制造技术要求高等原因，限制了它们的使用范围。此外，这些螺旋常不能自锁，要求自锁时，要加制动装置，使结构进一步复杂化。由于此机构复杂，在此不再叙述。

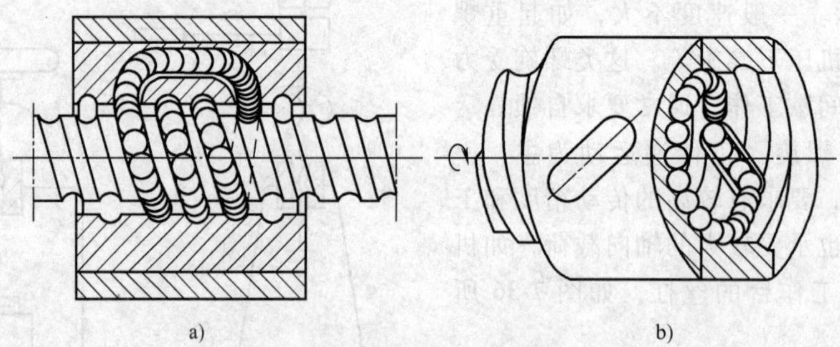

a) b)

图 7-39 滚珠螺旋传动

7.8.2 滑动螺旋的失效形式及常用材料

1. 滑动螺旋的失效形式

滑动螺旋工作时主要承受转矩和轴向力，在螺杆和螺母间有较大的滑动摩擦，它的主要

失效形式是螺纹牙的磨损，所以螺杆的直径和螺母高度通常都是由耐磨性计算确定的。传力较大的螺旋可能发生塑性变形或断裂，应校核螺杆危险截面的强度及螺纹牙的强度。长径比大的受压螺杆可能失稳，发生纵向弯曲，应校核其稳定性。要求自锁的螺旋应校核其自锁性。对于要求传动精度高的传导螺旋，还应进行螺杆的刚度计算。

2. 滑动螺旋常用的材料

螺杆和螺母的材料除具有一定强度外，还应具有较好的耐磨性。一般螺杆常用的材料为45、50 钢；对于重要传动，要求耐磨性高，需经热处理时，可选用 T12、65Mn、40Cr 等；对于精密的传导螺旋还要求热处理后有较好的尺寸稳定性，可选用 9Mn2V、CrWMn 等。螺母常用的材料为锡青铜：ZCuSn10Pb1 和 ZCu-Sn5Pb5Zn5；对于重载低速的螺旋传动，有时还采用无锡青铜或黄铜等。速度较低、载荷较小时，也可选用耐磨铸铁。

滑动螺旋设计要进行如下的计算：耐磨性计算、螺杆强度校核和螺纹牙的强度校核，其计算方法可以查阅机械设计手册。

思考与练习

7.1　何谓可拆联接和不可拆联接？各举两个实例。

7.2　常用螺纹种类有哪些？各用于什么场合？

7.3　螺纹的主要参数有哪些？

7.4　螺纹的导程和螺距有何区别？导程、螺距和线数有何关系？根据牙型的不同，螺纹可分为哪几种？各有何特点？

7.5　具有相同直径和螺距的单线螺纹与多线螺纹哪一个效率高？为什么？

7.6　公称直径相等的普通螺栓联接，粗牙螺纹与细牙螺纹相比，哪种自锁性较好？为什么？

7.7　为什么螺纹联接通常要采用防松措施？常用的防松方法和装置有哪些？

7.8　螺纹联接的基本形式有哪几种？各适用于何种场合？有何特点？

7.9　计算普通螺栓联接强度时，为什么只考虑螺栓危险截面的拉伸强度，而不考虑螺栓头和螺母的强度？

7.10　只受预紧力的紧螺栓联接，对螺栓的强度计算为什么要将预紧力增大到它的 1.3 倍按纯拉伸计算？

7.11　松联接螺栓和紧联接螺栓有何区别？它们的强度计算有何不同？

7.12　铰制孔用螺栓联接有何特点？用于承受什么载荷？

7.13　图 7-40 所示的紧螺栓联接中，如横向载荷 $F_R=5\text{kN}$，螺栓的材料为 35 钢，钢板间的摩擦因数 $f=0.15$，试求螺栓直径。

7.14　上题中如联接方式改为图 7-41 所示的铰制孔螺栓联接，其他条件不变，计算所需螺栓直径。

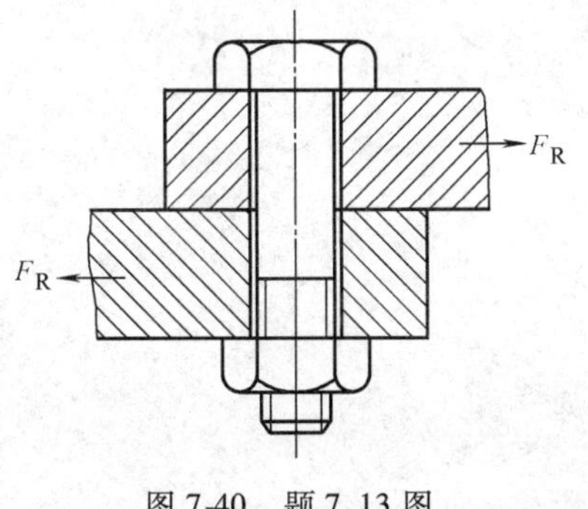

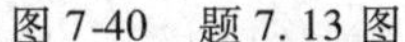

图 7-40　题 7.13 图

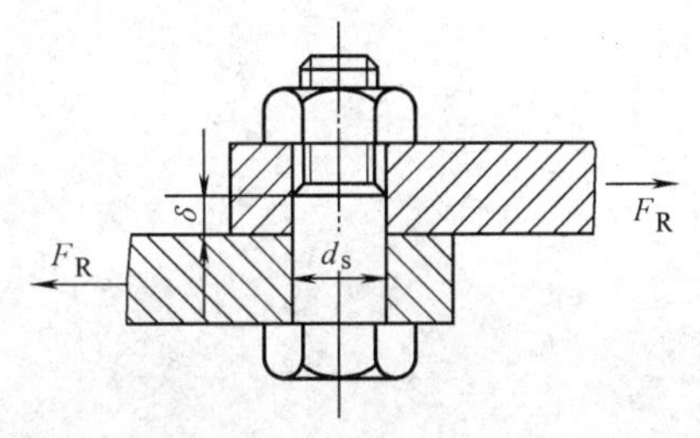

图 7-41　题 7.14 图

7.15　图 7-42 所示为凸缘联轴器。已知联轴器材料为 HT200，传递的转矩 $T=1200\text{N}\cdot\text{m}$（静载荷）。两半联轴器用 4 个螺栓联接在一起，螺栓均匀分布于 $D=160\text{mm}$ 的圆周上，螺栓材料为 35 钢，性能等级为 4.8 级。

1）若采用铰制孔螺栓联接，如图 7-42a 所示，已知 $h_1=15\text{mm}$，$h_2=23\text{mm}$，试确定螺栓直径。

2）若改用普通螺栓联接，如图 7-42b 所示，安装时不控制预紧力，两半联轴器间摩擦因数 = 0.15，联接的可靠性系数 $K=1.2$，试确定螺栓直径。

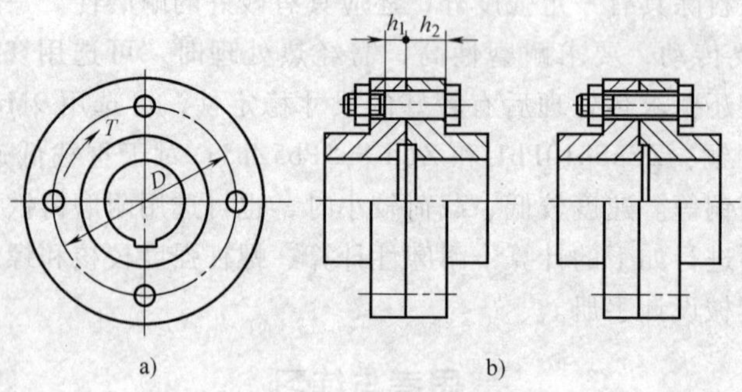

图 7-42　题 7.15 图

a）铰制孔螺栓联接　b）普通螺栓联接

7.16　一钢制液压缸，已知缸内油压 $p=2\text{MPa}$（静载），液压缸内径 $D_2=125\text{mm}$，缸盖用 6 个 M16 的螺栓联接在缸体上，结构形式如图 7-43 所示，螺栓材料的许用应力 $[\sigma]=100\text{MPa}$。根据联接的紧密性要求，取残余预紧力 $F'=1.5F$。试校核该螺栓联接的强度。

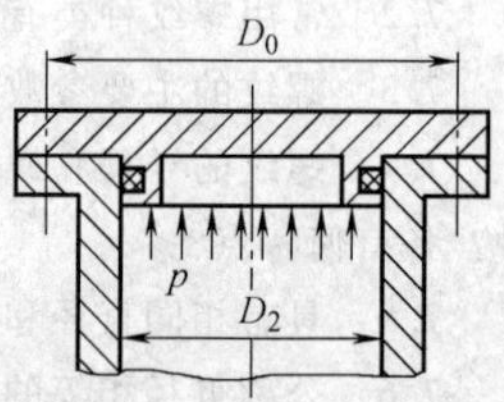

图 7-43　题 7.16 图

7.17　两块金属板用两个 M12 的普通螺栓联接。若接合面的摩擦因数为 0.3，螺栓预紧力控制在其屈服极限的 70%。螺栓用性能等级为 4.8 的中碳钢制造，求此联接所能传递的横向载荷。

7.18　螺栓组联接结构设计应考虑哪些问题？

7.19　采用螺旋传动的目的是什么？主要优缺点是什么？按功用要求不同可分几类？

7.20　何谓差动位移螺旋传动机构和合成位移螺旋传动机构？试各举一个工程应用。

7.21　图 7-44 所示为一拉杆螺纹联接。已知拉杆所受的载荷 $F=56\text{kN}$，载荷稳定。拉杆材料为 Q235 钢，试设计此联接。

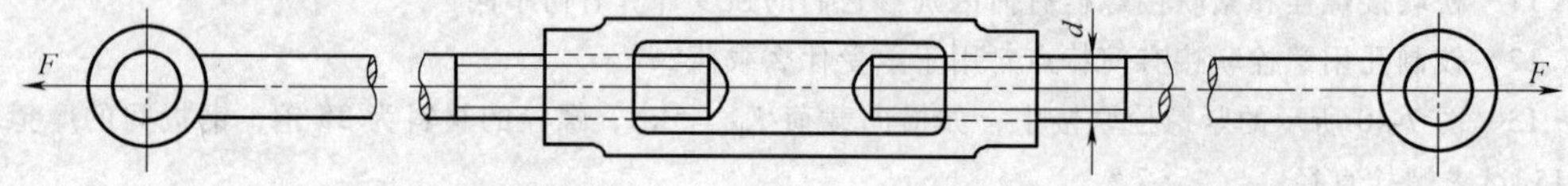

图 7-44　题 7.21 图

第8章　其他形式的联接

8.1　键联接

键主要用来实现轴和轴上的零部件之间的周向固定，以传递转矩（如电动机、联轴器、齿轮、带轮、凸轮等）。键包括平键、半圆键、楔键等类型，并已标准化。键联接设计的主要内容为：选择联接的类型，确定键的尺寸和校核键联接的强度。

8.1.1　键联接的类型

1. 平键联接

平键截面为矩形，平键又可分为普通平键、滑动平键（滑键）和导向平键（导向键）三种。平键的两个侧面是工作面。工作中靠键与轴及轮毂上键槽侧面的相互挤压传递转矩，键的上表面与轮毂上键槽底面间有间隙，为非工作面。这种联接结构简单、对中性好、装拆方便，但对轴上零件不能起到良好的轴向固定作用。

（1）普通平键　如图8-1所示，普通平键用于静联接，即轴与轮毂无相对移动。普通平键按键的端部形状可分为A型（圆头）、B型（方头）和C型（单圆头）三种。

圆头平键如图8-1a所示，所对应的轴上键槽要用端铣刀加工，键在轴上键槽中能实现轴向定位。图8-1b所示为方头平键，所对应的轴上键槽用盘式铣刀加工，但键在轴上的轴向定位不好，要用紧定螺钉进行固定。单圆头平键（见图8-1c）只能用在端部的轴与轮毂联接。

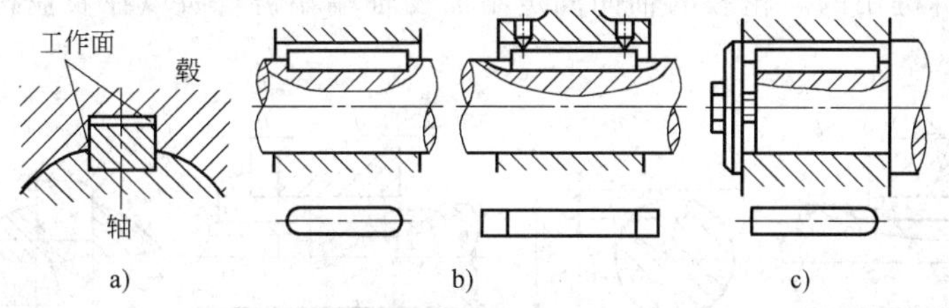

图8-1　普通平键联接

a）圆头平键（A型）　b）方头平键（B型）　c）单圆头平键（C型）

（2）导向平键和滑键　导向平键和滑键用于动联接，即轴与轮毂之间有轴向相对移动的联接。导向平键如图8-2所示，是一种较长的平键，用螺钉固定在轴槽中，轴上零件可沿键作轴向滑动，为拆卸方便，设有起键螺孔。轴上零件滑移距离越大，所需导向平键的长度越长，因而制造越困难，这种情况采用滑键更好。

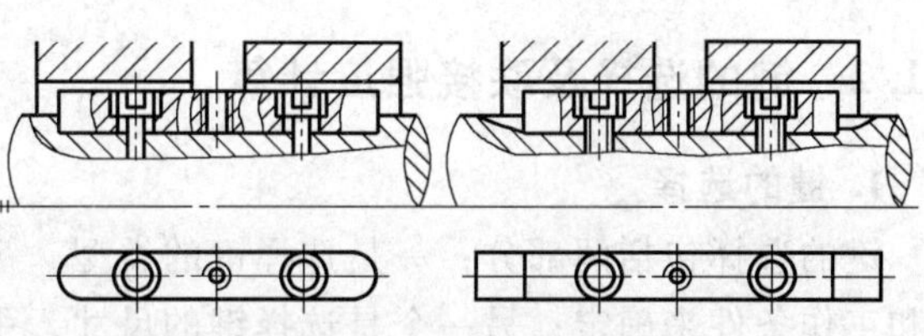

图8-2　导向平链

滑键固定在轮毂上，轮毂带动滑键在轴槽中作轴向滑移，所以在轴上要铣出较长的键槽。图 8-3 所示为滑动平键。

2. 半圆键联接

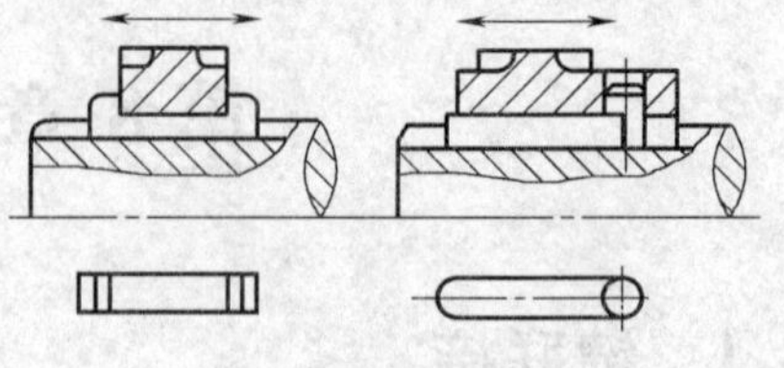

图 8-3　滑动平键

半圆键联接用于轴和轮毂之间的静联接，如图 8-4 所示。键的两个侧面为工作面，半圆键联接传递转矩的原理和平键相同。轴上的键槽用与键宽度和直径均相同的半圆键槽专用铣刀加工，键在槽中可绕其几何中心摆动，以适应轮毂键槽底面的方向。半圆键联接在轴上开键槽较深，因此对轴的强度削弱较大，一般用于轻载场合的锥形轴或轴端的轮毂联接。

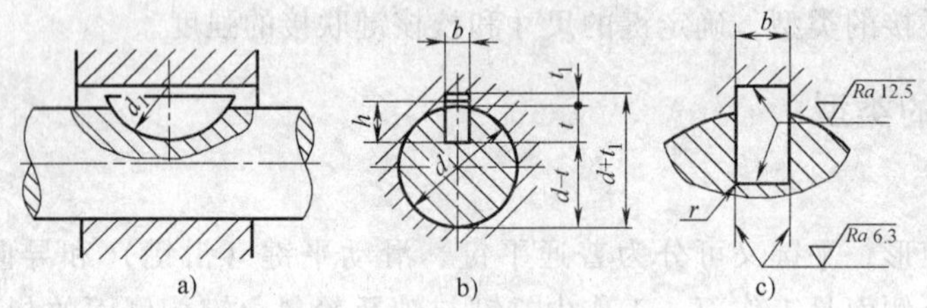

图 8-4　半圆键联接

标记示例：半圆键 $b=6\mathrm{mm}$，$h=10\mathrm{mm}$，$d_1=25\mathrm{mm}$，GB/T 1099.1—2003　键 6×10×25

3. 楔键联接

楔键联接用于静联接，如图 8-5 所示。楔键的下面是工作面，键的上表面有 1∶100 的斜度，轮毂键槽的底面也有 1∶100 的斜度。装配时是将键打入轴和毂槽内，其工作面上产生很大的预紧力，工作时主要靠摩擦力传递转矩，并能承受单方向的轴向力。由于楔键打入时，迫使轴和轮毂产生偏心 e，如图 8-5a 所示，破坏了轴与轮毂的对中性，因此楔键仅适用于定心精度要求不高、载荷平稳和低速的联接。楔键分为普通楔键和钩头楔键两种。钩头楔键的钩头主要是为了拆键用的。轮毂的轴向固定不需要轴端端盖。所以在农业机械、建筑机械中使用得比较多。

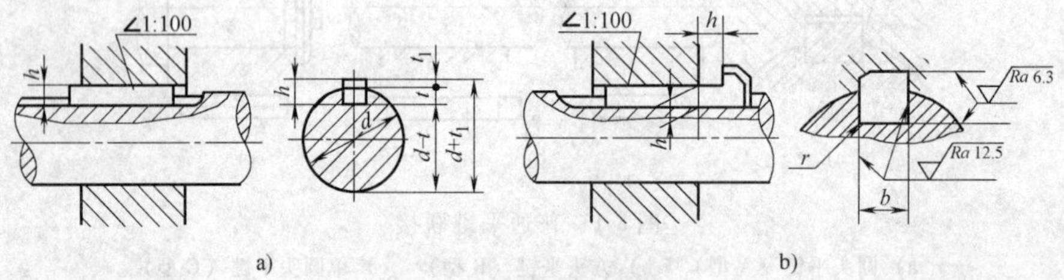

图 8-5　楔键联接

a）普通楔键联接　b）钩头楔键联接

8.1.2　键的选择及联接强度计算

1. 键的选择

键的选择包括两部分：一是选择键的类型，键的类型要根据键联接的结构特点、使用要求和工作条件来确定；另一个是选择键的尺寸，平键的尺寸主要是键的截面尺寸 $b\times h$ 及键长 L。$b\times h$ 是根据轴径 d 由标准中查得，键长参考轮毂的长度确定，一般应略短于轮毂长，并符合标准中规定的尺寸系列。普通平键的主要尺寸见表 8-1。

表 8-1　普通平键的主要尺寸①

轴的直径 d	键的尺寸			键　槽			
	b	h	C 或 r	L②	t	t_1	半径 r
自 6 ~ 8	2	2	0.16 ~ 0.25	6 ~ 20	1.2	1	0.08 ~ 0.16
>8 ~ 10	3	3		6 ~ 36	1.8	1.4	
>10 ~ 12	4	4		8 ~ 45	2.5	1.8	
>12 ~ 17	5	5	0.25 ~ 0.4	10 ~ 56	3.0	2.3	0.16 ~ 0.25
>17 ~ 22	6	6		14 ~ 70	3.5	2.8	
>22 ~ 30	8	7		18 ~ 90	4.0	3.3	
>30 ~ 38	10	8	0.4 ~ 0.6	22 ~ 110	5.0	3.3	0.25 ~ 0.4
>38 ~ 44	12	8		28 ~ 140	5.0	3.3	
>44 ~ 50	14	9		36 ~ 160	5.5	3.8	
>50 ~ 58	16	10		45 ~ 180	6.0	4.3	
>58 ~ 65	18	11		50 ~ 200	7.0	4.4	
>65 ~ 75	20	12	0.6 ~ 0.8	56 ~ 220	7.5	4.9	0.4 ~ 0.6
>75 ~ 85	22	14		63 ~ 250	9.0	5.4	

①　在工作图中，轴槽深用 $d-t$ 或 t 标注，毂槽深用 $d+t_1$ 标注。

②　L 系列为：6，8，10，12，14，16，18，20，22，25，28，32，36，40，45，50，56，63，70，80，90，100，110，125，140，160，180，200，220，250，…

平键标记示例：圆头普通平键（A 型），$b=16$、$h=10$、$L=100$ 的标记为：GB/T 1096 键 16×10×100。

2. 键联接的失效和强度校核

（1）平键的强度计算　平键在传递转矩的过程中，键与轮毂槽和轴槽的侧面发生挤压，同时键还受剪切（见图 8-6）。但其主要失效形式是工作面的压溃，很少会出现键的剪断，所以，一般只作联接的挤压强度校核。

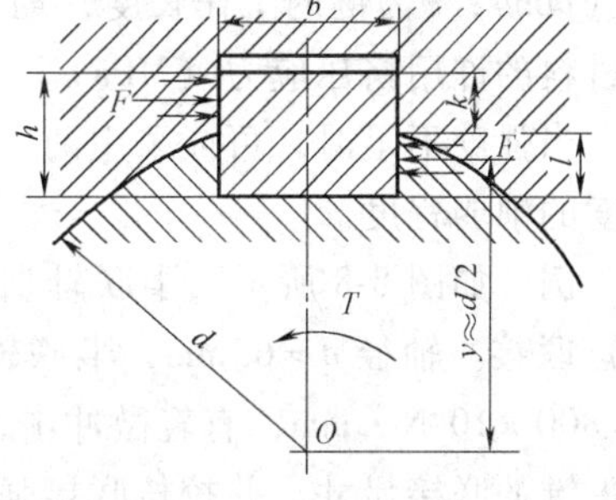

图 8-6　平键受力分析

对于导向平键联接和滑键联接，其主要失效形式是工作面的过度磨损，通常按工作面上的压力进行条件性的强度校核计算。

平键联接的强度条件为

$$\sigma_p = \frac{F}{A} = \frac{2T}{kld} \leqslant [\sigma_p] \tag{8-1}$$

导向平键和滑键的联接强度计算为

$$p = \frac{2T}{kld} \leqslant [p] \tag{8-2}$$

式中，T 为键传递的转矩（N · mm）；k 为键的工作高度（mm），$k=h/2$；h 为键的高度（mm）；d 为轴的直径（mm）；l 为键的工作长度，键的工作长度和公称长度并不一定相等，

A 型键 $l=L-b$，B 型键 $l=L$，C 型键 $l=L-b/2$，L 为键的公称长度（mm）；$[\sigma_p]$ 为材料的许用挤压应力（MPa）；$[p]$ 为材料的许用压力（MPa）。键联接材料的许用应力（压强）见表 8-2，计算时应取联接中较弱材料的值。

表 8-2　键联接材料的许用应力（压强）　　（单位：MPa）

键联接的力	联接工作方式	键或毂、轴的材料	载荷性质		
			静载荷	轻微冲击	冲击
许用挤压应力 $[\sigma_p]$	静联接	钢	120～150	100～120	60～90
		铸铁	70～80	50～60	30～45
许用压力 $[p]$	动联接	钢	50	40	30

如果强度不足，在结构允许时可适当增加轮毂长度和键长，或者间隔 180°布置两个键。通常两个平键最好布置在沿周向相隔 180°的位置。考虑到两个键的载荷分布不均匀性，双键联接的强度计算按 1.5 个键计算。

（2）半圆键的强度计算　半圆键联接的受力情况如图 8-7 所示（轮毂未示出），键的失效形式也是工作面被压溃，通常也只是校核键的挤压强度，强度条件同式(8-1)。值得注意的是：半圆键的接触高度 k 并不是键高度的二分之一，而是应根据尺寸从标准手册中查取，工作长度约为键的公称长度。

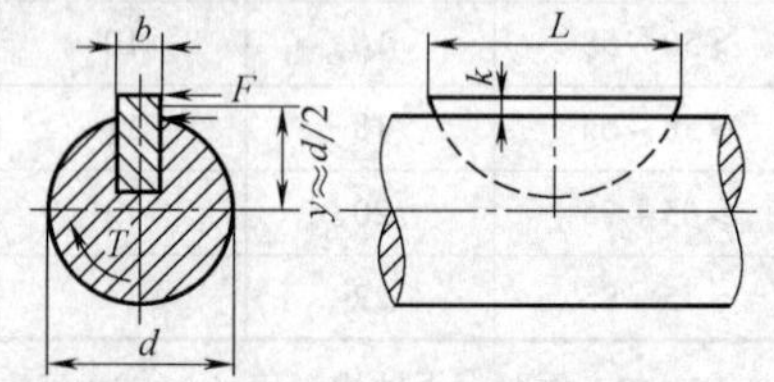

图 8-7　半圆键联接的受力情况

强度计算公式为

$$\sigma_p=\frac{F}{A}=\frac{2T}{kld}\leqslant[\sigma_p]$$

式中，T 为键传递的转矩（N · mm）；k 为键的工作高度（mm），具体值查表；d 为轴的直径（mm）；l 为键的工作长度，约为键的公称长度（mm）；$[\sigma_p]$ 为轴、轮毂、键三者中最弱材料的许用挤压应力（MPa）。

当强度不足时，可或采用两个键，通常两个半圆键最好布置在同一条母线上以减小对轴强度的削弱程度。

例　如图 8-8 所示，半联轴器与轴的联接用半圆头平键（C 型平键）联接。轴径 $d=65$mm，半联轴器轮毂宽度 $B=100$mm，传递转矩 $T=800\times10^3$N · mm，有轻微冲击，联轴器材料为 HT250。试确定该 C 型平键的联接尺寸，并校核联接强度。若联接强度不足，请给出改进措施。

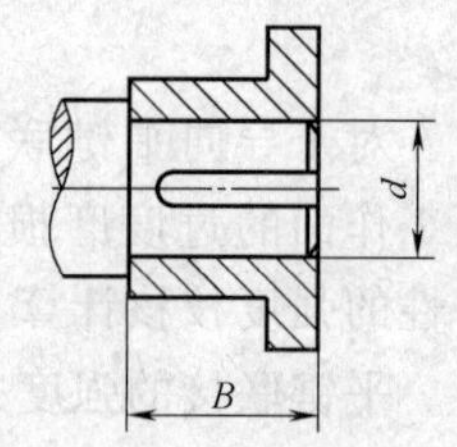

图 8-8　例题图

解：1）选取键尺寸。根据轴的直径 $d=65$mm，查表得该 C 型平键的剖面尺寸为 $b=18$mm，$h=11$mm，又轮毂宽度 $B=100$mm，取键长 $L=90$mm。

2）校核键的联接强度。取键侧与轮毂键槽接触高度 $k\geqslant0.4h$，C 型平键的工作长度 $l=(L-b)/2$，平键联接的挤压应力为

$$\sigma_p=\frac{2T}{dkl}=\frac{2T}{0.4dh\ (L-b/2)}$$

$$= \frac{2 \times 800 \times 10^3}{0.4 \times 65 \times 11 \times (90 - 18/2)} \text{MPa} = 69.1\text{MPa}$$

按载荷性质及轮毂材料，查表得许用挤压应力为 $[\sigma_p] = 50 \sim 60\text{MPa}$，$\sigma_p > [\sigma_p]$，故知该键联接的强度不够。

3）改进措施。采用两个平键，按 180°对称布置。考虑到两键间载荷分配不均，按 1.5 个键进行强度计算，得 $\sigma_p = 46.1\text{MPa} < [\sigma_p]$，满足联接强度。

8.2　花键联接

8.2.1　花键的类型与应用

花键联接是由多个键齿与键槽在轴和轮毂孔的周向均布而成的（见图 8-9）。花键齿侧面为工作面，适用于动、静联接，按齿形不同，花键联接可分为矩形花键联接和渐开线花键联接。

1. 矩形花键联接

图 8-10 所示为矩形花键联接，矩形花键的齿廓为矩形，键齿两侧为平面。矩形花键形状简单，加工方便。矩形花键联接定心方式为小径定心，即外花键和内花键的小径为配合面，由于外花键和内花键的小径易磨损，故矩形花键联接的定心精度较高。矩形花键的表示方法为 $N \times J \times D \times B$，代表键齿数 × 小径 × 大径 × 键齿宽。根据花键齿高的不同，矩形花键的齿形尺寸分为轻、中两个系列。轻系列一般用于轻载或静联接，中系列一般用于重载或动联接。

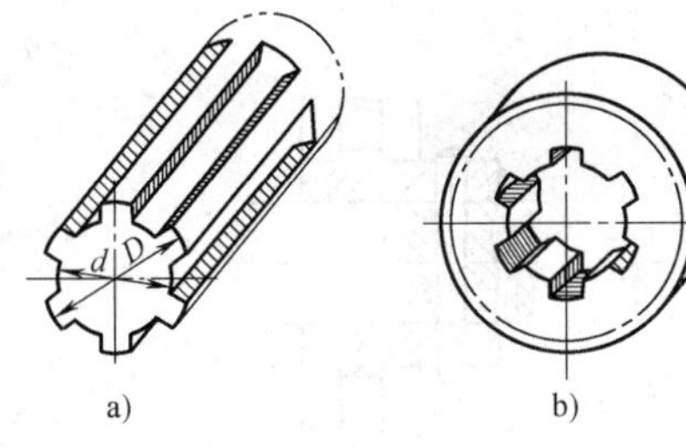

图 8-9　花键

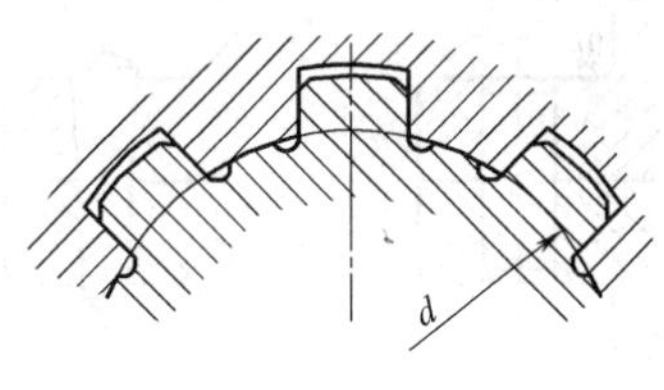

图 8-10　矩形花键联接

2. 渐开线花键联接

图 8-11 所示为渐开线花键联接。渐开线花键的齿廓为渐开线，可以根据渐开线齿轮制的加工方法来加工，工艺性较好。按分度圆压力角进行分类，渐开线花键分为 30°和 45°两种。

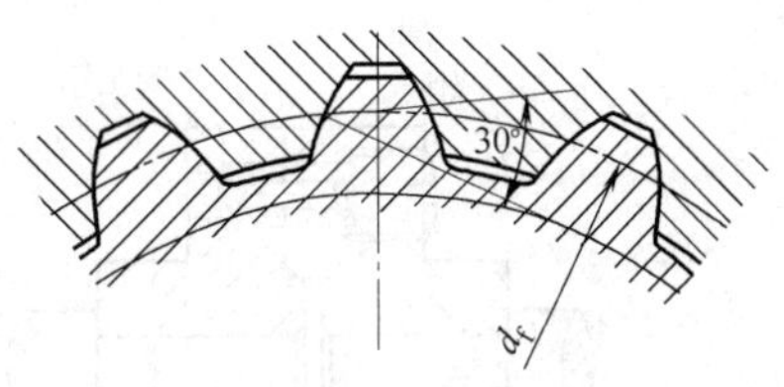

图 8-11　渐开线花键

压力角为 45°的渐开线花键与压力角为 30°的渐开线花键相比，齿数多、模数小、齿形短，对联接件的强度削弱小，但承载能力也较低，多用于轻载和直径小的静联接，特别适用于轴与薄壁零件的联接。

渐开线花键与渐开线齿轮相比，压力角和齿高不同，渐开线花键的齿高较短，压力角要大于齿轮的压力角，另外渐开线花键不产生根切的齿数也较少。

渐开线花键的定心方式为齿形定心，当齿受载时，齿上的径向力能起到自动定心作用，利于各齿的均匀承载。

8.2.2　花键联接强度计算

花键联接的主要失效形式是工作面被压溃（静联接）或工作面过度磨损（动联接）。静联接通常按工作面上的挤压应力进行强度计算，动联接则按工作面上的压力进行条件性的强度计算。强度计算的具体方法可参见机械设计手册。

8.3　销联接

用销将两个零件联接在一起的联接方式称为销联接。

销主要用来固定零件之间的相对位置，称为定位销（见图 8-12），它是组合加工和装配时的重要辅助零件；销也可用于联接，称为联接销（见图 8-13），可传递不大的载荷；销还可作为安全装置中的过载剪断元件，称为安全销（见图 8-14）。

销有多种类型，如圆柱销、圆锥销、槽销、销轴和开口销等，这些销均已标准化。圆柱销（见图 8-12a）靠过盈配合固定在销孔中，经多次装拆会降低其定位精度和可靠性。圆柱销的直径偏差有 u8、m6、h8 和 h11 四种，以满足不同的使用要求。

圆锥销（见图 8-12b）具有 1∶50 的锥度，在受横向力时可以自锁。它安装方便，定位精度高，可多次装拆而不影响定位精度。端部带有螺纹的圆锥销（见图 8-15）可用于不通孔或拆卸困难的场合，开尾圆锥销（见图 8-16）适用于有冲击、振动的场合。

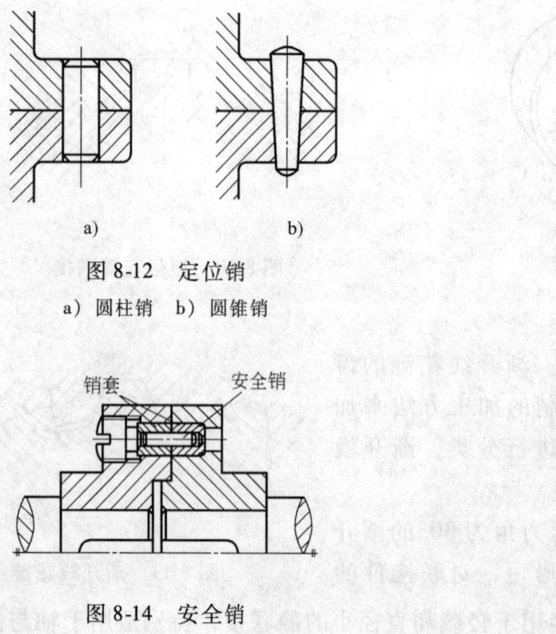

图 8-12　定位销

a）圆柱销　b）圆锥销

图 8-14　安全销

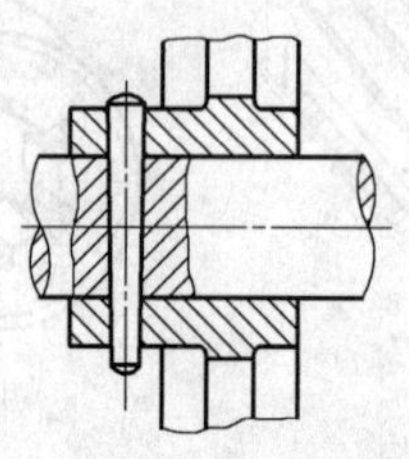

图 8-13　联接销

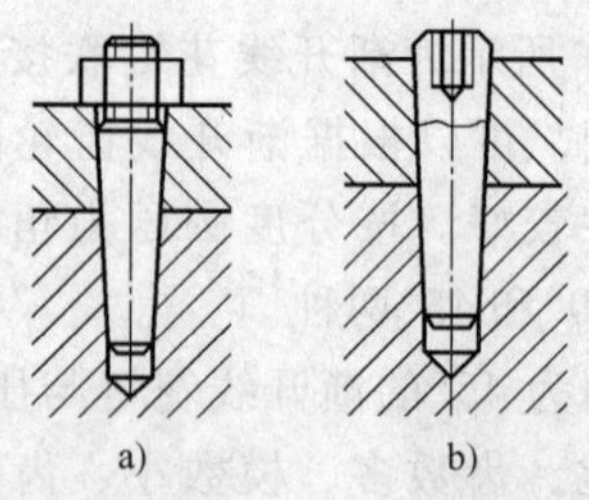

图 8-15　端部带螺纹的圆锥销

a）螺尾圆锥销　b）内螺纹圆锥销

槽销上有辗压或模锻出的三条纵向沟槽（见图 8-17），将槽销打入销孔后，由于材料的弹性使销挤在销孔中，不易松脱，因而能承受振动和变载荷。安装槽销的孔不需要铰制，加工方便，可多次装拆。

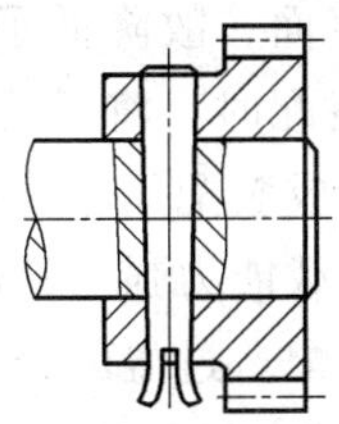

图 8-16　开尾圆锥销

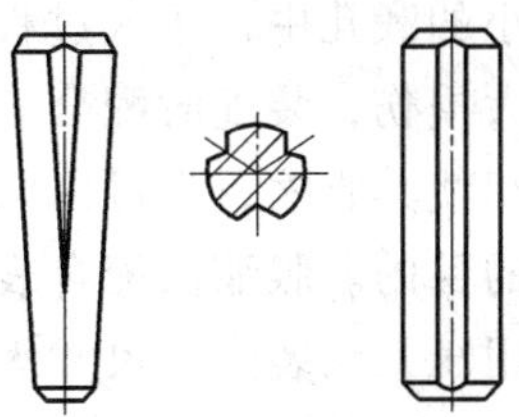

图 8-17　槽销

销轴用于两零件的铰接处，构成铰链联接（见图 8-18）。销轴通常用开口销锁定，工作可靠，拆卸方便。

开口销如图 8-19 所示。装配时，将尾部分开，以防脱出。开口销除与销轴配用外，还常用于螺纹联接的防松装置中。

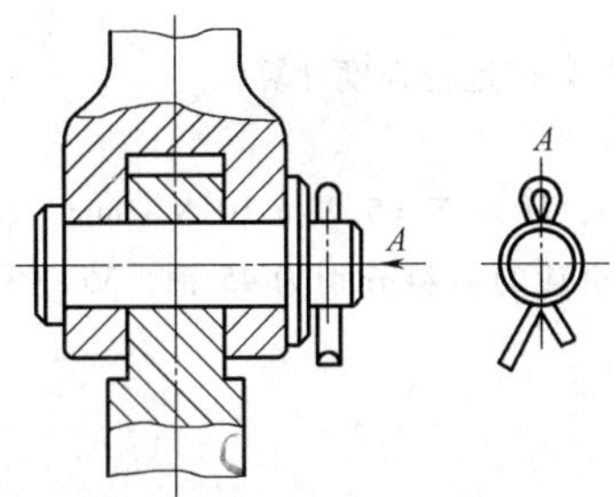

图 8-18　销轴联接

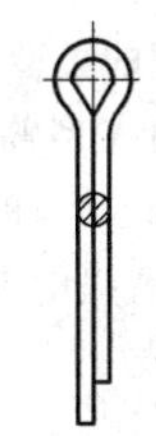

图 8-19　开口销

联接销的类型可根据工作要求选定，其尺寸可根据联接的结构特点按经验或规范确定，必要时再按剪切和挤压强度条件进行校核计算。

安全销在机器过载时会被剪断，因此，销的直径应按过载时被剪断的条件确定。

销的材料为 35、45 钢（开口销为低碳钢），许用切应力 $[\tau]=80\text{MPa}$，许用挤压应力 $[\sigma_p]$ 见表 8-2。

8.4　过盈联接

过盈联接是利用零件间的过盈配合形成的联接，其配合表面多为圆柱面，也有圆锥或其他形式的配合面。过盈联接使配合面间产生一定的压力，工作时靠此压力产生的摩擦力传递转矩或轴向力。

过盈联接主要用于轴与毂的联接、轮圈与轮芯的联接以及滚动轴承与轴或座孔的联接等。图 8-20a所示是蜗轮齿圈与轮芯的过盈配合联接。图 8-20b 所示为一种螺母使结合面产生相对轴向位移和压紧的圆锥面过盈联接。过盈联接的特点是结构简单、对中性好、承载能力大、承受冲击性能好、

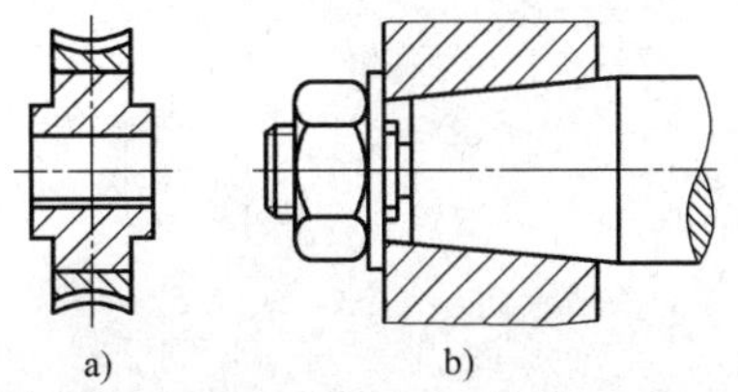

图 8-20　过盈配合联接
a）圆柱面的过盈配合　b）圆锥面的过盈配合

对轴削弱少，但配合面加工精度要求高，装拆不便。

过盈联接装配时可采用压入法和胀缩法（温差法）两种装配方法。压入法将较大的轴强制压入较小的毂孔中，压入过程中不可避免地会损伤配合表面，故降低了联接的紧固性。为了减少过大损伤，装配时配合表面应涂润滑油。用胀缩法装配时，将毂孔加热使其膨胀，或者将轴冷却使其收缩，也可以同时加热毂孔及冷却轴，以形成装配间隙顺利实现装配，从而达到联接的目的。胀缩法配合表面损伤较小，紧固性高，承载能力强。一般尺寸小或过盈量小时可采用压入法装配，尺寸大或过盈量大时采用胀缩法装配。过盈配合设计要点是按载荷选择适用的配合并校核其最小过盈能传递所承受的载荷，最大过盈不会引起轴或轮毂失效。还可以计算压入力、压出力和加热温度。

思考与练习

8.1 为什么采用两个平键时，一般布置在沿周向相隔180°的位置，而采用两个半圆键时，却布置在轴的同一母线上？

8.2 键联接有哪些类型？各有何特点？装配有何工艺要求？

8.3 平键联接的工作原理是什么？可能的失效形式是什么？如何进行强度计算？

8.4 如何选择平键的类型和尺寸？

8.5 某蜗轮与轴用A型普通平键联接。已知轴颈 $d=40\text{mm}$，转矩 $T=5.22\times10^5\text{N}\cdot\text{mm}$，轻微冲击。初定键的尺寸为 $b=12\text{m}$，$h=8\text{mm}$，$L=100\text{mm}$。轴、键和蜗轮轮毂的材料分别为45钢，35钢和灰铸铁，试校核键联接的强度。若强度不够，请提出两种改进措施。

第9章　带传动和链传动

带传动是依靠带与带轮外缘面之间的摩擦（或啮合），链传动是靠链轮轮齿与链节的啮合，并通过中间挠性件将主动轴的转动和动力传递到从动轴上。带传动和链传动常用于较远距离条件下传递转矩和改变转速。这两种传动系统的结构都比较简单，成本低，在工业中得到广泛应用，是常见的机械传动形式。本章主要讨论带传动和套筒滚子链传动的设计计算方法及主要参数的选择，并介绍带传动和链传动的使用与维护知识。

9.1　带传动的类型和特点

9.1.1　带传动的主要类型

带传动分类方法很多，通常从下述两个方面进行分类。

（1）按传动原理分类

1）摩擦式带传动。如图9-1a所示，它由主动带轮、从动带轮和一根（或数根）环形传动带组成。环形带张紧在带轮上。由于张力，带和带轮之间产生压力，当两者产生相对转动时即产生摩擦力。所以，主动轮回转时，利用这种摩擦力带动带运动，而带又利用摩擦力带动从动轮回转。这样，就把主动轴上的运动和动力传递到从动轴上。因此，带传动是以带作中间挠性件而靠摩擦力来传递动力和运动的传动系统。

2）啮合式带传动。啮合式带传动是依靠带内侧凸齿与带轮外缘上的齿槽相啮合实现传动的，典型的啮合式带传动如图9-1b所示，它是同步带传动，是带传动和齿轮传动相结合的一种新型传动。同步带用聚氨酯或氯丁橡胶为基体，以细钢丝绳或玻璃纤维绳为抗拉体，抗拉强度高，受载后变形小。该传动结构紧凑，传动功率可达几百千瓦，传动效率高（$\eta=0.98\sim0.99$），带速高（$v=40\sim80\text{m/s}$），传动比大（$i=10\sim20$）且准确。其主要缺点是制造和安装精度要求高，中心距要求严格。目前，同步带传动已广泛用于数控机床、纺织机械等设备中。

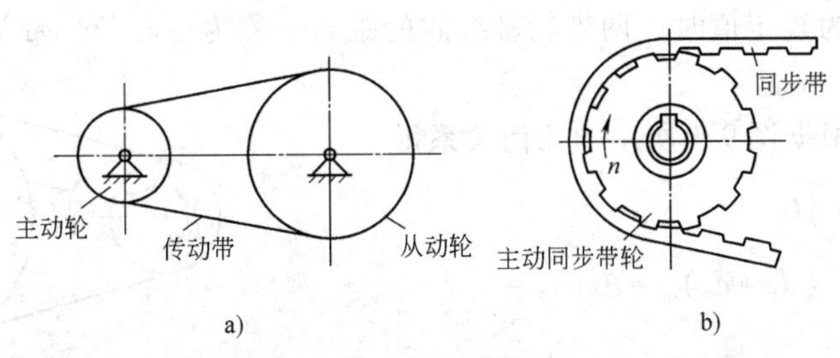

图9-1　带传动的组成

a）摩擦式　b）啮合式

（2）按传动带的截面形状分类

1）平带。如图 9-2a 所示，平带的横截面形状为矩形，其工作面为与带轮相接触的内表面。常用的平带有胶带、编织带和强力锦纶带等。

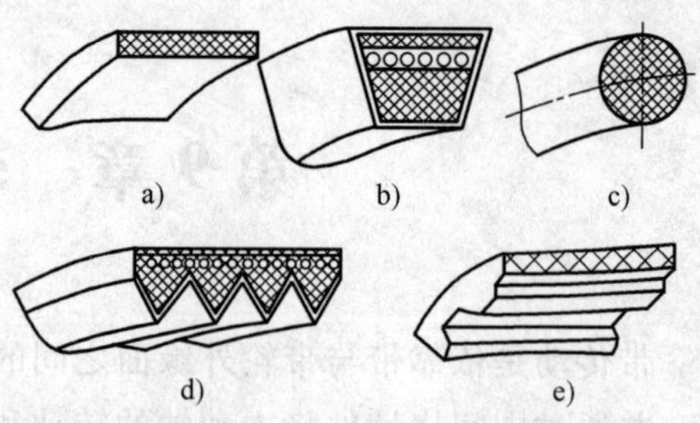

图 9-2　带的截面形状

a）平带　b）V 带　c）圆形带

d）多楔带　e）同步带

2）V 带。如图 9-2b 所示，V 带的横截面形状为等腰梯形，带轮上有沟槽，两侧面为工作面，可成组应用，其传动功率较大。

3）圆形带。如图 9-2c 所示。横截面为圆形，只用于小功率的传动。

4）多楔带。如图 9-2d 所示。它是在平带的基础上由多根 V 带组成的传动带。多楔带结构紧凑，可传递很大的功率。

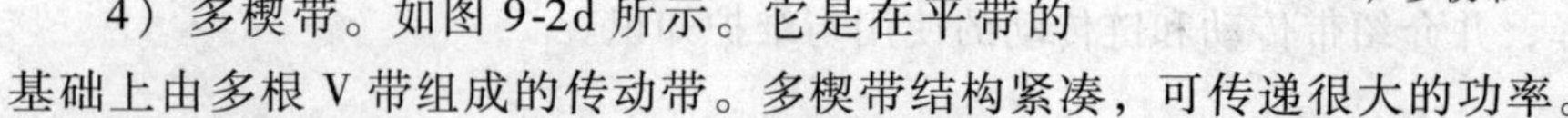

5）同步带。如图 9-2e 所示，同步带传动兼有带传动和啮合传动的优点，具有精确的传动比，主要用于大功率、传动比要求严格的场合。但对制造、安装的精度要求高，成本也较高。本章所讨论的带传动，如无特别说明，均是指的摩擦型带传动。

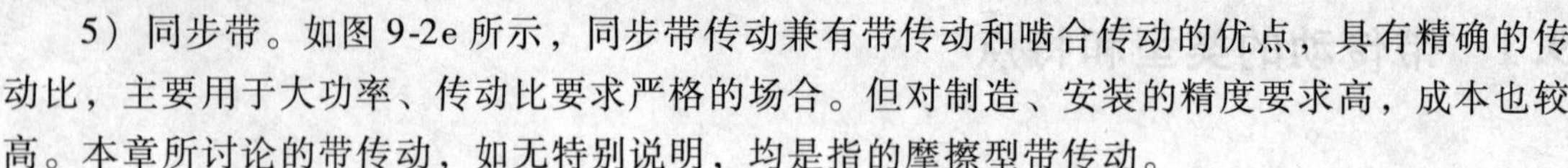

9.1.2　带传动的形式

带传动有以下 3 种形式：

1）开口传动，两轴相互平行而两带轮同向转动。

2）交叉传动图（见图 9-3a）：两轴相互平行而两带轮转动方向相反，由于交叉处相互摩擦，使带磨损更快。

3）半交叉传动（见图 9-3b）：用于传动空间两轴交错的转动。

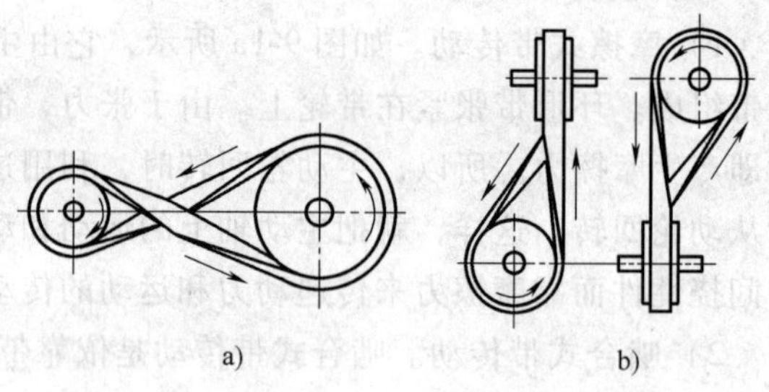

图 9-3　交叉传动和半交叉传动

由图 9-3 不难看出，只有平带传动能够实现交叉传动和半交叉传动。

9.1.3　开口传动的几何关系

在带传动设计中，主要几何参数有中心距 a、带长 L、带轮直径 d_1、d_2 和包角 α_1、α_2 等。

当带的张紧力为规定值时，两带轮轴线间的距离 a 称为中心距。带与带轮接触弧所对的中心角称为包角 α_1、α_2。

（1）带长 L　根据图 9-4 所示的几何关系得

$$L = 2\overline{AB} + \overset{\frown}{BC} + \overset{\frown}{AD}$$

$$= 2a\cos\theta + \frac{\pi}{2}\ (d_1 + d_2)\ + \theta\ (d_2 - d_1)$$

因 $\cos\theta = \sqrt{1-\sin^2\theta} \approx 1 - \frac{1}{2}\theta^2$ 及 $\theta \approx \frac{d_2 - d_1}{2a}$，代入上式得

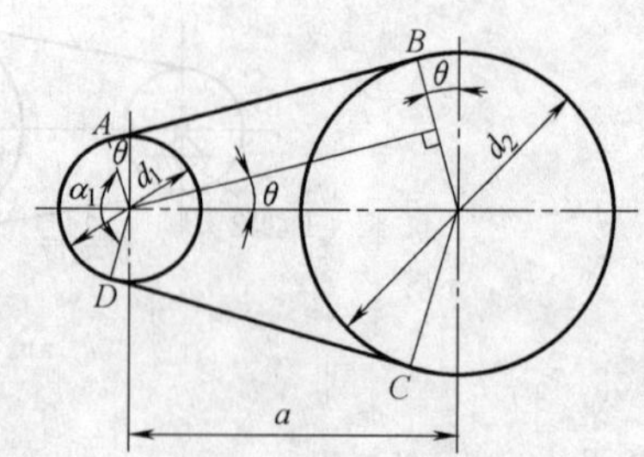

图 9-4　带传动的几何关系

$$L \approx 2a + \frac{\pi}{2}(d_1 + d_2) + \frac{(d_2 - d_1)^2}{4a} \tag{9-1}$$

（2）中心距 a　已知带长时，由上式可得中心距

$$a \approx \frac{1}{8}\left[2L - \pi(d_1 + d_2) + \sqrt{[2L - \pi(d_1 + d_2)]^2 - 8(d_2 - d_1)^2}\right] \tag{9-2}$$

（3）包角 α　根据图 9-4 可知带轮的包角 $\alpha = \pi \pm 2\theta$

当 θ 角很小时，可取 $\theta \approx \sin\theta = \frac{d_2 - d_1}{2a}$，代入上式得

$$\alpha = \pi \pm \frac{d_2 - d_1}{a} \tag{9-3}$$

式中，小带轮的包角取“-”号，大带轮的包角取“+”号。

9.1.4　带传动的特点和应用

与齿轮传动相比，带传动的优点如下：

1）由于带具有弹性，故能缓和冲击，吸收振动，传动平稳无噪声（V 带）。

2）结构简单，制造、维护方便，成本较低。

3）过载时，带打滑，保护其他零件。

4）适合于中心距较大的场合。

带传动的缺点如下：

1）带传动有弹性滑动，故传动比不准确。

2）作用在轴上的径向力较大。

3）传动效率较低。

4）外廓尺寸较大，因而带传动主要用于传递 75kW 以下的中、小功率，带速一般在 5～25m/s，传动比不超过 7。

带传动中平带和 V 带传动是最常见的带传动，而 V 带应用最广泛。本书着重介绍 V 带传动。

9.2　V 带传动的基本结构

V 带传动的结构很简单，主要由带轮和带组成，V 带传动有普通 V 带、窄 V 带、宽 V 带、汽车 V 带和大楔角 V 带等。不同类型的带传动其结构也不完全一样，其中以普通 V 带应用最广，窄 V 带的应用也日趋广泛。这里主要介绍应用较广的普通 V 带传动。

9.2.1　普通 V 带的结构和尺寸标准

普通 V 带可分若干种，都制成无接头的环形带，其横断面结构如图 9-5 所示。V 带由包布层、强力层、伸张层和压缩层组成。强力层的结构形式分为帘布结构型（见图 9-5a）和线绳结构型（见图 9-5b）两种。

帘布结构型抗拉强度高，但柔韧性及弯曲强度不如线绳结构型好。线绳结构型 V 带适用于转速高、带轮直径较小的场合。

V 带和 V 带轮有两种尺寸制，即基准宽度制和有效宽度制，本部分主要介绍基准宽度制。

常用 V 带的主要类型有普通 V 带、窄 V 带、宽 V 带、联组 V 带、齿形 V 带、大楔角 V 带及汽车 V 带等 10 余种。一般机械多用普通 V 带，其楔角 θ（V 带两侧边的夹角）为 40°。

普通 V 带的尺寸已标准化（GB/T 11544—1997），分为 Y、Z、A、B、C、D、E 七种型号，截面尺寸和承载能力依次增大。

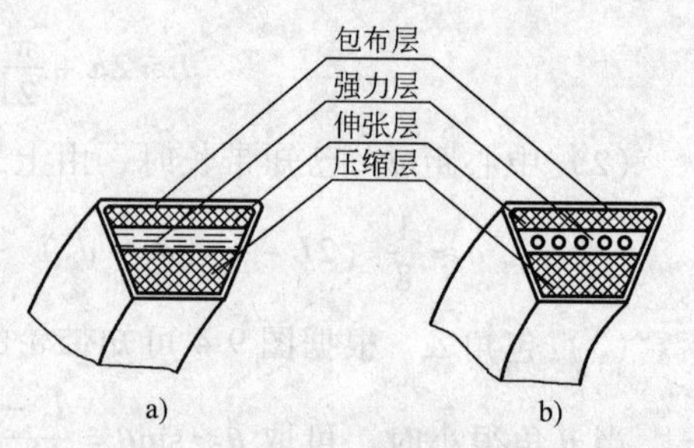

图 9-5　普通 V 带横断面结构

a）帘布结构　b）线绳结构

各型号普通 V 带的截面尺寸见表 9-1。

表 9-1　V 带（基准宽度制）的截面尺寸（摘自 GB/T 11544—1997）　（单位：mm）

带型	节宽	基本尺寸		
普通 V 带	b_p	顶宽 b	带高 h	楔角 θ
Y	5.3	6	4	40°
Z（旧国标 O 型）	8.5	10	6	
A	11.0	13	8	
B	14.0	17	11	
C	19.0	22	14	
D	27.0	32	19	
E	32.0	38	23	

V 带绕在带轮上产生弯曲，外层受拉伸变长，内层受压缩变短。而内外层之间存在一长度不变的中性层。中性层所在的面称为节面，节面的宽度称为节宽，用 b_p 表示。

普通 V 带的截面高度 h 与其节宽 b_p 的比值已标准化（为 0.7）。V 带装在带轮上，和节宽 b_p 相对应的带轮直径称为基准直径，用 d_d 表示，部分常用的基准直径系列见表 9-2。V 带在规定的张紧力下，位于带轮基准直径上的周线长度称为基准长度 L_d，已标准化，它用于带传动的几何计算。部分常用的 V 带的基准长度 L_d 见表 9-3。

表 9-2　V 带轮的基准直径系列（GB/T 13575.1—2008）　（单位：mm）

基准直径 d_d	带型						
	Y	Z	A	B	C	D	E
	外径 d_a						
20	23.2						
22.4	25.6						
25	28.2						
28	31.2						
31.5	34.7						
35.5	38.7						
40	43.2						
45	48.2						

（续）

基准直径 d_d	带型						
	Y	Z	A	B	C	D	E
	外径 d_a						
50	53.2	+54					
56	59.2	+60					
63	66.2	67					
71	74.2	75					
75		79	+80.5				
80	83.2	84	+85.5				
85			+90.5				
90	93.2	94	95.5				
95			100.5				
100	103.2	104	105.5				
106			111.5				
112	115.2	116	117.5				
125	128.2	129	130.5	132			
132		136	137.5	+139			
140		144	145.5	147			
150		154	155.5	157			
160		164	165.5	167			
170				177			
180		184	185.5	187			
200		204	205.5	207	+209.6		
212				219	+221.6		
224				231	233.6		
236		228	229.5	143	245.6		
250		254	255.5	257	259.6		
265					274.6		
280		284	285.5	287	289.6		
315		319	320.5	322	324.6		
355		359	360.5	362	364.6	371.2	
375						391.2	
400		404	405.5	407	409.6	416.2	
425						441.2	
450			455.5	457	459.6	466.2	
475						491.2	
500		504	505.5	507	509.6	516.2	519.2
530							549.2

（续）

基准直径 d_d	带型						
	Y	Z	A	B	C	D	E
	外径 d_a						
560			565.5	567	569.6	576.2	579.2
630		634	635.5	637	639.6	646.2	649.2
710			715.5	717	719.6	726.2	729.2
800			805.5	807	809.6	816.2	819.2
900				907	909.6	916.2	919.2
1000				1007	1009.6	1016.2	1019.2
1120				1127	1129.6	1136.2	1139.2
1250					1259.6	1266.2	1269.2
1600						1616.2	1619.2
2000						2016.2	2019.2
2500							2519.2

注：1. 有“+”号的外直径只用于普通 V 带。

2. 直径的极限偏差：基准直径按 c11，外径按 h12。

3. 没有外径的基准直径不推荐采用。

表 9-3 普通 V 带（基准宽度制）的基准长度系列及长度修正系数（摘自 GB/T 11544—1997）

（单位：mm）

基准长度 L_d/mm	K_L					基准长度 L_d/mm	K_L			
	Y	Z	A	B	C		Z	A	B	C
200	0.81					1600	1.04	0.99	0.92	0.83
224	0.82					1800	1.06	1.01	0.95	0.86
250	0.84					2000	1.08	1.03	0.98	0.88
280	0.87					2240	1.10	1.06	1.00	0.91
315	0.89					2500	1.30	1.09	1.03	0.93
355	0.92					2800		1.11	1.05	0.95
400	0.96	0.79				3150		1.13	1.07	0.97
450	1.00	0.80				3550		1.17	1.09	0.99
500	1.02	0.81				4000		1.19	1.13	1.02
560		0.82				4500			1.15	1.04
630		0.84	0.81			5000			1.18	1.07
710		0.86	0.83			5600				1.09
800		0.90	0.85			6300				1.12
900		0.92	0.87	0.82		7100				1.15
1000		0.94	0.89	0.84		8000				1.18
1120		0.95	0.91	0.86		9000				1.21
1250		0.98	0.93	0.88		10000				1.23
1400		1.01	0.96	0.90						

普通 V 带的标记由带型、基准长度和标准号组成。例如，A 型普通带，基准长度为 1400mm，其标记为

A—1400　GB/T 11544—1997

带的标记通常压印在带的外表面上，以便选用时识别。

9.2.2　普通 V 带轮的材料及结构选择

带轮是带传动的主要零件，选择或设计带轮时主要考虑下面几点。

1. 带轮的材料

带轮材料常用铸铁、钢、铝合金或工程塑料等，其中灰铸铁应用最广。当带速 $v<25\text{m/s}$时，可采用 HT150；当 v 为 25 ~ 30m/s 时，可采用 HT200；当 $v>30\text{m/s}$ 时，则应采用球墨铸铁、铸钢或锻钢，也可采用钢板冲压后焊接带轮。小功率传动时带轮可采用铸铝或工程塑料等材料制造。

2. 带轮的结构要求

带轮应具有足够的强度和刚度，无铸造内应力；质量小且分布均匀，结构工艺性好，便于制造；带轮工作表面应光滑，以减少带的磨损。当 $5\text{m/s}<v<25\text{m/s}$ 时，带轮要进行静平衡试验，当 $v>25\text{m/s}$ 时，带轮要进行动平衡试验。

3. 带轮的结构

带轮由轮缘、轮毂和轮辐三部分组成，如图 9-6 所示。轮缘是带轮外圈环形部分，其表面制有与带的根数、型号相对应的轮槽，轮槽尺寸均已标准化，截面尺寸可按表 9-4 所列选取。

图 9-6　带轮的结构

表 9-4　基准宽度制 V 带轮轮槽尺寸（摘自 GB/T 13575.1—2008）

型号			Y	Z	A	B	C	D	E
b_p/mm			5.3	8.5	11.0	14.0	19.0	27.0	32.0
b/mm			6	10	13	17	22	32	38
h/mm			4	6	8	11	14	19	25
θ			40°						
$h_{f\min}$/mm			4.7	7	8.7	10.8	14.3	19.9	23.4
$h_{a\min}$/mm			1.6	2.0	2.75	3.5	4.8	8.1	9.6
e/mm			8 ± 0.3	12 ± 0.3	15 ± 0.3	19 ± 0.4	25.5 ± 0.5	37 ± 0.6	44.5 ± 0.7
$f_{\min}$/mm			6	7	9	11.5	16	23	28
$\delta_{\min}$/mm			5	5.5	6	7.5	10	12	15
B/mm			$B=(z-1)e+2f$（z 为轮槽数）						
φ	32°	d_d/mm	≤60						
	34°			≤80	≤118	≤190	≤315		
	36°		>60					≤475	≤600
	38°			>80	>118	>190	>315	>475	>600

注：1. 槽间距 e 的极限偏差适用于任何两个轮槽对称中心面的距离，不论是否相邻。标准中没规定 δ 值，表中数值为推荐值。

2. 外径 $d_a=d_d+2h_a$。

V 带轮中的轮槽两斜面间的夹角 φ，称为轮槽角。轮槽角有 32°、34°、36°和 38°等几种。因 V 带弯曲的原因，为使带侧面和轮槽有较好的接触，应使带轮槽角小于 40°。带轮直径越小，轮槽角也越小。

为了减少带的磨损，槽侧面的表面粗糙度值 Ra 不应大于 3.2μm。为使带轮自身惯性力尽可能平衡，高速带轮的轮缘内表面也应加工。

4. 普通 V 带轮的结构形式及选择

V 带轮按腹板（轮辐）的结构不同分为以下几种形式：

1）S 型：实心带轮，如图 9-7a 所示。当带轮基准直径 $d_d \leq (2.5 \sim 3)\ d$（d 为轴的直径）时，可采用该类型。

2）P 型：腹板带轮，如图 9-7b 所示。当带轮基准直径 $d_d \leq 300$mm 时，可采用该类型（P 型和 H 型相似，但腹板上不开孔）。

3）H 型：孔板式带轮，如图 9-7c 所示。

4）E 型：椭圆轮辐式带轮，直径 $d_d > 300$mm 的带轮常采用该类型，如图 9-7d 所示，以减轻带轮重量。

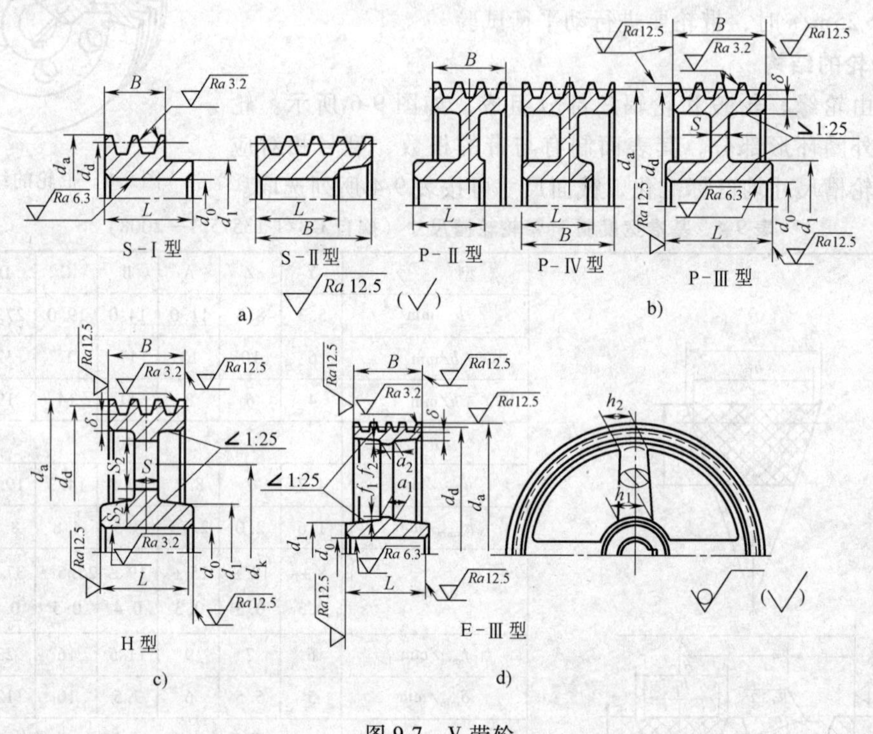

图 9-7　V 带轮

9.3　带传动的工作情况分析

9.3.1　带传动的受力分析

在安装带时，必须将带以一定的预紧力张紧在带轮上。静止时，带上、下两边的拉力相等，均为 F_0（见图 9-8a）。当传递载荷时，主动轮以转速 n_1 转动，由于带和带轮的接触面上摩擦力（见图 9-8b），使从动轮以转速 n_2 转动。这时带两边的预紧力发生了变化，带绕入主动轮的一边被进一步拉紧，称为紧边，其拉力由 F_0 逐渐增加到 F_1；另一边则被放松，称为松边，其拉力由 F_0 逐渐减小到 F_2。

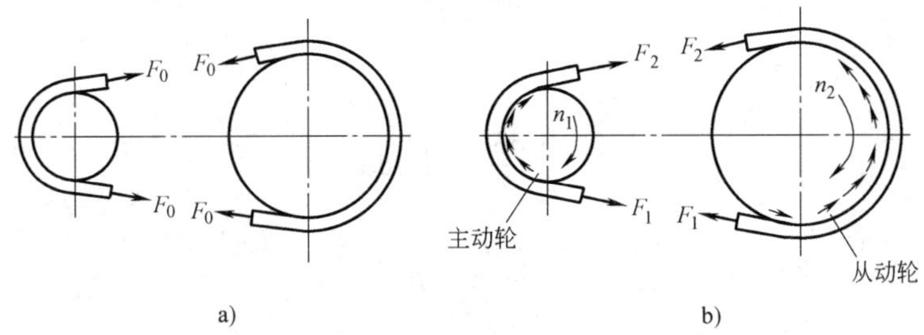

图 9-8　带传动的受力情况
a）静止时　b）主动轮以转速 n_1 转动时

假设带工作时的总长度不变，则紧边拉力的增加量（$F_1 - F_0$）近似等于松边拉力的减少量（$F_0 - F_2$），即

$$F_1 - F_0 = F_0 - F_2$$

$$F_1 + F_2 = 2F_0 \tag{9-4}$$

两边拉力之差称为带传动的有效拉力 F，即带所传递的圆周力。

$$F = F_1 - F_2 = \frac{1000P}{v} \tag{9-5}$$

式中，P 为带传动所传递的功率（kW）；v 为带速（m/s）。

带所受的摩擦区域起始于带绕出两轮的交点位置，随着所需传递圆周力的增加，带的摩擦长度沿着带轮圆周向带绕入两轮的方向扩展。在预紧力一定的情况下，当带所传递的圆周力 F 超过带与带轮接触面之间的极限摩擦力总和时，带在带轮表面上将发生较显著的相对滑动，这种现象称为打滑。由于在小带轮上带的接触长度小于在大带轮上带的接触长度，所以打滑总是先在小带轮上发生。打滑将使带传动丧失正常的工作能力，应设法避免。

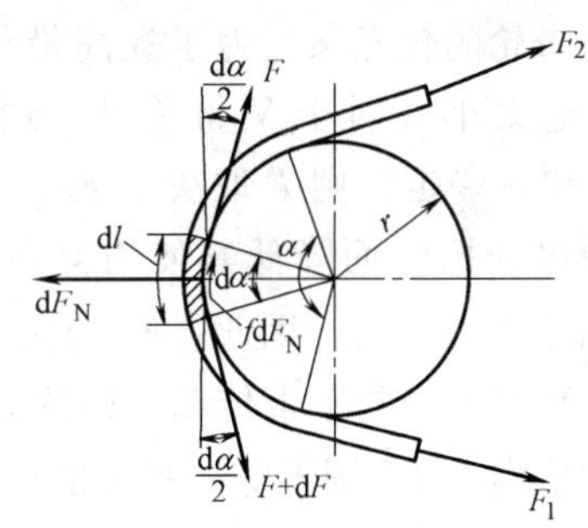

图 9-9　带的受力分析

在带即将打滑时，带与小带轮的包角为 α_1，紧边和松边拉力的关系如图 9-9 所示。若在带上截取一微弧段 dl，相对应的包角 $d\alpha$，微弧段两端承受的拉力分别为 F 和 $F + dF$，带给微弧段的正压力为 dF_N，带与带轮接触面间的极限摩擦力为 fdF_N。不计离心力的影响，根据力的平衡可得

$$dF_N = F\sin\frac{d\alpha}{2} + (F + dF)\sin\frac{d\alpha}{2}$$

$$fdF_N = (F + dF)\cos\frac{d\alpha}{2} - F\cos\frac{d\alpha}{2}$$

当 $d\alpha$ 很小时，取 $\sin\frac{d\alpha}{2}\approx\frac{d\alpha}{2}$，$\cos\frac{d\alpha}{2}\approx 1$，略去二阶无穷小量 $dF\frac{d\alpha}{2}$，可得

$$dF_N = Fd\alpha \tag{a}$$

$$fdF_N = dF \tag{b}$$

联立（a）、（b）可得

$$\frac{dF}{F} = fd\alpha$$

两边积分得

$$\int_{F_2}^{F_1} \frac{dF}{F} = \int_0^{\alpha} fd\alpha$$

$$\ln \frac{F_1}{F_2} = f\alpha$$

紧边和松边拉力比为

$$\frac{F_1}{F_2} = e^{f\alpha} \tag{9-6}$$

由式（9-4）~（9-6）可得

$$F = 2F_0 \frac{e^{f\alpha_1} - 1}{e^{f\alpha_1} + 1} = 2F_0\left(1 - \frac{2}{e^{f\alpha_1} + 1}\right) \tag{9-7}$$

由此可见，带的有效拉力 F 的数值与带和带轮接触面之间的摩擦因数 f、包角 α 和预紧力 F_0 的大小有关。显然，f、α、F_0 大，F 也大。在一定的条件下，f 为一定值，若 F_0 一定，则 F 取决于小带轮的包角 α，为了提高带传动的工作能力，α 不能太小（对于 V 带传动，通常取 $\alpha \geqslant 120°$）。若 f 和 α 一定，则 F 取决于 F_0，但是 F_0 过大，会使带过分拉伸而降低其使用寿命，同时会使作用在轴上的力过大。因此，F_0 的大小要恰当。

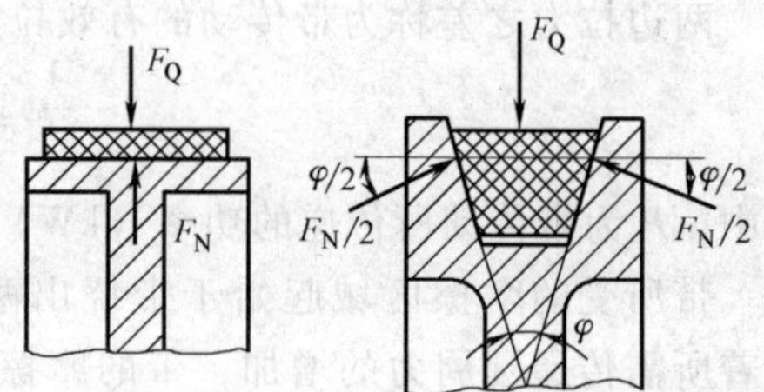

图 9-10 带与带轮间的法向力

V 带传动与平带传动的初拉力相等（即带压向带轮的压力同为 F_Q，见图 9-10）时，它们的法向力 F_N 则不等。平带的极限摩擦力为 $fF_N = fF_Q$，而 V 带的极限摩擦力为

$$fF_N = f\frac{F_Q}{\sin\frac{\varphi}{2}} = f'F_Q$$

式中，φ 为 V 带轮轮槽角；$f' = f/\sin\varphi$ 为当量摩擦因数。显然，$f' > f$，故在相同条件下，V 带能传递较大的功率。引用当量摩擦因数的概念，以 f' 代替 f，即可将式（9-6）或式（9-7）应用于 V 带传动。

9.3.2 带传动的应力分析

1. 应力分析

带传动工作时，带中存在有 3 种应力，即由拉力产生的拉应力、由离心力产生的拉应力和带绕过带轮时产生的弯曲应力。

（1）由拉力产生的拉应力

紧边拉应力
$$\sigma_1 = \frac{F_1}{A} \tag{9-8}$$

松边拉应力
$$\sigma_2 = \frac{F_2}{A} \tag{9-9}$$

式中，A 表示带的横截面面积。

（2）弯曲应力 σ_b　传动带绕在带轮上时，在带中要引起弯曲应力 σ_{b1} 和 σ_{b2}。

$$\left.\begin{aligned}\sigma_{b1} \approx E\frac{h}{d_{d1}}\\ \sigma_{b2} \approx E\frac{h}{d_{d2}}\end{aligned}\right\} \tag{9-10}$$

式中，h 为传动带的高度（mm），见表 9-1；E 为传动带的弹性模量（MPa）。d_{d1} 和 d_{d2} 为两个带轮基准直径（mm）。

因为弯曲应力与带轮的基准直径成反比，所以带在小带轮上的弯曲应力 σ_{b1} 一定大于大带轮上的弯曲应力 σ_{b2}。

由式（9-10）可知，带轮直径越小，带越厚，弯曲应力越大。为了避免产生过大的弯曲应力，在设计 V 带传动时，应对其最小基准直径 d_{dmin} 加以限制（见表 9-5）。

表 9-5　普通 V 带轮最小基准直径及带轮直径系列　（单位：mm）

V 带型号		Y	Z	A	B	C	D	E
d_{dmin}		20	50	75	125	200	355	500
推荐直径		≥28	≥71	≥100	≥140	≥200	≥355	≥500
常用V带轮直径系列	Z	50，56，63，71，75，80，90，100，112，125，140，150，160，180，200，224，250，280，315，355，400，500，560，630						
	A	75，80，90，100，112，125，140，150，160，180，200，224，250，280，315，355，400，450，500，560，630，710，800						
	B	125，140，150，160，180，200，224，250，280，315，355，400，450，500，560，630，710，800，1000，1120						
	C	200，210，224，236，250，280，300，355，400，450，500，560，600，630，710，750，800，900，1000，1120，1250，1400，1600，2000						

（3）离心拉应力 σ_c　当带随着带轮作圆周运动时，必须在带中施加一定的力，以迫使带作圆周运动，这个力习惯上称为离心拉力，离心拉力存在于带的全长范围内。因离心拉力而产生离心拉应力 σ_c，且有

$$\sigma_c = \frac{F_c}{A} = \frac{qv^2}{A} \tag{9-11}$$

式中，q 为带单位长度的质量（kg/m），见表 9-6；v 为带的线速度（m/s）。

表 9-6　V 带单位长度的质量

带　型	Y	Z	A	B	C	D	E
q/（kg/m）	0.02	0.06	0.10	0.18	0.30	0.61	0.92

图 9-11 所示为带工作时各段的应力分布情况。带中可能产生的瞬时最大应力发生在带的紧边绕入小带轮处，此处的最大应力可近似地表示为

$$\sigma_{max} \approx \sigma_1 + \sigma_{b1} + \sigma_c \tag{9-12}$$

带工作时，作用在其上某点的应力是随它所处位置不同而变化的，即带是在变应力下工作的，所以，在应力循环次数达到一定数值后，带将产生疲劳破坏。

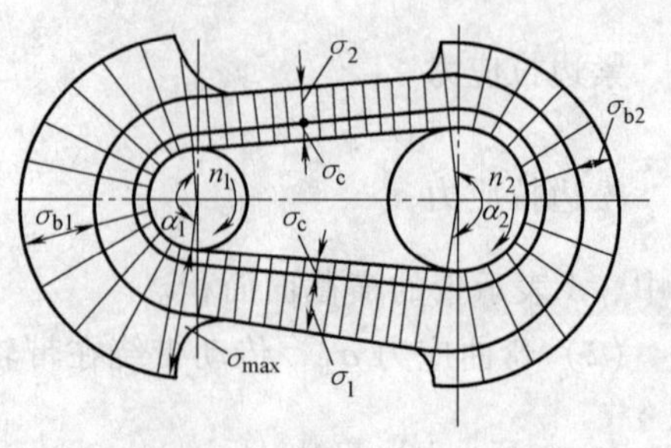

图 9-11　带中的应力分布

9.3.3　带传动的弹性滑动和打滑现象

如图 9-12 所示，当带的紧边从 A_1 点绕上主动轮时，带的线速度与主动轮的圆周速度相同，在带由 A_1 点转到 B_1 点的过程中，其所受的拉力由 F_1 降到 F_2，其弹性伸长量也将逐渐减小，即带在逐渐缩短，从而使带沿主动轮表面产生局部微小的向后相对滑动，导致带的线速度小于主动轮的圆周速度 v_1。同理，在从动轮上，由 A_2 点到 B_2 点，带所受的拉力由 F_2 逐渐增大到 F_1，将导致带的线速度大于从动轮的圆周速度 v_2。这种由于带的弹性变形而引起的带在带轮表面上滑动的现象，称为带传动的弹性滑动。

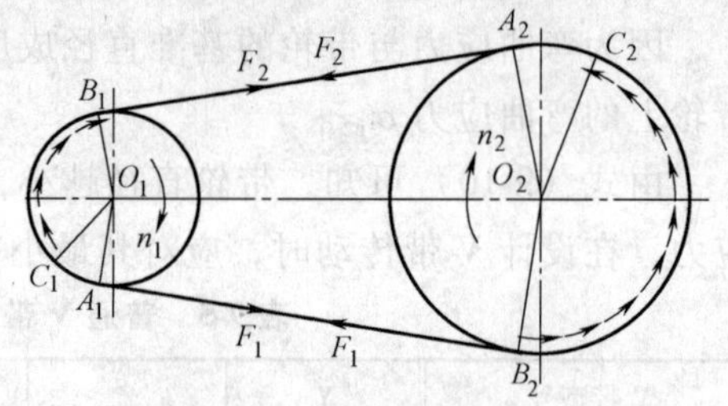

图 9-12　带传动的弹性滑动

弹性滑动将导致从动轮的圆周速度 v_2 低于主动轮的圆周速度 v_1，其降低程度可用滑动率来评价：

$$\varepsilon = \frac{v_1 - v_2}{v_1} \times 100\% \tag{9-13}$$

或

$$v_2 = (1-\varepsilon)\ v_1 \tag{9-14}$$

其中

$$\left.\begin{aligned} v_1 &= \frac{\pi d_{d1} n_1}{60 \times 1000} \\ v_2 &= \frac{\pi d_{d2} n_2}{60 \times 1000} \end{aligned}\right\} \tag{9-15}$$

式中，n_1、n_2 分别为主动轮和从动轮的转速（r/min）。

将式（9-15）代入式（9-13），可得

$$d_{d2} n_2 = (1-\varepsilon)\ d_{d1} n_1 \tag{9-16}$$

因而带传动的平均传动比为

$$i = \frac{n_1}{n_2} = \frac{d_{d2}}{(1-\varepsilon)\ d_{d1}} \tag{9-17}$$

在一般的带传动中，通常 ε 仅为 1% ~2%，所以，在一般传动中可不予考虑。而取传动比为

$$i = \frac{n_1}{n_2} \approx \frac{d_{d2}}{d_{d1}} \tag{9-18}$$

正常情况下，并不是全部接触弧上都发生相对滑动。接触弧可分为有相对滑动的滑动弧和无相对滑动的静弧。当有效拉力较小时，弹性滑动只发生在带由主、从动轮上离开以前的那一部分接触弧上（即滑动弧上，如图 9-12 中的 B_1C_1 弧和 B_2C_2 弧）。随着有效拉力的增大，弹性滑动的区域也将扩大。当弹性滑动区域扩展到整个接触弧时，带传动的有效拉力即达到最大值 F_{max}。若传递的外载荷再进一步增大，带就在带轮上发生显著的相对滑动，即产生打滑。打滑将造成带的严重磨损，使传动失效。由于打滑是由过载引起的，所以，避免过载就可避免打滑。

9.4　普通 V 带传动的设计计算

9.4.1　带传动的失效形式和设计准则

根据带传动的工作情况分析可知，V 带传动的主要失效形式为带的疲劳损坏和打滑。因此，为保证 V 带传动正常工作，其工作能力设计计算准则为：在保证带传动不打滑的前提下，带具有足够的疲劳强度和寿命。

9.4.2　带传动的设计内容

带传动的设计内容包括确定带的型号、长度、根数、传动中心距、带轮基准直径及结构尺寸等。设计时需要给定的原始数据：传递的功率 P，转速 n_1、n_2（或传动比），传动位置要求及工作条件等。

9.4.3　单根普通 V 带的许用功率

根据 V 带传动设计计算准则，为了使 V 带具有一定的疲劳寿命，应满足如下强度条件：

$$\sigma_{max} = \sigma_1 + \sigma_c + \sigma_{b1} \leqslant [\sigma]$$

即

$$\sigma_1 \leqslant [\sigma] - \sigma_c - \sigma_{b1} \tag{9-19}$$

式中，$[\sigma]$ 为特定条件下，根据疲劳强度和寿命由试验确定的带的许用拉应力。

在保证不打滑的前提下，单根 V 带所能传递的功率 P_0 为

$$P_0 = \frac{F_{ec}v}{1000} = F_1\left(1 - \frac{1}{e^{f\alpha_1}}\right)\frac{v}{1000} = \sigma_1 A\left(1 - \frac{1}{e^{f\alpha_1}}\right)\frac{v}{1000} \tag{9-20}$$

将式（9-19）代入式（9-20），即可获得带传动在既不打滑又保证带一定疲劳寿命下的单根 V 带能够传递的功率为

$$P_0 = ([\sigma] - \sigma_{b1} - \sigma_c)\left(1 - \frac{1}{e^{f\alpha_1}}\right)\frac{Av}{1000} \tag{9-21}$$

对于一定材质和规格尺寸的 V 带，在特定试验条件（$\alpha_1 = \alpha_2 = 180°$，寿命约为 $10^8 \sim 10^9$ 次，载荷平稳）下，通过试验获得 V 带的许用应力 $[\sigma]$。将其代入式（9-21），进行计算，即可获得单根 V 带在特定条件下所能传递的功率 P_0，称为单根 V 带的基本额定功率，见表 9-7。

表 9-7 单根 V 带的基本额定功率 P_0 （单位：kW）

带型	小带轮直径 d_{d1}/mm	小带轮转速 n_1/(r/min)													
		200	400	600	800	1000	1200	1400	1600	2000	2400	2800	3600	4000	5000
Y	20					0.01	0.02	0.02	0.03	0.03	0.04	0.04	0.06	0.06	0.08
	28				0.03	0.04	0.04	0.04	0.05	0.06	0.07	0.08	0.10	0.11	0.13
	35.5				0.05	0.05	0.06	0.06	0.07	0.08	0.09	0.11	0.13	0.14	0.18
	50				0.07	0.08	0.09	0.11	0.12	0.14	0.16	0.18	0.22	0.23	0.25
Z	50		0.06	0.08	0.10	0.12	0.14	0.16	0.17	0.20	0.22	0.26	0.30	0.32	0.34
	63		0.08	0.11	0.15	0.18	0.22	0.25	0.27	0.32	0.37	0.41	0.47	0.49	0.50
	71		0.11	0.14	0.20	0.23	0.27	0.30	0.33	0.39	0.46	0.50	0.58	0.61	0.62
	80		0.14	0.18	0.22	0.26	0.30	0.35	0.39	0.44	0.50	0.56	0.64	0.67	0.66
A	75	0.16	0.27	0.36	0.45	0.53	0.60	0.67	0.73	0.84	0.92	1.00	1.08	1.09	1.02
	90	0.22	0.39	0.53	0.68	0.80	0.93	1.04	1.15	1.34	1.50	1.64	1.83	1.87	1.82
	100	0.26	0.47	0.65	0.83	0.98	1.14	1.28	1.42	1.66	1.87	2.05	2.28	2.34	2.25
	125	0.37	0.67	0.93	1.19	1.43	1.66	1.86	2.07	2.44	2.74	2.98	3.26	3.28	2.91
B	125	0.48	0.84	1.14	1.44	1.68	1.93	2.13	2.33	2.64	2.85	2.96	2.80	2.51	1.09
	140	0.59	1.05	1.43	1.82	2.14	2.47	2.73	3.00	3.42	3.70	3.85	3.63	3.24	
	180	0.88	1.59	2.20	2.81	3.33	3.85	4.27	4.68	5.30	5.67	5.76	4.92	3.92	
	224	1.19	2.17	3.01	3.86	4.56	5.26	5.80	6.33	7.02	7.25	6.95	4.47	2.14	
C	200		1.39	2.41	3.30	4.07	4.72	5.29	5.73	6.07	6.28	6.34	6.02	5.01	3.23
	250		2.03	3.62	5.00	6.23	7.27	8.21	8.87	9.38	9.63	9.62	8.75	6.56	
	280		2.42	4.32	6.00	7.52	8.75	9.81	10.54	11.06	11.22	11.04	9.50	6.13	
	315		2.86	5.14	7.14	8.92	10.35	11.53	11.27	12.72	12.67	12.14	9.43	4.16	
D	355	3.01	5.31	9.24	12.39	14.83	16.37	17.25	16.87	15.63	12.97				
	400	3.66	6.52	11.45	15.42	18.46	20.29	21.20	20.36	18.31	14.28				
	450	4.37	7.90	13.85	18.67	22.25	24.18	24.84	23.06	19.59	13.34				
	560	5.91	10.76	18.95	25.32	29.55	30.77	29.67	24.00	15.13					
E	500	6.12	10.86	18.55	24.21	27.57	27.76	25.53	18.56	8.29					
	560	7.32	13.09	22.49	29.30	33.03	32.42	28.49	17.98						
	630	8.75	15.65	26.95	34.83	38.52	36.17	29.17	12.91						
	710	10.31	18.52	31.83	40.58	43.52	38.00	25.91							

注：1. 摘自 GB/T 13575.1—2008。选取的 d_{d1} 表内没有时，其基本额定功率 P_0 值可查 GB/T 13575.1—2008。

2. $\alpha_1=\alpha_2=180°$，$i=1$，载荷平稳，特定基准长度。

当实际工作条件与上述试验条件不同时，应对单根 V 带的基本额定功率加以修正，从而获得实际工作条件下单根 V 带所能传递的功率，称为许用功率 $[P_0]$。

$$[P_0]=(P_0+\Delta P_0)K_\alpha K_L \tag{9-22}$$

式中，K_α 为包角修正系数，计入包角 $\alpha\neq180°$时对传动能力的影响，见表 9-8；K_L 为带长修正系数，计入带长不等于特定长度时对传动能力的影响，见表 9-9；ΔP_0 为计入传动比 $i\neq1$ 时，单根 V 带额定功率的增量，其值见表 9-10。

表 9-8　包角修正系数 K_α

小轮包角/(°)	180	170	160	150	140	130	120	110	100	90
K_α	1.00	0.98	0.95	0.92	0.89	0.86	0.82	0.78	0.74	0.69

表 9-9　带长修正系数 K_L（摘自 GB/T 13575.1—2008）

L_p	K_L					L_p	K_L				
/mm	Y	Z	A	B	C	/mm	A	B	C	D	E
200	0.81					2000	1.03	0.98	0.88		
224	0.82					2240	1.06	1.00	0.91		
250	0.84					2500	1.09	1.03	0.93		
280	0.87					2800	1.11	1.05	0.95	0.83	
315	0.89					3150	1.13	1.07	0.97	0.86	
355	0.92					3550	1.17	1.09	0.99	0.89	
400	0.96	0.87				4000	1.19	1.13	1.02	0.91	
450	1.00	0.89				4500		1.15	1.04	0.93	0.90
500	1.02	0.91				5000		1.18	1.07	0.96	0.92
560		0.94				5600			1.09	0.98	0.95
630		0.96	0.81			6300			1.12	1.00	0.97
710		0.99	0.83			7100			1.15	1.03	1.00
800		1.00	0.85			8000			1.18	1.06	1.02
900		1.03	0.87	0.82		9000			1.21	1.08	1.05
1000		1.06	0.89	0.84		10000			1.23	1.11	1.07
1120		1.08	0.91	0.86		11200				1.14	1.10
1250		1.11	0.93	0.88		12500				1.17	1.12
1400		1.14	0.96	0.90		14000				1.20	1.15
1600		1.16	0.99	0.92	0.83	16000				1.22	1.18
1800		1.18	1.01	0.95	0.86						

表 9-10　单根 V 带基本额定功率的增量 ΔP_0（摘自 GB/T 13575.1—2008）（单位:kW）

截面型号	传动比 i	小带轮转速 n_1(r/min)												
		200	300	400	500	600	730	800	980	1200	1460	1600	1800	2000
Y	1.35~1.51	—	—	0.00	—	—	0.00	0.00	0.01	0.01	0.01	0.01	—	0.01
	1.52~1.99	—	—	0.00	—	—	0.00	0.00	0.01	0.01	0.01	0.01	—	0.01
	≥2	—	—	0.00	—	—	0.00	0.00	0.01	0.01	0.01	0.01	—	0.02
Z												0.02	—	
												0.03	—	
												0.03	—	
	1.35~1.51	—	—	0.00	—	—	0.01	0.01	0.02	0.02	0.02	0.15	3.89	0.03
	1.52~1.99	—	—	0.01	—	—	0.01	0.02	0.02	0.02	0.02	0.17	4.45	0.03
	≥2	—	—	0.01	—	—	0.02	0.02	0.02	0.03	0.03	0.19	5.00	0.04
												0.39	—	
												0.51	—	
												0.51	—	
A	1.35~1.51	0.02	0.02	0.04	0.04	0.04	0.07	0.08	0.08	0.11	0.13	0.15	—	0.19
	1.52~1.99	0.02	0.04	0.04	0.04	0.04	0.08	0.09	0.10	0.13	0.15	0.17	—	0.22
	≥2	0.03	0.05	0.05	—	—	0.09	0.10	0.11	0.15	0.17	0.19	—	0.24

（续）

截面型号	传动比 i	小带轮转速 n_1（r/min）												
		200	300	400	500	600	730	800	980	1200	1460	1600	1800	2000
B	1.35~1.51	0.05	—	0.10	—	—	0.17	0.20	0.23	0.30	0.36	0.39	—	0.49
	1.52~1.99	0.06	—	0.11	—	—	0.20	0.23	0.26	0.34	0.40	0.45	—	0.56
	≥2	0.06	—	0.13	—	—	0.22	0.25	0.30	0.38	0.46	0.51	—	0.63
C	1.35~1.51	0.14	0.21	0.27	0.34	0.41	0.48	0.55	0.65	0.82	0.99	1.10	1.23	1.37
	1.52~1.99	0.16	0.24	0.31	0.39	0.47	0.55	0.63	0.74	0.94	1.14	1.25	1.41	1.41
	≥2	0.18	0.26	0.35	0.44	0.53	0.62	0.71	0.83	1.06	1.27	1.41	1.59	1.79
D	1.35~1.51	0.49	0.73	0.97	1.22	1.46	1.70	1.95	2.31	2.92	3.52	3.89	4.98	—
	1.52~1.99	0.56	0.83	1.11	1.39	1.67	1.95	2.22	2.64	3.34	4.03	4.45	5.01	—
	≥2	0.63	0.94	1.25	1.56	1.88	2.19	2.50	2.97	3.75	4.53	5.00	5.62	—
E	1.35~1.51	0.96	1.45	1.93	2.41	2.89	3.38	3.86	4.58	5.61	6.83	—	—	—
	1.52~1.99	1.10	1.65	2.20	2.76	3.31	3.86	4.41	5.23	6.41	7.80	—	—	—
	≥2	1.24	1.86	2.48	3.10	3.72	4.34	4.96	5.89	7.21	8.78	—	—	—

9.4.4 带传动的设计计算和参数选择

设计 V 带传动时，一般已知条件是带传动的输入功率、传动比、主动轮的转速和传动的工作条件等。

V 带传动的设计计算步骤如下：

1. 确定计算功率 P_c

考虑到带在工作时的工作条件不同，带传动的功率会有变化，按计算功率设计：

$$P_c = K_A P \tag{9-23}$$

式中，P 为传递的功率（kW）；K_A 为工作情况系数，查表 9-11 可得。

表 9-11 工作情况系数 K_A（摘自 GB/T 13575.1—2008）

增速传动时，K_A 应乘以下列系数 增速比≥1.25~1.74 时为 1.05 ≥1.75~2.49 时为 1.11 ≥2.50~3.49 时为 1.18 ≥3.50 时为 1.25		K_A					
		空载、轻载起动			重载起动		
		每天工作时间/h					
		<10	10~16	>16	<10	10~16	>16
载荷变动微小	流体搅拌机、通风机和鼓风机（≤7.5kW）、离心式水泵和压缩机、轻型输送机	1.0	1.1	1.2	1.1	1.2	1.3
载荷变动小	带式输送机（不均匀负载）、通风机（>7.5kW）、旋转式水泵和压缩机（非离心式）、发电机、金属切削机床、印刷机、旋转筛、金属木机和木工机械	1.1	1.2	1.3	1.2	1.3	1.4
载荷变动较大	制砖机、斗式提升机、往复式水泵和压缩机、起重机、磨粉机、冲剪机床、橡胶机械、振动筛、纺织机械、重载输送机	1.2	1.3	1.4	1.4	1.5	1.6
载荷变动很大	破碎机（旋转式、颚式等）、磨碎机（球磨、棒磨、管磨）	1.3	1.4	1.5	1.5	1.6	1.8

注：1. 空载、轻载起动——电动机（交流起动、三角起动、直流并励），四缸以上的内燃机，装有离心式离合器、液力联轴器的动力机。

2. 重载起动——电动机（联机交流起动、直流复励或串励），四缸以下的内燃机。

3. 反复起动，正反转频繁，工作条件恶劣等场合 K_A 值应乘以 1.2。

2. 选择 V 带型号

V 带型号的选用主要是根据计算功率 P_c 和主动轮的转速 n_1，由图 9-13 选定。若由 P_c 和 n_1 确定的坐标点靠近两种型号交界处，可先取两种型号计算，进行比较决定取舍。选用小的 V 带型号会使带的根数增加；选用大的 V 带型号会使传动结构尺寸增大，但所需带的根数会减少。

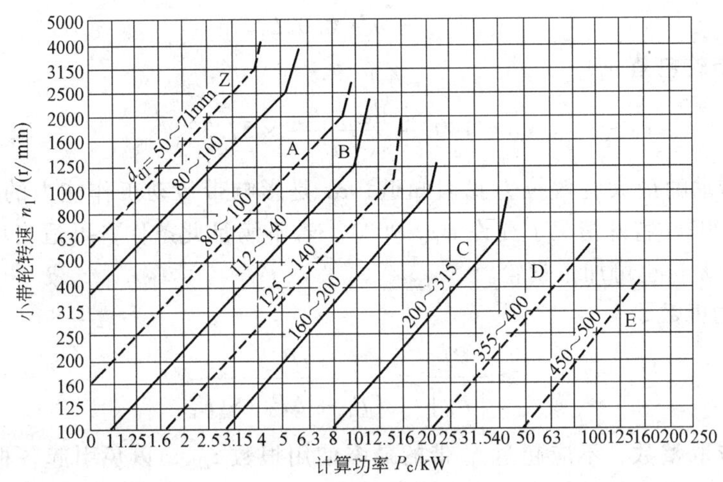

图 9-13　普通 V 带选型图

3. 确定带轮基准直径 d_{d1}、d_{d2}

带轮直径小可使传动结构紧凑，但会使带在带轮上的弯曲程度较大，产生大的弯曲应力，使带的寿命降低。设计时应取小带轮的基准直径 $d_{d1} \geqslant d_{dmin}$（见表 9-5）。忽略弹性滑动的影响，可按式（9-18）计算大带轮直径，并按表 9-5 圆整为标准尺寸。圆整后还应检验传动比 i 或从动轮转速 n_2 是否在允许的变化范围内。

4. 验算带速 v

$$v=\frac{\pi d_{d1} n_1}{60 \times 1000} \tag{9-24}$$

通常情况下，带速在 5 ~ 25m/s 之间为宜，最高不超过 30m/s。带速过高，会因离心力过大而降低带和带轮间的正压力，从而降低传动能力，而且单位时间内应力循环次数增加，将缩短带的寿命；若带速过低，则所需圆周力大，导致 V 带的根数增多，结构尺寸加大。带速不符合上述要求时，应重新选择 d_{d1}。

5. 确定中心距 a 和带的基准长度

带中心距的选择直接关系到带的基准长度 L_d 和小带轮包角 α_1 的大小，并影响传动的性能。中心距较小，传动较为紧凑，但带长较短，单位时间内带绕过带轮的次数增多，从而缩短带的寿命。而中心距过大，则传动的外廓尺寸大，且容易引起带的颤动，影响带的正常工作。一般来说，确定中心距时首先考虑结构尺寸要求，当传动设计对结构无特别要求时，可按式（9-25）初选中心距 a_0

$$0.7\ (d_{d1}+d_{d2}) \leqslant a_0 \leqslant 2\ (d_{d1}+d_{d2}) \tag{9-25}$$

确定 a_0 后，由传动的几何关系可计算带的基准长度初值 L_{d0}。

$$L_{d0}=2a_0+\frac{\pi}{2}\ (d_{d1}+d_{d2})\ +\frac{(d_{d2}-d_{d1})^2}{4a_0} \tag{9-26}$$

由 L_{d0}查表 9-3，选取相近的值作为带的基准长度 L_d，则带传动的实际中心距 a 为

$$a \approx a_0 + \frac{L_d - L_{d0}}{2} \tag{9-27}$$

实际中心距的调节范围控制在 a_{max}和 a_{min}之间。

$$a_{min} = a - 0.015L_d$$

$$a_{max} = a + 0.03L_d$$

6. 验算小带轮包角 α_1

$$\alpha_1 = 180° - \frac{d_{d2} - d_{d1}}{a} \times 57.3° \tag{9-28}$$

从分析带传动的最大有效拉力我们知道，α_1 是影响带传动工作能力的重要参数之一，一般应使 $\alpha_1 > 120°$（特殊情况下允许 $\alpha_1 > 90°$）。若不满足此条件，可适当增大中心距或减小两带轮的直径差，也可加张紧轮。

7. 确定带的根数 z

$$z \geqslant \frac{P_c}{[P_0]} = \frac{P_c}{(P_0 + \Delta P_0)K_\alpha K_L} \tag{9-29}$$

带的根数应取整数，不应超过 V 带的最多使用根数 z_{max}，以免引起各根带受力分布不均，否则应改选大号的 V 带，重新计算。各种型号 V 带推荐的 z_{max}可查表 9-12。

表 9-12　V 带传动最多使用根数

V 带型号	Y	Z	A	B	C	D	E
z_{max}	1	2	5	6	8	8	9

8. 确定单根 V 带的初拉力 F_0

对于 V 带传动，初拉力 F_0 越大，带对轮面的正压力和摩擦力也越大，越不易打滑，即传递载荷的能力也越大。但 F_0 太大会增加带的应力，从而降低带的寿命，同时作用在轴上的载荷也大。故初拉力 F_0 的大小应适当，考虑离心力的影响时，单根带的初拉力 F_0 为

$$F_0 = 500\frac{P_c}{vz}\left(\frac{2.5}{K_\alpha} - 1\right) + qv^2 \tag{9-30}$$

9. 计算轴压力

为了计算带轮轴的强度和轴承的寿命，必须知道径向压力 F_Q。计算时忽略带两端的拉力差，即近似地以 V 带两边的初拉力的合力计算径向压力，由图 9-14得

$$F_Q = 2zF_0\sin\frac{\alpha_1}{2} \tag{9-31}$$

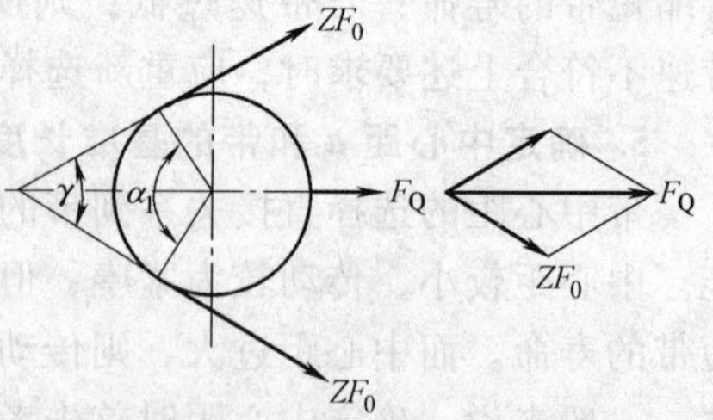

图 9-14　带轮轴上的径向压力

10. 带轮结构设计

参见本章 9.2.2，绘制带轮结构零件图。

例　设计一带式运输机中的普通 V 带传动。原动机为 Y112M-4 异步电动机，其额定功率 $P = 4\text{kW}$，满载转速 $n_1 = 1440\text{r/min}$，从动轮转速 $n_2 = 470\text{r/min}$，单班制工作，载荷变动较小，要求中心距 $a < 550\text{mm}$。

解： 1）计算功率 P_c。由表 9-11 查得 $K_A=1.1$，故

$$P_c=K_AP=1.1\times4\text{kW}=4.4\text{kW}$$

2）选择带型。根据 $P_c=4.4\text{kW}$ 和 $n_1=1440\text{r/min}$，由图 9-13 初步选用 A 型 V 带。

3）选取带轮基准直径 d_{d1} 和 d_{d2}。由表 9-5，取 $d_{d1}=100\text{mm}$，由式（9-18）得

$$d_{d2}=\frac{n_1}{n_2}d_{d1}=\frac{1440}{470}\times100\text{mm}=306\text{mm}$$

由表 9-5 取直径系列值，$d_{d2}=315\text{mm}$。

4）验算带速 v。由式（9-24）得

$$v=\frac{\pi d_{d1}n_1}{60\times1000}=\frac{\pi\times100\times1440}{60\times1000}\text{m/s}=7.54\text{m/s}$$

带速 v 在 5 ~ 25m/s 范围内，带速合适。

5）确定中心距 a 和带的基准长度 L_d。由式（9-25）初定中心距 $a_0=450\text{mm}$ 符合

$$0.7(d_{d1}+d_{d2})<a_0<2(d_{d1}+d_{d2})$$

即
$$0.7\times(100+315)\text{mm}<a_0<2\times(100+315)\text{mm}$$

由式（9-26）得带长

$$\begin{aligned}L_{d0}&=2a_0+\frac{\pi}{2}(d_{d1}+d_{d2})+\frac{(d_{d2}-d_{d1})^2}{4a_0}\\&=\left[2\times450+\frac{3.14}{2}\times(100+315)+\frac{(315-100)^2}{4\times450}\right]\text{mm}\\&=1578\text{mm}\end{aligned}$$

由表 9-3 查得 A 型带基准长度 $L_d=1600\text{mm}$，计算实际中心距

$$a\approx a_0+\frac{L_d-L_{d0}}{2}=450\text{mm}+\frac{1600-1578}{2}\text{mm}=461\text{mm}$$

取 $a=460\text{mm}$。

6）验算小带轮包角 α_1。由式（9-28）得

$$\alpha_1=180°-\frac{d_{d2}-d_{d1}}{\alpha}\times57.3°=180°-\frac{315-100}{460}\times57.3°\approx153.2°>120°$$

包角合适。

7）确定带的根数 z。由表 9-7 查得，$P_0=1.31\text{kW}$。由表 9-8 查得，$K_\alpha=0.926$。由表 9-9 查得，$K_L=0.99$。由表 9-10 查得，$\Delta P_0=0.17\text{kW}$。

由式（9-29）得

$$z\geqslant\frac{P_c}{(P_1+\Delta P_1)K_\alpha K_L}=\frac{4.4}{(1.31+0.17)\times0.926\times0.99}=3.25$$

取 $z=4$ 根。

8）确定初拉力 F_0。由式（9-30）计算单根普通 V 带的初拉力

$$\begin{aligned}F_0&=500\times\frac{(2.5-K_\alpha)P_c}{K_\alpha zv}+qv^2=\left[500\times\frac{(2.5-0.926)\times4.4}{0.926\times4\times7.54}+0.1\times7.54^2\right]\text{N}\\&\approx129.7\text{N}\end{aligned}$$

9）计算压轴力 F_Q。由式（9-31）得

$$F_Q = 2zF_0 \sin\frac{\alpha_1}{2} = 2 \times 4 \times 129.7 \times \sin\frac{153.2°}{2}\text{N} \approx 1009\text{N}$$

10）带轮的结构设计（略）。

9.5 带传动的安装、张紧、使用和维护

9.5.1 带传动的安装

1. 带轮的安装

平行轴传动带轮安装时，必须保持两带轮轴平行，并使两轮轮槽在同一平面内，各轮宽的中心线、V 带轮的对应轮槽中心线及平带轮面凸弧的中心线均应共面且与轴线垂直，否则会加剧带的磨损，缩短带的寿命，如图 9-15 所示。

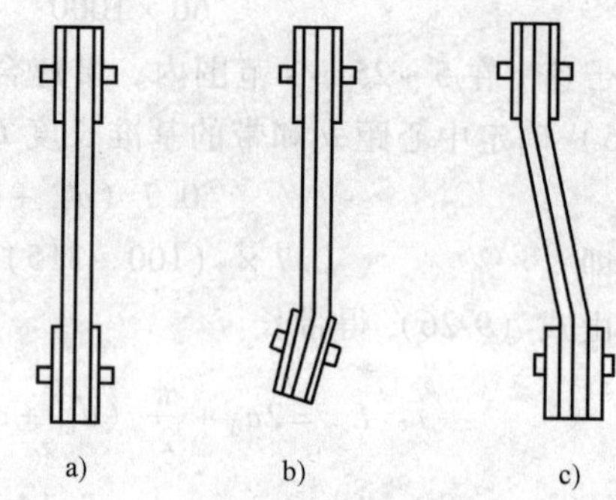

图 9-15 主动带轮与从动带轮的位置关系

2. 传动带的安装

1）通常应通过调整各轮的中心距来装带和张紧。切忌强行将传动带从带轮上拨下或扳上，严禁用撬棍等工具将带强行撬入或撬出带轮。

2）在带轮轴间距不可调而又无张紧轮的场合下，安装聚酰胺片基平带时，应在带轮边缘垫布以防刮破传动带，并应边转动带轮边套带。

3）安装 V 带时，应按规定的初拉力张紧。

4）同组使用的 V 带型号应相同、长度相等，不同厂家生产的 V 带不能同时应用。

9.5.2 带传动的张紧

为使 V 带上有一定的初拉力，新安装的带在套装后需张紧；V 带运行一段时间后，会产生磨损和塑性变形，使带松弛，初拉力减小，V 带传动能力下降。为了保证带传动的传动能力，必须定期检查与重新张紧，常用的张紧方法有定期张紧和自动张紧两种。

（1）定期张紧　其装置如图 9-16 所示，为中心距可调的定期张紧形式。其中图 9-16a 所示为将装有小带轮的电动机装在一个滑轨上，拧动调节螺栓就可以移动电动机，从而达到张紧的目的。然后再将电动机固定。这种张紧方式适用于水平或接近水平的传动。图 9-16b 所示为把装有带轮的电动机安装在一个摇摆架上，摇摆架可以绕摆动轴摆动，需要调节时，只需拧动调节螺杆上的螺母，使摇摆架向所需的方向摆动即可实现张紧的目的。这种张紧方式适用于垂直或接近垂直的传动。也可以采用张紧轮将带张紧，如图 9-16c 所示。张紧轮一般装于松边内侧，使带只受到单向弯曲，并要靠近大带轮，以保证小带轮有较大的包角。

（2）自动张紧　图 9-17 所示为带传动的自动张紧装置。其中图 9-17a 是利用平衡锤 G 来实现张紧的目的，多用于中心距不可调的平带传动。图 9-17b 是把电动机装在一个摆架上，利用电动机和摆架自身的重量使整个摆架始终保持一种绕摆动轴向下摆动的趋势而达到张紧的要求。常用于中心距可调的中小功率传动。

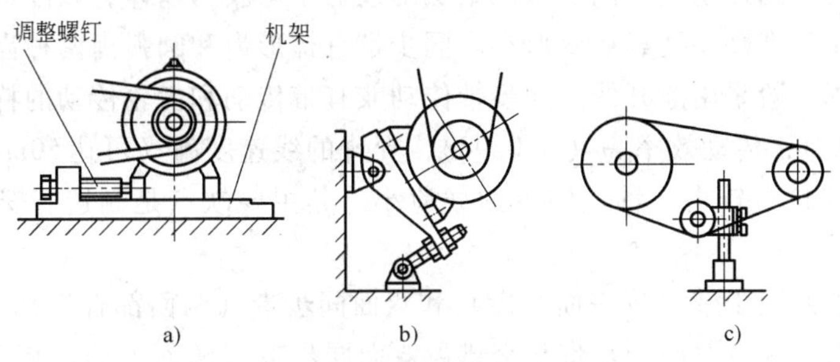

图 9-16　带传动定期张紧装置

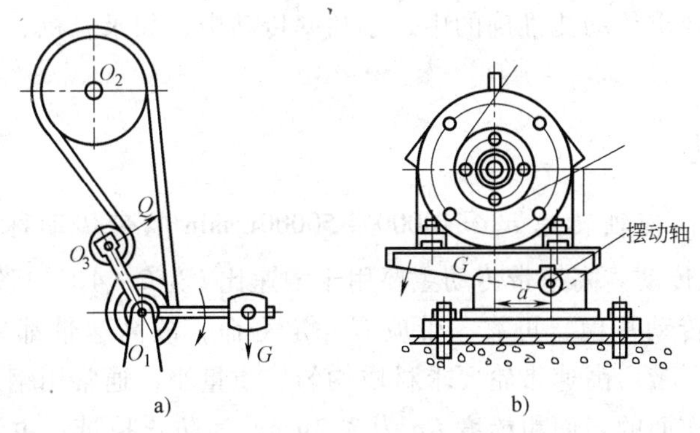

图 9-17　带传动自动张紧装置

9.5.3　V 带传动的使用和维护

为了保证 V 带传动能够正常运转，延长带的使用寿命，必须做到正确使用和维护。

1）为保证带与带轮间产生足够的摩擦力，带的张紧程度应适当，使初拉力不过大或过小。初拉力过大会缩短带的寿命，过小则将导致摩擦力不足而出现打滑现象。一般以大拇指能按下 15mm 为宜。

2）严防胶带与矿物油、酸、碱等介质接触，也不宜在阳光下暴晒，以免老化变质，缩短带的使用寿命。

3）更换 V 带时，同一带轮上的 V 带应全部更换，不能新旧带并用，否则长短不一，引起受力不均，加速新带的损坏。

4）为了保证安全生产，带传动应安装防护罩。

5）V 带使用一段时间后，将产生永久变形，导致初拉力减小，故需要重新进行张紧。

9.6　其他带传动简介

9.6.1　同步带传动

同步带传动是靠带的齿与带轮上的齿相啮合来传动的（见图 9-1b），因此，传动时无相对滑动，能保证准确的传动比。同步带以聚氨酯或氯丁橡胶为基体，以细钢丝绳或玻璃纤维绳为抗拉体，抗拉强度高，受载后变形小。同步带有梯形齿和圆弧齿两种齿形，后者承载能力较强。带轮齿廓一般采用渐开线。同步带传动兼有带传动和齿轮传动的特点，传动功率较大（可达几百千瓦），传动效率高（达0.98），允许的线速度高（可达50m/s），传动比较大（12~20），而且初拉力较小，轴及轴承的载荷小。其主要缺点是制造、安装精度较高，价格较贵。

同步带分为单面同步带（仅一面有齿）和双面同步带（两面都有齿）。双面同步带按齿的排列方式又分为对称齿双面同步带和交错齿双面同步带（两面上的齿相互交错）。同步带有七种型号（GB 11616—1989），其节距逐渐增大。同步带传动带轮尺寸查 GB/T 11361—2008，同步带传动设计见 GB/T 11362—2008。

同步带主要用于要求传动比准确的中、小功率传动中，如录音机、数控机床和纺织机械等。

9.6.2　高速带传动

带速 $v>30\text{m/s}$、高速轴转速 $n_1=10000\sim50000\text{r/min}$ 的带传动称为高速带传动。$v\geqslant100\text{m/s}$ 的为超高速带传动。高速带传动主要用于增速比 i 为 2~4，加张紧轮时 i 可达 8。

高速带传动要求传动平稳、可靠，带应有一定寿命，故高速带都采用质量小、薄而均匀、挠曲性好的环形平带。高速带轮要求材质均匀、质量小，通常用钢或铝合金制造。各个面均应加工。轮缘工作面的表面粗糙度 Ra 为 3.2μm。为防止掉带，主、从动轮轮缘表面都应制成中凸形。为避免运转时带与轮缘表面间形成气垫，轮缘表面应开出间距为 5~10mm 的环形槽。带轮须进行动平衡。

高速带传动主要用于高速机床、离心机等设备中。

9.7　链传动

9.7.1　链传动的原理、类型、特点及应用

1. 链传动的原理

链传动由主动链轮 1、从动链轮 2 和绕在链轮上的环形链条 3 等组成（见图 9-18），以链条作为中间挠性件，依靠链条与链轮轮齿的啮合来传递平行轴向的运动和动力。

2. 链传动的主要类型

链传动按用途不同，可分为如下三类：

1）传动链，主要用于一般机械传动。

2）输送链，存在于各种输送装置和机械化装卸设备中，用以输送物品。

3）起重链，在起重机械中用以提升重物。

根据结构的不同，传动链又可分为滚子链、齿形链、套筒链及弯板链等多种。最常用的是滚子链和齿形链，如图 9-19 所示。齿形链多用于高速（链速可达 40m/s）或运动精度要求较高的传动，其应用不如滚子链广泛。

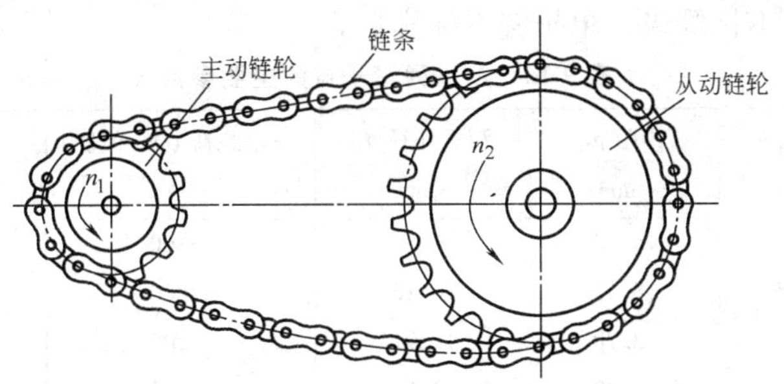

图 9-18　链传动的组成

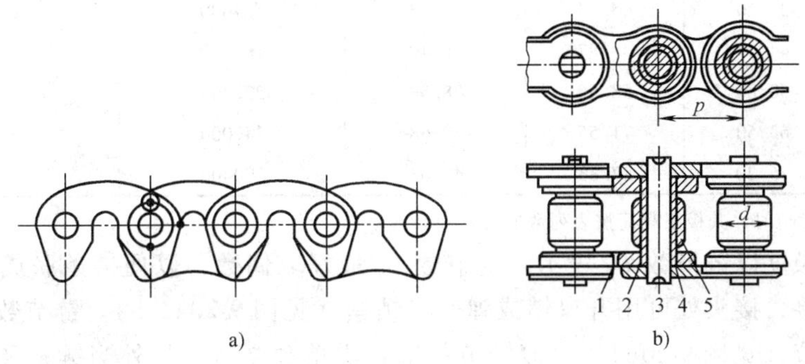

图 9-19　链传动类型

a）齿形链　b）滚子链

1—内链板　2—外链板　3—销轴　4—套筒　5—滚子

9.7.2　滚子链传动的结构与选择

滚子链的结构如图 9-19b 所示，其内链板 1 和套筒 4、外链板 2 和销轴 3 分别用过盈配合固联在一起，分别称为内、外链节。内、外链节构成铰链。滚子与套筒、套筒与销轴均为间隙配合。当链条啮入和啮出时，内、外链节作相对转动；同时，滚子沿链轮轮齿滚动，可减少链条与轮齿的磨损。

为减轻链条的重量并使链板各横断面的抗拉强度大致相等。内、外链板均制成“∞”字形。组成链条的各零件，由碳钢或合金钢制成，并进行热处理，以提高强度和耐磨性。

滚子链相邻两滚子中心的距离称为链节距，用 p 表示，它是链条的主要参数。节距 p 越大，链条各零件的尺寸越大，所能承受的载荷越大。

滚子链可制成单排链和多排链。排数越多，承载能力越大。由于制造和装配精度原因，会使各排链受力不均匀，故一般不超过三排。

滚子链已标准化，分为 A、B 两个系列，常用的是 A 系列。表 9-13 列出了几种 A 系列滚子链的主要参数。设计时，要根据载荷大小及工作条件等选用适当的链条型号；确定链传动的几何尺寸及链轮的结构尺寸。

按照 GB/T 1243—2006 的规定，套筒滚子链的标记为

链号－排数×整链节数　标准号

例如：A 级、双排、70 节、节距为 38.1mm 的标准滚子链，标记应为

24A－2×70　GB/T 1243—2006

标记中，B 级链不标等级，单排链不标排数。

表 9-13 A 系列滚子链的主要参数

链号	节距 p /mm	排距 p_1 /mm	滚子外径 d_1 /mm	极限载荷 Q（单排）/N	每米链的质量 q（单排）/（kg/m）
08A	12.70	14.38	7.95	13800	0.60
10A	15.875	18.11	10.16	21800	1.00
12A	19.05	22.78	11.91	31100	1.50
16A	25.40	29.29	15.88	55600	2.60
20A	31.75	35.76	19.05	86700	3.80
24A	38.10	45.44	22.23	124600	5.60
28A	44.45	48.87	25.40	169000	7.50
32A	50.80	58.55	28.58	222400	10.10
40A	63.50	71.55	39.68	347000	16.10
48A	76.20	87.83	47.63	500400	22.60

注：使用过渡链节时，其极限载荷按表列数值的 80% 计算。

滚子链的长度以链节数 L_p 表示。链节数 L_p 最好取偶数，以便链条联成环形时正好是内、外链板相接，接头处可用开口销或弹簧夹锁紧（见图 9-20a、b）。链节数为奇数时，则需采用过渡链节（见图 9-20c）。过渡链节的链板需单独制造。另外当链条受拉时，过渡链节还要承受附加的弯曲载荷，使强度降低，因此应尽量避免。

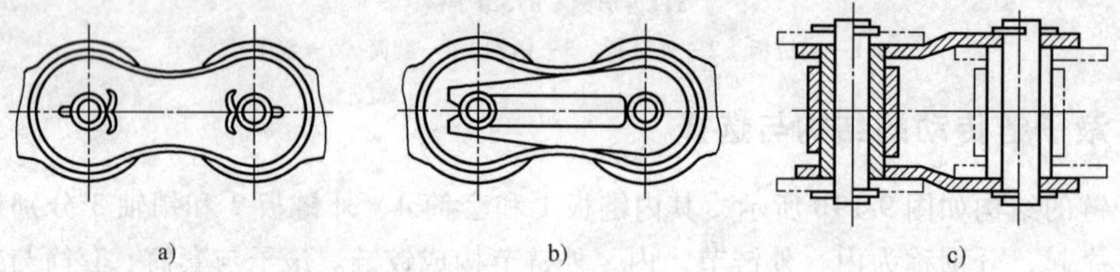

图 9-20 滚子链接头型式

链轮的齿形应保证链节能平稳而自由地进入和退出啮合，并便于加工。

国家标准（GB/T 1243—2006）规定的滚子链链轮的端面齿形如图 9-21 所示，它由三段圆弧（$\overset{\frown}{aa}$、$\overset{\frown}{ab}$、$\overset{\frown}{cd}$）和一段直线（bc）组成。链轮上链的滚子中心所在的圆称为分度圆。

链轮主要尺寸的计算公式如下：

分度圆直径

$$d=\frac{p}{\sin\dfrac{180^\circ}{z}} \tag{9-32}$$

齿顶圆直径

$$d_a=p\left(0.54+\cot\frac{180^\circ}{z}\right) \tag{9-33}$$

齿根圆直径

$$d_f=d-d_r \tag{9-34}$$

式中，d_r 为滚子直径（mm）；z 为齿数；p 为链的节距（mm）。

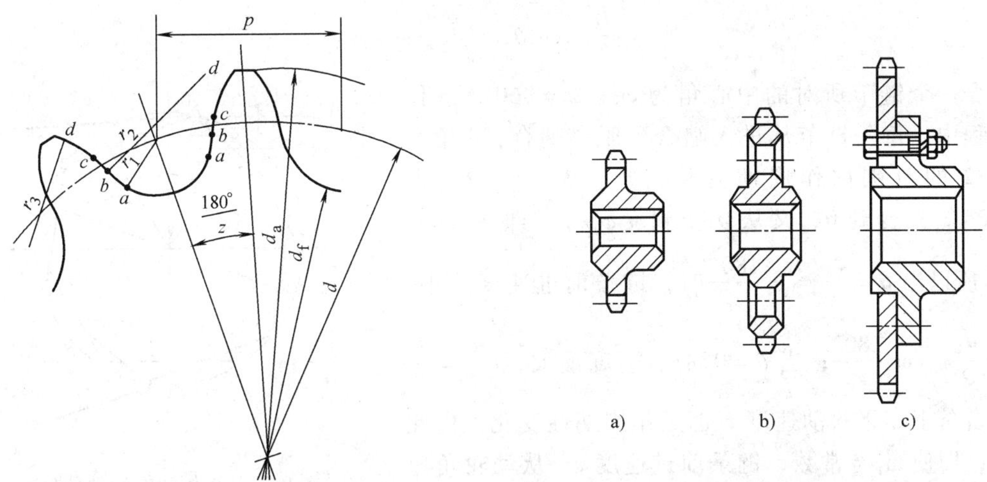

图 9-21　链轮的端面齿形

图 9-22　链轮的结构

链轮有整体式、孔板式、组合式等结构，如图 9-22 所示。小直径链轮可制成实心（见图 9-22a）；中等直径的链轮可制成孔板式（见图 9-22b）；直径较大的链轮可设计为组合式（见图 9-22c）。组合式链轮的齿圈磨损后可以更换。链轮轮毂部分的尺寸可参考带轮。

链轮齿应有足够的接触强度和耐磨性，故齿面多经热处理。小链轮的啮合数比大链轮多，所受冲击力也大，故所用材料须优于大链轮。常用的链轮材料有碳钢，如 Q235、Q275、45、ZG310—570；灰铸铁，如 HT200 等。重要的链轮可采用合金钢，如 15Cr、40Cr、35CrMo 等。

9.7.3　链传动的运动特性

链传动可视为链条绕在多边形轮上的运动。由于链条是用销轴铰接而成的刚性链节，当链绕在链轮上时，链节与链轮啮合区段的链条将曲折成正多边形的一部分（见图 9-23）。视链轮为正多边形，其边长相当于链节距 p（mm），边数相当于链轮齿数 z。传动时，链轮每转一周，链条转过 zp 的长度，当两链轮转速分别为 n_1 和 n_2 时，链条的平均速度（m/s）为

$$v=\frac{z_1pn_1}{60\times100}=\frac{z_2pn_2}{60\times100} \tag{9-35}$$

平均传动比

$$i=\frac{n_1}{n_2}=\frac{z_2}{z_1} \tag{9-36}$$

式中，n_1、n_2 为主、从动链轮转速（r/min）；z_1、z_2 为主、从动链轮齿数。

实际上，由于链传动时链节与链轮啮合时是正多边形的一部分，其瞬时链速及瞬时传动比是不断地呈周期性变化的。

如图 9-23 所示，传动时，绕在链轮上的链条，其链节销轴中心 A 沿着链轮分度圆运动。当主动轮以等角速度 ω 回转时，销轴中心 A 的速度，即链轮分度圆的圆周速度 v_A 为 $\omega\times d_1/2$。为了便于说明问题，设传动时链的主动边（上边）始终处于水平位置。这样，v_A 可分解为链条水平运动的分速度 v（即链速）和链条垂直运动的分速度 v'（链条上、下抖动速度），其值分别为

$$v = \frac{d_1}{2}\omega_1 \cos\theta, \ v' = \frac{d_1}{2}\omega_1 \sin\theta$$

令一个链节所对的中心角为 φ_1，$\varphi = 360°/z$。传动过程中，每一链节从进入啮合到脱离啮合，θ 角在 $\pm\varphi_1/2$ 的范围内作周期变化，θ 角从 $-\varphi_1/2$（即 $-180°/z_1$）变到 0，又从 0 变到 $+\varphi_1/2$（即 $+180°/z_1$）。所以当 $\theta = \frac{\varphi_1}{2} = \pm\frac{180°}{z_1}$ 时，链条前进速度最小，$v_{\min} = \frac{d_1}{2}\omega_1 \cos\frac{180°}{z_1}$；当 $\theta = 0°$ 时，速度最大，$v_{\max} = \frac{d_2}{2}\omega_1$。链条上、下抖动速度 v' 也是作周期性变化。由此可知，即使 ω_1 = 常数，链条前进速度 v、从动轮角速度 ω_2 以及瞬时传动比（ω_1/ω_2）也都作周期性变化。这样，链条处于忽快忽慢，忽上忽下的运动中，使链传动工作不平稳并产生振动。链节距越大，链轮齿数越少，θ 角变化范围越大，则传动越不平稳。

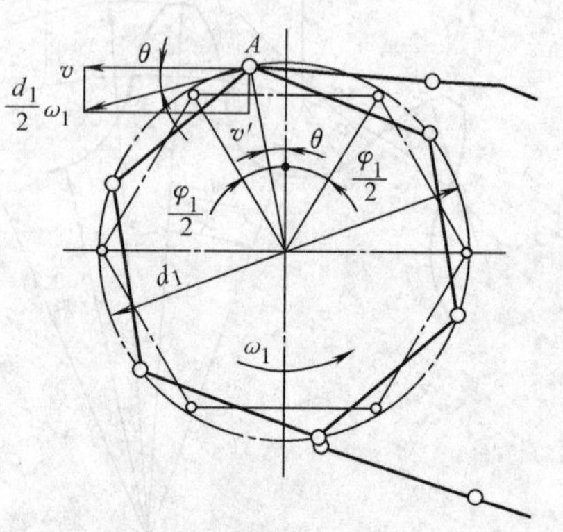

图 9-23　链传动的运动分析

9.8　链传动的特点及应用

9.8.1　链传动的特点

链传动与带传动相比，主要有以下特点：

1）传载能力大。由于是啮合传动，链与链轮间没有滑动现象，故能保证平均传动比不变。

2）链传动不需要初拉力，工作时作用于轴上的压力也较小，故能在低速重载条件下使用。

3）在同样使用条件下，结构尺寸较带传动紧凑。

4）可在高温、低温、多尘、油污、潮湿、泥沙等恶劣环境下工作。

5）只能用于平行轴间传递运动和动力。

6）由于链是按折线绕在链轮上，所以从动链的瞬时转速不均匀，瞬时传动比不恒定，传动平稳性较差，有冲击和噪声，且磨损后发生跳齿，不宜用于高速和急速反向场合。

7）制造和安装精度高。

8）无过载保护作用。

9.8.2　链传动的应用

在两轴平行，中心距较远，传动功率较大且瞬时传动比无严格要求，以及工作环境恶劣的场合下，不宜采用带传动和齿轮传动时，可采用链传动。链传动广泛用于农业、采矿、冶金、建筑、石油化工及运输起重等领域各种机械和机床、摩托车及自行车机械传动上。目前，链传动所能传递的功率可达 3600kW，常用功率 $P \leqslant 100$kW；链速 v 可达 30 ~ 40m/s，常

用 $v \leqslant 15\mathrm{m/s}$；传动比最大可达 15，一般 $i \leqslant 6$；效率 $\eta = 0.94 \sim 0.98$；中心距 $a \leqslant 6\mathrm{m}$。

9.9　链传动的失效及设计计算概述

链轮比链条的强度高、工作寿命长，故设计时应主要考虑链条的失效。链传动的主要失效形式有以下几种：

1）链条疲劳损坏。在链传动中，链条两边拉力不相等。在变载荷作用下，经过一定应力循环次数，链板将产生疲劳损坏，如发生疲劳断裂、滚子表面发生疲劳点蚀。在正常润滑条件下，疲劳破坏常是限定链传动承载能力的主要因素。

2）链条铰链磨损。润滑密封不良时，极易引起铰链磨损。铰链磨损后链节变长，容易引起跳齿或脱链，从而降低链条的使用寿命。

3）多次冲击破坏。受重复冲击载荷或反复起动、制动和反转时，滚子套筒和销轴可能在疲劳破坏之前发生冲击断裂。

4）胶合。润滑不当或速度过高时，使销轴和套筒之间的润滑油膜受到破坏，以致工作表面发生胶合。胶合限定了链传动的极限转速。

5）静力拉断。若载荷超过链条的静力强度时，链条就被拉断。这种拉断常发生于低速重载或严重过载的传动中。

为了避免链传动出现各种失效，应对滚子链传动进行传动设计计算。链传动的设计方法比较复杂，限于篇幅和学时，本书不作介绍，需要时请参考机械设计专著。

9.10　链传动的布置、张紧及润滑

9.10.1　链传动的布置

在链传动中，两链轮的转动平面应在同一平面上，两轴线必须平行，最好成水平布置，如图 9-24a 所示。如需倾斜布置时，两链轮中心连线与水平线的夹角 α 应小于 45°，如图9-24b所示。应尽量避免垂直传动。另外，链传动应使紧边在上，松边在下，这样可以避免由于松边的下垂使链条与链轮发生干涉或卡死。

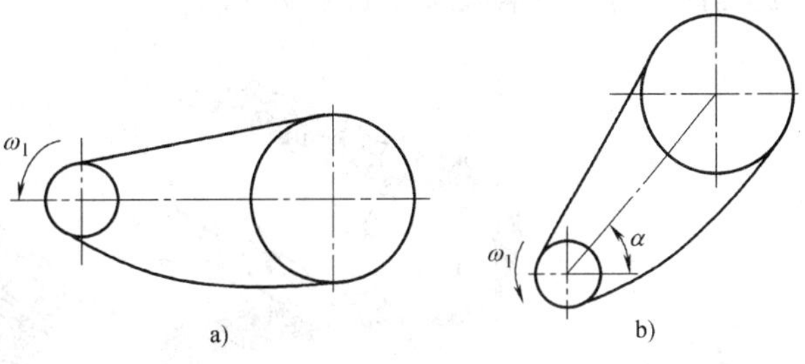

图 9-24　链传动的布置

a）水平布置　b）倾斜布置

9.10.2　链传动的张紧

链传动张紧（见图 9-25）的目的主要是避免链条的垂度过大造成啮合不良及链条的振动，同时也为了增大链条与链轮的啮合包角。若中心距可以调节，可用调节中心距来控制张紧程度；若中心距不可调节，可用张紧轮。张紧轮应安装在链条松边靠近小链轮处，放在链条内、外侧均可。张紧轮可以是链轮，也可以是无齿的滚轮，其直径可比小链轮略小些。

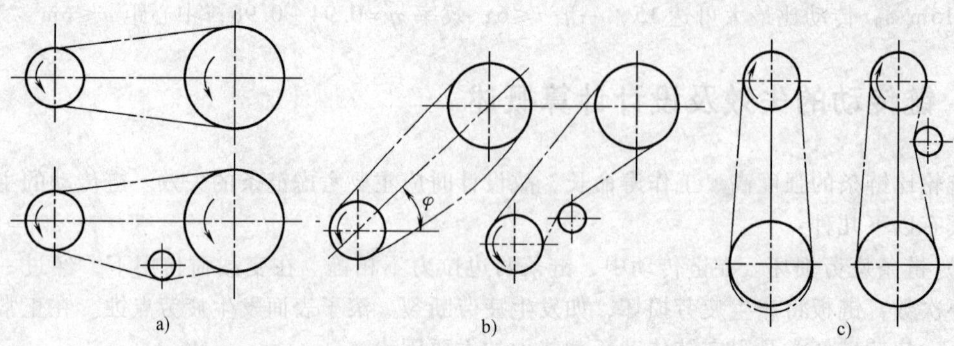

图 9-25 链传动的张紧

9.10.3 链传动的润滑

链传动良好的润滑将会减少磨损，缓和冲击，提高承载能力，延长使用寿命。因此链传动应合理地确定润滑方式和润滑剂种类。常用的润滑方式有以下几种：

1）人工定期润滑。用油壶或油刷注油（见图 9-26a），每班注油一次，适用于链速 $v \leq 4\text{m/s}$ 的不重要传动。

2）滴油润滑。用油杯通过油管向松边的内、外链板间隙处滴油，用于链速 $v \leq 10\text{m/s}$ 的传动（见图 9-26b）。

3）油浴润滑。链从密封的油池中通过，链条浸油深度以 6～12mm 为宜，适用于链速 $v = 6 \sim 12\text{m/s}$ 的传动（见图 9-26c）。

4）飞溅润滑。在密封容器中，用甩油盘将油甩起，经由壳体的集油装置将油导流到链上。甩油盘速度应大于 $v = 3\text{m/s}$，浸油深度一般为 12～15mm（见图 9-26d）。

5）压力油循环润滑。用油泵将油喷到链上，喷口应设在链条进入啮合之处。适用于链速 $v \geq 8\text{m/s}$ 的大功率传动（见图 9-26e）。

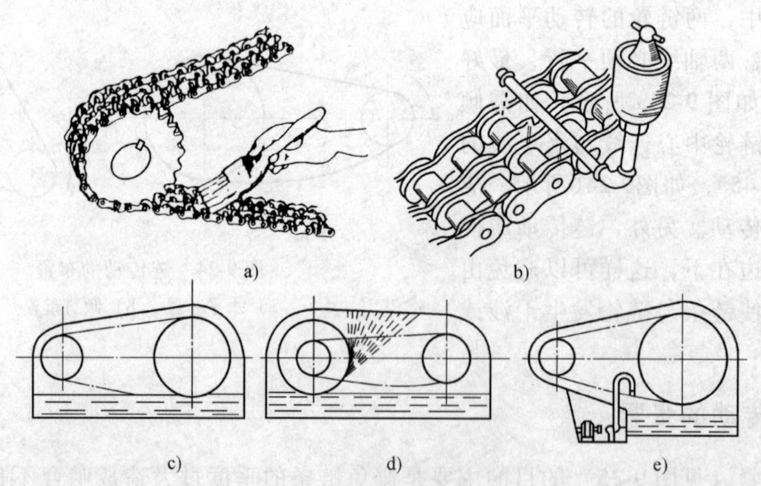

图 9-26 链传动的润滑

链传动常用的润滑油有 L—AN32、L—AN46、L—AN68、L—AN100 等全损耗系统用油。温度低时，粘度宜低；功率大时，粘度增高。

思考与练习

9.1　带传动的主要类型有哪些？各有何特点？

9.2　带传动中弹性滑动与打滑有何区别？它们对于带传动各有什么影响？

9.3　带在工作时受到哪些应力？如何分布？从应力分布情况说明哪些问题？

9.4　设计 V 带传动时，为什么小带轮直径不宜取得太小？

9.5　设计 V 带传动时，如果小带轮包角 α_1 太小，应该如何处理？

9.6　什么是有效拉力？什么是初拉力？它们之间有何关系？

9.7　如何判别带传动的紧边与松边？带传动有效圆周力 F 与紧边拉力 F_1、松边拉力 F_1 有什么关系？

9.8　带传动的有效圆周力 F 与传递功率 P、转矩 T、带速 n、带轮直径 d 之间有什么关系？

9.9　带传动的主要失效形式是什么？单根 V 带所能传递的功率是根据哪些条件得来的？

9.10　一普通 V 带传动，已知带的型号为 A 型，两个 V 带轮的基准直径分别为 125mm 和 250mm，初定心 $a_0 = 480\text{mm}$，试设计此 V 带传动。

9.11　试设计某传动装置中的 V 带传动。已知选用电动机功率 $P = 4.5\text{kW}$，$n_1 = 980\text{r/min}$，$n_2 = 300\text{r/min}$，三班制工作，载荷平稳。

9.12　带传动张紧的目的是什么？张紧轮应放在松边还是紧边？内张紧轮应靠近大轮还是小轮？

9.13　带传动主要维护事项有哪些？

9.14　试比较说明链传动与带传动的特点。

9.15　链条按结构不同可分为哪几类？最常用的是哪一种？

9.16　滚子链由哪五部分组成？链的磨损主要发生在何处？

9.17　按国家标准，滚子链的标记方法是怎样的？说明 08A-Ⅰ ×88 GB/T 1243—2006 中各符号的意义。

9.18　说明滚子链传动的失效形式。

9.19　当传递较大功率时，可用单排大节距链条，也可用多排小节距链条。此二者各有何特点？各适于什么场合？

9.20　如何确定链传动的润滑方式？

第10章 齿轮传动

齿轮传动是机械传动中应用最广泛的传动形式。其主要优点是：传动准确可靠，效率高，寿命长，适应的载荷和速度范围广（传动功率可达100MW，线速度可达300m/s），能在空间任意两轴间传递运动和动力等；主要缺点是制造和安装要求精度较高，两轴相距较远时机构庞大，不适宜用在远距离传动的场合。

10.1 齿轮传动的类型

齿轮传动的类型如图10-1所示。其分类方法主要有以下三种。

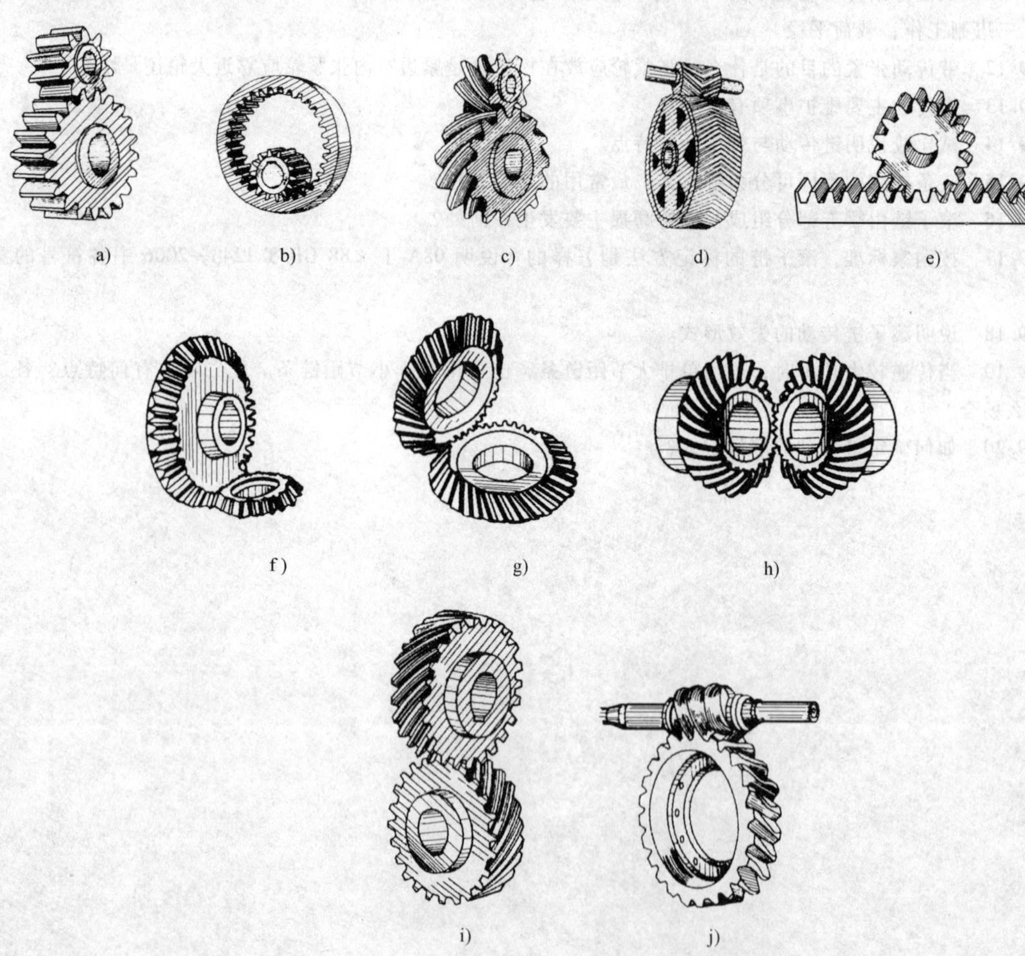

图10-1 齿轮传动的分类

10.1.1　按两齿轮轴线的相对位置分类

（1）两齿轮轴线平行的圆柱齿轮传动　两轴线平行的圆柱齿轮，又可按照轮齿相对轴线的方向分为直齿圆柱齿轮传动（见图 10-1a、b）、斜齿圆柱齿轮传动（见图 10-1c）和人字形齿轮传动（见图 10-1d）三种。圆柱齿轮传动按照啮合情况又可分成外啮合齿轮传动（见图 10-1a、c、d）、内啮合齿轮传动（见图 10-1b）及齿轮与齿条传动（见图 10-1e）等。

（2）两齿轮轴线相交的锥齿轮传动　两轴线相交的锥齿轮传动又有直齿锥齿轮传动（见图 10-1f）和曲齿锥齿轮传动（见图 10-1g、h）两种。

（3）两齿轮轴线相错的齿轮传动　两轴线相错的齿轮传动又可分为交错轴斜齿轮传动（见图 10-1i）和蜗杆传动（见图 10-1j）。

10.1.2　按齿轮的工作条件分类

按齿轮的工作条件可分为闭式齿轮传动、开式齿轮传动和半开式齿轮传动。

（1）开式齿轮传动　开式齿轮传动的齿轮外露（即齿轮机构无外罩），齿轮上容易落上灰尘，因而不能保证良好的润滑，容易产生磨损。这种类型多用于传动齿轮较大场合。常用于矿山设备、建筑设备等。

（2）闭式齿轮传动　闭式齿轮传动的齿轮全部安装在封闭的刚性箱体内，安装精确，润滑良好。工业企业的设备多数采用该类型。

（3）半开式齿轮传动　有简单的防护罩，较开式齿轮工作条件好，但仍有灰尘等落入。

10.1.3　按齿轮齿廓的曲线形状分类

按齿轮齿廓的曲线形状可分为渐开线齿轮传动、摆线齿轮传动和圆弧齿轮传动等。工程中常用渐开线齿轮传动，其容易加工制造，费用低，广泛应用在各类设备中。

10.2　齿廓啮合的基本定律

齿轮传动是依靠主动轮的轮齿逐齿推动从动轮的轮齿进行工作。对齿轮传动的基本要求之一是瞬时传动比应保持恒定。因此，齿廓曲线必须符合瞬时传动比恒定这一条件，为此首先讨论齿轮传动的基本原理。

10.2.1　齿廓啮合的基本定律

如图 10-2 所示，两齿廓在 K 点接触。过点 K 作两齿廓的公法线 nn，并与两轮轴心连线 O_1O_2 交于点 C。若分别以 O_1、O_2 为圆心、以 O_1C、O_2C 为半径作两个圆，其半径分别用 r_1' 和 r_2'表示。ω_1 和 ω_2 分别为两轮的瞬时角速度。显然，齿廓 1 上 K 点的速度 $v_{K1}=O_1K\omega_1$，齿廓 2 上 K 点的速度 $v_{K2}=O_2K\omega_2$，其方向分别垂直于 O_1K 和 O_2K。要保证正常传动，在传动过程中两齿廓既不能分离，也不能被压入，故 v_{K1}和 v_{K2}在公法线方向的分速度必须相等，即

$$v_{K1}\cos\alpha_{K1}=v_{K2}\cos\alpha_{K2}$$

或

$$\omega_1O_1K_1\cos\alpha_{K1}=\omega_2O_2K\cos\alpha_{K2}$$

过两轮心 O_1、O_2 分别作公法线 nn 的垂线，并分别交 nn 于 N_1 及 N_2 点。由几何关系 $O_1N = O_1K\cos\alpha_{K1}$、$O_2N_2 = O_2K\cos\alpha_{K2}$，又因 $\triangle O_1CN_1 \backsim \triangle O_2CN_2$，所以两齿轮的传动比可写为

$$i_{12} = \frac{\omega_1}{\omega_2} = \frac{O_2N_2}{O_1N_1} = \frac{O_2C}{O_1C} \tag{10-1}$$

上式说明：两齿轮的瞬时角速度之比，等于该瞬时两轮连心线被啮合齿廓接触点的公法线 nn 所分割的两线段长度的反比。

由此推知：当一对齿廓在啮合过程中交点 C 位置不变时，瞬时传动比为定值。这一结论称为齿廓啮合的基本定律。作为齿轮的齿廓曲线必须满足这一定律，否则主动轮匀速转动时，从动轮将变速转动，因而产生冲击、振动和噪声，降低齿轮寿命和工作精度。

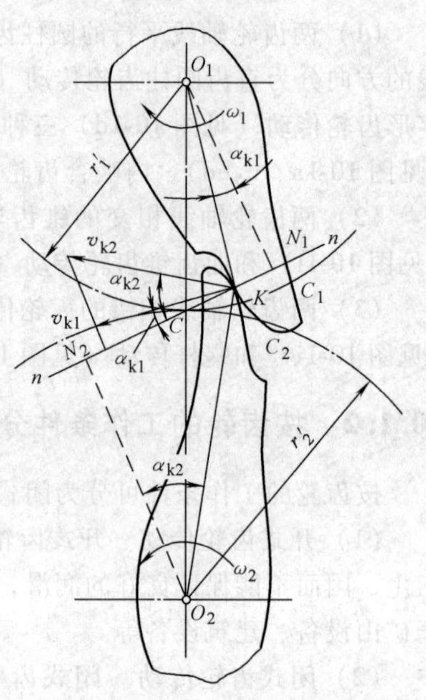

图 10-2 齿廓啮合图

10.2.2 渐开线的形成及其特性

用渐开线作为齿轮的齿廓曲线，齿轮相啮合可满足齿廓啮合定律。为了证明这一点，首先要研究渐开线的形成和它的基本特性。如图 10-3 所示，将绕在圆盘上的细线拉紧并将它展开成直线。圆盘半径为 r_b，线上任一点 K（如系在线上的笔尖）的轨迹 AK 称为圆的渐开线，展开的直线 BK 称为发生线，对应半径为 r_b 的圆称为渐开线的基圆。渐开线齿轮的齿廓，就是由同一基圆上两条相反的渐开线构成的，如图 10-4 所示。

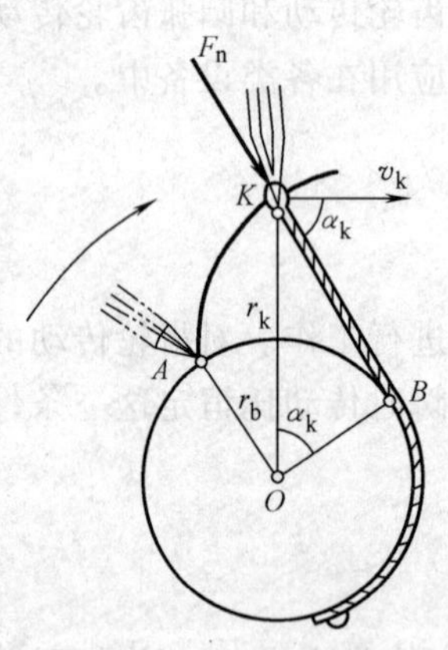

图 10-3 渐开线的形成

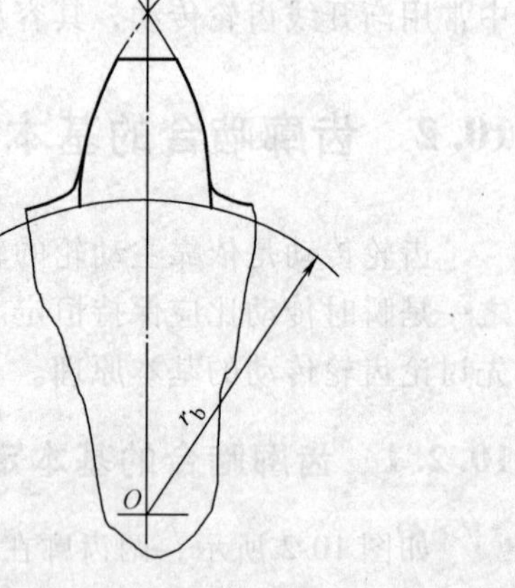

图 10-4 齿廓的构成

由上述渐开线的形成过程可证明它具有下述特性：

1）因绕在基圆上的线的 AB 段展开拉直后为直线 BK 段，故基圆上对应弧长 $\overset{\frown}{AB}$ 与发生线上对应线段 BK 的长度相等，即

$$\overset{\frown}{AB} = \overline{BK}$$

2）渐开线上各点的法线恒切于基圆。在图 10-3 中，BK 是基圆的切线；而 K 点附近的

渐开线的微段又是发生线绕 B 点作无限小的微转动时形成的，故 BK 是 K 点的曲率半径，切点 B 为曲率中心，即发生线就是渐开线的法线。由此可知，渐开线的法线与基圆相切。

3）渐开线上离基圆越远的点，其压力角越大。在图 10-3 中，K 点圆周速度 v_k 与该点所受法向压力 F_n 所夹的锐角称为齿轮的压力角，用 α_k 表示。令 $OK = r_k$，由图可得

$$\cos\alpha_K = \frac{OB}{OK} = \frac{r_b}{r_k} \tag{10-2}$$

故 α_k 随 r_k 增大而增大。当 $r_k = r_b$ 时，$\cos\alpha_k = 1$，即在基圆上压力角为零。

4）基圆越大，渐开线越平坦。由图 10-3 可得 K 点的曲率半径为

$$BK = r_b \tan\alpha_K$$

式中，$\tan\alpha_k$ 为正值，故由上式可见该点的曲率半径与基圆半径成正比，即 r_b 增加时渐开线趋于平坦。当 $r_b \to \infty$ 时，$BK \to \infty$，渐开线变为直线，从而得到齿条的齿廓。

5）基圆以内无渐开线　由渐开线的形成过程可知，基圆以内无渐开线。

由渐开线的性质 2 可知，一对渐开线齿轮啮合时，如图 10-5 所示，啮合点的公法线必是两基圆的公切线。因两基圆位置和大小都不变，故其公切线与轴心连线 O_1O_2 的交点 C 的位置也不变，因此，渐开线齿廓满足齿廓啮合的基本定律，且 $O_1N_1 = r_{b1}$，$O_2N_2 = r_{b2}$。由式（10-1）及图中 $\triangle O_1N_1C \backsim \triangle O_2N_2C$ 还可得到

$$i = \frac{\omega_1}{\omega_2} = \frac{r_{b2}}{r_{b1}} \tag{10-3}$$

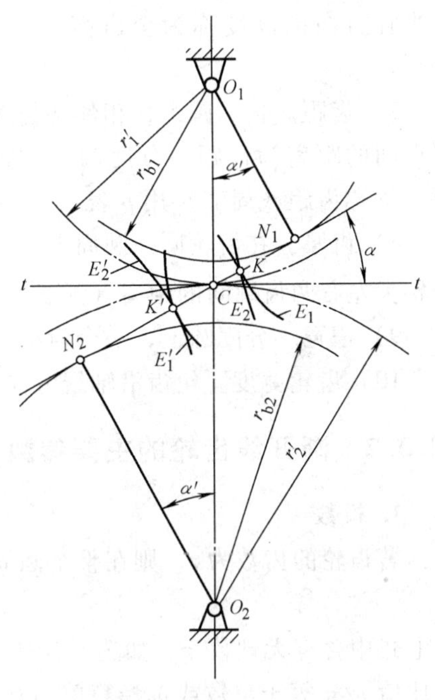

图 10-5　渐开线齿廓的啮合

即对于渐开线齿轮，两齿轮的传动比与其基圆半径成反比。

10.3　渐开线标准直齿圆柱齿轮各部分的名称和基本尺寸

10.3.1　齿轮各部分的名称

图 10-6 所示为一渐开线标准直齿圆柱齿轮的一部分，现结合图说明各部分的名称。

1）齿顶圆。过轮齿顶端的圆为齿顶圆，是齿轮上最大的圆（或直径）。其半径和直径分别用 r_a 和 d_a 表示。

2）齿根圆。过轮齿根部的圆为齿根圆，其半径和直径分别用 r_f 和 d_f 表示。

3）分度圆。在齿顶圆与齿根圆之间，取一个圆作为计算齿轮各部分尺寸的基准，称为分度圆，其半径和直径分别用 r 和 d 表示。分度圆上的齿厚 s、齿槽宽 e、齿距 p、压力角 α 等分别规定这些符号一律不加脚标。而其他圆上的参数必须指明是哪个圆上的参数，如基圆齿厚符号为 s_b、齿顶圆压力角符号为 α_a 等。

4）齿顶高。齿顶圆和分度圆之间沿半径方向的高度称为齿顶高，用 h_a 表示。

5）齿根高。齿根圆和分度圆之间沿半径方向的高度称为齿根高，用 h_f 表示。

6）全齿高。齿根圆和齿顶圆之间沿半径方向的高度称为全齿高，用 h 表示。

7）齿距。任一圆上，相邻两齿对应点间的距离为齿距。分度圆上的齿距（简称齿距或周节）用 p 表示。

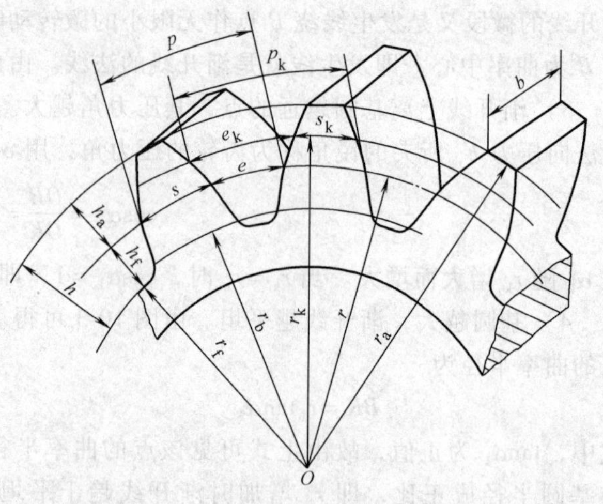

图 10-6　直齿圆柱齿轮各部分名称

8）齿厚。在齿轮同一圆周上，一个轮齿左右两齿廓间的距离（弧长）称为齿厚。分度圆齿厚用 s 表示。

9）槽宽。分度圆上，一个齿槽两侧齿廓间的弧长称为槽宽，用 e 表示。显然 $p=s+e$。

10）齿轮宽度。轮齿沿轴线方向的宽度称为齿轮宽度，用 b 表示。

10.3.2 渐开线齿轮的主要参数

1. 模数

若齿轮的齿数为 z，则在整个圆周（分度圆）上应均布 z 个齿距 p，故有

$$zp=\pi d \text{ 或 } d=zp/\pi$$

因上式中含有无理数 π，如选 p 为基本参数，在计算和测量时都很不方便。为此，工程上规定比值 p/π 等于整数或选择简单的有理数，并称之为齿轮模数，以 m 表示，单位为 mm。所以可将上式写成

$$d=mz \tag{10-4}$$

由此可见，模数是人为规定的一个数值。当齿数 z 和模数 m 一定时，齿轮的分度圆直径 d 即为定值。模数是齿轮几何尺寸计算的一个基本参数，也是齿轮设计和制造过程中的重要参数，为了便于制造以及标准齿轮互换使用，齿轮的模数已经标准化。我国采用的标准模数共有两个系列，见表 10-1。选用时应优先选用第一系列，括号内的模数尽可能不用。

表 10-1　标准模数系列值（摘自 GB/T 1357—2008）　（单位：mm）

第一系列为	1，1.25，1.5，2，2.5，3，4，5，6，8，10，12，16，20，25，32，40，50
第二系列为	1.125，1.375，1.75，2.25，2.75，3.5，4.5，5.5，(6.5)，7，9，11，14，18，22，28，35，45

模数反映轮齿的大小。显然，m 越大，则 p 越大，轮齿就越大，轮齿的抗弯能力也就越强，所以模数 m 又是轮齿抗弯能力的重要标志。

2. 压力角

从前面的分析可以看到，压力角随渐开线的位置变化而变化，是渐开线位置的函数。当载荷相同时，压力角越大，则传动的有效力越小，致使传动效率降低。反之，压力角越小，渐开线越趋平直，而使齿根变薄，因而影响轮齿的强度。所以压力角也是一个很重要的参

数。由于渐开线上各点的压力角是变化的，用做齿廓的那段渐开线的压力角不能过大或过小。我国规定分度圆上的压力角 $\alpha=20°$，称为标准压力角。

由此，分度圆可以定义如下：分度圆是齿轮上具有标准模数和标准压力角的圆。分度圆是度量齿轮尺寸的基准，有着特殊的意义，但工程中不能准确地测量到。

3. 齿顶高系数和顶隙系数

由于齿距和模数成正比，为使齿形匀称和容易配套，规定齿高的尺寸也与模数成正比。在标准齿轮中，取

$$齿顶高\ h_a=h_a^* m$$

$$齿根高\ h_f=h_a+c=(h_a^*+c^*)\ m$$

式中，h_a^* 为齿顶高系数；c^* 为顶隙系数；c 为顶隙，是为避免一个齿轮的齿顶与另一个齿轮的齿槽底部发生干涉以及储存润滑油而留出的间隙。

10.3.3　标准直齿圆柱齿轮几何尺寸的计算

标准齿轮是指模数 m、压力角 α、齿顶高系数 h_a^* 顶隙系数 c^* 均为标准值，且分度圆上 $e=s$ 的齿轮。其几何尺寸计算公式见表 10-2。

表 10-2　渐开线标准直齿圆柱齿轮几何尺寸计算公式（外啮合）

名　称	符　号	计 算 公 式
压力角	α	$\alpha=20°$
模数	m	由强度或结构要求确定，取标准值
分度圆直径	d	$d_1=mz_1$　$d_2=mz_2$
齿顶高	h_a	$h_a=h_a^* m$，正常齿 $h_a^*=1$，短齿 $h_a^*=0.8$
齿根高	h_f	$h_f=(h_a^*+c^*)\ m$，正常齿 $c^*=0.25$，短齿 $c^*=0.3$
全齿高	h	$h=h_a+h_f$
齿顶圆直径	d_a	$d_a=d+2h_a$
齿根圆直径	d_f	$d_f=d-2h_f$
基圆直径	d_b	$d_b=d\cos\alpha$
齿距	p	$p=s+e$
齿厚	s	$s=\pi m/2$
槽宽	e	$e=\pi m/2$
节圆直径	d'	标准安装时 $d'=d$
标准中心距	a	$a=(d_1+d_2)\ /2=m\ (z_1+z_2)\ /2$

使用英制单位的国家（如英、美），齿轮不用模数而用径节作为计算齿轮几何尺寸的基本参数，即采用径节制齿轮。径节为齿轮的齿数与分度圆直径之比，用“DP”表示，即 $DP=z/d$。在我国，径节制齿轮只用于对进口设备或老设备的修配。

10.4　渐开线齿轮的啮合

10.4.1　齿轮的啮合过程

图 10-7 所示为一对渐开线齿轮传动的啮合过程。设轮 1 为主动轮，轮 2 为从动轮。当

一对齿轮的齿廓开始啮合时，先以主动轮的齿根推动从动轮的齿顶，因此起始啮合是从动轮的齿顶圆与啮合线 N_1N_2 的交点 B_2 开始，随着齿轮的转动，啮合点沿 N_1N_2 移动，从动轮上的接触点由齿顶向齿根移动；而主动轮上的接触则由齿根向齿顶移动，故终止啮合点应为主动轮的齿顶圆与 N_1N_2 的交点 B_1。由此可见，线段 B_2B_1 是啮合点的实际轨迹，称为实际啮合线。

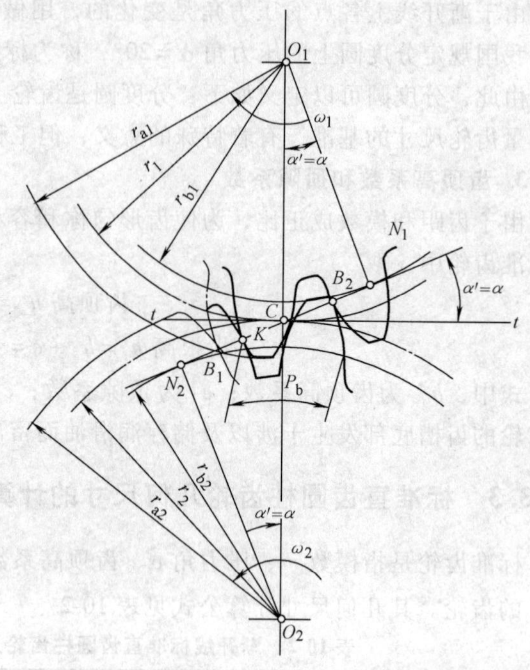

图 10-7　渐开线齿轮传动的啮合过程

因基圆内无渐开线，故实际啮合线的端点 B_2、B_1 不会超出 N_2、N_1 点。N_2N_1 称为理论啮合线，而 N_2、N_1 点称为啮合的极限点。

啮合线 N_1N_2 和齿轮连心线 O_1O_2 的交点 C 称为节点。以 O_1、O_2 为圆心，O_1C 和 O_2C 为半径所作的两个圆，分别称为齿轮 1 和齿轮 2 的节圆，其半径为 r_1' 和 r_2'。因 $\triangle O_1N_1C \backsim \triangle O_2N_2C$，所以 $O_2N_2/O_1N_1 = O_2C/O_1C$。故有

$$i = \frac{\omega_1}{\omega_2} = \frac{r_{b2}}{r_{b1}} = \frac{O_2N_2}{O_1N_1} = \frac{O_2C}{O_1C} = \frac{r_2}{r_1} \tag{10-5}$$

从上式可知 $\omega_1 r_1 = \omega_2 r_2$，这表明两啮合的齿轮在节圆上具有相同的圆周速度，它们之间作纯滚动。两齿轮的传动比与节圆半径成反比，因节圆的位置与齿轮的安装精度有关，在安装出现偏差时，也不会影响瞬时传动比的变化。

一对渐开线齿轮正确啮合的条件是其在分度圆上的压力角和齿距相等，即两齿轮的模数和压力角必须分别相等，可表示为

$$\begin{aligned} m_1 &= m_2 = m \\ \alpha_1 &= \alpha_2 = \alpha \end{aligned} \tag{10-6}$$

只有这样，才能保证齿轮的正常传动。这样一对齿轮的传动比还可写成如下的综合形式：

$$i = \frac{\omega_1}{\omega_2} = \frac{d_{b2}}{d_{b1}} = \frac{d_2}{d_1} = \frac{z_2}{z_1} \tag{10-7}$$

10.4.2　渐开线齿轮连续传动的条件

如图 10-8 所示的一对轮齿传动。为了保证齿轮能够连续传动，就必须使前一对轮齿尚未脱离啮合时，后一对轮齿已经进入啮合。否则两轮传动中将出现啮合中断现象，并引起冲

击和噪声。这就要求实际啮合线长度必须大于基圆齿距，即

$$\overline{B_2B_1} \geqslant p_b$$

若把实际啮合线长度 $\overline{B_2B_1}$ 与基圆齿距之比称为重合度，用 ε 表示，则齿轮连续传动条件可写成

$$\varepsilon = \text{实际啮合线长度/基圆齿距} = \frac{\overline{B_2B_1}}{p_b} \geqslant 1 \quad (10\text{-}8)$$

式（10-8）称为齿轮连续传动条件。

由于制造齿廓时必然有少量的误差，故设计齿轮时必须使重合度 $\varepsilon > 1$，一般机械制造中常取 $\varepsilon \geqslant 1.1 \sim 1.4$。

重合度的大小表示同时啮合齿数的多少，其值越大，传动越平稳，每个齿所受的载荷也越小。重合度是衡量齿轮传动质量的重要指标之一。

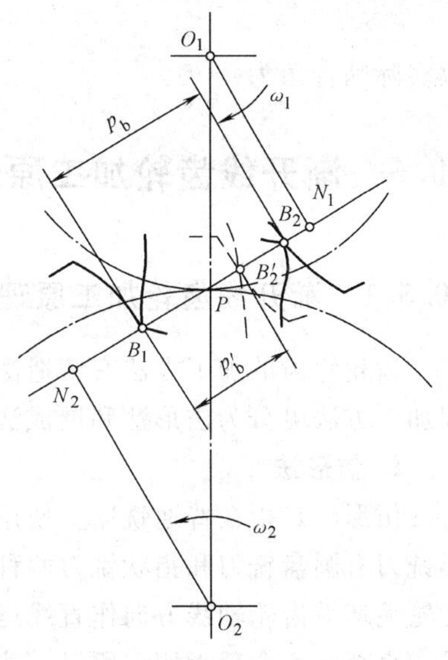

图 10-8　渐开线齿轮连续传动的条件

10.4.3　渐开线齿轮传动的可分性

一对模数相等的标准齿轮，由于其分度圆齿厚与槽宽相等，故标准安装时，两轮的分度圆相切，即节圆与分度圆重合。一对标准齿轮标准安装的中心距即标准中心距为

$$a = (d_1' + d_2')/2 = (d_1 + d_2)/2 = m(z_1 + z_2)/2 \quad (10\text{-}9)$$

由式（10-3）可知，齿轮的传动比可用基圆半径表示，齿轮加工后基圆已经确定，即使因制造和安装误差等原因，引起实际中心距 a' 与标准中心距 a 之间有些偏差，也不会影响两轮的传动比。这种特性称为渐开线齿轮传动的可分性，是渐开线齿轮传动的又一大优点。但应注意，当中心距变化后，节圆与分度圆不再重合。

齿轮啮合时，过节点的压力角称为啮合角，用 α' 表示。在整个啮合过程中，α' 始终不变。标准安装时，啮合角 α' 等于压力角 α。

对单个齿轮而言，只有分度圆而无节圆，只有压力角而无啮合角。就一对齿轮而言，节圆半径和分度圆半径、啮合角和压力角的值可以相同，也可以不同，它取决于安装情况，可通过上式求得。

例 10.1　已知一对标准齿轮的模数 $m = 2\text{mm}$；齿顶高系数 $h_a^* = 1$，顶隙系数 $c^* = 0.25$，齿数 $z_1 = 40$，$z_2 = 80$，实际中心距 $a' = 120.6\text{mm}$。求两齿轮分度圆直径、节圆直径和啮合角的大小。

解： 由表 10-2 得分度圆直径

$$d_1 = mz_1 = 2 \times 40\text{mm} = 80\text{mm} \qquad d_2 = mz_2 = 2 \times 80\text{mm} = 160\text{mm}$$

标准中心距
$$a = (d_1 + d_2)/2 = 120\text{mm}$$

标准压力角
$$\alpha = 20°$$

由式（10-9）得

$$a' = (d_1' + d_2')/2 = 120.6\text{mm}$$

$$i = d_1'/d_2' = z_2/z_1 = 2$$

节圆直径
$$d_1' = 80.4\text{mm} > d_1 \quad d_2' = 160.8\text{mm} > d_2$$

$$\cos\alpha' = a\cos\alpha / a' = 0.935$$

故实际啮合角为

$$\alpha' = 20°46'8'' > \alpha$$

10.5 渐开线齿轮加工原理及精度

10.5.1 渐开线齿轮加工原理

齿轮轮齿的加工方法有铸造法、切削法、轧制法等，其中应用最多的是切削加工法。切削加工方法可分为仿形法和展成法两种。

1. 仿形法

仿形法是指在普通铣床上使用具有渐开线齿形的铣刀直接切出轮齿齿形的加工方法。成形铣刀有圆盘铣刀和指状铣刀两种，分别如图 10-9a、b 所示。铣齿时铣刀绕本身轴线旋转，齿轮毛坯沿齿轮轴线方向作直线运动。铣出一个齿槽后，将齿轮转过 $360°/z$，再铣第二个齿槽，直至铣完全部齿槽。所以，仿形法加工是一个一个轮齿切制，切削不连续，故加工精度不高，生产效率很低，多用于修配、单件或小批量生产中。

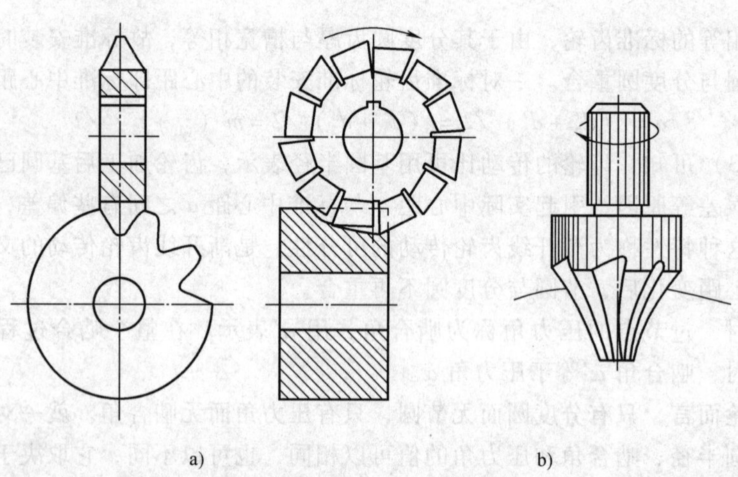

图 10-9 仿形法加工轮齿

a）圆盘铣刀加工 b）指状铣刀加工

2. 展成法

展成法又称为范成法或包络法，是利用轮齿啮合原理来切削轮齿轮廓的。这种方法采用的刀具主要有插齿刀和滚刀。由于加工精度高，是目前轮齿加工最主要的方法。插齿刀又分齿轮插齿刀和齿条插齿刀，其刀具形状是不同的。

1）齿轮插齿刀加工轮齿。图 10-10a 所示为齿轮插齿刀切削齿轮的情形。在加工时，插刀沿轮坯轴线方向作往复运动，插刀与轮坯以所需要的角速度转动，并且刀具逐渐向轮坯中心移动，直至加工出所有的轮齿，如图 10-10a 所示。用这种刀具加工所得的轮齿齿廓为插刀切削刃在各个位置的包络线，就像插刀在轮坯上滚动一样，其轨迹如图 10-10b 所示。

2）齿条插齿刀加工轮齿。当齿轮插刀的齿数增加到无穷多时，其基圆半径变为无穷大，则插刀的齿廓变成直线齿廓，齿轮插刀就变成了齿条插刀。如图 10-10c 所示，切削时刀具与轮坯的展成运动相当于齿条与齿轮的啮合运动。加工方法与齿轮插刀类似，只是齿条刀具作直线移动。

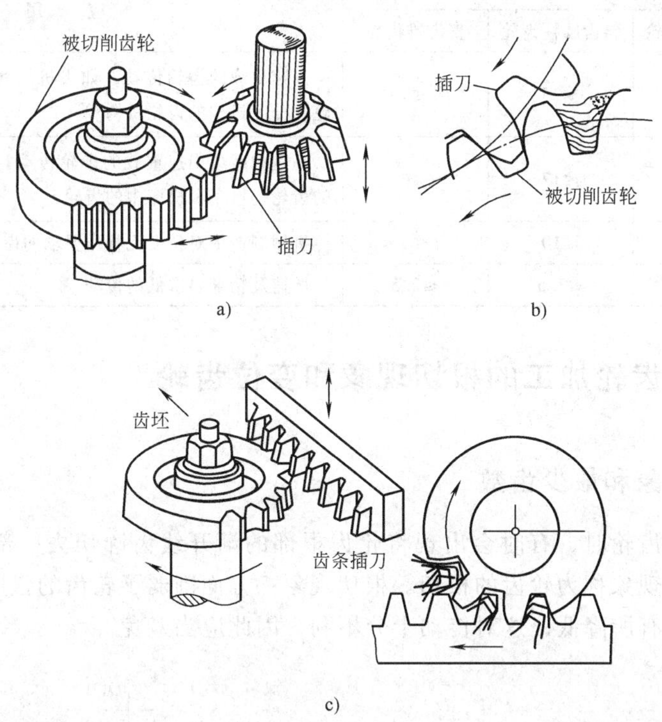

图 10-10　展成法加工齿轮

3）齿轮滚刀加工轮齿。用上述两种方式进行插齿加工都是间歇切削，生产效率低，而用齿轮滚刀加工则是连续切削。图 10-11 所示为齿轮滚刀切削轮坯。这类滚刀常用阿基米德螺旋线滚刀。滚刀轴向断面为一标准齿条齿廓，滚刀形状很像螺旋。当滚刀绕轴线回转时，就相当于齿条在连续不断地移动。当滚刀与齿坯绕各自轴线旋转时，便按展成原理切出渐开线齿廓。

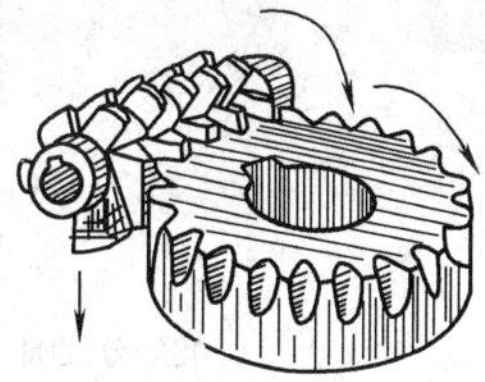

图 10-11　齿轮滚刀切齿

用展成法加工齿轮，只需刀具和被加工齿轮的模数和压力角相同，便可用同一刀具加工各种齿数的齿轮。因此，刀具简单，加工精度较高，生产率也较高，在成批生产中多采用展成法加工轮齿。

10.5.2　渐开线圆柱齿轮的精度及标准

齿轮传动时为防止因制造误差或受热膨胀而卡死，以及为储存润滑油，轮齿间需要有一定的齿侧间隙。其大小可由齿厚偏差或公法线偏差控制。渐开线圆柱齿轮精度等级的国家标准为 GB/T 10095.1—2008，该标准规定了 0 ~ 12 级共十三个精度等级，其中 0 级的精度最高，12 级的精度最低，常用的精度等级为 6 ~ 9 级。一般机械中，当圆周速度 $v \leqslant 5\mathrm{m/s}$，轮齿为直齿时，多采用 8 级精度。中、高速重载齿轮，当 $v \leqslant 10\mathrm{m/s}$ 时可采用 7 级精度。低速（$v \leqslant 3\mathrm{m/s}$）、轻载、不重要的齿轮可采用 9 级精度。在设计齿轮时，齿轮精度等级的选择可参考表 10-3。

表 10-3　齿轮传动精度等级的选择及应用范围

精度等级	圆周速度 v/（m/s）			应　用
	直齿圆柱齿轮	斜齿圆柱齿轮	直齿锥齿轮	
6 级	≤15	≤25	≤9	高速重载的齿轮传动，如飞机、汽车和机床中的重要齿轮；分度机构的齿轮机构
7 级	≤10	≤17	≤6	高速中载或中速重载的齿轮传动，如标准系列减速器中的齿轮，汽车和机床中的齿轮
8 级	≤5	≤10	≤3	机械制造中对精度无特殊要求的齿轮
9 级	≤3	≤3.5	≤2.5	低速及精度要求低的传动

10.6　渐开线齿轮加工的根切现象和变位齿轮

10.6.1　根切现象和最少齿数

用展成法加工齿轮时，有时会出现将轮齿根部的渐开线齿廓切去一部分的情况，如图 10-12a 所示，这种现象称为轮齿的根切。根切现象一方面削弱了轮齿的强度，另一方面将使齿轮传动的重合度有所降低，这对传动十分不利，因此应当避免。

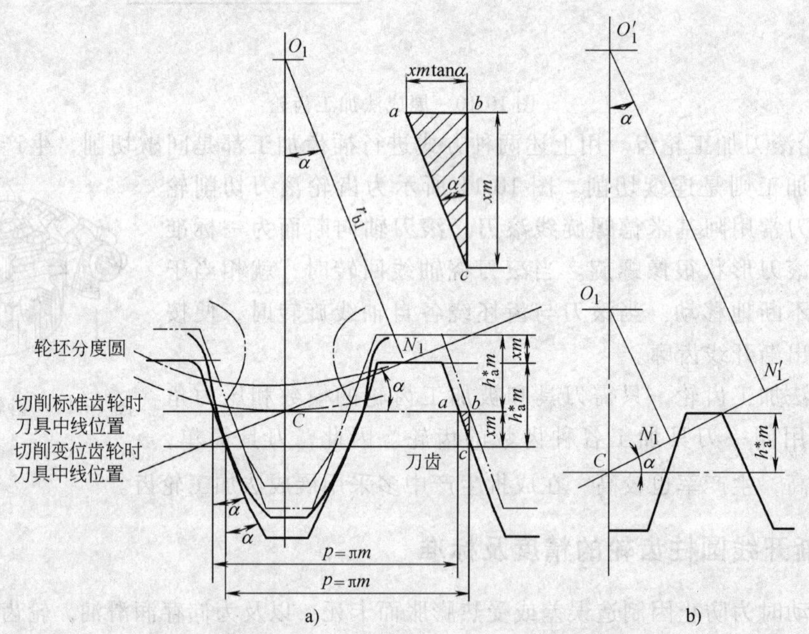

图 10-12　根切和变位齿轮

要避免根切现象的产生，就必须了解产生根切的原因，现以齿条插刀切削齿轮为例加以说明。图 10-12 所示为齿条插刀加工齿轮的情况。设齿轮分度圆与齿条插刀中线相切于 C，过 C 作切削刃的垂线（即啮合线）与齿轮的基圆相切于 N_1。当刀具齿顶线超过 N_1 点，则由基圆内无渐开线的性质可知，超过 N_1 的切削刃不但不能展成渐开线齿廓，而且会将根部已切好的渐开线切去一部分（如图中双点画线齿廓），形成如图 10-12 双点画线所示的齿形。也就是说，用展成法切齿时，如果刀具齿顶线超过了啮合极限点 N_1 时，则被切出的齿轮必然产生根切现象。所以要避免根切，就必须使刀具的齿顶线不超过啮合极限点 N_1。

当用齿条插刀切制标准齿轮时，刀具的中线必须与齿轮的分度圆相切于 C，如图 10-12b 所示。由于模数一定时，刀具的齿顶高 $h_a = h_a^* m$ 为一定值，因此刀具齿顶线的位置也就一定。而啮合线与基圆的切点 N_1 的位置则随基圆大小的不同而不同。当基圆半径越大，其切点 N_1 离节点 C 越远，根切的可能性越小。要使被切齿轮不发生根切，显然应使 N_1 到刀具中线的垂直距离大于或等于刀具的齿顶高，即 $\overline{CN_1}\sin\alpha \geqslant h_a^* m$

而
$$\overline{CN_1} = r\sin\alpha = \frac{mz}{2}\sin\alpha$$

整理可得

$$z \geqslant \frac{2h_a^*}{\sin^2\alpha}$$

根据计算，对于正常齿制标准渐开线齿轮，当用齿条刀具加工时，其最少齿数 $z_{\min} = 17$；对于短齿制标准渐开线齿轮，最少齿数为 14。

10.6.2 变位齿轮

为避免刀具齿顶高于齿轮的理论啮合点 N_1，需要将刀具外移，使刀具分度圆（或中线）和齿坯分度圆分离，这样加工的齿轮为变位齿轮。变位齿轮可在下列方面改善标准齿轮传动的不足：

1）用展成法切制标准齿轮时，齿轮的齿数 z 必须大于或等于最少齿数 $z_{\min}$，否则就会产生根切现象。采用变位齿轮则能制出齿数小于最少齿数但无根切现象的齿轮。

2）标准齿轮不适用于中心距 a' 不等于标准中心距的场合。当 $a' > a$ 时，采用标准齿轮虽能保持定角速比，但会出现过大的齿侧间隙，重合度也减小；当 $a' < a$ 时，因较大的齿厚不能嵌入较小的齿槽中去，导致标准齿轮无法安装。若采用变位齿轮则能实现非标准中心距的无侧隙传动。

3）一对互相啮合的标准齿轮，小齿轮齿根厚度小于大齿轮齿根厚度，抗弯能力有明显差别。采用变位齿轮则能使小齿轮齿根厚度加大，使大、小齿轮的弯曲强度大致相等。

图 10-12a 中双点画线表示用齿条插刀或滚刀切制齿数小于最少齿数的标准齿轮而发生根切的情形。这时刀具的中线与齿轮的分度圆相切，刀具的齿顶线超过了极限点 N_1。如果将刀具从切削标准齿轮的位置沿径向下移动一段距离 xm，使其齿顶线刚好通过极限点 N_1，如图中实线所示，则切出的齿轮不发生根切。这时与齿轮分度圆相切并作纯滚动的已经不是刀具的中线，而是与之平行的另一条直线（通称分度线）。

以切削标准齿轮时的位置为基准，刀具的移动距离 xm 称为变位量，x 称为变位系数，并规定刀具远离轮坯中心的变位系数为正（即正变位），刀具靠近轮坯中线的变位系数为负（即负变位）。切削变位齿轮和切削标准齿轮所用的刀具相同，分度运动的传动比也是一样的，所以两者的模数和压力角相等，因而它们的分度圆和基圆也相等。

10.7 轮齿的失效、齿轮传动的设计准则

10.7.1 轮齿的失效形式

齿轮传动是靠齿与齿的啮合而工作的，轮齿是齿轮直接参与工作的部分，因此，齿轮传动的失效主要发生在轮齿上。常见的轮齿失效形式有以下五种。

1. 轮齿折断

齿轮工作时，轮齿承受弯曲作用，所受的弯曲应力为交变应力，当应力值超过弯曲疲劳极限时，将产生疲劳裂纹，并逐渐扩展，最终引起轮齿折断，这就是疲劳折断。当严重过载或受冲击载荷时，也会引起轮齿突然折断，称为过载折断。齿轮断齿是齿轮失效形式中最危险的一种，可使齿轮丧失工作能力，甚至可能危及设备和人身的安全。硬度较高的钢制齿轮和铸铁齿轮容易发生过载折断。轮齿受力时，齿根部位所受弯曲应力最大，同时又有应力集中出现，因此过载折断和疲劳折断一般发生在齿根部分，如图 10-13 所示。

2. 齿面点蚀

在轮齿接触表面产生的局部压应力，称为齿面接触应力。如图 10-14 所示，当齿面接触应力超过接触疲劳极限时，齿面表层就会产生细微的疲劳裂纹，裂纹的扩展将导致表层金属微粒剥落，形成疲劳点蚀。疲劳点蚀往往出现在齿根表面靠近节线处。软齿面硬度不大于 350HBW 的闭式齿轮传动常因齿面点蚀而失效。在开式传动中，由于齿面磨损较快，点蚀还来不及出现或扩展即被磨掉，所以一般看不到点蚀现象。在润滑良好的闭式传动中，当齿轮工作一定时间后，在轮齿工作面上出现一些小凹坑，当点面积不断扩展时，使齿轮啮合情况恶化而失效，这种失效形式称为齿面点蚀。

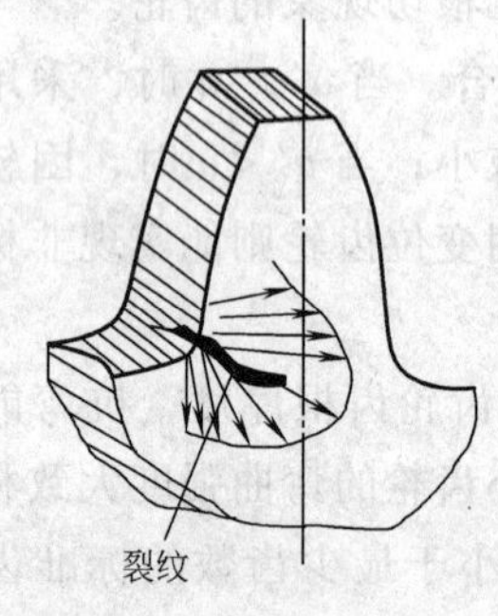

图 10-13 轮齿的疲劳裂纹

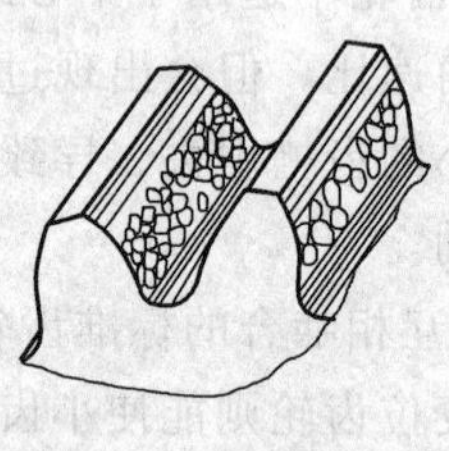

图 10-14 齿面点蚀

3. 齿面磨损

齿轮传动时，两相互啮合的齿廓表面间有相对滑动，因而引起表面磨损。在开式传动中，齿面间容易落上灰尘、污物等而引起磨料性磨损，使齿廓很快失去渐开线形状，造成传动不平稳，产生冲击和噪声，磨损达到一定程度，齿轮就报废，如图 10-15 所示。严重磨损使齿厚减薄，可能导致轮齿折断。在闭式传动中，由于密封和润滑良好，定期更换润滑油，一般不会产生显著的磨损。

4. 齿面胶合

在高速重载的齿轮传动中，齿面工作区因局部受到挤压、摩擦而瞬时温度升至很高，如果润滑条件不合适，容易使齿面间的油膜破裂，造成齿面金属直接接触并相互粘连。此时若两齿面相互滑动，较软的齿面则沿滑动方向被撕下而形成沟纹，这种失效称为齿面胶合，如图 10-16 所示。在低速重载的齿轮传动中，由于齿面间润滑油膜不易形成，也可能产生胶合。

5. 齿面塑性变形

软齿面齿轮在承受重载时，齿面可能产生局部塑性变形，而失去正确齿形（见图 10-17），这种失效形式常发生在低速、重载和起动频繁的传动中。

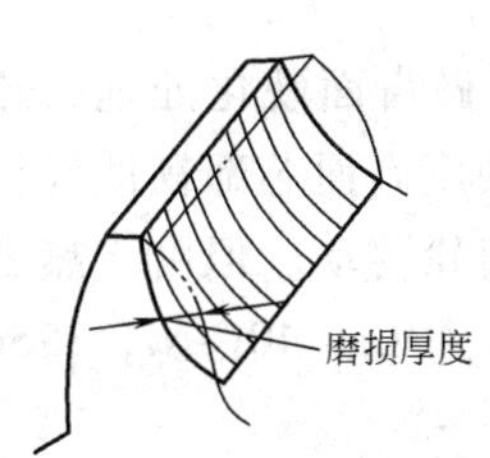

图 10-15 齿面磨损

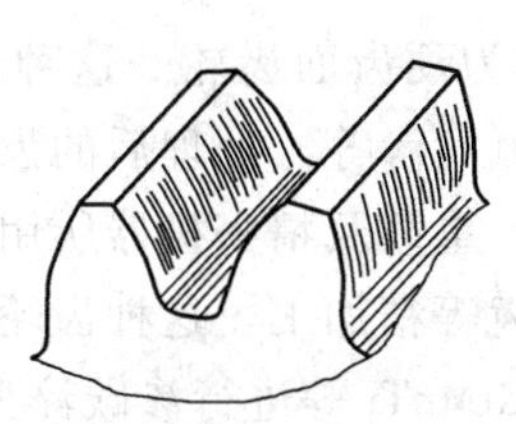
图 10-16 齿面胶合

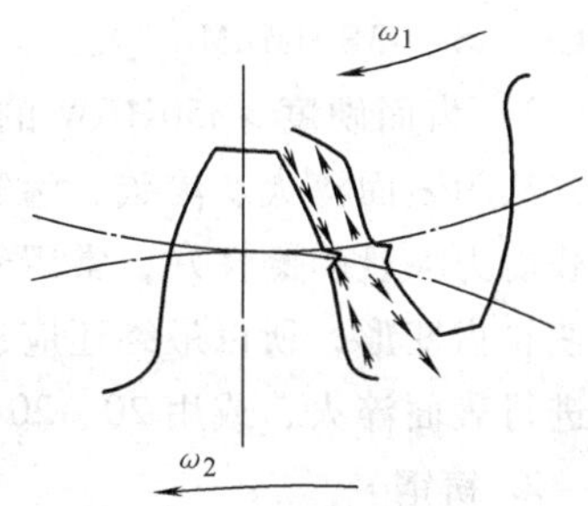

图 10-17 齿面的塑性变形

10.7.2 齿轮的设计准则

设计齿轮传动时应根据齿轮传动的工作条件、失效情况等，合理地确定设计准则，以保证齿轮传动具有足够的承载能力。

齿轮的工作条件不同、齿轮的材料不同，轮齿的失效形式就不同，设计准则、设计方法也不同。

对于闭式软齿面齿轮传动，齿面点蚀是主要的失效形式，应先按齿面接触疲劳强度进行设计计算，确定齿轮的主要参数和尺寸，然后再按弯曲疲劳强度校核齿根的弯曲强度。闭式硬齿面齿轮传动常因齿根折断而失效，故通常先按齿根弯曲疲劳强度进行设计计算，确定齿轮的模数和其他尺寸，然后再按接触强度校核齿面的接触强度。

对于开式齿轮传动中的齿轮，齿面磨损为其主要失效形式。鉴于目前对磨损尚无成熟的计算方法，故通常按照齿根弯曲疲劳强度进行设计计算，确定齿轮的模数，考虑磨损因素，再将模数增大 10% ~20%，而无需校核接触强度。

10.8 齿轮常用的材料及选材原则

10.8.1 齿轮的常用材料

由轮齿的失效形式可知，要使齿面及齿根有较高的抵抗各种失效的能力。齿轮材料的性能必需满足以下的基本要求：齿面要硬，齿心要韧，同时应具有良好的加工和热处理的工艺性。机械制造中常用的齿轮材料有以下几种。

1. 锻钢

锻钢是制造齿轮的主要材料（尺寸过大或者结构形状复杂只宜铸造的齿轮除外）。用锻钢制造齿轮，常用碳的质量分数在 0.159% ~0.6% 的碳钢或合金钢。锻钢齿轮可以分为如下两类：

1）齿面硬度≤350HBW 的齿轮称为软齿面齿轮。这种齿轮是将齿轮毛坯经正火或调质处理后切齿。因为齿面较软，刀具不致迅速磨损。软齿面齿轮制造简便、经济，生产率高，常用于一般用途、中小功率，对强度、速度及精度都要求不高的场合，如中、低速机械中的齿轮。在一对软齿面齿轮中，小齿轮的齿面硬度往往比大齿轮的齿面硬度高约 30 ~ 50HBW。这类齿轮常用的材料是 45、50、35SiMn、40Cr、40MnB、30CrMnSi、38SiMnMo 等。

2）齿面硬度 >350HBW 的齿轮称为硬齿面齿轮。这种齿轮多后做齿面硬化处理，热处理方法为表面淬火、渗碳、渗氮、碳氮共渗等。处理后的齿轮表层硬度高而芯部韧性好，故承载能力大且耐磨性好，常用于高速、重载及精密机器所用的重要齿轮传动。但由于热处理会使轮齿变形，所以最终还应进行磨齿等精加工。这种齿轮常用 45、40Cr、40CrNi，35SiMn 等进行表面淬火；或用 20、20Cr、20CrMnTi 等进行渗碳淬火。

2. 铸钢

铸钢的强度及耐磨性均较好，但由于铸造时内应力较大，故应经正火或退火处理，必要时可进行调质处理。铸钢常用于尺寸较大、形状复杂而不宜锻造的齿轮。常用的铸钢有 ZG310-570、ZG340-640 等。

3. 铸铁

铸铁的切削性能好，抗胶合和点蚀的能力强，但抗弯强度与抗冲击能力较差，因此常用于工作平稳、速度较低、功率不大的开式齿轮传动中。常用的灰铸铁有 HT200、HT300、HT250 等。值得注意的是，球墨铸铁的力学性能及耐冲击性远比灰铸铁好，可以代替灰铸铁、铸钢等制造大齿轮，故获得了越来越多的应用，常用的球墨铸铁有 QT500-5、QT600-2 等。

4. 粉末合金

用金属粉末压缩成形后烧结而成的齿轮，无需切削或少切削，产品质量稳定，并可存储润滑油，工作时有自润滑性，噪声小，但耐冲击性较差。常用于耐磨性要求较高的场合。

5. 有色金属

仪器、仪表中的齿轮，以及某些在腐蚀介质中工作的轻载齿轮，常选用耐蚀、耐磨的有色金属制造，如黄铜、铝青铜、锡青铜、硅青铜等。

6. 非金属材料

对高速、轻载及精度不高的齿轮传动，为了降低噪声，常用非金属材料（如夹布塑料、尼龙、聚碳酸酯、酚醛等）做小齿轮，而大齿轮仍用钢或铸铁制造。为使大齿轮有足够的抗磨损及抗点蚀能力，齿面硬度应为 250 ~ 350HBW。

表 10-4 给出了齿轮常用材料的力学性能及应用范围。

表 10-4　齿轮常用材料的力学性能及应用范围

材料	牌号	热处理	硬度	强度极限 σ_b/MPa	屈服极限 σ_s/MPa	应用范围
优质碳素钢	45	正火	169 ~ 217HBW	580	290	低速轻载
		调质	217 ~ 255HBW	650	360	低速中载
		表面淬火	40 ~ 50HRC	750	450	高速中载或低速重载，冲击很小
	50	正火	180 ~ 220HBW	620	320	低速轻载
合金钢	40Cr	调质	240 ~ 260HBW	700	550	中速中载，高速中载，无剧烈冲击
		表面淬火	48 ~ 55HRC	900	650	
	42SiMn	调质 表面淬火	217 ~ 269HBW 45 ~ 55HRC	750	470	高速中载，无剧烈冲击
	20Cr	渗碳淬火	56 ~ 62HRC	650	400	高速中载，承受冲击
	20CrMnTi	渗碳淬火	56 ~ 62HRC	1100	850	
铸钢	ZG310—570	正火 表面淬火	160 ~ 210HBW 40 ~ 50HRC	570	320	中速、中载、大直径
	ZG340—640	正火	170 ~ 230HBW	650	350	
		调质	240 ~ 270HBW	700	380	
球墨铸铁	QT600—2	正火	220 ~ 280HBW	600		低中速轻载，有小的冲击
	QT500—5		147 ~ 241HBW	500		
灰铸铁	HT200	人工时效（低温退火）	170 ~ 230HBW	200		低速轻载，冲击很小
	HT300		187 ~ 235HBW	300		

10.8.2　选材原则

1）根据齿轮的工作特点。齿轮材料应有足够的强度和耐磨性，且外硬内韧。

2）合理选择材料配对。如对硬度≤350HBW 的软齿面齿轮，为使两轮寿命接近，小齿轮材料硬度应略高，且使两轮硬度差在 30 ~ 50HBW 左右。为提高抗胶合性能，大小轮应采用不同牌号的材料。

3）考虑加工工艺。软齿面（硬度≤350HBW）及中硬齿面（硬度 = 300 ~ 350HBW）齿轮可直接进行切削加工；而硬度 > 350HBW 的硬齿面齿轮，通常是分段加工。直径 $d > 400$mm 的齿轮一般采用铸造毛坯，需选铸铁或铸钢材料。

10.9　直齿圆柱齿轮的强度计算

齿轮传动的承载能力及其工作可靠性主要取决于轮齿抵抗各种可能失效的能力。针对轮齿失效的形式，应建立相应的齿轮强度的计算方法。目前工程上多采用计算齿根弯曲疲劳强度和齿面接触疲劳强度的方法，这主要是控制齿的折断和齿面点蚀失效。对于胶合、磨损、塑性变形等失效形式的控制多采用适当的技术措施。

在闭式轮齿面齿轮传动中，齿轮常因齿面点蚀而失效，通常以保证齿面接触疲劳强度为主；但对于齿面的硬度很高、齿心强度又低的齿轮或材质较脆的齿轮，则以保证齿根弯曲疲劳强度为主。对开式齿轮传动、半开式齿轮传动，目前以保证齿根弯曲疲劳强度为主。

10.9.1　轮齿的受力分析

对齿轮传动作受力分析不仅是为了计算齿轮的强度，而且也是计算安装齿轮的轴及轴承时所必需的。齿轮传动一般均加油润滑，轮齿在啮合时的摩擦因数通常很小，计算轮齿受力时，可以不予考虑，只计算工作载荷即可。这样作用在主动轮轮齿上的总压力将垂直于齿面，如图 10-18 所示的法向力 F_n。F_n 可分解为相互垂直的两个分力：圆周力 F_t 和径向力 F_r。

它们的关系为

$$\left.\begin{aligned} F_t &= 2T_1/d_1 \\ F_r &= F_t\tan\alpha \\ F_n &= F_t/\cos\alpha \end{aligned}\right\} \tag{10-10}$$

式中，T_1 为小齿轮传递的转矩（N·mm）；d_1 为小齿轮的分度圆直径（mm）；α 为压力角（°）。

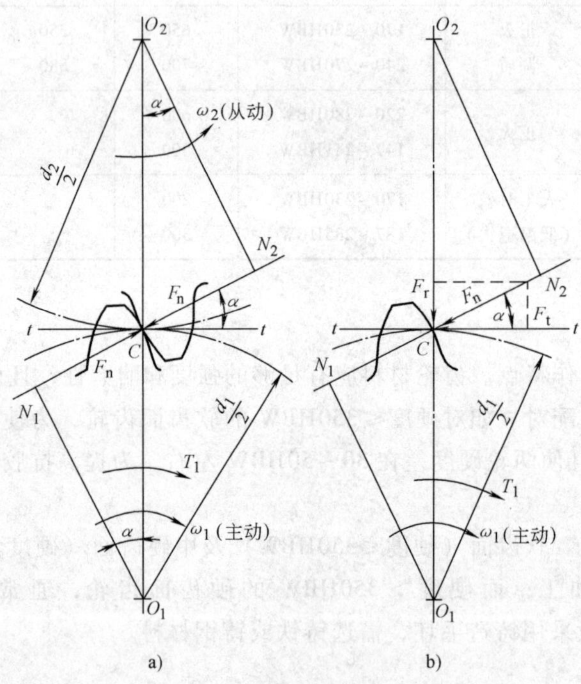

图 10-18　直齿圆柱齿轮传动的作用力

通常已知小齿轮传递的功率 P（kW）和转速 n_1（r/min），可求出转矩为

$$T_1 = 9.55\times10^6\frac{P_1}{n_1} \tag{10-11}$$

作用在主动轮和从动轮上各对力的大小相等、方向相反。齿轮所受圆周力 F_t 的方向，在主动轮上与作用点的圆周速度方向相反，在从动轮上则与其圆周速度方向相同。径向力

F_r 的方向由作用点指向各自的轮心。

10.9.2　计算载荷

上述的法向力 F_n 为名义载荷。理论上，F_n 沿齿宽均匀分布，但由于轴和轴承的变形、传动装置的制造和安装误差等原因，载荷沿齿宽的分布并不是均匀的，即出现载荷集中现象。如图 10-19a 所示，齿轮位置对轴承不对称时，由于轴的弯曲变形，齿轮将相互倾斜，这时轮齿左端载荷增大（见图 10-19b）。轴和轴承的刚度越小、齿宽 b 越宽，载荷集中越严重。此外，由于各种原动机和工作机的特性不同、齿轮制造误差以及轮齿变形等原因，还会引起附加动载荷。精度越低、圆周速度越高，附加动载荷就越大。因此，计算齿轮强度时，通常引入计算载荷 F_{nc}（或 F_{tc}）代替名义载荷 F_n。计算式为

$$F_{nc}=KF_n \text{ 或 } F_{tc}=KF_t$$

式中，K 为载荷系数，考虑载荷集中和附加动载荷的影响，其值可根据原动机及工作机的情况由表 10-5 选取。

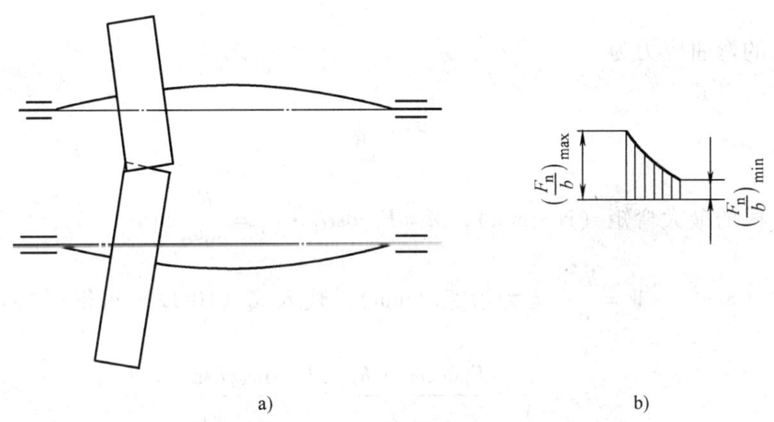

图 10-19　轴的弯曲变形引起的齿向偏载

表 10-5　载荷系数 K

原动机工作情况	工作机械的载荷特性		
	平稳和比较平稳	中等冲击	严重冲击
工作平稳（如电动机、汽轮机等）	1 ~ 1.2	12 ~ 1.6	1.6 ~ 1.8
轻度冲击（如多缸内燃机）	1.2 ~ 1.6	1.6 ~ 1.8	1.9 ~ 2.1
中等冲击（如单缸内燃机）	1.6 ~ 1.8	1.8 ~ 2.0	2.2 ~ 2.4

注：斜齿圆柱齿轮、圆周速度较低、精度高、齿宽较小时，取较小值，齿轮在两轴承之间并且对称布置时取较小值，齿轮在两轴承之间不对称布置时取较大值。

10.9.3　齿根弯曲疲劳强度计算

为了防止轮齿根部的疲劳折断，在进行齿轮设计时要计算齿根弯曲疲劳强度。轮齿的疲劳折断主要与齿根弯曲应力的大小有关。为简化计算，假定全部载荷由一对齿承受，且载荷作用于齿顶时（见图 10-20）齿根部分产生的弯曲应力最大。计算时将轮齿看作悬臂梁，危险截面用 30°切线法来确定，即作与轮齿对称中心线成 30°角并与齿根过渡曲线相切的两条直线，连接两切点的截面即为齿根的危险截面，如图 10-21 所示。危险截面的齿厚为 s_F。

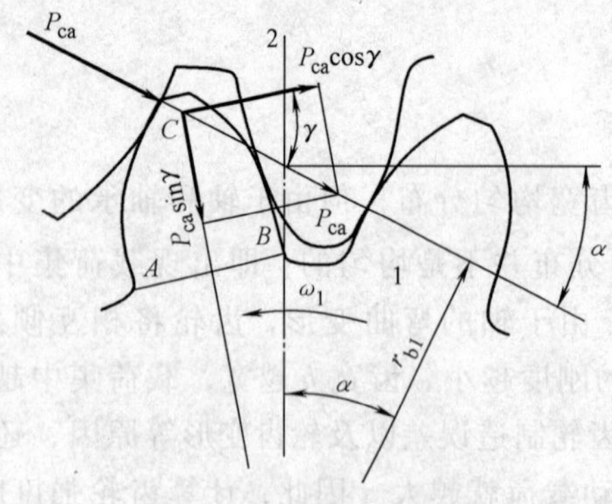

图 10-20 齿顶啮合受载

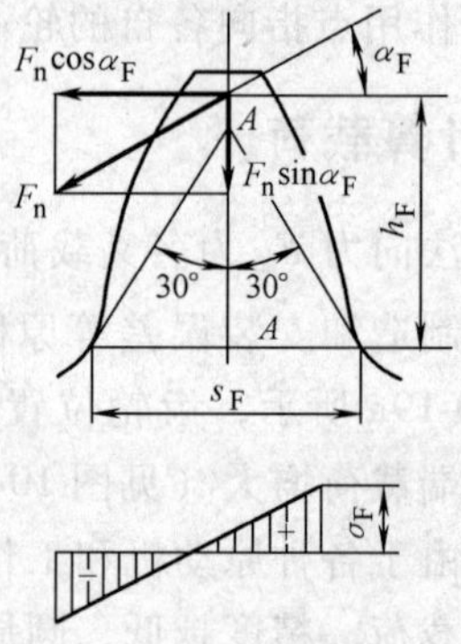

图10-21 轮齿的弯曲强度

沿啮合线作用在齿顶的法向力 F_n 可分解为互相垂直的两个分力 $F_n\cos\alpha_F$ 和 $F_n\sin\alpha_F$，前者对齿根产生弯曲应力，后者产生压缩应力。因压应力较小，对抗弯强度计算影响较小，故可忽略不计。

齿根危险截面的弯曲应力为

$$\sigma_F = \frac{M}{W} \tag{10-12}$$

式中，M 为齿根的最大弯矩（N · mm），$M = F_n\cos\alpha_F \cdot h_F = \frac{F_t}{\cos\alpha}\cos\alpha_F \cdot h_F$；$W$ 为危险截面的弯曲截面系数（mm^3），$W = \frac{bs_F^2}{6}$；b 为齿宽（mm）。代入式（10-12）可得

$$\sigma_F = \frac{M}{W} = \frac{F_n\cos\alpha_F \cdot h_F}{\frac{1}{6}bs_F^2} = \frac{F_t}{b}\frac{6h_F\cos\alpha_F}{s_F^2\cos\alpha} \tag{10-13a}$$

将分子、分母同除以 m^2，得

$$\sigma_F = \frac{F_t}{bm} \cdot \frac{6\ (h_F/m)\ \cos\alpha_F}{(s_F/m)^2\cos\alpha} = \frac{F_t}{bm} \cdot Y_F \tag{10-13b}$$

式中，$Y_F = \frac{6\ (h_F/m)\ \cos\alpha_F}{(s_F/m)^2\cos\alpha}$称为齿形系数，它是考虑齿形对齿根弯曲应力影响的系数。因 h_F 和 s_F都与模数 m 成正比，故 Y_F 只与齿形有关，而与模数无关，是一个无因次的系数。对于标准齿轮，齿形系数仅取决于齿数。标准外齿轮的齿形系数 Y_F 值可查表 10-6。

表 10-6 标准外齿轮的齿形系数 Y_F

z	12	14	16	17	18	19	20	22	25	28	30	35	40	45	50	60	80	100	≥200
Y_F	3.47	3.22	3.03	2.97	2.91	2.85	2.81	2.75	2.65	2.58	2.54	2.47	2.41	2.37	2.35	2.30	2.25	2.18	2.14

注：$\alpha = 20°$，$h_a = 1$，$c^* = 0.25$。

考虑到齿根圆角处的应力集中以及齿根危险截面上压应力等的影响，引入应力修正系数

Y_S（见表 10-7），计入载荷系数 K（见表 10-5），即可得轮齿齿根弯曲疲劳强度的校核公式为

表 10-7　标准外齿轮的应力修正系数 Y_S

z	12	14	16	17	18	19	20	22	25	28	30	35	40	45	50	60	80	100	≥200
Y_S	1.44	1.47	1.51	1.53	1.54	1.55	1.56	1.58	1.59	1.61	1.63	1.65	1.67	1.69	1.71	1.73	1.77	1.80	1.88

注：$\alpha=20°$，$h_a^*=1$，$c^*=0.25$，$\rho_f=0.38$（ρ_f 为齿根圆角曲率半径）。

$$\sigma_F=\frac{2KT_1}{bmd_1}\cdot Y_F Y_S=\frac{2KT_1}{bm^2 z_1}\cdot Y_F Y_S\leqslant[\sigma_F] \tag{10-14}$$

式中，T 为主动轮的转矩（N·mm）；b 为轮齿的接触宽度（mm）；m 为模数；z_1 为主动轮齿数；$[\sigma_F]$ 为轮齿的许用弯曲应力（MPa），可按式（10-19）计算并查阅有关表格确定。

引入齿宽系数 $\psi_d=b/d$（见表 10-8），代入式（10-14）可得出齿根弯曲疲劳强度的设计公式为

$$m\geqslant 1.26\sqrt[3]{\frac{KT_1\cdot Y_F\cdot Y_S}{\psi_d\cdot z_1^2\cdot[\sigma_F]}} \tag{10-15}$$

应注意，通常两个相啮合齿轮的齿数是不相同的，故齿形系数 Y_F 和应力修正系数 Y_S 都不相等，而且齿轮的许用应力 $[\sigma_F]$ 也不一定相等，因此必须分别校核两齿轮的齿根弯曲强度。在设计计算时，应将两齿轮的 $Y_F Y_S/[\sigma_F]$ 进行比较，取其中较大者代入式（10-15）中计算。计算所得模数应圆整成标准值。

表 10-8　齿宽系数 ψ_d

齿轮相对于轴承的位置	齿面硬度	
	软齿面	硬齿面
对称布置	0.8～1.4	0.4～0.9
非对称布置	0.6～1.2	0.3～0.6
悬臂布置	0.3～0.4	0.2～0.25

注：对于直齿圆柱齿轮宜取小值，斜齿可取大值；载荷稳定、轴刚度大的宜取大些，变载荷时，轴刚度较小的宜取小些。

10.9.4　齿面接触疲劳强度计算

为防止齿面发生疲劳点蚀，应限制齿面的接触应力，即必须保证齿面的接触应力不超过其许用值。

齿面接触应力的计算是以两圆柱体接触时的最大接触应力进行的。当两传动轮齿在节点啮合时，其接触情况与半径分别为 ρ_1 和 ρ_2 的两个平行圆柱体的接触相类似（见图 10-22）。根据弹性力学的赫兹应力公式可导出接触区的最大接触应力 σ_H。

$$\sigma_H=\sqrt{\frac{F_n\left(\dfrac{1}{\rho_1}\pm\dfrac{1}{\rho_2}\right)}{\pi b\left(\dfrac{1-\mu_1^2}{E_1}+\dfrac{1-\mu_2^2}{E_2}\right)}} \tag{10-16}$$

式中，F_n 为作用在轮齿上的法向力（N）；b 为轮齿宽度（mm）；ρ_1、ρ_2 分别为两齿轮齿廓接触处的曲率半径（mm）；μ_1、μ_2 分别为两齿轮材料的泊松比；E_1、E_2 分别为两齿轮材料的弹性模量（MPa）；“+”号用于外啮合，“-”用于内啮合。实践证明，点蚀多发生在齿根部分靠近节线处，所以一般只计算节点处的接触应力。根据两轮齿廓在节点的曲率半径、计算载荷、压力角及传动比，代入式（10-16），并经整理（整理过程略）后得到齿面接触疲劳强度的校核公式为

$$\sigma_H = 671\sqrt{\frac{KT_1}{\psi_d d_1^3}\frac{u \pm 1}{u}} \leqslant [\sigma_H] \qquad (10\text{-}17)$$

设计公式为

$$d_1 \geqslant \sqrt[3]{\left(\frac{671}{[\sigma_H]}\right)^2 \frac{KT_1}{\psi_d}\frac{u \pm 1}{u}} \qquad (10\text{-}18)$$

式中，d_1 为小齿轮分度圆直径（mm）；u 为齿数比，$u=\frac{\text{大齿轮齿数}}{\text{小齿轮齿数}}$；$[\sigma_H]$ 为许用接触应力（MPa）（见式（10-20））；ψ_d 为齿宽系数（见表 10-8），$\psi_d = b/d_1$，其中 b 为齿宽（mm）。

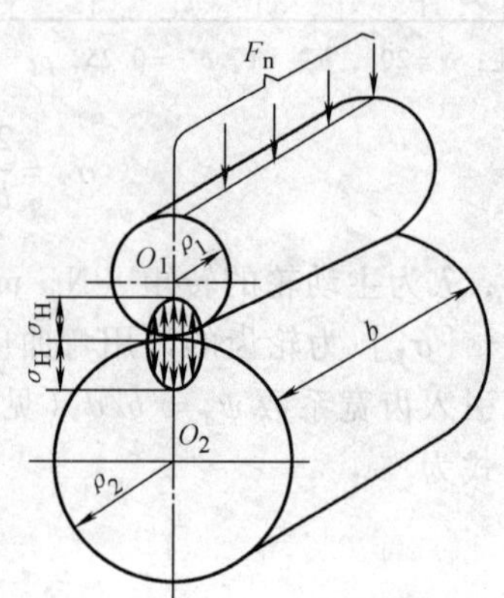

图 10-22　两圆柱体间的接触应力

设计时应注意如下两点：

1）上述接触强度计算公式仅适用于齿轮材料为钢与钢的情况。对于钢对灰铸铁或灰铸铁对灰铸铁的传动，要将式中的系数 671 分别乘以 0.85 或 0.76。

2）一对齿轮啮合时，根据作用力与反作用力原理，两齿面的接触应力是相等的，即 $\sigma_{H1}=\sigma_{H2}$。如果两轮材料或热处理不同，则其许用接触应力不相等，即 $[\sigma_{H1}] \neq [\sigma_{H2}]$。在强度计算时应将 $[\sigma_{H1}]$ 与 $[\sigma_{H2}]$ 中较小值代入公式计算。

10.9.5　轮齿的许用弯曲应力和许用接触应力

1. 轮齿的许用弯曲应力 $[\sigma_F]$

$$[\sigma_F] = \frac{\sigma_{Flim}}{S_F} \qquad (10\text{-}19)$$

式中，S_F 为齿根弯曲疲劳强度的最小安全系数，一般取 $S_F=1.25$；当要求高可靠度时取 $S_F=2.0$，或按经验选取；σ_{Flim} 为轮齿齿根的弯曲疲劳极限应力，一般由实验值修正而得（见表 10-9）。

表 10-9　齿根的弯曲疲劳极限应力 σ_{Flim} 及齿面的接触疲劳极限应力 σ_{Hlim}

（单位：MPa）

材料	热处理方法	齿面硬度	σ_{Flim}	σ_{Hlim}
碳素钢	正火、调质	≤260HBW	≤260	≤728
碳素铸钢	正火、调质	≤260HBW	≤234	≤624
合金钢	调质	≤350HBW	≤332.5	≤875
合金铸钢	调质	≤350HBW	≤280	≤805

（续）

材料	热处理方法	齿面硬度	σ_{Flim}	σ_{Hlim}
碳素钢、合金钢	表面淬火	48～58HRC	297.6～359.6	1056～1276
合金钢	渗碳淬火	56～63HRC	358.4～403.2	1288～1449
铸铁		≤270HBW	94.5	459

注：1. 如果齿轮是双向传动，表中 σ_{Flim} 的数值乘以 0.7。

2. 表中 σ_{Flim} 和 σ_{Hlim} 约为实测数据的平均值。

2. 轮齿的许用接触应力 $[\sigma_H]$

$$[\sigma_H]=\frac{\sigma_{Hlim}}{S_H} \tag{10-20}$$

式中，S_H 为齿面接触疲劳强度的最小安全系数，一般取 $S_H=1\sim1.1$；当要求高可靠度时，取 $S_H=1.5\sim1.6$，或按经验选取。σ_{Hlim} 为轮齿齿面的接触疲劳极限应力，由实验值修正而得（见表 10-9）。

10.9.6　圆柱齿轮的结构

根据齿轮传动的强度计算，确定了分度圆、齿顶圆、齿根圆、齿宽等主要尺寸后，还需进一步确定轮辐和轮毂等结构的形式和尺寸。它们通常是按齿轮直径的大小，先选择合适的结构，再根据推荐的经验数据进行尺寸计算。

圆柱齿轮的结构有以下几种。

1. 轴齿轮

对于直径较小的钢质圆柱齿轮，当齿根圆到键槽底部的距离 $x\leqslant2.5m$（m 为端面模数）时，应将齿轮与轴做成一体，称为轴齿轮（见图 10-23），此时，齿轮与轴用同一材料制造。

2. 实心式或腹板式齿轮

齿顶圆直径 $d_a\leqslant500$mm 的齿轮可以是锻造的或铸造的。锻造齿轮，当齿顶圆直径 $d_a\leqslant200$mm 时，做成实心式的结构（见图 10-24）。尺寸大者应做成辐板式结构（见图 10-25）。辐板上开孔的数目按结构尺寸大小及需要而定。

3. 轮辐式齿轮

齿轮的齿顶圆直径 $d_a>500$mm 时，由于受锻造设备能力的限制，常做成轮辐式的结构（见图 10-26）。这类齿轮用铸钢或铸铁制造，呈放射状的辐条。其横截面有椭圆形、T 形、十字形和工字形等，可按载荷的大小选用。

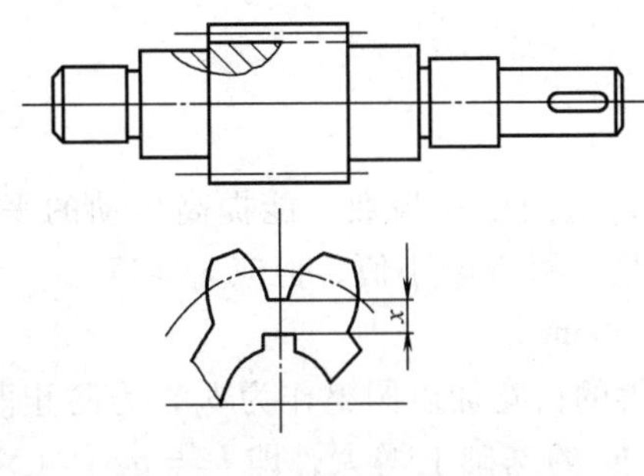

图 10-23　轴齿轮

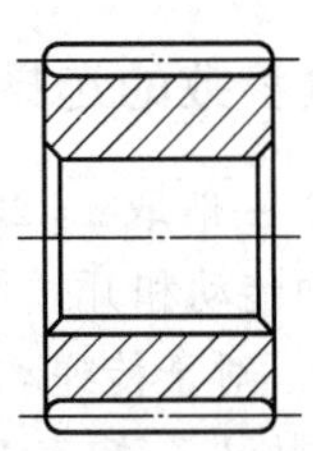

图 10-24　实心式齿轮

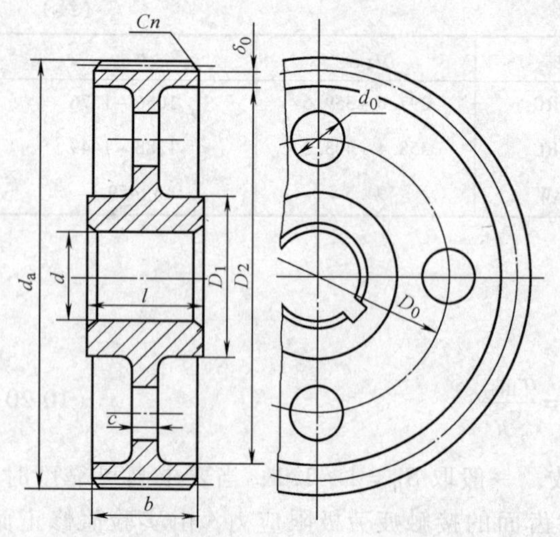

D_1=1.6d；δ_0=(2.5～4)m_n，但不小于8～10mm；D_0=0.5(D_1+D_2)；d_0=0.25(D_2−D_1)；c=(0.2～0.3)b，不小于100mm；l=(1.2～1.5)d，$l \geqslant b$

图 10-25　腹板式圆柱齿轮（$d_a \leqslant 500$mm）

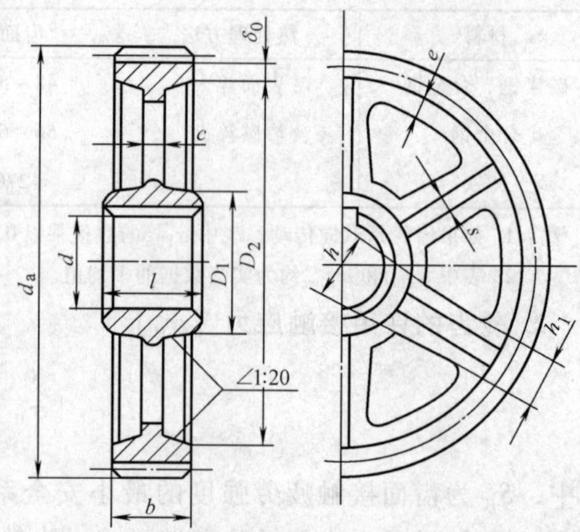

$b \leqslant$200mm；D_1=1.6d(铸钢)；D_1=1.8d(铸铁)；h=0.8d；h_1=0.8h；c=h/5；s=h/6，但不能小于10mm；δ_0=(2.5～4)m_n，但不小于8～10mm；e=0.8δ_0；l=(1.2～1.5)d，l>b

图 10-26　轮辐式圆柱齿轮（d_a = 400 ~ 1000mm）

4. 其他形式的齿轮

对于尺寸特大的齿轮，为了节约贵重的材料，可以做成套装式的结构。对于单件或小批量生产的大型齿轮，还可以采用焊接结构。

10.9.7　轮齿强度设计准则和设计方法

设计齿轮传动时应根据齿轮传动的工作条件、失效情况等，合理地确定设计准则，以保证齿轮传动具有足够的承载能力。工作条件、齿轮的材料不同，轮齿的失效形式就不同，设计准则、设计方法也不同。

对于闭式软齿面齿轮传动，齿面点蚀是主要的失效形式，应先按齿面接触疲劳强度进行设计计算，确定齿轮的主要参数和尺寸，然后再按弯曲疲劳强度校核齿根的弯曲强度。闭式硬齿面齿轮传动常因齿根折断而失效，故通常先按齿根弯曲疲劳强度进行设计计算，确定齿轮的模数和其他尺寸，然后再按接触疲劳强度校核齿面的接触强度。

对于开式齿轮传动中的齿轮，齿面磨损为其主要失效形式。鉴于目前对磨损尚无成熟的计算方法，故通常按照齿根弯曲疲劳强度进行设计计算，确定齿轮的模数，考虑磨损因素，再将模数增大 10% ~20%，而无需校核接触强度。

10.9.8　主要参数的选择原则

1）齿数 z。一般取 z = 20 ~ 40。中心距一定时，适当增加齿数，能提高传动的平稳性。对于闭式硬齿面传动和开式传动，为了提高弯曲强度，可取较小值，但应 $z_1 \geqslant 17$。

2）模数 m。对于传递动力的齿轮，应保证 $m \geqslant 2$mm。

3）齿宽系数 ψ_d。按表 10-8 选取，$b = \psi_d d_1$ 算得的齿宽加以圆整作为 b_2，为防止两轮因装配后轴向错位，减少啮合宽度，小齿轮齿宽应在 b_1 的基础上增大，即 $b_1 = b_2 +$（5 ~ 10）mm。

4）齿数比 u。u 值不宜过大，以免大齿轮直径增大而使整个传动的外廓尺寸过大。通常 $u<7$。当 $u>7$ 时，可采用多级传动。

10.9.9　齿轮传动设计的一般步骤

典型的齿轮传动设计问题是，已知传递功率 P，主动轮和从动轮转速 n_1、n_2，齿轮的工作条件。设计计算时，先由主动轮与从动轮的转速要求确定传动比，再根据机械的整体结构和尺寸要求确定齿轮的材料和热处理方法。下面以例题说明一般步骤。

例 10.2　某带式输送机单级圆柱齿轮减速器圆柱齿轮传动。已知 $i=4.6$，$n_1=1440\text{r/min}$，传递功率 $P=5\text{kW}$，单班制工作，单向运转，载荷较平稳。试设计该齿轮传动。

解：1）选择材料及热处理。该传动是闭式齿轮传动，属于转速不高、载荷不大、要求一般的小型传动，为了简化制造，降低成本，可采用软齿面钢制齿轮。查表 10-4，选择小齿轮材料为 45 钢，调质处理，硬度为 217～255HBW；大齿轮材料也为 45 钢，正火处理，硬度为 169～217HBW。

2）选择精度等级。运输机为一般机械，速度不高，故选择 8 级精度。

3）按齿面接触疲劳强度设计。软齿面闭式齿轮传动主要的失效形式为齿面点蚀。根据齿面接触疲劳强度，按式（10-18）确定尺寸

$$d_1 \geqslant \sqrt[3]{\left(\frac{671}{[\sigma_H]}\right)^2 \frac{KT_1}{\psi_d} \frac{u \pm 1}{u}}$$

按表 10-5，选载荷系数 $K=1.2$。

转矩　$T_1 = 9.55 \times 10^6 \dfrac{P_1}{n_1} = \left(9.55 \times 10^6 \dfrac{5}{1440}\right) \text{N} \cdot \text{mm} = 33159.7\text{N} \cdot \text{mm}$

查表 10-9，并取 $S_H=1.1$，利用式（10-20）算得 $[\sigma_{H1}]=610\text{MPa}$，$[\sigma_{H2}]=500\text{MPa}$；由表 10-8 取 $\psi_d=1.1$，$u=i=4.6$。

代入后计算小齿轮分度圆直径 d_1，

$$d_1 \geqslant \sqrt[3]{\left(\frac{671}{[500]}\right)^2 \times \frac{1.2 \times 33159.7}{1.1} \times \frac{4.6+1}{4.6}} \text{mm} = 42.96\text{mm}$$

计算圆周速度 v

$$v = \frac{\pi d_1 n_1}{60 \times 1000} = \frac{3.14 \times 42.96 \times 1440}{60 \times 1000} \text{m/s} = 3.24\text{m/s}$$

因 $v<6\text{m/s}$，取 8 级精度合适。

4）确定主要参数，计算主要几何尺寸。

① 齿数。取 $z_1=22$，则 $z_2=22 \times 4.6=101$

② 模数

$$m = d_1/z_1 = \frac{42.96}{22}\text{mm} \approx 1.95\text{mm}$$

由表 10-1 取标准模数 $m=2$，实际传动比 $i=101/22=4.59$，$i=(4.6-4.59)/4.6=0.2\%$，传动比误差小于允许范围的 ±5%。

$$d_1 = mz_1 = 2 \times 22\text{mm} = 44\text{mm}$$

③ 分度圆直径

$$d = mz_2 = 2 \times 101\text{mm} = 202\text{mm}$$

④ 中心距

$$a = m\ (z_1 + z_2)\ /2 = 2\ (22 + 101)\ /2\text{mm} = 123\text{mm}$$

⑤ 齿宽。由表 10-8 查得

$\psi_d = 1.1$，计算 $b_2 = 1.1 \times 44\text{mm} = 48\text{mm}$，取 $b_1 = b_2 + 5 = 53\text{mm}$。

5）校核曲疲劳强度。由表 10-6 查得齿形系数

$$Y_{F1} = 2.75,\ Y_{F2} = 2.18,\ Y_{s1} = 1.58,\ Y_{s2} = 1.8$$

由表 10-9 查得许用弯曲应力 $[\sigma_F]$，$\sigma_{Flim1} = 260\text{MPa}$，$\sigma_{Flim2} = 250\text{MPa}$，取 $S_F = 1.25$，由式（10-19）可得

$$[\sigma_F]_1 = \frac{\sigma_{Flim1}}{S_F} = \frac{260}{1.25}\text{MPa} = 208\text{MPa}$$

$$[\sigma_F]_2 = \frac{\sigma_{Flim2}}{S_F} = \frac{250}{1.25}\text{MPa} = 200\text{MPa}$$

故

$$\sigma_{F1} = \frac{2KT_1}{b_2 m^2 z_1} \cdot Y_F \cdot Y_S = \frac{2 \times 1.2 \times 33159.7}{48 \times 2^2 \times 22} \times 2.75 \times 1.58\text{MPa} = 95.85\text{MPa} \leqslant [\sigma_F]_1$$

$$\sigma_{F2} = \sigma_{F1} \cdot \frac{Y_{F2} Y_{S2}}{Y_{F1} Y_{S1}} = 95.8 \times \frac{2.18 \times 1.8}{2.75 \times 1.58}\text{MPa} = 86.5\text{MPa} \leqslant [\sigma_F]_2$$

齿根弯曲强度校核合格。

6）绘制齿轮零件工作图（见图 10-27）。

10.10 斜齿圆柱齿轮传动

10.10.1 概述

对于一定宽度的直齿圆柱齿轮，如图 10-28a 所示，其齿廓侧面是发生面在基圆柱上作纯滚动时，平面 S 上任一与基圆柱母线 NN 平行的直线 KK' 所展出的渐开线曲面。直齿圆柱齿轮啮合时，两轮齿廓侧面沿着与轴平行的直线接触，如图 10-28b 所示，这些接触的直线称为齿廓的接触线。这些齿廓接触线是同时沿整个齿宽进入啮合或退出啮合，轮齿上的作用力也是沿这些接触线突然加上或突然卸下，故易引起冲击和噪声，传动平稳性较差。高速传动时，这些情况尤为突出。为克服普通直齿圆柱齿轮的缺点，出现了斜齿圆柱齿轮传动。斜齿圆柱齿轮齿廓曲面的形成原理与直齿圆柱齿轮基本相同，但形成渐开线齿廓曲面的直线 KK 不再与基圆柱母线 NN 平行，而成一角度 β_b，如图 10-28c 所示。当发生面 S 沿基圆柱滚动时，斜直线 KK 的轨迹为一渐开线螺旋面，即斜齿轮的齿廓曲面。直线 KK 与基圆柱母线的夹角称为基圆柱上的螺旋角 β_b。一对斜齿圆柱齿轮啮合时，其接触线是与轴线倾斜的直线，如图 10-28d 所示。两轮齿进入啮合后，接触线长度逐渐增大，到某一啮合位置后，接触线又逐渐缩短，直到脱离啮合。因此斜齿圆柱齿轮是逐渐进入和退出啮合，同时啮合的轮齿数较直齿圆柱齿轮为多，重合度较大。与直齿轮传动相比，其传动平稳，承载能力大，适合于高速及大功率传动。斜齿轮的主要缺点是产生轴向力，如图 10-29a 所示。使用斜齿轮

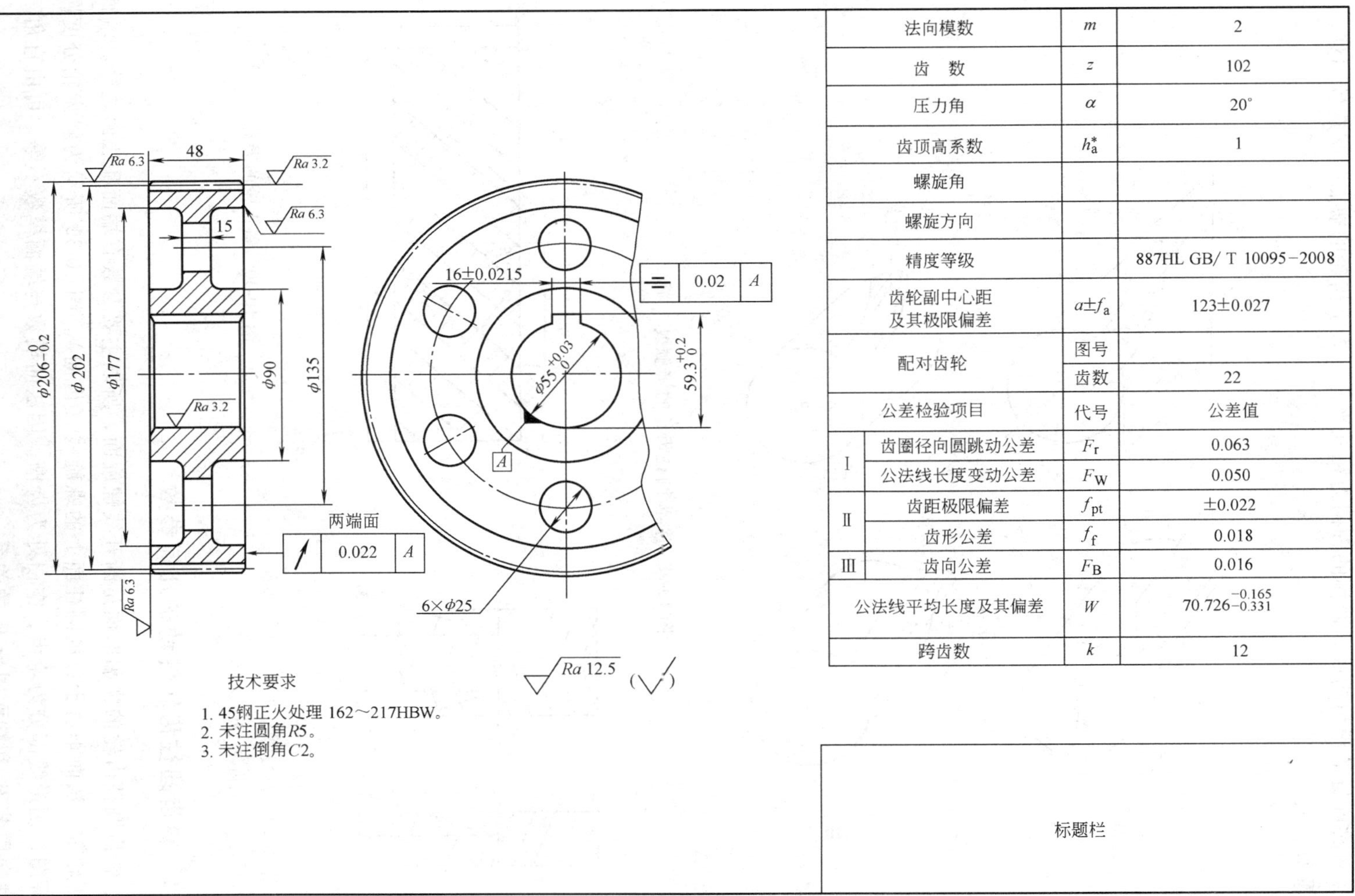

法向模数		m	2
齿　数		z	102
压力角		α	20°
齿顶高系数		h_a^*	1
螺旋角			
螺旋方向			
精度等级			887HL GB/ T 10095—2008
齿轮副中心距及其极限偏差		$a\pm f_a$	123±0.027
配对齿轮		图号	
		齿数	22
公差检验项目		代号	公差值
I	齿圈径向跳动公差	F_r	0.063
	公法线长度变动公差	F_W	0.050
II	齿距极限偏差	f_{pt}	±0.022
	齿形公差	f_f	0.018
III	齿向公差	F_B	0.016
公法线平均长度及其偏差		W	$70.726^{-0.165}_{-0.331}$
跨齿数		k	12

标题栏

图 10-27　直齿圆柱齿轮

传动时，需要装设能承受轴向力的轴承。为消除轴向力，可采用人字齿轮（见图 10-29b），它由两排对称配置的斜齿构成，两侧的轴向力相互平衡。人字齿轮的缺点是制造较困难，主要用于重型机械。

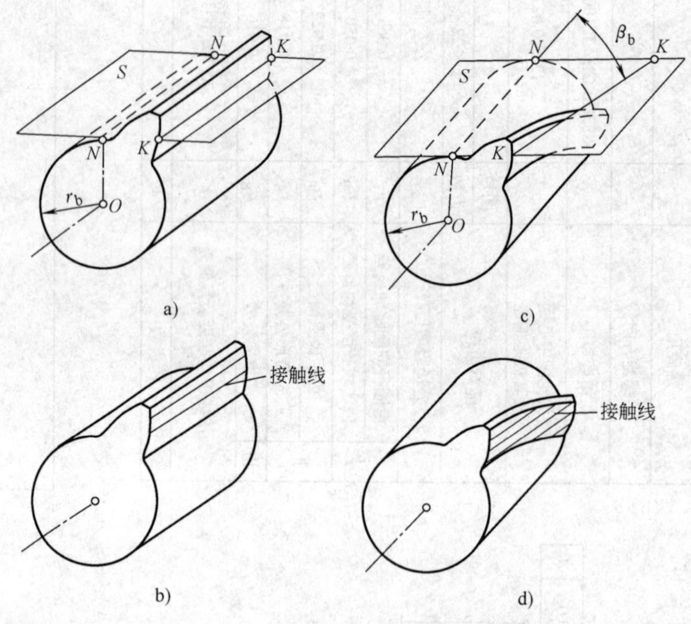

图 10-28　斜齿圆柱齿轮的接触线

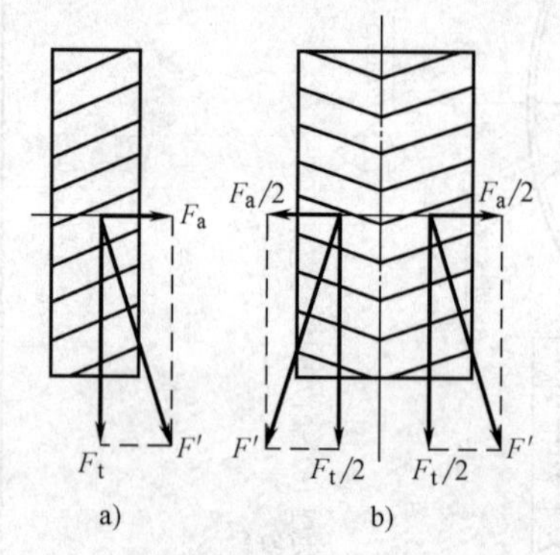

图 10-29　斜齿圆柱齿轮和人字齿轮

a）斜齿轮　b）人字齿轮

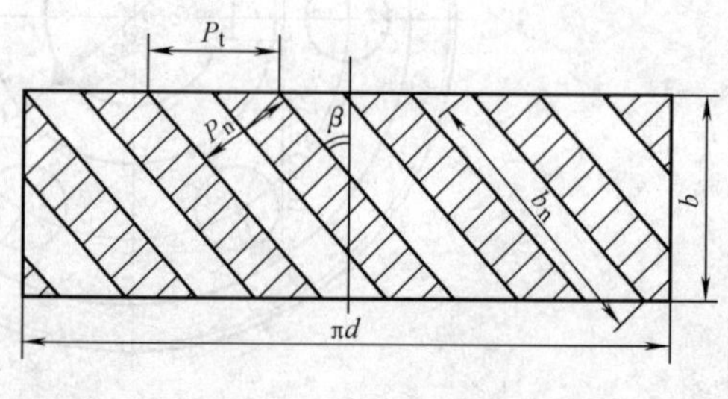

图 10-30　斜齿轮的展开

10.10.2　斜齿圆柱齿轮传动的几何参数

由于斜齿圆柱齿轮的齿廓曲面是渐开线螺旋面，所以主要参数有端面和法面之分。端面垂直于齿轮轴，法面垂直于分度圆柱面上的螺旋线（齿向）。图 10-30 所示为斜齿轮分度圆柱的展开图，阴影线部分为轮齿，空白处为齿槽。因法向模数与端面模数不等，可由直角三角形得法向周节 P_n 和端面周节 P_t 的关系

$$P_n = P_t \cos\beta \tag{10-21}$$

1. 法向模数和端面模数

因 $p=\pi m$，故法向模数 m_n 与端面模数 m_t 的关系可由式（10-21）得

$$m_n = m_t\cos\beta \tag{10-22}$$

2. 螺旋角

斜齿圆柱齿轮轮齿的倾斜程度一般用分度圆柱面上的螺旋角 β 表示。通常所说的斜齿轮的螺旋角，如不特别注明，即指分度圆柱面上的螺旋角。斜齿轮的螺旋角一般为 8°～20°。

3. 法向压力角 α_n 和端面压力角 α_t

工程中常用法向压力角，其值取国家规定的标准值。两者关系为

$$\tan\alpha_t = \frac{\tan\alpha_n}{\cos\beta} \tag{10-23}$$

4. 分度圆直径

用滚刀或铣刀切齿时，斜齿轮的法向模数、法向压力角和齿顶高系数等均为标准值，其数值与直齿轮相同，齿高计算公式也相同。但是，因为分度圆在端面内，其直径 d 应按端面模数计算，即

$$d = m_t z = m_n z/\cos\beta \tag{10-24}$$

初步选定 β 后，由上式求出的 d 可能不是整数，标准中心距 a 也不是整数。实际应用时可将 a 圆整为整数，再由式（10-24）求出所需的螺旋角 β。

10.10.3 斜齿轮的几何尺寸计算

有了 d 和 h、h_f，则齿顶圆、齿根圆和基圆直径均易求出，其计算公式可参考表 10-10。

表 10-10　标准斜齿轮几何尺寸计算公式

名称	符号	公　式
螺旋角	β	$\beta_1=-\beta_2$，一般取 8°～20°
法向模数	m_n	由强度或结构要求确定，然后取标准值
分度圆直径	d	$d_1=m_n z_1/\cos\beta$　$d_2=m_n z_2/\cos\beta$
齿顶高	h_a	$h_a=h_a^* m_n$，h_a^* 同直齿轮的数值
齿根高	h_f	$h_f=h_a+c=(h_a^*+c^*)\,m_n$，$c^*$ 同直齿轮的数值
全齿高	h	$h=h_a+h_f$
齿顶圆直径	d_a	$d_a=d+2h_a$
齿根圆直径	d_f	$d_f=d-2h_f$
标准中心距	a	$a=(d_1+d_2)/2=m_n(z_1+z_2)/2\cos\beta$

注：本表适用于滚刀和铣刀切齿。

斜齿轮传动的中心距与螺旋角 β 有关。当一对斜齿轮的模数、齿数一定时，可以通过改变其螺旋角 β（$\beta=8°\sim20°$）的大小来调整中心距，而无需变位。

例 10.3　一对正常标准斜齿轮的 $z_1=33$，$z_2=66$，$m_n=5$mm。若标准中心距 a 为 250mm，试求螺旋角、分度圆直径和齿顶圆直径。设计时若不改变模数和齿数，可否将中心距增大到 $a=255$mm？

解：由表 10-10 中计算中心距的公式可得

$$\beta = \arccos\frac{m_n(z_1+z_2)}{2a} = \arccos\frac{5\times(33+66)}{2\times250} = 8°6'34''$$

$$d_1 = \frac{m_n z_1}{\cos\beta} = 166.67\text{mm}$$

$$d_2 = \frac{m_n z_2}{\cos\beta} = 333.33\text{mm}$$

$$h_a = h_a^* m_n = 5\text{mm}$$

$$d_{a1} = d_1 + 2h_a = 176.67\text{mm}$$

$$d_{a2} = d_2 + 2h_a = 343.33\text{mm}$$

欲使 $a = 255\text{mm}$，应有

$$\beta = \arccos\frac{m_n\ (z_1 + z_2)}{2a} = \arccos\frac{5\times\ (33+66)}{2\times 255} = 13°55'50''$$

此时分度圆和齿顶圆直径也相应改变。可见，通过改变螺旋角能使一对斜齿轮得到不同的中心距，设计时比较灵活，这是它的一个优点。

10.10.4　平行轴斜齿轮传动的正确啮合条件和重合度

1. 正确啮合条件

斜齿轮在端面内的啮合相当于直齿轮的啮合，平行轴外正确啮合的条件为：①法向模数相等，$m_{n1} = m_{n2}$；②法面压力角相等，$\alpha_{n1} = \alpha_{n2}$；③螺旋角大小相等、方向相反，$\beta_1 = -\beta_2$（内啮合时，旋向相同）。

2. 标准斜齿轮传动的重合度 ε

为了便于分析与计算重合度，我们用端面尺寸相同的直齿轮与斜齿轮进行比较。如图 10-31 所示，上面为直齿轮。下面为斜齿轮。图中 B_2B_2 和 B_1B_1 分别表示在啮合平面内，同一对轮齿开始啮合到退出啮合时的位置。B_2B_2 与 B_1B_1 直线之间区域是轮齿的啮合区。

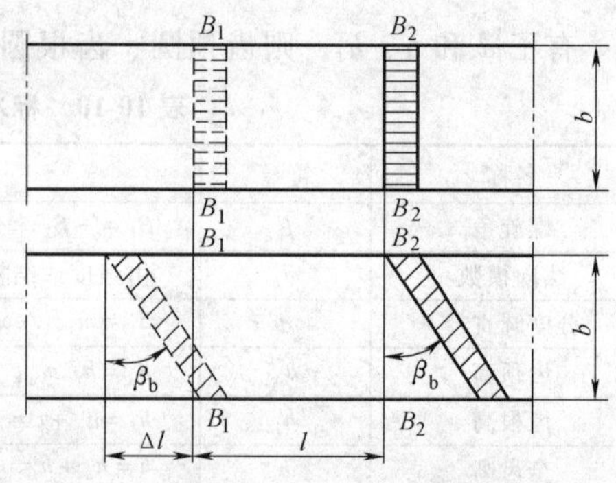

图 10-31　啮合区图

对于斜齿轮来说，由于不是沿整个齿宽同时进入啮合，而是先从轮齿的一端进入啮合，随着齿轮转动而逐渐沿整个齿宽接触。到 B_1B_1 处退出啮合时也是由轮齿的一端先行退出啮合，直到该轮齿转到图中虚线终了位置时，整个轮齿才全部退出啮合。因此，斜齿轮啮合区比直齿轮啮合区大 Δl。斜齿轮的重合度为

$$\varepsilon = \frac{l}{p_b} + \frac{\Delta l}{p_b} = \varepsilon_1 + \frac{b\tan\beta_b}{p_b} \qquad (10\text{-}25)$$

式中，ε 为端面重合度（它等于相应直齿轮的重合度）。

由式（10-25）可知，斜齿轮的重合度随齿宽 b 和螺旋角 β 的增大而增大，故斜齿轮重合度比直齿轮大得多，这就是斜齿轮传动平稳、承载能力高的主要原因。

10.10.5　斜齿轮的当量齿数

如图 10-32 所示，过斜齿轮齿线上任一点 C，作法平面 nn，与分度圆柱交线为一椭圆。

椭圆上 C 点附近的齿廓，可视为斜齿圆柱齿轮的法向（面）齿廓。以椭圆在 C 点的曲率半径 ρ 为分度圆半径，斜齿轮的法向模数 m_n 为模数，压力角为 α_n 的直齿圆柱齿轮，其齿廓与斜齿轮的法向齿廓近似相同。该直齿圆柱齿轮称为所述斜齿轮的当量齿轮，其齿数称为斜齿轮的当量齿数，用 z_v 表示。

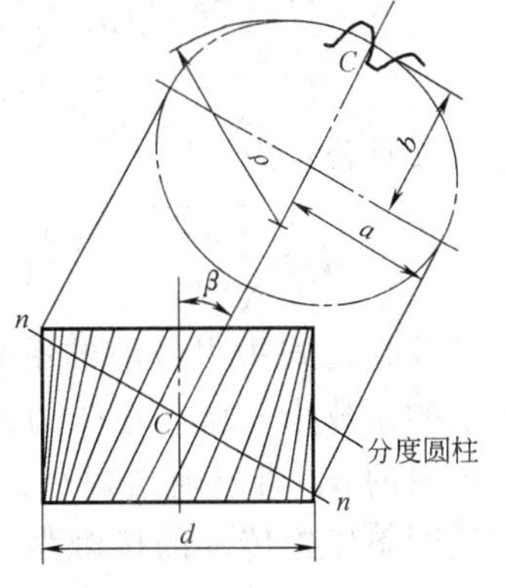

图 10-32　斜齿圆柱齿轮的当量齿数

由高等数学和图中几何关系可得

椭圆长半轴　$a = d/(2\cos\beta)$

椭圆短半轴　$b = r = d/2$

曲率半径　$\rho = \dfrac{a^2}{b} = \left(\dfrac{r}{\cos\beta}\right)^2 \cdot \dfrac{1}{r} = \dfrac{d}{2\cos^2\beta}$

当量齿轮的齿数

$$z_v = \frac{2\pi\rho}{\pi m_n} = \frac{2r}{m_n\cos^2\beta} = \frac{2}{m_n\cos^2\beta}\left(\frac{m_t z}{2}\right) = \frac{z}{m_n\cos^2\beta}\left(\frac{m_n}{\cos\beta}\right) = \frac{z}{\cos^3\beta} \tag{10-26}$$

式中，z 为斜齿圆柱齿轮的实际齿数。

进行强度计算和选择加工刀具时，需按当量齿轮的齿数和齿形为准，标准斜齿轮不发生根切的最少齿数为

$$z_{\min} = z_{v\min}\cos^3\beta = 17\cos^3\beta \tag{10-27}$$

由式（10-27）可见，斜齿轮的最少齿数比直齿轮要少，因而斜齿轮机构更加紧凑。

10.10.6　斜齿圆柱齿轮的强度计算

1. 轮齿的受力分析

图 10-33 所示为斜齿圆柱齿轮传动中主动轮上的受力分析图。图中 F_{n1} 作用在齿面的法向平面内，忽略摩擦力的影响，F_{n1} 可分解成三个互相垂直的分力，即圆周力 F_{t1}、径向力 F_{r1} 和轴向力 F_{a1}，其值分别为

$$\left.\begin{aligned}&\text{圆周力}\quad F_{t1} = 2T_1/d_1\\&\text{径向力}\quad F_{r1} = F_{t1}\tan\alpha_n/\cos\beta\\&\text{轴向力}\quad F_{a1} = F_t\tan\beta\end{aligned}\right\} \tag{10-28}$$

式中，T_1 为主动轮传递的转矩（N · mm）；d_1 为主动轮分度圆直径（mm）；β 为分度圆上的螺旋角；α_n 为法向压力角。

圆周力和径向力的方向判别与直齿轮相同。轴向力的方向根据左右手螺旋定则判定，即根据主动轮轮齿的齿向伸左手或右手（左旋伸左手，右旋伸右手），握住轴线，四指代表主动轮的转向，大拇指所指即为主动轮所受的轴向力 F_{a1} 的方向。作用于从动轮上的力可根据作用力与反作用力之间的关系来判定。

2. 斜齿圆柱齿轮的强度计算

斜齿圆柱齿轮传动的强度计算方法与直齿圆柱齿轮相似，但由于斜齿轮啮合时齿面接触线的倾斜以及传动重合度 ε 的影响，使斜齿轮的接触应力和弯曲应力降低。

（1）齿面接触疲劳强度计算

校核公式为

$$\sigma_H = 3.17 Z_E \sqrt{\frac{KT_1}{bd_1^2} \cdot \frac{u \pm 1}{u}} \leqslant [\sigma_H] \tag{10-29}$$

设计公式为

$$d_1 \geqslant \sqrt[3]{\frac{KT_1}{\psi_d} \cdot \frac{u \pm 1}{u} \left(\frac{3.17 z_E}{[\sigma_H]} \right)^2} \tag{10-30}$$

校核公式中根号前的系数比直齿轮计算公式中的系数小，所以在受力条件等相同的情况下求得的 σ_H 值也随之减小，即接触应力减小。这说明斜齿轮传动的接触强度比直齿轮传动的高。

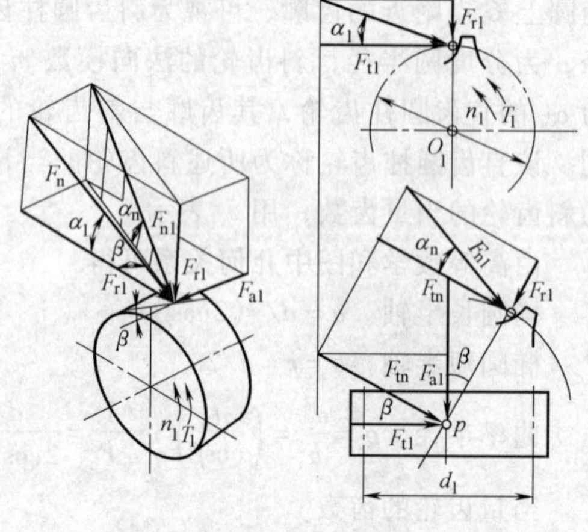

图 10-33　斜齿圆柱齿轮的受力分析

（2）齿根弯曲疲劳强度计算

校核公式为

$$\sigma_F = \frac{1.6KT_1}{bd_1 m_n} Y_F Y_S = \frac{1.6KT_1 \cos\beta}{bm_n^2 z_1} Y_F Y_S \leqslant [\sigma_F] \tag{10-31}$$

设计公式为

$$m_n \geqslant 1.17 \sqrt[3]{\frac{KT_1 \cos^2\beta}{\psi_d z_1^2} \cdot \frac{Y_F Y_S}{[\sigma_F]}} \tag{10-32}$$

设计时应将 $Y_{F1}Y_{S1}/[\sigma_F]_1$ 和 $Y_{F2}Y_{S2}/[\sigma_F]_2$ 两比值中的较大值代入上式，并将计算所得的法向模数按标准模数圆整。Y_F、Y_S 应按斜齿轮的当量齿数查取。

有关直齿轮传动的设计方法和参数选择原则对斜齿轮传动基本上都是适用的。

10.11　锥齿轮传动的概念

10.11.1　概述

锥齿轮用来传递两相交轴的运动和动力。其传动可以看成是两个锥顶共点的圆锥体相互作纯滚动，如图 10-34a 所示。锥齿轮的轮齿是均匀分布在一个截锥体上，从大端到小端逐渐收缩，其轮齿有直齿和曲齿两种类型。直齿锥齿轮易于制造，适用于低速、轻载传动；曲齿锥齿轮传动平稳、承载能力强，常用于高速重载传动，但其制造成本高。本节只介绍两轴相互垂直的标准直齿锥齿轮传动，如图 10-34a 所示。直齿锥齿轮具有基圆锥、分度圆锥、齿顶圆锥和齿根圆锥等，如图 10-34b 所示。一对相互啮合传动的直齿锥齿轮还有节圆锥，对于正确安装的标准锥齿轮传动，节圆锥与分度圆锥重合。在图 10-34b 中，锥 OAB 为齿轮的分度圆锥。

两齿轮的大端分度圆直径分别为 d_1、d_2，齿数分别为 z_1、z_2。则两轮的传动比为

$$i = \frac{\omega_1}{\omega_2} = \frac{z_2}{z_1} = \frac{d_2}{d_1} \tag{10-33}$$

当两轴线的夹角 $\Sigma = \delta_1 + \delta_2 = 90°$ 时，传动比也可为

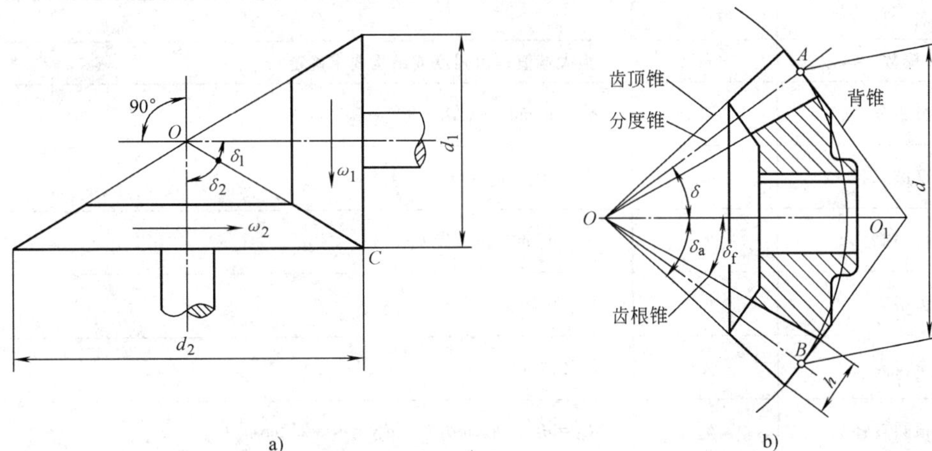

图 10-34　直齿锥齿轮传动

$$i = \tan\delta_2 = \cot\delta_1 \tag{10-34}$$

*10.11.2　直齿锥齿轮的传动条件

1）一对直齿锥齿轮的正确啮合条件是大端模数、压力角分别相等，即

$$m_1 = m_2 = m \quad \alpha_1 = \alpha_2 = \alpha \tag{10-35}$$

2）一对直齿锥齿轮的正确安装条件是两轮锥顶交于一点，轴交角 $\Sigma = \delta_1 + \delta_2 = 90°$，锥距相等 $R_1 = R_2$。

由于直齿锥齿轮计算公式的推导复杂，这里不再详细介绍。需要进行结构设计计算时，可查表 10-11。表中各名称的符号表示如图 10-35 所示。

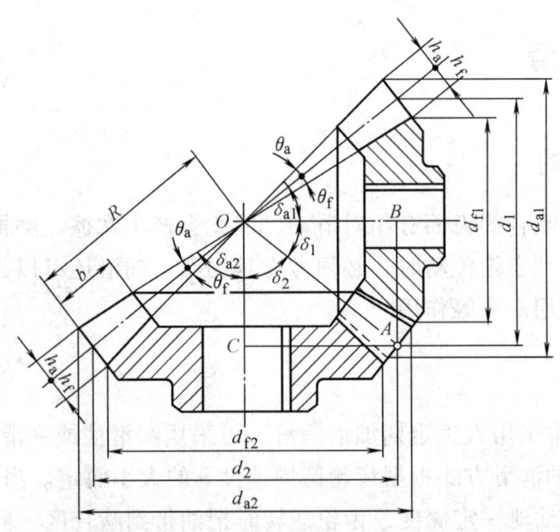

图 10-35　锥齿轮的几何尺寸及符号

表 10-11 标准直齿锥齿轮的几何尺寸计算公式（两轮轴线垂直）

名 称	符 号	公 式
模数	m	指大端值，由强度或结构要求确定
分锥角	δ	$\delta_2=\arctan\frac{z_2}{z_1}$；$\delta_1=90°-\delta_2$
分度圆直径	d	$d_1=mz_1 \quad d_2=mz_2$
齿顶高	h_a	$h_a=h_a^*m$，正常齿 $h_a^*=1$
齿根高	h_f	$h_f=1.2m$
全齿高	h	$h=2.2m$
齿顶圆直径	d_a	$d_{a1}=d_1+2h_a\cos\delta_1 \quad d_{a2}=d_2+2h_a\cos\delta_2$
齿根圆直径	d_f	$d_{f1}=d_1-2h_f\cos\delta_1 \quad d_{f2}=d_2-2h_f\cos\delta_2$
锥距	R	$R=\frac{m}{2}\sqrt{z_1^2+z_2^2}$
齿宽	b	$b\leqslant L/3$，$b\leqslant 10m$（m 为模数）
齿顶角	θ_a	$\theta_a=\arctan\frac{h_a}{L}$
齿根角	θ_f	$\theta_f=\arctan\frac{h_f}{L}$
顶锥角	δ_a	$\delta_{a1}=\delta_1+\theta_a \quad \delta_{a2}=\delta_2+\theta_a$
根锥角	δ_f	$\delta_{f1}=\delta_1-\theta_f \quad \delta_{f2}=\delta_2-\theta_f$

注：表列公式适用于正常收缩齿。

10.12 齿轮的润滑

10.12.1 润滑的目的

齿轮在传动时，相啮合的齿面有相对滑动，因此会产生摩擦、磨损，增加动力消耗，降低传动效率，所以在设计齿轮传动时，必须考虑其润滑。润滑还可以起到防锈、散热、降低噪声以及延长齿轮的使用寿命等作用。

10.12.2 润滑方式

1）开式齿轮传动常采用人工定期加油润滑，可采用润滑油或润滑脂。

2）闭式齿轮传动的润滑方式根据齿轮圆周速度 v 的大小而定。当 $v\leqslant 12\text{m/s}$ 时多采用油浴润滑：将大齿轮浸入油池一定深度，齿轮运转时把油带到啮合区，同时也甩到箱壁上，借以散热（见图 10-36a）。当 v 较大时，齿轮的浸油深度约为一个齿高，但不小于 10mm；在多级齿轮传动中，当几个大齿轮直径不相等时，可以采用惰轮蘸油润滑（见图 10-36b）；当

$v>12m/s$ 时，不宜采用油浴润滑，应采用喷油润滑，用油泵将润滑油直接喷到啮合区（见图 10-36c）。

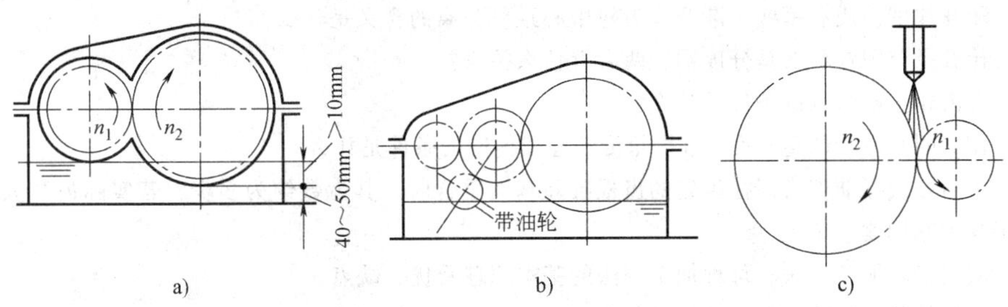

图 10-36　闭式齿轮传动的润滑方式

a）油浴润滑　b）惰轮蘸油润滑　c）喷油润滑

10.12.3　润滑剂的选择

低速时选择润滑脂，速度较高时选择油润滑。选择润滑油时，先根据齿轮的工作条件以及圆周速度由表 10-12 查得运动粘度值，再根据选定的粘度确定润滑油的牌号。

必须经常检查齿轮传动润滑系统的状况（如润滑油的油面高度等）。油面过低则润滑不良，油面过高会增加搅油功率的损失。

对于压力喷油润滑系统还需检查油压状况，油压过低会造成供油不足，油压过高则可能是因为油路不畅通所致，需及时调整油压。

表 10 12　齿轮传动润滑油运动粘度推荐值 v

齿轮材料	强度极限 σ_B/MPa	圆周速度 v/（m/s）						
		<0.5	0.5～1	1～2.5	2.5～5	5～12.5	12.5～25	>25
铸铁、青铜	—	180（23）	120（15）	85	60	45	34	—
钢	450～1000	270（34）	180（23）	120（15）	85	60	45	34
钢	1000～1250	270（34）	270（34）	180（23）	120（15）	85	60	45
钢	1250～1600	450（53）	270（34）	270（34）	180（23）	120（15）	85	60
渗碳或表面淬火钢		450（53）	270（34）	270（34）	180（23）	120（15）	85	60

注：多级齿轮传动按各级粘度的平均值选取；括号内为 $\nu_{100℃}$，括号外为 $\nu_{50℃}$

10.13　齿轮传动的效率

齿轮传动的功率损失主要包括啮合中的摩擦损失、轴承中的摩擦损失和搅动润滑油的功率损失。进行有关齿轮的计算时通常使用的是齿轮传动的平均效率。

传动的平均总效率列于表 10-13 中，供设计传动系统时参考。

表 10-13　装有滚动轴承的齿轮传动的平均效率

传动形式	圆柱齿轮传动	锥齿轮传动
6 级或 7 级精度的闭式传动	0.98	0.97
8 级精度的闭式传动	0.97	0.96
开式传动	0.95	0.94

思考与练习

10.1 渐开线的性质有哪些？渐开线齿轮中心距可分离的含义是什么？

10.2 什么是节圆？什么是分度圆？两者有什么关系？

10.3 直齿轮正确啮合的条件是什么？

10.4 什么叫直齿轮的重合度？直齿轮传动连续传动的条件是什么？

10.5 当渐开线标准直齿圆柱齿轮的齿根圆和基圆重合时，其齿数约为多少？若实际齿数大于求出的数值，齿根圆和基圆哪一个大？

10.6 试述齿轮加工方法、每种加工方法的基本原理及优、缺点。

10.7 斜齿轮传动正确啮合的条件是什么？

10.8 什么叫根切？为什么要避免根切？

10.9 螺旋角 $\beta=15°$ 的标准斜齿轮，正常齿制，其不产生根切的最少齿数为多少？

10.10 试简述齿轮设计准则。

10.11 试简述润滑的目的和润滑方式。

10.12 迄今已学过哪几种齿轮传动？试简述它们的优、缺点。

10.13 某两级斜齿圆柱齿轮减速器传递的功率 $P=40\text{kW}$，高速级传动比 $i=3.3$，高速轴转速 $n_1=1470\text{r/min}$，用电动机驱动，长期工作，双向传动，载荷有中等冲击，要求结构紧凑，试计算此高速级齿轮传动。

第 11 章　蜗杆传动和齿轮系

本章研究两部分内容：齿轮传动的另一特殊、重要的形式——蜗杆传动，各种齿轮的组合——齿轮系及减速器。最后还对已介绍过的机械传动作一归纳、比较。

11.1　蜗杆传动概述

11.1.1　蜗杆传动的组成

蜗杆传动是在空间交错的两轴间传递运动和动力的一种传动机构，两轴交错夹角可以是任意角，常用的是90°。其形状结构类似于螺旋传动，因此蜗杆传动具有一些螺旋传动的特点。

蜗杆传动的组成如图 11-1 所示，一般是蜗杆为主动件，蜗轮为从动件，广泛用于机器和仪器中的减速装置。

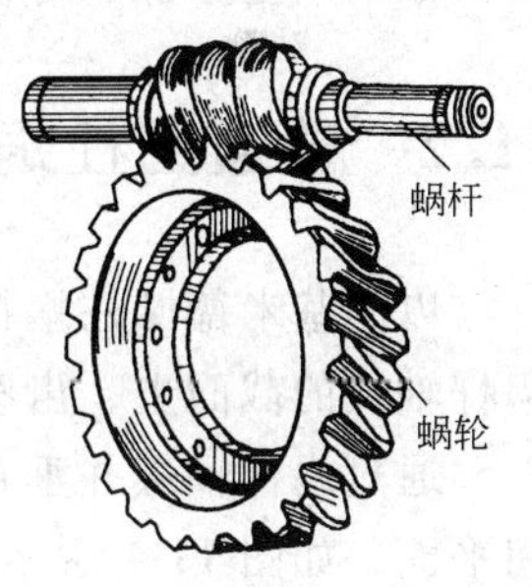

图 11-1　蜗杆传动的组成

11.1.2　蜗杆传动的类型及应用场合

根据蜗杆的形状，蜗杆传动可分为圆柱蜗杆传动（见图 11-2a）、环面蜗杆传动（见图 11-2b）和锥蜗杆传动（见图 11-2c）等。圆柱蜗杆又有普通圆柱蜗杆传动和圆弧圆柱蜗杆传动。普通圆柱蜗杆根据不同的齿廓曲线可分为阿基米德蜗杆、渐开线蜗杆等。其中，阿基米德蜗杆由于加工方便，应用最为广泛。圆弧圆柱蜗杆效率高（达 0.90 以上）、承载能力大（约为普通圆柱蜗杆传动的 1.5 ~ 2.5 倍）、传动比范围大、体积小，适用于高速重载传动。环面蜗杆传动应用日益广泛，具有效率高（高达 0.90 ~ 0.95）、承载能力大（约为普通圆柱蜗杆传动的 2 ~ 4 倍）、体积小、寿命长等优点，但需要较高的制造和安装精度。

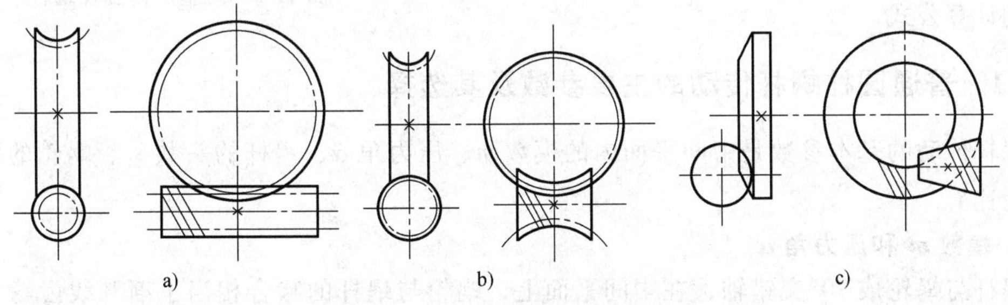

图 11-2　蜗杆传动的类型

a）圆柱蜗杆传动　b）环面蜗杆传动　c）锥蜗杆传动

蜗杆和螺纹一样，也有左旋、右旋之分，无特殊要求不用左旋。根据蜗杆轮齿螺旋线的头数，蜗杆有单头和多头之分。

11.1.3　蜗杆传动的特点

与齿轮传动相比，蜗杆传动有如下特点：

1）传动比大而准确，结构紧凑。一般传动中，$i=10\sim40$，最大可达 80。在分度机构中，其传动比可达 600 ~ 1000。由于蜗杆传动可用较小的零件实现大传动比运动，所以与圆柱齿轮、锥齿轮相比，蜗杆传动更为紧凑。此外，蜗杆传动能保证传动比的准确性。

2）传动平稳、噪声小。蜗杆齿是连续的螺旋形齿，蜗轮和蜗杆是逐渐进入和退出啮合的，同时啮合的齿数较多，所以传动平稳，噪声小。

3）可以自锁。当蜗杆的螺旋线升角小于啮合面的当量摩擦角时，蜗杆传动具有自锁性。这一特点使得蜗杆传动在安全性要求较高的起重设备中得以广泛应用。

4）蜗轮造价高。为减少磨损，提高效率和寿命，蜗轮齿圈一般用青铜等较贵重的金属制造，因此造价较高。

5）效率低。由于蜗杆和蜗轮在啮合处有较大的相对滑动，因此摩擦损失大，效率较低。传动效率一般为 0.7 ~ 0.9，自锁时效率小于 0.5。此外，当工作条件不良时，相对滑动会导致齿面的严重摩擦和磨损，从而引起过分发热，使润滑情况恶化。

11.2　普通圆柱蜗杆传动的主要参数及几何尺寸计算

以阿基米德圆柱蜗杆为例，其螺旋面的形成与螺纹的形成相同（见图 11-3），在垂直于蜗杆轴线的截面上，齿廓为阿基米德螺旋线。由于阿基米德蜗杆制造简便，故应用较广。

通过蜗杆轴线并垂直于蜗轮轴线的平面称为中间平面，如图 11-4 所示。在中间平面上，蜗杆与蜗轮的啮合相当于齿条与渐开线齿轮的啮合。蜗杆与梯形螺纹相似，蜗轮近似于渐开线斜齿轮，但其齿顶面呈凹弧形，以包住蜗杆。设计蜗杆传动时，均取中间平面上的参数（如模数和压力角等）和尺寸（如齿顶圆、分度圆等）为基准，在中间平面上，蜗杆几何参数的计算可沿用渐开线圆柱齿轮传动的计算公式。

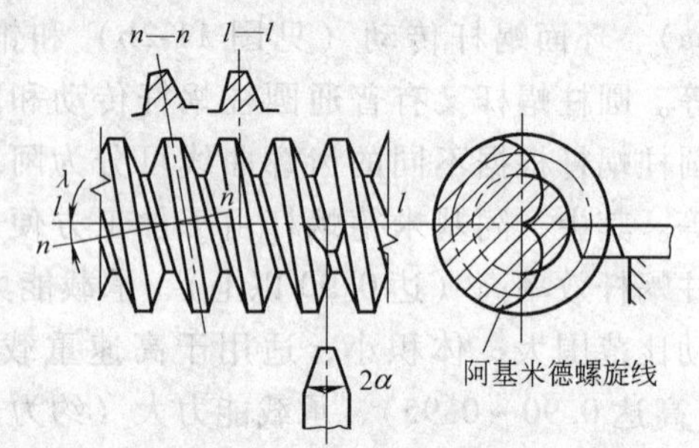

图 11-3　阿基米德圆柱蜗杆

11.2.1　普通圆柱蜗杆传动的主要参数及其选择

蜗杆传动的基本参数是中间平面内的模数 m、压力角 α、蜗杆的头数 z_1、蜗轮的齿数 z_2 和传动比 i。

1. 模数 m 和压力角 α

蜗杆与蜗轮成90°交错轴，在中间平面上，蜗轮与蜗杆的啮合相当于渐开线齿轮与齿条的啮合，蜗轮的端面（对于蜗轮来讲，端面平行于中间平面）齿距 p_t 应等于蜗杆的轴向齿距 p_{a1}，即蜗杆轴向的模数 m_{a1}应该等于蜗轮端面的模数 m_{t2}，蜗杆轴向的压力角 α_{a1}应该等于蜗轮端面压力角 α_{t2}，并且蜗杆导程角 γ 等于蜗轮螺旋角 β。因此，蜗杆传动正确啮合的条件是

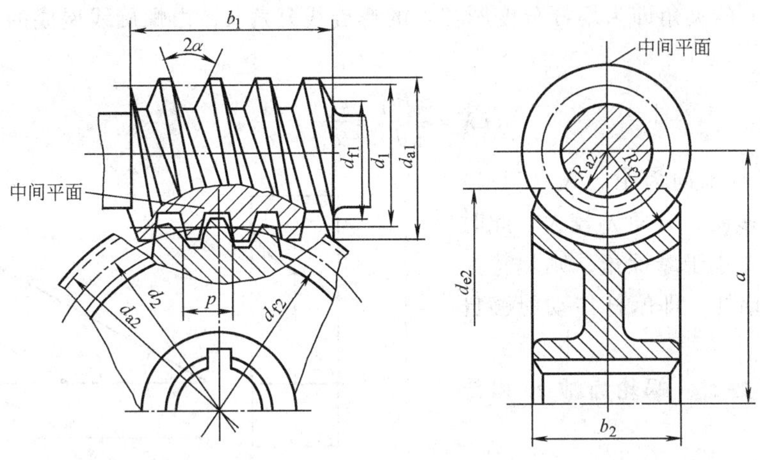

图 11-4　蜗杆、蜗轮的几何尺寸

$$m_{a1}=m_{t2}=m$$

$$\alpha_{a1}=\alpha_{t2}=\alpha$$

$$\gamma=\beta \tag{11-1}$$

2. 蜗杆分度圆直径 d_1 和蜗杆直径系数 q

因蜗轮常用形状与蜗杆相仿的滚刀展成切齿，为使刀具标准化和减少其数量，对每一模数规定 1 ~ 3 种蜗杆分度圆直径，并将此分度圆直径与模数之比称为蜗杆直径系数，用 q 表示，即

$$q=d_1/m \tag{11-2}$$

参数 q 和 m 的搭配值见国家标准（蜗杆基本参数国家标准）GB/T 10085—1988。

表 11-1 所示为蜗杆的分度圆直径。

表 11-1　蜗杆的分度圆直径　（单位：mm）

m	1	1.25			1.6				2			
d_1	18	20		28	20		28		(18)	22.4	(28)	35.5
m^2d_1/mm^3	18	31.5		35	51.2		71.68		72	89.6	112	142
m	2.5				3.15				4			
d_1	(22.4)	28	(35.5)	45	(28)	35.5	(45)	56	(31.5)	40	(50)	71
m^2d_1/mm^3	140	175	2219	281	277.8	352.2	446.5	555.6	504	640	800	1136
m	5				6.3				8			
d_1	(40)	50	(63)	90	(50)	63	(80)	112	(62)	80	(100)	140
m^2d_1/mm^3	1000	1250	1575	2250	1985	2500	3175	4445	4032	5376	6400	8960
m	10				12.5				16			
d_1	(71)	90	(112)	160	(90)	12	(140)	200	(112)	140	(180)	250
m^2d_1/mm^3	7100	9000	11200	16000	14062	17500	21875	31250	28672	35840	46080	6400

3. 蜗杆螺旋线升角 λ

蜗杆螺旋面与分度圆柱面的交线为螺旋线。如图 11-5 所示，将蜗杆分度圆柱面展开，

其螺旋线与端面的夹角即为蜗杆分度圆柱上的螺旋线升角 λ，由螺旋线展成的直角三角形可得

$$\tan\lambda = \frac{z_1 P_{a1}}{\pi d_1} = \frac{z_1 m}{d_1} = \frac{z_1}{q} \tag{11-3}$$

式中，P_{a1} 为蜗杆轴向齿距。式（11-3）说明线数 z_1 较多时，升角 λ 较大，此时效率较高。若 λ 小于摩擦角，则蜗轮主动时不能推动蜗杆，即蜗杆传动能够自锁。

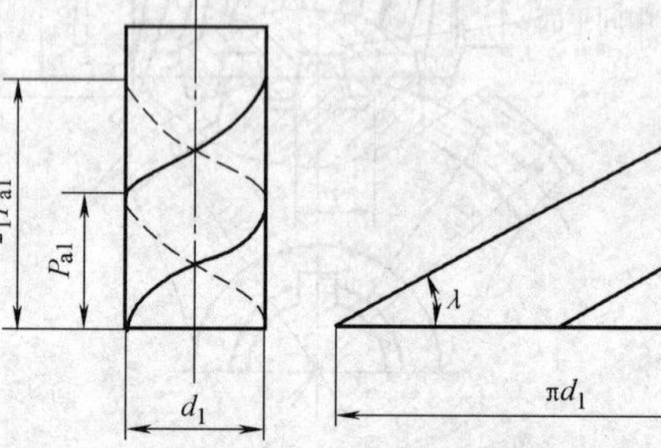

图 11-5　蜗杆螺旋线升角

4. 蜗杆头数 z_1、蜗轮齿数 z_2 和传动比 i

（1）蜗杆头数　蜗杆头数即为蜗杆螺旋线的数目，蜗杆的头数 z_1 一般取 1、2、4。当传动比大于 40 或要求蜗杆自锁时，取 $z_1 = 1$；当传递功率较大时，为提高传动效率、减少能量损失，常取 z_1 为 2、4。蜗杆头数越多，加工精度越难保证。

通常情况下取蜗轮齿数 $z_2 = 28 \sim 80$，若 $z_2 < 28$，会使传动的平稳性降低，且易产生根切；若 z_2 过大，蜗轮直径增大，与之相应蜗杆的长度增加，刚度减小，从而影响啮合的精度。蜗杆头数和蜗轮齿数推荐值见表 11-2。

表 11-2　蜗杆头数 z_1、蜗轮齿数 z_2 推荐值

传动比 $i = z_2/z_1$	7 ~ 13	14 ~ 27	28 ~ 40	>40
蜗杆头数 z_1	4	2	2、1	1
蜗轮齿数 z_2	28 ~ 52	28 ~ 54	28 ~ 80	>40

（2）传动比 i　蜗杆传动中，通常蜗杆为主动件，蜗杆传动的传动比 i 等于蜗杆与蜗轮的转速之比。当蜗杆转一周时，蜗轮转过 z_1 个齿，即转过 z_1/z_2 周，所以可得

$$i = \frac{n_1}{n_2} = \frac{1}{z_1/z_2} = \frac{z_2}{z_1} \tag{11-4}$$

式中，n_1、n_2 分别为蜗杆、蜗轮的转速（r/min）；z_1、z_2 可根据传动比 i 按表 11-2 选取。

值得注意的是，蜗杆传动的传动比 i 仅与 z_1 和 z_2 有关，而不等于蜗轮与蜗杆分度圆直径之比，即 $i = z_2/z_1 \neq d_2/d_1$。

11.2.2　普通圆柱蜗杆传动的几何尺寸计算

普通圆柱蜗杆传动的几何尺寸及其计算公式见表 11-3。

表 11-3　普通圆柱蜗杆传动的几何尺寸及其计算公式

名称	符号	蜗　杆	蜗轮
分度圆直径	d	d_1	$d_2 = mz_2$
中心距	a	$a = (d_1 + d_2)/2$	

（续）

名称	符号	蜗　　杆	蜗轮
齿顶圆直径	d_a	$d_{a1}=d_1+2m$	$d_{a2}=d_2+2m$
齿根圆直径	d_f	$d_{f1}=d_1-2.4m$	$d_{f2}=d_2-2.4m$
蜗轮最大外圆直径	d_{c2}		$d_{c2}=d_{a2}+m$
蜗轮齿顶圆弧半径	R_{a2}		$R_{a2}=d_{f1}+0.2m$
蜗轮齿根圆弧半径	R_{f2}		$R_{f2}=d_{a1}+0.2m$
蜗轮轮缘宽度	B		$z_1\geqslant 3$ 时，$B\geqslant 0.75d_{a1}$ $z_1=4$ 时，$B\geqslant 0.67d_{a1}$
蜗杆分度圆主导程角	γ		$\gamma=\arctan z_1 m/d_1$
蜗杆轴向螺距	p		$p=\pi m$
蜗杆螺旋部分长度	L		$z_1=1$、2 时，$L\geqslant(11+0.06z_2)\ m$ $z_2=4$ 时，$L\geqslant(12.5+0.09z_2)\ m$ 磨削蜗杆加长量； 当 $m<10$mm，加长 25mm 当 $m=10\sim16$mm，加长 35 ~ 40mm

11.3　蜗杆传动的失效形式、设计准则和材料选择

11.3.1　失效形式

蜗杆传动的主要失效形式为蜗轮点蚀、胶合、磨损、轮齿折断等，但是由于蜗杆传动在齿面间有较大的相对滑动，与齿轮相比，其磨损、点蚀和胶合的现象更易发生，而且失效通常发生在蜗轮轮齿上。

11.3.2　设计准则

在闭式蜗杆传动中，蜗轮轮齿多因齿面胶合或点蚀而失效，因此，通常按齿面接触疲劳强度进行设计。此外，由于闭式蜗杆传动散热较为困难，为避免胶合，还应做热平衡设计。

在开式蜗杆传动中，蜗轮轮齿多因齿面磨损和轮齿折断而失效，因此，应以保证齿根弯曲疲劳强度作为开式蜗轮传动的主要设计准则。

11.3.3　蜗杆和蜗轮的材料选择

基于蜗杆传动的特点，蜗杆副的材料组合首先要求具有良好的减摩、耐磨、易于跑合的性能和抗胶合能力。此外，也要求有足够的强度。

1. 蜗杆的材料

蜗杆绝大多数采用碳钢或合金钢制造，其螺旋面硬度越高、光洁程度越高，耐磨性就越好。高速重载的蜗杆常用 20Cr、20CrMnTi 等合金钢渗碳淬火，表面硬度可达 56 ~ 62HRC；或用 45 钢、40Cr 等钢表面淬火，硬度可达到 45 ~ 55HRC；淬硬蜗杆表面应磨削或抛光。一

般蜗杆可采用 40 钢、45 钢等碳钢调质处理，硬度约为 217～255HBW。

2. 蜗轮的材料

在高速、重要的传动中，蜗轮常用铸造锡青铜 ZCuSn10Pb1 制造，它的抗胶合和耐磨性能好，允许的滑动速度 v_s 可达 25m/s，易于切削加工，但价格贵。在滑动速度 $v_s<12$m/s 的蜗杆传动中，可采用含锡量低的铸造锡锌铅青铜 ZCuSnSPb5Zn5 或无锡青铜，例如铸造铝铁青铜 ZCuAl10Fe3，它的强度较高，价格低，但切削性能差，抗胶合能力较差，宜用于配对经淬火的蜗杆、滑动速度 $v_s<10$m/s 的传动。在滑动速度 $v_s<2$m/s 的传动中，蜗轮也可采用球墨铸铁、灰铸铁。但蜗轮材料的选取并不完全决定于滑动速度 v_s，对重要的蜗杆传动，即使 v_s 值不高，也常采用锡青铜制作蜗轮。

11.4 普通蜗杆传动的强度计算

11.4.1 蜗杆传动的运动分析和受力分析

1. 运动分析

蜗杆传动运动分析的目的是确定传动件的转向及滑动速度。在蜗杆传动中，一般蜗杆为主动。蜗轮的转向取决于蜗杆的转向与螺旋线方向以及蜗杆与蜗轮的相对位置，转向判别亦可用螺旋定则来进行：当蜗杆为右（左）旋时，用右（左）手四指弯曲的方向代表蜗杆的旋转方向，蜗轮节点处大拇指方向为蜗杆轴向力方向，而蜗轮切向力方向与之相反，因此可由从动轮蜗轮的啮合点处速度 v_2 的方向与大拇指方向相反，确定蜗轮的转向。

2. 受力分析

蜗杆传动的受力分析和斜齿圆柱齿轮传动相似，如图 11-6 所示，将啮合节点 C 处齿间法向力 F_n 分解为三个互相垂直的分力：圆周力 F_t、轴向力 F_a 和径向力 F_r。蜗杆为主动件，作用在蜗杆上的圆周力 F_{t1} 与蜗杆在该点的圆周速度方向相反；蜗轮是从动件，作用在蜗轮上的圆周力 F_{t2} 与蜗轮在该点的圆周速度方向相同，当蜗杆轴与蜗轮轴交错角 $\Sigma=90°$ 时，作用于蜗杆上的圆周力 F_{t1} 等于蜗轮上的轴向力，但方向相反；作用于蜗轮上的圆周力 F_{t2} 等于蜗杆上的轴向力 F_{a1}，方向亦相反；蜗杆、蜗轮上的径向力 F_{r1}、F_{r2} 都分别由啮合节点 C 沿半径方向指向各自中心，且大小相等、方向相反。如果 T_1 和 T_2 分别表示作用于蜗杆和蜗轮上的转矩，则各力的大小为

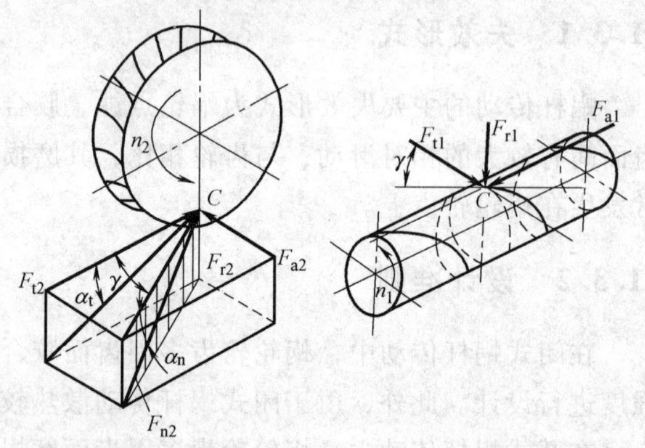

图 11-6 蜗杆传动的受力分析

$$F_{t1}=F_{a2}=2T_1/d_1 \tag{11-5}$$

$$F_{t2}=F_{a1}=2T_2/d_2=2T_1 i\eta/d_2 \tag{11-6}$$

$$F_{r1}=F_{r2}\approx F_{a1}\tan\alpha \tag{11-7}$$

$$F_{n1}=F_{n2}\approx F_{a1}/\cos\alpha_n\cos\gamma=2T_2/d_2\cos\alpha_n\cos\gamma \tag{11-8}$$

式中，T_1、T_2 分别为蜗杆和蜗轮轴上的转矩（N·mm）；i、η 分别为传动比和传动效率；

d_1、d_2 分别为蜗杆和蜗轮的分度圆直径（mm）；α 为压力角，$\alpha=20°$。

11.4.2　蜗杆传动的齿轮面接触强度计算

蜗轮齿面胶合与磨损在蜗杆传动中虽然属常见的失效形式，但目前尚无成熟的计算方法，不过它们随齿面的接触应力的增加而加剧，因此可统一作为齿面接触强度进行条件性计算，并在选取许用接触应力［σ_H］值时考虑胶合和磨损失效的影响。这样，蜗轮齿面的接触强度计算便成为蜗杆传动最基本的轮齿强度计算。

蜗杆传动的齿面接触强度计算与斜齿轮相似，也是以赫兹公式为计算基础的。将蜗杆作为齿条，蜗轮作为斜齿轮，以其结点处啮合的相应参数代入赫兹公式，对于钢制蜗杆和青铜或铸铁制的蜗轮，可得蜗轮齿面接触强度的校核公式为

$$\sigma_H=\frac{480}{mz_2}\sqrt{\frac{KT_2}{d_1}}\leqslant[\sigma_H] \tag{11-9}$$

蜗轮齿面接触强度的设计公式为

$$m^2d_1\geqslant\left(\frac{480}{[\sigma_H]\ z_2}\right)^2KT_2 \tag{11-10}$$

式中，［σ_H］为蜗轮的许用接触应力（MPa），可查表 11-4；T_2 为作用在蜗轮上的转矩（N·mm）；K 为载荷系数，用来考虑载荷集中和动载荷的影响，$K=1\sim1.3$，当载荷平稳，滑动速度低以及制造、安装精度较高时，取小值；d_1 为蜗杆分度圆直径（mm）。

表 11-4　常用的蜗轮材料及许用接触应力

蜗轮材料牌号	铸造方法	适用滑动速度/$m\cdot s^{-1}$	许用接触强度［σ_H］/MPa						
			0.5	1	2	3	4	6	8
			滑动速度/$m\cdot s^{-1}$						
ZCuSn10Pb1	砂模 金属模	≤25	134 200						
ZCuSn5Pb5Zn5	砂模 金属模 离心浇铸	≤12	128 134 174						
ZCuAl10Fe3	砂模 金属模 离心浇铸	≤10	250	230	210	180	160	120	90
ZCuZn38Mn2Pb2	砂模 金属模	≤10	215	200	180	150	135	95	75
HT150 HT200	砂模	≤2	130	115	90	—	—	—	—

注：1. 表中［σ_H］用于蜗杆螺旋表面强硬度 >350HBW 时，若≤350 时，需降低 5%～20%。

2. 当传动为短时工作的，锡青铜的［σ_H］值可提高 40%～50%。

根据式（11-10）求得 m^2d_1 后，再按表 11-1 确定 m 及 d_1 的标准值。

蜗轮轮齿弯曲强度所限定的承载能力大都超过齿面点蚀和热平衡计算所限定的承载能

力。一般情况下，蜗轮轮齿折断的情况很少发生，当蜗轮采用脆性材料并承受强烈冲击时，应进行弯曲强度计算，需要计算时可参阅有关文献。

11.5　蜗杆传动的效率、润滑和热平衡计算

11.5.1　蜗杆传动效率的计算

闭式蜗杆传动的功率损耗一般包括三部分，即啮合摩擦损耗、轴承摩擦损耗及浸入油池中零件搅油损耗。因此总效率为

$$\eta = \eta_1 \eta_2 \eta_3 \tag{11-11}$$

式中，η_1 为啮合效率，一般 $\eta_1 = 0.70 \sim 0.80$；η_2 为搅油效率，一般 $\eta_2 = 0.94 \sim 0.99$；η_3 为轴承效率，滚动轴承的 $\eta_3 = 0.99 \sim 0.995$，滑动轴承的 $\eta_3 = 0.97 \sim 0.99$。

上述三项效率中，啮合效率 η_1 是三项效率中的最低值，可按螺纹副的效率公式计算。当蜗杆主动时

$$\eta_1 = \frac{\tan\gamma}{\tan(\gamma + \rho_v)} \tag{11-12}$$

式中，ρ_v 为蜗杆与蜗轮轮齿面间的当量摩擦角。当量摩擦角 ρ_v 与蜗杆蜗轮的材料、表面情况、相对滑动速度及润滑条件有关。啮合中齿面间的滑动有利于油膜的形成，所以滑动速度越大，当量摩擦角越小。表 11-5 所示为实验所得的当量摩擦角。

表 11-5　蜗杆传动的当量摩擦角 ρ_v

蜗轮齿圈材料		锡青铜		无锡青铜	灰铸铁	
钢蜗杆齿面硬度		≥45HRC	其他情况	≥45HRC	≥45HRC	其他情况
滑动速度 v /m·s^{-1}	0.01	6°17′	6°51′	10°12′	10°12′	10°45′
	0.05	5°09′	5°43′	7°58′	7°58′	9°05′
	0.10	4°34′	5°09′	7°24′	7°24′	7°58′
	0.25	3°43′	4°17′	5°43′	5°43′	6°51′
	0.50	3°09′	3°43′	5°09′	5°09′	5°43′
	1.0	2°35′	3°09′	4°00′	4°00′	5°09′
	1.5	2°17′	2°52′	3°43′	3°43′	4°34′
	2.0	2°00′	2°35′	3°09′	3°09′	4°00′
	2.5	1°43′	2°17′	2°52′		
	3.0	1°36′	2°00′	2°35′		
	4	1°22′	1°47′	2°17′		
	5	1°16′	1°40′	2°00′		
	8	1°02′	1°29′	1°43′		
	10	0°55′	1°22′			
	15	0°48′	1°09′			
	24	0°45′				

分析式（11-12）可知，当蜗杆导程角 γ 近于 45°时，啮合效率 η_1 达到最大值，在此之前，η_1 随 γ 的增大而增大，故动力传动中常用多头蜗杆，以增大 γ。但大导程角的蜗杆制造

困难，所以在实际应用中 γ 很少超过 27°。

在初步设计时，蜗杆传动的总效率 η 可近似地取为

1）闭式传动

$$z_1=1 \text{ 时}，\eta=0.70\sim0.75；$$
$$z_1=2 \text{ 时}，\eta=0.75\sim0.82；$$
$$z_1=4 \text{ 时}，\eta=0.87\sim0.92；$$

2）开式传动

$$z_1=1，2 \text{ 时}，\eta=0.60\sim0.70$$

由以上数据可见，效率与蜗杆的结构有直接关系，一般蜗杆的头数增加，效率提高。效率一般在 0.7 ~0.92 之间。

11.5.2　蜗杆传动的润滑

为了提高蜗杆传动的效率、降低工作温度，避免胶合和减少磨损，必须进行良好的润滑。蜗杆传动所用的润滑油的粘度和给油方法，主要根据相对滑动速度和载荷类型进行选择。对于闭式传动，可以参考表 11-6。

表 11-6　蜗杆传动的润滑油粘度推荐值和给油方法

滑动速度/（m/s）	<1	<2.5	<5	5 ~10	10 ~15	15 ~25	>25
工作条件	重载	重载	中载				
粘度/cSt	(50)	(32)	(20)	(12)	81.5	59	44
给油方法	油池润滑			油池或喷油润滑	压力喷油润滑		

注：$1\text{cSt}=10^{-6}\text{m}^2/\text{s}$。

11.5.3　蜗杆传动的热平衡计算及散热措施

所谓热平衡，就是要求蜗杆传动正常连续工作时，由摩擦产生的热量应小于或等于箱体表面散发的热量，以保证温升不超过许用值。蜗杆传动的发热量较大。对于闭式传动，如果散热不充分，温度过高，就会使润滑油粘度降低，减小润滑作用，导致齿面磨损加剧，甚至引起齿面胶合。所以，对于连续工作的闭式蜗杆传动，应进行热平衡计算。转化为热量的摩擦耗损功率为

$$\phi_1=1000P(1-\eta)$$

经箱体表面散发热量的相当功率为

$$\phi_2=KA(t_1-t_2)$$

则蜗杆传动的热平衡条件是

$$t_1=\frac{1000P(1-\eta)}{KA}+t_2$$

式中，P 为传动输入的功率（kW）；K 为散热系数（W/（m^2·℃），通风良好时，$K=14\sim17.5$W/（m^2·℃），通风不良时，$K=8.5\sim10.5$W/（m^2·℃）；A 为有效散热面积值，指内壁能被油飞溅到，且外部与空气接触的箱体表面积（m^2）；η 为传动总效率；t_1、t_2 分别为润滑油的工作温度和环境温度，一般 $t<80$℃。

在设计中，如果 $t_1>80$℃，一定要考虑散热问题。常用的散热措施如下：

1）在蜗杆箱体外表面上铸出或焊上散热片，以增加散热面积，散热片本身面积按 50% 计算。

2）在蜗杆轴上装风扇（见图 11-7a）时，可取 $K=21\sim28\ \mathrm{W/(m^2\cdot℃)}$。

3）用上述方法，散热能力仍然不够时，可在箱体油箱内装蛇形水管，用循环水冷却，如图 11-7b 所示。

4）对温控要求较高的蜗杆传动采用压力喷油循环润滑，如图 11-7c 所示。

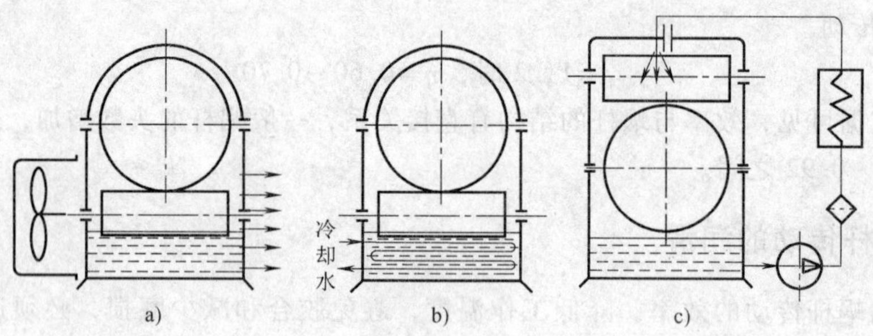

图 11-7 蜗杆传动的冷却方法

11.6 蜗杆和蜗轮的结构

蜗杆通常和轴制成一体，称为蜗杆轴（见图 11-8）。对于铣削的蜗杆，轴径 d 可大于 d_{f1}，以增加蜗杆刚度；对于车制的蜗杆，轴径 d 应比蜗杆齿根圆直径 d_{f1} 小 2 ~ 4mm。只有在蜗杆直径很大（$d_{f1}/d\geqslant1.7$）时，才可将蜗杆齿圈和轴分别制造，然后再套装在一起。蜗杆通常与轴做成一体。

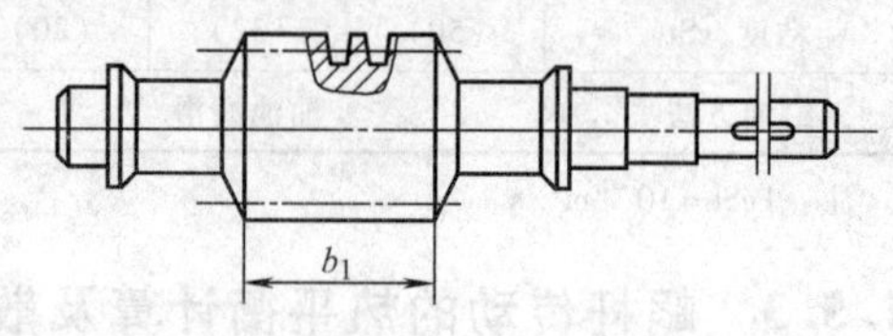

图 11-8 蜗杆轴

较小的蜗轮可以制成如图 11-9a 所示的整体式。对于尺寸较大的蜗轮，为了节省有色金属，可以做成组合式，齿圈用青铜，轮芯用铸铁或钢，并用过盈配合连接（见图 11-9b）或螺栓连接（见图 11-9c），也可以将青铜齿圈浇铸在铸铁轮芯上（见图 11-9d）。

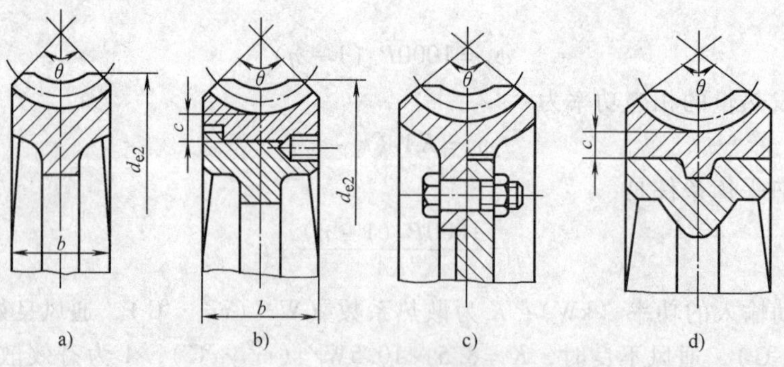

图 11-9 蜗轮的结构

11.7　齿轮系

11.7.1　齿轮系的概念

前面仅介绍了一对齿轮的啮合原理和几何尺寸的计算（包括蜗杆和蜗轮），但在实际应用中，仅由一对齿轮组成的齿轮机构往往不能满足工作需要。一般都由互相啮合的一系列齿轮所组成的齿轮机构来保证。例如，在各种机床中，将电动机的一种转速变为主轴的多级转速；在钟表中，使时针和分针的转速具有一定的比例关系等。这种由一系列齿轮所组成的传动系统称为轮系，如图 11-10 所示。

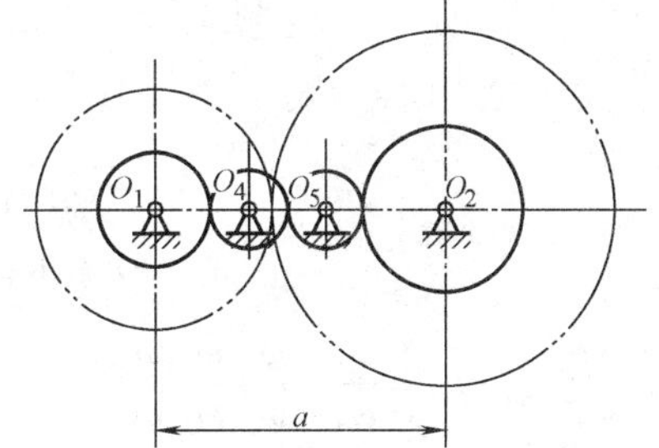

图 11-10　轮系示意图

11.7.2　轮系的功用

轮系的应用很广泛，其主要功用如下：

1）当两齿轮轴距离较远时，用多个齿轮组成的轮系代替一对齿轮（图 11-10 中双点画线所示），可减小齿轮尺寸，使机构紧凑（如图 11-10 中以实线表示的齿轮传动）。

2）获得较大的传动比。

3）变速或改变齿轮传动的输出方向。

11.7.3　轮系分类

轮系可以由各种类型的齿轮——圆柱齿轮、锥齿轮、蜗杆蜗轮等组成。根据轮系运转时各轮轴线的相对位置是否变动，可分为定轴轮系和周转（行星）轮系两种基本类型。

1. 定轴轮系及其传动比

（1）定轴轮系　当轮系运转时，各齿轮的几何轴线相对于机架的位置都是固定不动的轮系称为定轴轮系或普通轮系，如图 11-11 所示。

（2）定轴轮系的传动比　轮系中首、末两轮的转速 n 或角速度 ω 之比，称为轮系的传动比，用 i_{ab} 表示，其中 a 为首轮，b 为末轮。在平面内角速度是代数量，逆时针转为正向，顺时针转为负向，故一对圆柱齿轮的传动比可写成图 11-11 所示的图形，图中用箭头表示出各轮的转向，从图中可以看出，外啮合齿轮传动方向相反（见图 11-11a），内啮合齿轮传动方向相同（见图 11-11b）。

对图 11-12 所示的平面定轴轮系，其传动比可逐级计算得到。设 z_1、z_2、z_3、z_4、z_5 分别为齿轮 1、2、3、4、5 的齿数，传动路线从 Ⅰ 轴到 Ⅴ 轴，各次啮合的传动比为

$$\frac{\omega_1}{\omega_2} = -\frac{z_2}{z_1},\quad \frac{\omega_2}{\omega_3} = \frac{z_3}{z_2'}$$

$$\frac{\omega_3}{\omega_4} = -\frac{z_4}{z_3'},\quad \frac{\omega_4}{\omega_5} = -\frac{z_5}{z_4}$$

将上面四式两边各自连乘，可得轮系传动比

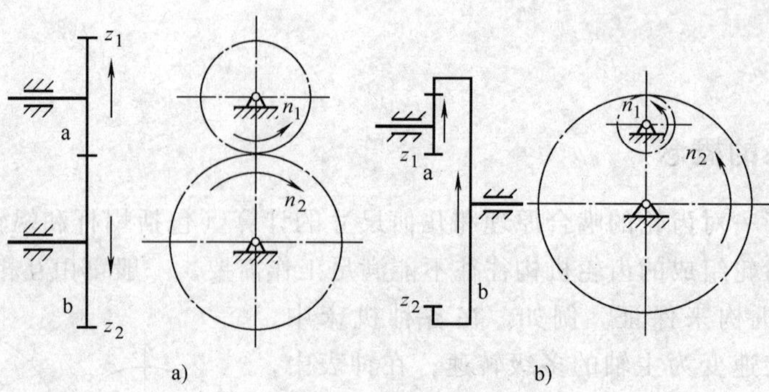

图 11-11　一对圆柱齿轮的传动比

a）外啮合齿轮的传动　b）内啮合齿轮的传动

$$i_{15}=\frac{\omega_1}{\omega_5}=\frac{\omega_1}{\omega_2}\frac{\omega_2}{\omega_3}\frac{\omega_3}{\omega_4}\frac{\omega_4}{\omega_5}=(-1)^3\frac{z_2z_3z_5}{z_1z_2'z_3'}\qquad(11\text{-}13)$$

式中，分子为各次啮合中，各从动轮齿数的连乘积；分母为各主动轮齿数的连乘积。－1 的指数 3 是外啮合次数（每次外啮合后改变转向）。图中齿轮 4 同时与两个齿轮啮合，对前级为从动，对后级为主动，其齿轮数不影响轮系传动比的大小，但改变了它的符号。这种齿轮称为惰轮。由上式可以推出平面定轴轮系传动的一般公式是

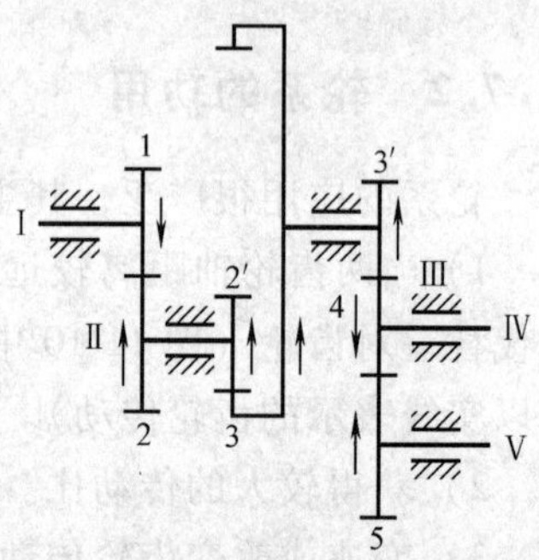

图 11-12　平面定轴轮系的传动比

$$i_{ab}=\frac{\omega_a}{\omega_b}=(-1)^m\frac{\text{各从动轮齿数连乘积}}{\text{各主动轮齿数连乘积}}\qquad(11\text{-}14)$$

式中，a 为表示首轮；b 为表示末轮；m 为传动过程中外啮合的次数。

对于包括锥齿轮或蜗杆传动等的空间定轴轮系，传动比的大小仍可用上式计算。但空间轮系中各轮轴不尽平行，故无所谓转向相同或相反，上式右边的正负号失去意义。空间轮系的转向在图中用箭头标明。

例 11.1　如图 11-12 所示的定轴轮系中，已知 $z_1=20$，$z_2=25$，$z_3=40$，$z_2'=25$，$z_3'=20$，$z_4=35$，$z_5=40$，$n_1=1400\text{r/min}$，转向如图所示，求齿轮 4、齿轮 5 的转速并判断其转向。

解：由式（11-13）得

$$i_{14}=\frac{\omega_1}{\omega_4}=(-1)^2\frac{z_2z_3z_4}{z_1z_2'z_3'}=\frac{25\times40\times35}{20\times25\times20}=3.5$$

因　$$i_{14}=n_1/n_4$$

故　$$n_4=n_1/i_{14}=1400/3.5\text{r/min}=400\text{r/min}$$

同理可得

$$i_{15}=\frac{n_1}{n_5}=(-1)^3\frac{z_2z_3z_4z_5}{z_1z_2'z_3'z_4}=-4$$

$$n_5=-1400/4\text{r/min}=-350\text{r/min}$$

即齿轮 4 的转速为 400r/min，与齿轮 1 同方向。齿轮 5 的转速为 350r/min，与齿轮 1 方

向相反。

2. 周转（行星）轮系及其传动比

（1）周转轮系的概念　若轮系在运转时，至少有一个齿轮的几何轴线绕其他齿轮的固定轴线回转，则称这种轮系为周转（行星）轮系。如图 11-13 所示，齿轮 2 既能自转又能绕固定轴线 OO 公转，称为行星齿轮；支持行星齿轮转动的构件 H 称为系杆（行星架）；齿轮 1 和 3 绕固定轴线回转，称为太阳轮（或中心轮）。

根据周转轮系的自由度数目，可以将其划分为如下两大类：

1）如果有一个中心轮是固定的，则其自由度 $F=1$，称为行星轮系。

2）如果轮系中两个太阳轮都可以转动，其自由度 $F=2$，则称为差动轮系。该轮系需要两个输入才有确定的输出。

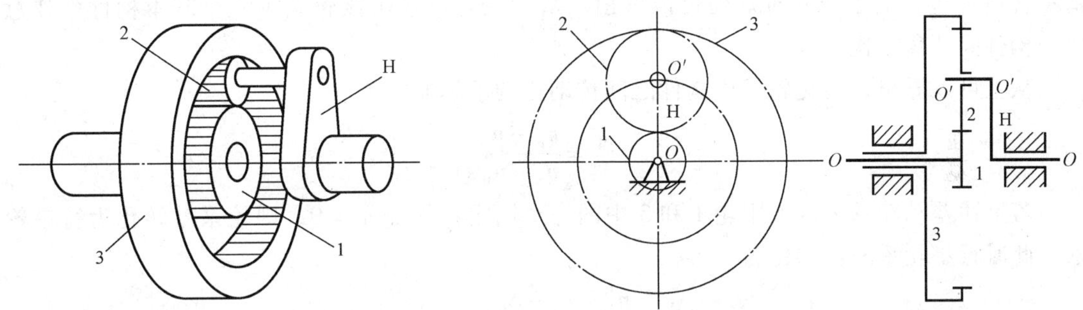

图 11-13　周转轮系

1、3—太阳轮　2—行星轮　H—系杆（行星架）

（2）周转轮系的传动比　通过对周转轮系和定轴轮系的观察分析发现，它们之间的根本区别就在于周转轮系中有转动的系杆，使得行星轮既有自转又有公转，那么各轮之间的传动比计算就不再是与齿数成反比的简单关系了。由于这个差别，周转轮系的传动比就不能直接利用定轴轮系的方法进行计算。但是根据相对运动原理，假如给整个周转轮系加上一个公共的转速“n_H”，则各个齿轮、构件之间的相对运动关系仍将不变，但这时系杆的绝对转速为 $n_H-n_H=0$，即系杆变为相对静止不动，于是周转轮系便转化为定轴轮系了，如图 11-14 所示。这种经过一定条件转化得到的假想定轴轮系称为原周转轮系的转化机构或转化轮系，利用这种方法求解轮系的方法称为转化轮系法。

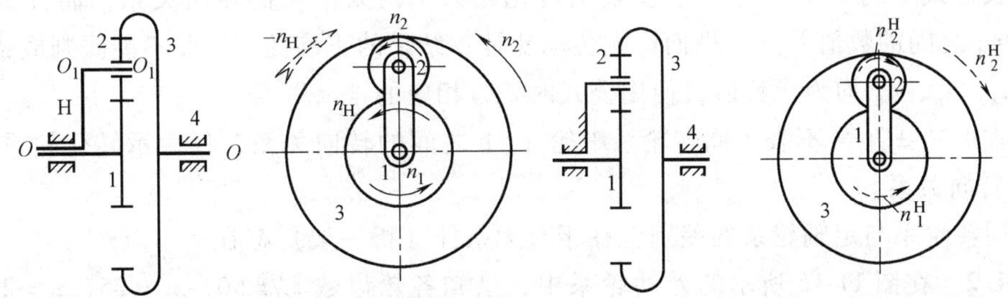

图 11-14　转化轮系

按照上述方法转化后，各构件的角速度变化情况见表 11-7。

表 11-7 转化后各构件角速度变化情况

构件	原有角速度	转化后角速度	构件	原有角速度	转化后角速度
行星架 H	n_H	$n_H - n_H = 0$	齿轮 3	n_3	$n_3^H = n_3 - n_H$
齿轮 1	n_1	$n_1^H = n_1 - n_H$	机架 4	$n_4 = 0$	$n_4 = -n_H$
齿轮 2	n_2	$n_2^H = n_2 - n_H$			

因此，可以求出此转化轮系的传动比 i_{13}^H 为

$$i_{13}^H = \frac{n_1^H}{n_3^H} = \frac{n_1 - n_H}{n_3 - n_H} = -\frac{z_2 z_3}{z_1 z_2} = -\frac{z_3}{z_1}$$

"－"号表示在转化轮系中齿轮 1 和齿轮 3 转向相反。

作为差动轮系，若任意给定两个基本构件的转速（包括大小和方向），则另一个构件的基本转速（包括大小和方向）便可以求出。从而就可以求出该轮系中三个基本构件中任意两个构件间的传动比。

从上可以看出，转化轮系中构件之间传动比的求解通式为

$$i_{mn}^H = \frac{n_m - n_H}{n_n - n_H}$$

若上述差动轮系中的太阳轮 1 和 3 中的一个固定，如令 $n_3 = 0$，则轮系就转化为行星轮系，此时行星轮系的传动比为

$$i_{13}^H = \frac{n_1^H}{n_3^H} = \frac{n_1 - n_H}{0 - n_H} = -\frac{z_3}{z_1}$$

即

$$i_{1H} = \frac{n_1}{n_H} = 1 - i_{13}^H$$

综上所述，可以得到周转轮系传动比的通用表达式。设周转轮系中太阳轮分别为 a、b，行星架为 H，则转化轮系的传动比为

$$i_{ab}^H = \frac{n_a^H}{n_b^H} = \frac{n_a - n_H}{n_b - n_H} = \pm\frac{\text{转化轮系中 a 到 b 各从动轮齿数连乘积}}{\text{转化轮系中 a 到 b 各主动轮齿数连乘积}} \tag{11-15}$$

特别注意：

1）转化轮系传动比 i_{ab}^H 右上角的角标 H 一定不能遗漏，因为 i_{ab}^H 和 i_{ab} 二者概念完全不同。

2）表达式中的"±"号，不仅表明转化轮系中两太阳轮的转向关系，而且直接影响 n_a、n_b、n_H 之间的数值关系，进而影响传动比计算结果的正确性，因此不能漏判或错判。

3）n_a、n_b、n_H 均为代数值，使用公式时要带相应的"±"号。

4）式中"±"号不表示周转轮系中轮 a、b 之间的转向关系，仅表示转化轮系中轮 a、b 之间的转向关系。

5）周转轮系与定轴轮系的差别就在于有无系杆（行星架）存在。

例 11.2 在图 11-15 所示的差动轮系中，已知各轮齿数 $z_1 = 50$，$z_2 = 25$，$z_2' = 20$，$z_3 = 120$；且已知轮 1 与轮 3 的转数分别为 $n_1 = 100\text{r/min}$（转向如图所示），$n_3 = 300\text{r/min}$。试求：当齿轮 1 与齿轮 3 同向转动、齿轮 1 与齿轮 3 反向转动时，行星架 H 的转速及转向。

解 根据转化轮系基本公式可得

$$i_{13}^{H}=\frac{n_1^{H}}{n_3^{H}}=\frac{n_1-n_H}{n_3-n_H}=(-1)^m\frac{z_2z_3}{z_1z_2'}=-\frac{25\times120}{50\times20}=-3$$

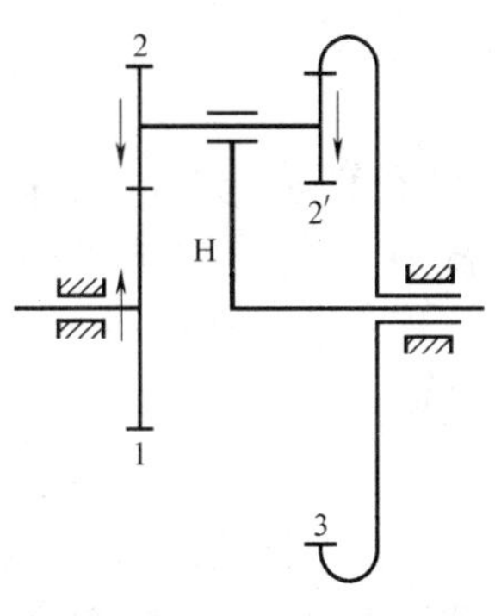

图 11-15　例 11.2 图

齿数前的符号确定方法与定轴轮系一致。此处按定轴轮系传动比计算公式来确定符号，因 $m=1$，故取负号。

（1）当齿轮 1、齿轮 3 同向转动时，它们的符号相同，取为正，代入上式得

$$\frac{100-n_H}{300-n_H}=-3,\text{求得 } n_H=250\text{r/min}$$

由于 n_H 符号为正，说明行星架 H 的转向与齿轮 1、齿轮 3 相同。

（2）当齿轮 1、齿轮 3 反向转动时，它们的符号相反，取 n_1 为正、n_2 为负，代入上式可以求得 $n_H=-200\text{r/min}$。

由于 n_H 符号为负，说明行星架 H 的转向与齿轮 1 相反，而与齿轮 3 相同。

11.7.4　混合齿轮系的概念

如果传动系统中既有定轴齿轮系又有行星齿轮系，或有几个基本行星齿轮系，则称该齿轮系为混合（复合）齿轮系，如图 11-16 所示。

混合齿轮系求整个齿轮系的传动比时，显然不能用单一的定轴齿轮系或行星齿轮系的传动比计算方法计算，而要将混合齿轮系分解，并分步求解。

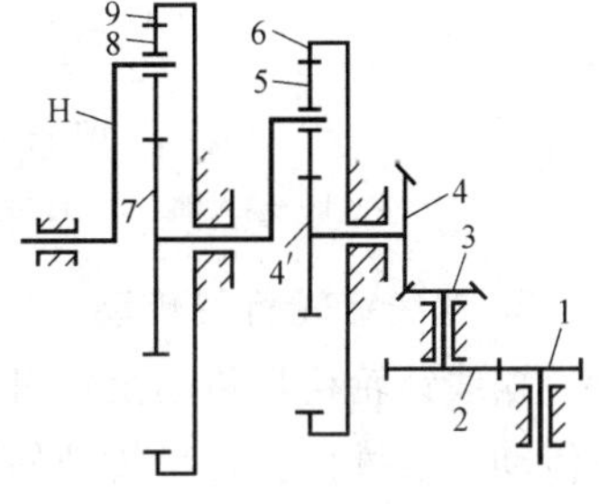

图 11-16　混合齿轮系

分解齿轮系就是区分基本行星齿轮系和定轴齿轮系。确定基本行星齿轮系的方法是：根据轴线位置的运动特点找出行星齿轮，支承行星齿轮的构件是系杆，与行星齿轮相啮合且轴线位置固定的是中心齿轮。找出所有基本行星齿轮系后，剩余的便是定轴齿轮系。

分步求解就是分别计算每个基本齿轮系的传动比，再根据各单元的运动联系，联立求解混合齿轮系的总传动比。混合齿轮系的传动比的计算是比较复杂的，本书不作讨论，需要时详见相关专著，如《机械设计手册》等。

11.7.5　其他新型齿轮传动简介

近年来，一些新型的行星齿轮传动装置以其独特的性能在机械工业中得到应用。比较常用的有：渐开线少齿差行星齿轮传动、摆线针轮行星传动和谐波齿轮传动等。它们的共同特点是结构紧凑、传动比大、质量轻和效率高。

1. 渐开线少齿差行星轮系

图 11-17 所示为渐开线少齿差行星轮系。它主要由固定的太阳轮 1、行星轮 2、行星架 H（输入端）、输出轴 V 及等速比机构 W 组成。当行星架 H 高速转动时，行星轮 2 便作平面回转运动，即一方面绕轴线 O_1 作公转，另一方面又绕其自身轴线 O_2 作反方向自转，通过等速比机构 W 将行星轮的转动同步传给输出轴 V。利用式（11-15）求得该装置的传动比为

$$i_{H2} = -\frac{z_2}{z_1 - z_2} \tag{11-16}$$

由式（11-16）可知，太阳轮 1 与行星轮 2 齿数差越少，传动比 i_{H2} 越大。通常，齿数差为 1 ~4，所以称为少齿差行星齿轮传动。

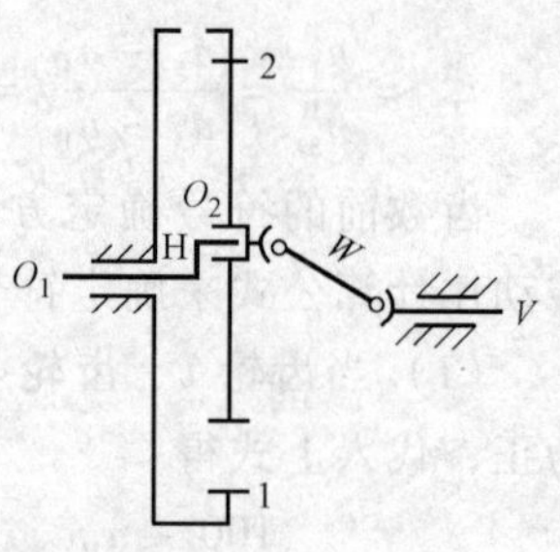

图 11-17 渐开线少齿差行星轮系

等速比机构 W 可以采用双万向节、十字滑块联轴器以及销孔式输出机构等。图 11-18 所示为少齿差行星齿轮传动结构示意图。

少齿差行星齿轮传动虽然传动比大，但同时啮合的齿数少，承载能力较低，且齿轮必须采用变位齿轮，计算比较复杂，其径向受力也较大。

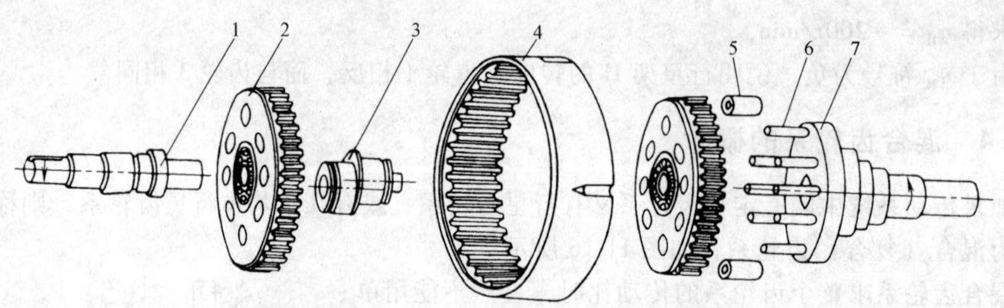

图 11-18 渐开线少齿差行星齿轮传动结构示意图

1—输入轴 2—行星轮 3—偏心轴 4—内齿轮 5—销轴套 6—销轴 7—输出轴

2. 摆线针轮行星传动

摆线针轮行星传动是针对渐开线少齿差行星传动的主要缺点而改进发展起来的一种新型的传动。摆线针轮行星传动的减速原理、输出机构的形式均与渐开线少齿差行星齿轮传动相同，但其齿轮是采用摆线作为齿廓，其机构运动简图如图 11-19 所示。太阳轮 1 为针轮（针轮轮齿为带有滚动销套的圆柱销），固定在机壳上；行星轮 2 的轮齿为摆线齿轮。两轮的齿数相差 1。该传动装置的传动比为

$$i_{H2} = \frac{n_H}{n_2} - \frac{z_2}{z_1 - z_2} = -z_2 \tag{11-17}$$

这种传动装置承载能力大、效率高，但加工和安装精度要求高，散热也比较困难。摆线针轮行星传动在国防、冶金、矿山等领域得到了广泛的应用。

3. 谐波齿轮传动

图 11-20 所示为谐波齿轮传动装置示意图。它主要由波发生器 H（相当于行星架）、刚轮 1（相当于太阳轮）和柔轮 2（相当于行星轮）组成。刚轮 1 是一个刚性内齿轮，柔轮 2 是一个容易变形的薄壁圆筒外齿轮，它们的齿距相同，但柔轮比刚轮少一个或几个齿。波发生器由一个转臂和几个滚子组成。通常波发生器 H 为原动件，柔轮 2 为从动件，刚轮 1 固定不动。

当波发生器 H 转动时，因为柔轮 2 的内壁孔径略小于波发生器长度，所以迫使柔轮产生弹性变形，其变形面呈椭圆形状。当椭圆长轴两端轮齿进入啮合时，短轴两端轮齿脱开，

其余部位的轮齿处于过渡状态。随着波发生器回转，轮的长轴、短轴位置不断改变，使轮齿的啮合和脱开位置不断变化，从而实现运动的传递。该传动装置的传动比为

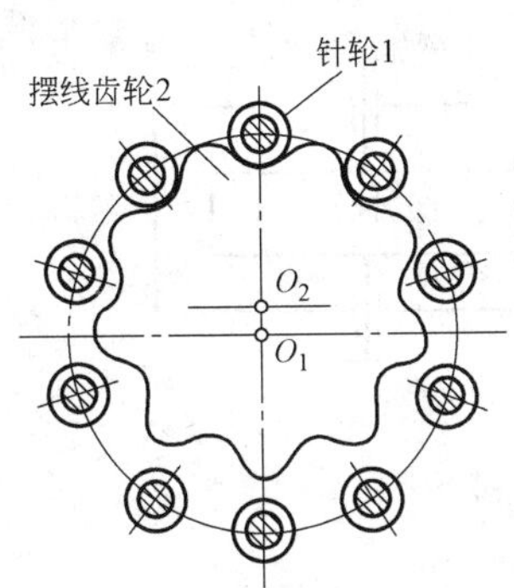

图 11-19　摆线针轮行星传动

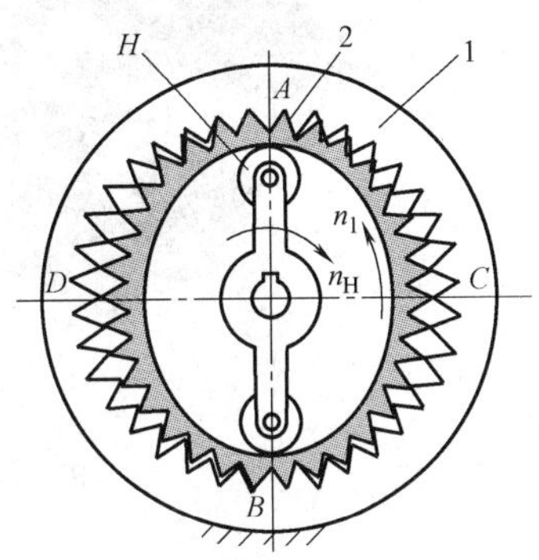

图 11-20　谐波齿轮传动

$$i_{H2} = -\frac{z_2}{z_1 - z_2} \tag{11-18}$$

这种传动可由柔轮直接输出，封闭性好，同时啮合的齿数多，承载能力高，平稳无冲击；但对柔轮材料、加工和热处理要求高，工艺复杂，其散热条件较差。目前，谐波齿轮传动已广泛应用于能源、船舶、航空航天等部门。

11.8　减速器简介

减速器是由封闭在箱体内的齿轮传动（或蜗杆传动）系统组成。减速器是有固定传动比的独立传动部件，常安装在机械的原动部分和工作机之间，用以降低转速并相应地增大转矩。在某些场合，也可用于提高转速，此时称为增速器。

由于减速器具有结构简单、效率较高、维护方便等优点，因此在现代机器中的应用极为广泛。常用的减速器已有标准系列产品，可根据传动比要求、工作条件、载荷和机械总体布局来选择。选用时可参阅有关产品目录或机械设计手册进行。若选择不到适当的标准减速器时，则应根据实际进行设计制造。

11.8.1　普通减速器

普通减速器一般分为圆柱齿轮减速器、锥齿轮减速器和蜗杆减速器，圆柱齿轮减速器是应用最广泛的一种减速器。按减速器的级数又可分为单级、两级和三级减速器。

1）单级圆柱齿轮减速器。当传动比 $i<7$ 时，可采用单级圆柱齿轮减速器，如图 11-21 所示。

2）两级圆柱齿轮减速器

当 $i=7\sim50$ 时，若采用单级圆柱齿轮减速器，其外廓尺寸将很大。这时宜采用两级圆柱齿轮减速器。

两级圆柱齿轮减速器按其齿轮布置形式可分为展开式（见图 11-22a）、分流式（见图 11-22b）、同轴式（见图 11-22c）。

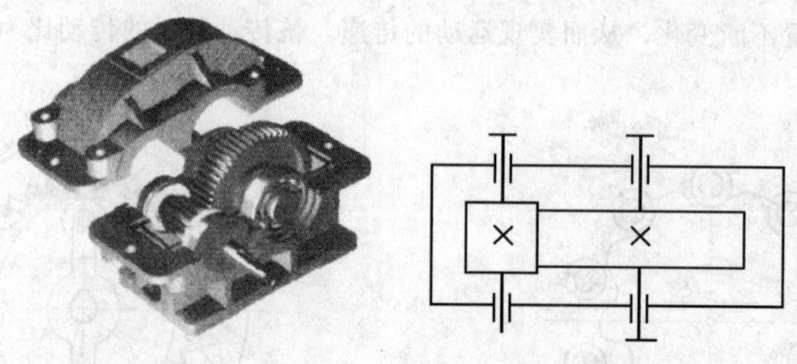

图 11-21　单级圆柱齿轮减速器

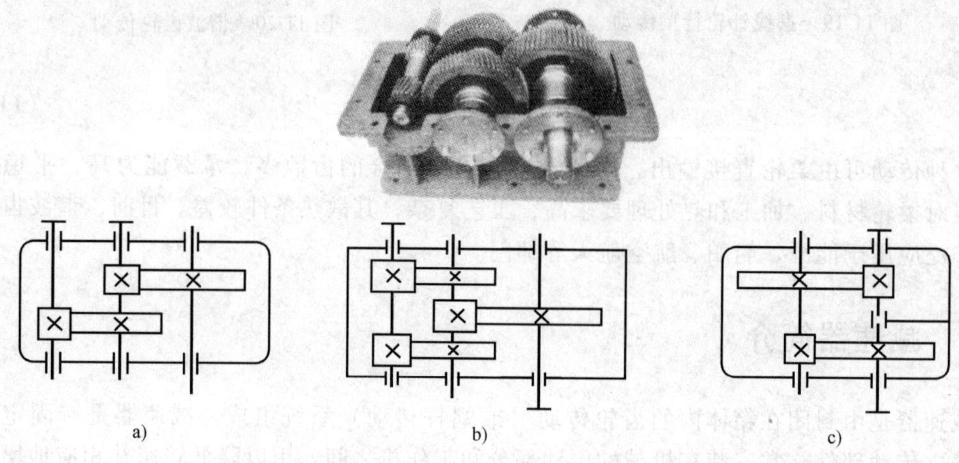

a)　　b)　　c)

图 11-22　两级圆柱齿轮减速器

a）展开式　b）分流式　c）同轴式

11.8.2　减速器的基本结构

减速器的结构一般由箱体、轴承、轴、相互啮合的齿轮（或蜗轮蜗杆）和附件等组成。下面以单级圆柱齿轮减速器为例，如图 11-23 所示，说明减速器的基本结构。

为了便于箱体的制造和装拆，箱体通常制成剖分式，分为箱座和箱盖。其剖分面为通过齿轮轴线的平面。箱体材料常用灰铸铁，对承受冲击载荷的重型减速器可用铸钢。箱座与箱盖靠螺栓联接。为保证箱盖与箱座的准确定位，在箱体两端各安装一个圆锥定位销。为了便于检查齿轮的啮合情况及往箱内注入润滑油，在箱盖上设置检查孔。检查孔平时用盖盖严。减速器连续工作会使油温升高，产生气体，为保持箱内、外气压平衡，在箱盖顶部设置排气装置，开有通气孔，并装有通气帽。为了检查箱体内油面高度，在箱座一侧设置油标尺或油面指示器。在箱底的一侧面开设一个放油口，供更换润滑油或清理箱底时排净污油，平时由放油螺塞堵封。在箱座与箱盖上均铸出起吊用的吊环或吊耳。

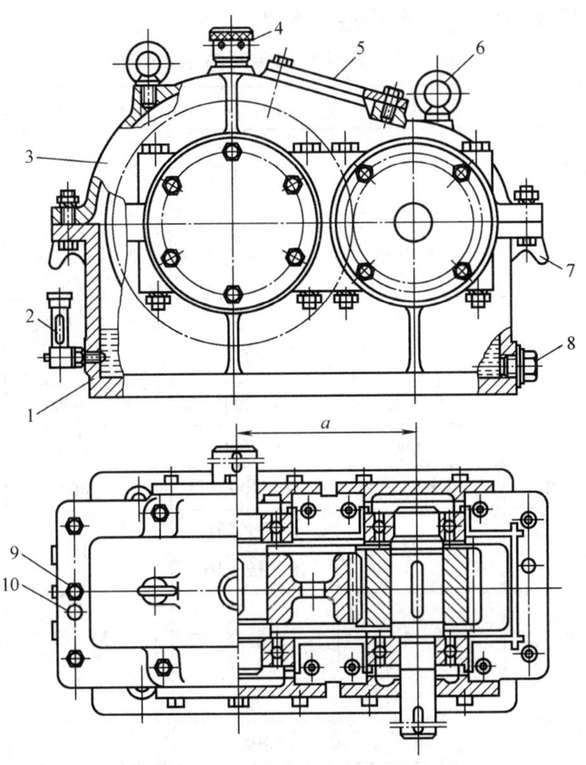

图 11-23　单级圆柱齿轮减速器

1—箱体　2—油面指示器　3—箱盖　4—通气器　5—检查孔盖
6—吊环螺钉　7—吊耳　8—油塞　9—起盖螺钉　10—定位销

11.9　几种传动形式的比较

至本章为止，我们已经研究了多种机械传动形式。为了便于学习掌握，在此处将常用的几种机械传动的特点、基本特性等列表作一比较，供参考。

（1）常用的几种机械传动形式的特点（见表 11-8）

表 11-8　几种机械传动形式的特点

传动形式	主要优点	主要缺点
带传动	中心距变化范围大，可用于较远距离的传动，传动平稳，噪声小，能缓冲吸振，有过载保护作用，结构简单，成本低，安装要求不高	有滑动，传动比不能保持恒定，外廓尺寸大，带的寿命较短（通常为 3500 ~ 5000h），由于带的摩擦起电不宜用于易燃、易爆的地方，轴和轴承上作用力大
链传动	中心距变化范围大，可用于较远距离的传动，在高温、油、酸等恶劣条件下能可靠工作，轴和轴承上的作用力小	虽然平均速比恒定，但运转时瞬时速度不均匀，有冲击、振动和噪声，寿命较低（一般为 5000 ~ 15000h）
齿轮传动	外廓尺寸小，效率高，传动比恒定，圆周速度及功率范围广，应用最广	制造和安装精度要求较高，不能缓冲，无过载保护作用，有噪声
蜗杆传动	结构紧凑，外廓尺寸小，传动比大，传动比恒定，传动平稳，无噪声，可做成自锁机构	效率低，传递功率不宜过大，中高速需用价贵的青铜，制造精度要求高，刀具费用高

（2）常用的几种机械传动的基本特性（见表 11-9）

表 11-9 几种机械传动的基本特性

基本特性		V 带传动	链传动	圆柱齿轮传动	蜗杆传动
η	闭式		0.95～0.97	0.96～0.99	自锁 0.4， 非自锁 0.7～0.92
	开式	0.90～0.96	0.90～0.93	0.94～0.96	自锁 0.3， 非自锁 0.60～0.70
速度	v/（m/s）	≤25～30	≤20 （40）	≤15～25（斜齿） （200）	$v_s \leq 15$ （$v_s \leq 35$）
	转速/（r/min）	<10000	<5000	<10000	<30000
功率/kW	使用范围	≤1000	≤4000	≤50000	≤750
	常用范围	≤75	≤100	≤3000	≤50
单级（传动比）i_{max}	使用值	≤15	齿形链≤15 滚子链≤10	≤10	≤100
	常用值	2～4	≤5～8	3～5	闭式 10～40， 开式 15～60
噪声		小	大	大	较小
寿命		短	中等	长	短
抗冲击能力		良	差	差	中等
外廓尺寸		大	大	小	小
相对价格 100%		100	140	165	125

注：1. 括号中的数值为最大值。

2. v_s 指相对滑动速度。

思考与练习

11.1 试述蜗杆传动的组成。蜗杆传动有何特点？适用于何种场合？

11.2 蜗杆传动的失效形式主要有哪几种？

11.3 说明蜗杆、蜗轮的常用材料和热处理方法。

11.4 何谓齿轮系？轮系如何分类？举例说明齿轮系有哪些功用。

11.5 定轴齿轮系与行星齿轮系的主要区别是什么？

11.6 行星齿轮系由哪几个基本构件组成？它们各作何运动？

11.7 各种类型齿轮系的转向如何确定？$(-1)^m$ 方法适用于何种类型的齿轮。

11.8 惰轮有何特点？何时采用惰轮？

11.9 何谓行星齿轮系的转化轮系？为什么要进行这种转化？

11.10 转化机构法的根据是什么？

11.11 图 11-24 所示的齿轮系中，已知 $z_1=20$，$z_2=40$，$z_3=30$，$z'_3=20$，$z_4=40$，求该齿轮系的传动比 i_{14}。

11.12 如图 11-15 所示齿轮系，已知 $z_1=20$，$z_2=40$，$z'_2=20$，$z_3=80$，$n_1=160$r/min（转向如图所示），$n_3=80$r/min。试求 n_3 顺时针转动时以及逆时针转动时转臂 H 转速 n_H 的大小和方向。

11.13 如图 11-25 所示齿轮系，已知 $z_1=60$，$z_2=z'_2=z_3=z_4=20$，$z_5=100$。试求传动比 i_{41}。

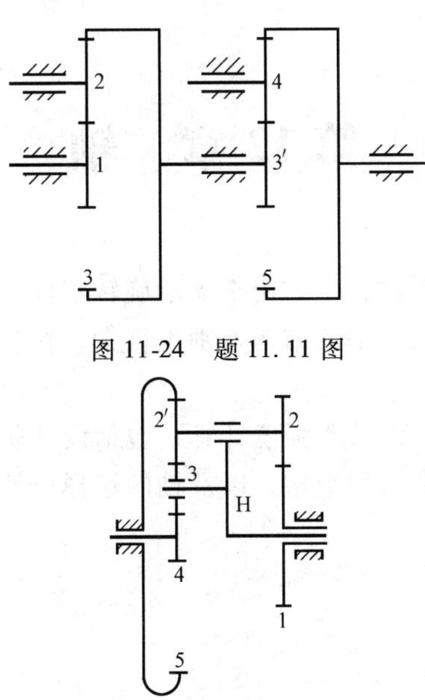

图 11-24　题 11.11 图

图 11-25　题 11.13 图

11.14　新型的行星齿轮传动装置有哪几种？多用于何种场合？

11.15　试述图 11-23 所示单级圆柱齿轮减速器的基本结构。

11.16　减速器如何进行润滑？

第 12 章　轴

轴是各类生产设备的重要零件，主要用于支承旋转零件，并进行运动和动力的传递，由于各类生产设备的结构互不相同，轴的结构差别也很大，在生产中，有许多设备故障是由轴的原因产生的。

本章重点介绍阶梯轴的结构设计和强度计算，包括设计阶梯轴的典型步骤、常用的计算公式、轴结构设计的基本原则和常用结构，以及轴的选择设计的特点重要性等。

12.1　概述

12.1.1　轴的功用

轴是组成机器的重要零件之一，它的主要功用如下：

1）用来支持旋转的机械零件，如齿轮、带轮等，并使其具有确定的工作位置。

2）传递运动和动力。

12.1.2　轴的分类

轴的种类很多，主要分类方法有如下两种。

1. 根据轴受载情况分类

根据轴工作时所承受的载荷不同，轴可分为心轴、转轴和传动轴。

（1）心轴　工作时只承受弯矩而不承受扭矩（即不传递转矩）的轴称为心轴。既有转动的心轴，也有固定不动的心轴，前者称为转动心轴，如火车轮轴（见图 12-1a）；后者称为固定心轴，如自行车前轴（见图 12-1b）。

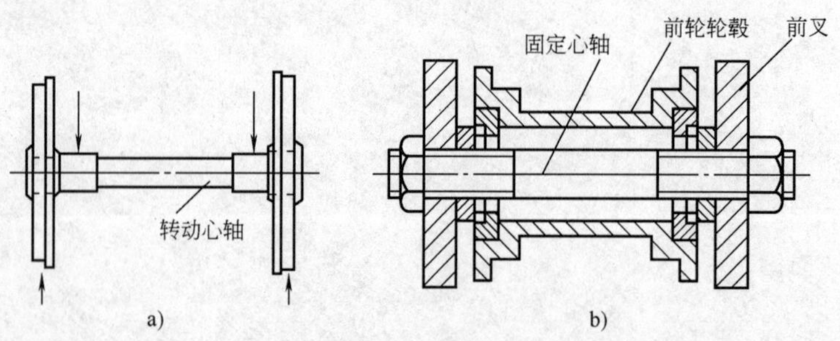

图 12-1　心轴

（2）传动轴　工作时主要承受扭矩，不承受弯矩或承受很小弯矩的轴称为传动轴，如汽车传动轴（见图 12-2）。

（3）转轴　工作时既承受弯矩又承受扭矩（传递转矩）的轴称为转轴。转轴是机械中最常用的轴（见图 12-3）。

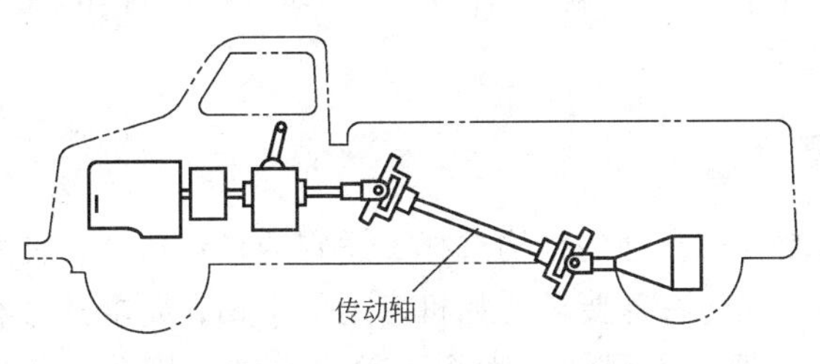

图 12-2　传动轴

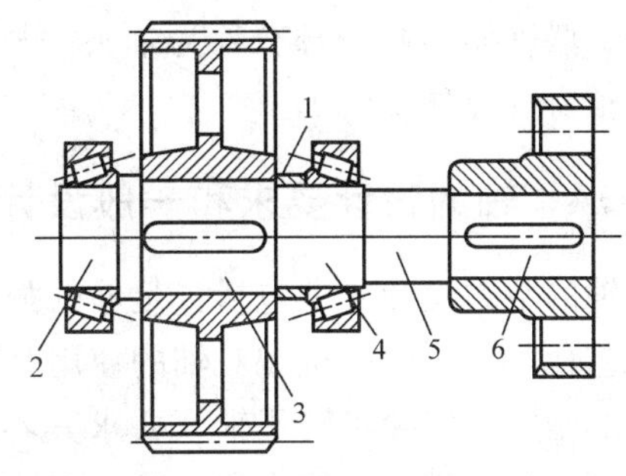

图 12-3　转轴

1—套筒　2—轴端　3、6—轴头　4—轴颈　5—轴身

2. 根据轴的轴线特点及轴的结构形状分类

根据轴的轴线特点及轴的结构形状不同，轴又可分为直轴、曲轴和挠性轴。

(1) 直轴　直轴的轴线（或公共轴线）为一直线。直轴广泛用于一般的机械传动中。直轴有多种不同的结构及形式，分类如下：

1) 按直轴外形的不同，直轴可分为光轴（见图 12-4a）和阶梯轴（见图 12-4b）两种形式。阶梯轴便于轴上零件的安装与固定，应用最为广泛。

2) 按直轴心部构造特征的不同，直轴可分为实心轴（见图 12-4a）和空心轴（见图 12-4c）。

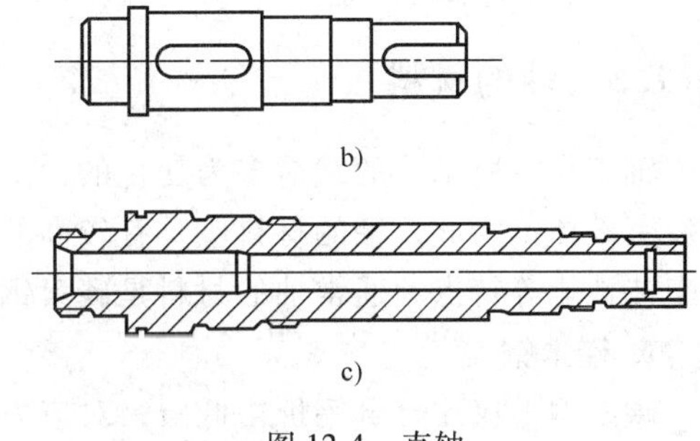

图 12-4　直轴

(2) 曲轴　曲轴常用于往复式机械中实现运动方式的转换（如直线—旋转转换），如图 12-5 所示。

(3) 挠性轴　挠性轴是由几层紧贴在一起的钢丝卷绕而成的轴。挠性轴可以方便地将转矩和回转运动传递到空间其他任意位置，如图 12-6 所示。

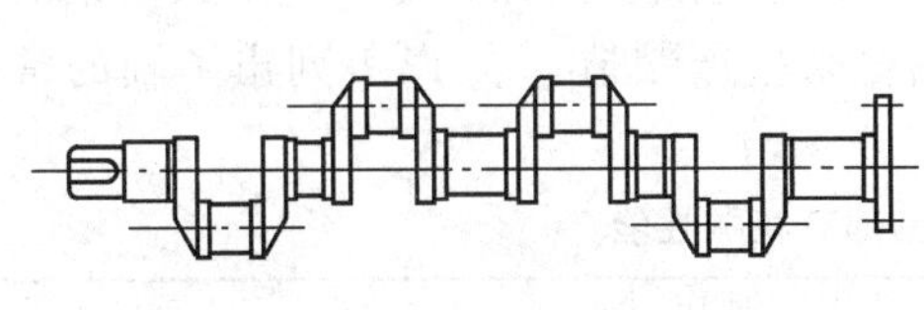

图 12-5　曲轴

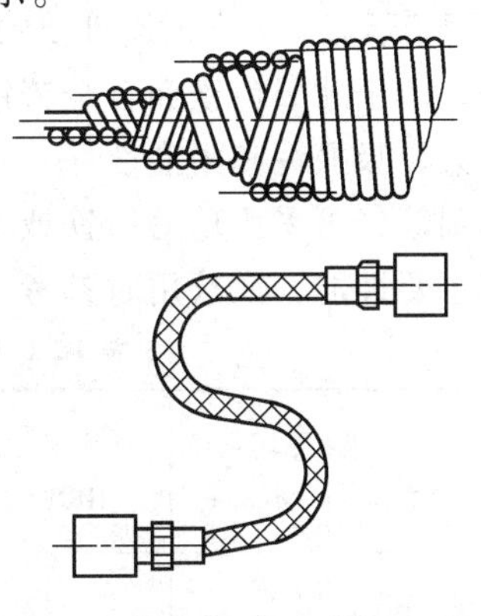

图 12-6　挠性轴

12.1.3　轴的结构

轴上各段按其作用可分别称为轴头、轴颈和轴身。其中，用于安装旋转传动零件（如

齿轮、联轴器等）的部分称为轴头，与轴承配合的部分称为轴颈，连接轴头与轴颈的部分称为轴身（见图 12-3）。

12.1.4 轴的设计要求和一般设计步骤

轴的基本设计要求包括：足够的强度和刚度、合理的结构选择、适宜的材料选择、良好的工艺性等。不同的机械对轴的使用又常有不同的特殊要求，如机床上的主轴，要求其具有足够的刚度；汽轮机转子轴，要求其不发生共振；重型轴（大型水轮机主轴）则要求考虑是否便于毛坯制造、探伤和运输、安装等。

轴设计的一般步骤如下：

1）按工作要求选择轴的材料。

2）初步估算轴的最小直径。

3）进行轴的结构设计。

4）进行强度和刚度计算。

5）技术要求的核定。

12.1.5 轴的材料

轴工作时所承受的载荷多为变化的，所产生的应力多为交变应力，因而轴的失效损坏常属疲劳破坏。为此，轴的材料应具有较高的抗疲劳强度、较低的应力集中敏感性和良好的加工工艺性能等特点。通常轴的材料是碳素钢或合金钢。

1. 碳素钢

碳素钢不仅比合金钢价格低廉，对应力集中的敏感性较低，且可以通过热处理的方法提高其耐磨性和抗疲劳强度，因此，制造轴的主要材料是优质中碳钢，主要有 35、40、45、50 钢等，其中 45 钢应用最广泛。

2. 合金钢

合金钢具有较高的力学性能和较好的热处理可淬性，常用于受力较大、直径较小、较轻的轴，也常用于承载能力和耐磨性要求高的轴。常用的合金钢主要有 20Cr、40Cr、35SiMn 等。

另外，由于球墨铸铁和合金铸铁具有良好的铸造工艺性，便于铸成各种复杂的形状，并且具有价廉、吸振性和耐磨性好、对应力集中敏感性低等优点。因此，对一些形状复杂的轴和大型转轴等，可采用球墨铸铁或合金铸铁代替钢材来生产制造。表 12-1 列出了轴的常用材料及其主要性能，供选用时参考。

表 12-1 轴的常用材料及其部分机械性能

材料牌号	热处理方法	毛坯直径 d/mm	硬度 HBW	抗拉强度极限 σ_b/MPa	屈服极限 σ_s/MPa	弯曲疲劳极限 σ_{-1}/MPa	应用说明
Q235A				440	240	200	用于不重要或载荷不大的轴
Q275			190	520	280	220	用于不很重要的轴
35	正火		143～187	520	270	250	用于一般的轴
45	正火	≥100	170～217	600	300	275	用于较重要的轴，应用最广泛
45	调质	≥200	217～255	650	360	300	

（续）

材料牌号	热处理方法	毛坯直径 d/mm	硬度 HBW	抗拉强度极限 σ_b/MPa	屈服极限 σ_s/MPa	弯曲疲劳极限 σ_{-1}/MPa	应用说明
40Cr	调质	≥100	241～286	750	550	350	用于载荷较大，而无很大冲击的轴
35SiMn 45 SiMn	调质	≥100	229～286	800	520	400	性能接近于40Cr，用于重要的轴
40MnB	调质	≥200	241～286	750	500	335	性能接近于40Cr，用于重要的轴
35CrMo	调质	≥100	207～269	750	550	390	用于重载荷的轴
20Cr	渗碳淬火回火	≥60	表面硬度 56～62HRC	650	400	280	用于要求强度、韧性及耐磨性均较好的轴

12.2　轴结构的选择设计

轴结构选择包括确定轴的结构形状和所有结构的几何尺寸。进行轴结构选择前需准备有关技术资料和数据，主要包括：

1）机械传动装置简图。

2）轴的转速和传递功率。

3）轴上传动零件的主要参数和尺寸。

4）轴上零件的布置、定位和固定方法。

5）轴上零件所受载荷的情况。

6）轴的加工和装配工艺等。

进行轴结构设计的步骤和内容（或主要应考虑的问题）如下。

12.2.1　确定装配方案

在进行轴的结构设计时，首先要根据传动装置简图，布置轴上零件并确定装配方案。不同的装配方案对轴的结构影响很大，设计时通常要拟定两种或两种以上的方案，再加以比较后确定。图 12-3 所示为转轴的一种结构方案，轴是从齿轮左侧装拆的，齿轮和轴上其他零件的装拆比较合理；若从右侧装拆，则会造成套筒加长。图 12-7 所示为转轴的另一种结构方案，轴从齿轮右侧装拆；若从左侧装拆，则会造成套筒加长。所以，如何选择，应根据具

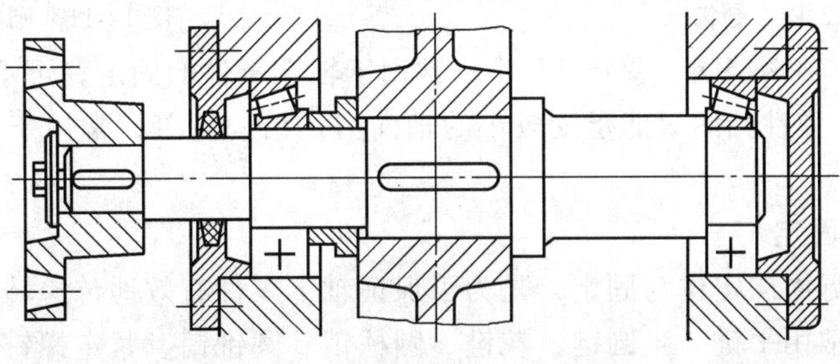

图 12-7　转轴的另一种结构方案

体结构确定。

12.2.2 轴上零件的定位与固定

要使轴上零件能按要求传递运动和动力，轴上零件必须定位，轴上零件的定位与固定有轴向与周向之分。

1. 轴向定位与固定

对轴上零件进行轴向定位和固定，是为了使轴上零件能承受轴向载荷并保证轴上零件具有确定的相对位置，以防零件在轴上产生轴向移动。轴上零件常用轴肩、轴环、套筒、圆螺母、轴端挡圈、弹性挡圈、开口销等实现轴向定位和固定。

1）轴肩和轴环。轴肩（见图 12-8）和轴环（见图 12-9）由定位面和过渡圆角组成。为了使轴上零件的端面紧靠定位面，应使轴肩、轴环的过渡圆角半径（厚度）r 小于轴上零件孔端的圆角半径 R 或倒角 C（即 $r<R$ 或 $r<C$）。对有定位要求的轴肩高度，通常可取 $h=(0.07\sim0.1)d$，并比 R 或 C 稍大。与滚动轴承（见第 13 章）配合处的轴肩高度应小于轴承内圈端面高度，以便装拆。轴环的高度选取与轴肩的相同，轴向宽度 $b\geq1.4h$。

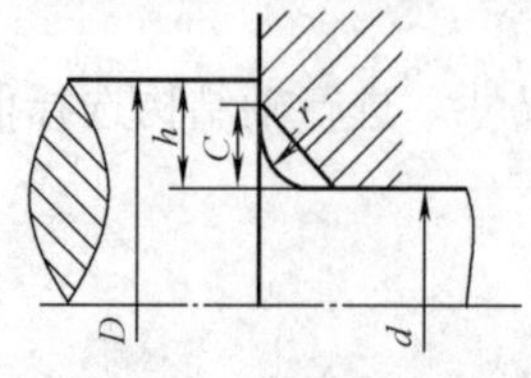

图 12-8 轴肩

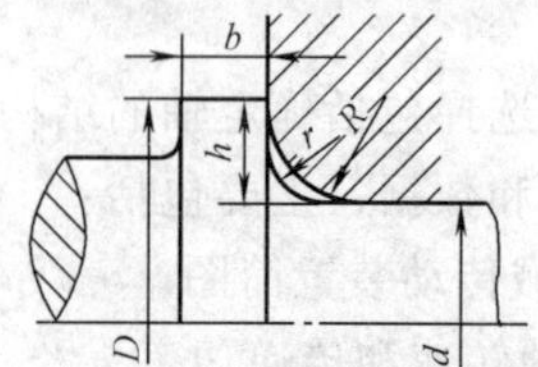

图 12-9 轴环

2）套筒。套筒具有定位可靠，不需要开槽、钻孔，不影响轴的疲劳强度等优点，常用在两零件间距离较小的部位作轴向定位与固定，如图 12-10 所示。套筒一般不宜过长，否则会增加材料消耗，增大重量和能量消耗。

3）圆螺母。圆螺母固定（见图 12-11）可承受较大的轴向力，但轴上切制螺纹处应力集中很大。为避免过分削弱轴的强度，一般用细牙螺纹，并常用双螺母或带翅垫圈防松。圆螺母多用于零件与轴承间距离较大，轴上又允许车制螺纹的轴段。

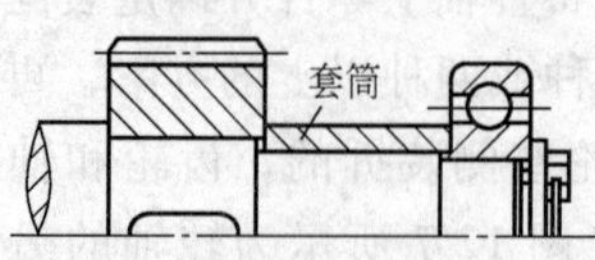

图 12-10 套筒

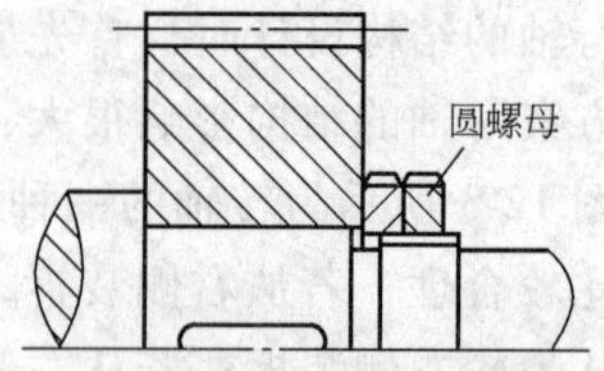

图 12-11 圆螺母

4）轴端挡圈。轴端挡圈（见图 12-12）常用于轴端零件的固定，可承受较大的轴向力。

5）弹性挡圈。弹性挡圈只能承受较小的轴向力。结构简单，常用于滚动轴承的轴向固定（见图 12-13）。

2. 周向定位与固定

对轴上零件进行周向定位与固定，是为了保证轴上零件有效地传递转矩并防止轴上零件与轴的相对转动。常用平键、半圆键、花键、圆柱销、圆锥销、紧定螺钉等实现周向定位和固定。具体内容见本书的第 8 章。

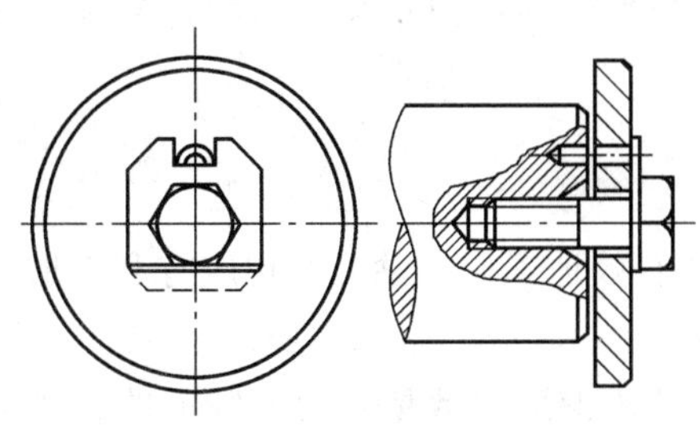

图 12-12 轴端挡圈

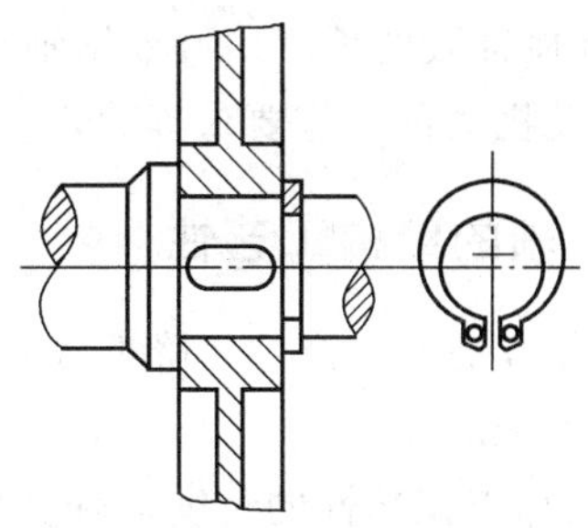

图 12-13 弹性挡圈

12.2.3 轴上各段的结构尺寸

轴上的结构尺寸包括径向尺寸和轴向尺寸两部分。

1. 径向尺寸

轴上各段直径（径向尺寸）的确定，一般是先按类比法或根据轴传递的功率（或转矩）大小初步估算出轴的最小直径，在此基础上，再根据轴上零件的安装、定位、固定及装拆特点和要求，确定其他各段轴的直径。确定时的原则和注意点如下：

1）有配合要求的轴段（如轴头）要取标准值。

2）装配标准件的轴段（如轴颈），其直径要取标准值，并与所装配的标准件的配合孔径一致。

3）轴肩（或轴环）高度的确定。轴肩可以按定位轴肩和非定位轴肩分。起定位作用的轴肩称为定位轴肩，一般定位轴肩的高度相对较高，定位轴肩的台阶侧面即为定位受力面，通常所说的轴肩多指定位轴肩。非定位轴肩不起定位作用，其台阶侧面没有任何实际作用和意义，只是为了便于轴上零件的装配而设置的工艺轴肩，所以高度可以很小。若为了减少轴上的阶梯数量，也可不设非定位轴肩，但为便于轴上零件的装配，应采用相同轴径不同轴段不同公差带的方法实现。

4）滚动轴承的定位。轴肩的高度必须低于轴承内圈端面的（径向）厚度，以便于轴承的拆卸。

5）当轴中间装有零件时，安装该零件轴段的直径应比装配该零件时需要通过的其他轴段的直径大，以便于装配。

6）非配合直径允许取非标准值，但应圆整。

7）螺纹直径应符合螺纹标准。

2. 轴向尺寸

轴上各段长度（轴向尺寸）的确定主要取决于轴上零件的轴向尺寸，装拆、调整零件和保证机器正常工作的必要空间，以及轴系和机器结构的总体布局等。确定的原则和要求如下：

1）与轴上传动零件相配合的轴段（轴头）的长度，应比配合零件的轮毂宽度略短些，一般短 2 ~ 3mm，以避免由于制造误差或轴肩处的过渡圆角的存在，导致传动零件轴向不能正确有效地定位和可靠地固定。

2）轴上各旋转零件与其他静止零件之间应留有适当的间隙，以防止相互发生碰撞。

3）凡装有零件的轴头和轴颈的长度，均应考虑装拆调整的需要，留足工作空间。

4）其他轴段的长度，可根据轴和机器的总体结构和布局，结合零件间的相对位置关系和要求以及机器的工作要求等确定。

12.2.4 轴的结构工艺性

为了提高劳动生产率、降低成本，并保证轴安全有效地工作，轴的结构应有利于加工制造和便于装配。

1）从加工工艺性的角度，轴宜取圆截面，并尽量减少阶梯数量。同一轴上的过渡圆角尽可能取相同的圆角半径，倒角尺寸宜相同，键槽要布置在轴的同一加工母线上，并尽量采用相同的规格。

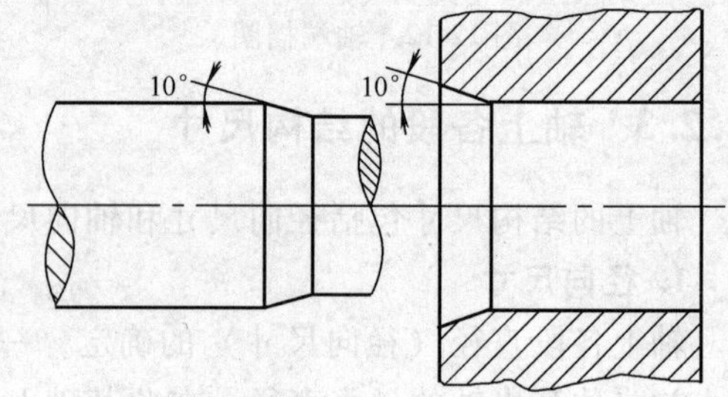

图 12-14 导向锥面

2）从装配工艺性的角度，为了便于安装零件和防止凸缘处的尖角划伤所装配零件的孔壁或伤人，凡装配时零件通过的轴段，其端面要加工出倒角，倒角一般为 45°（或 30°、60°），宽度为 2 ~ 4mm。过盈配合段的导入端应加工出导向锥面，如图 12-14 所示。

3）轴上传动零件应与轴肩定位面靠紧，以保证可靠的定位和固定，但轴上的过渡圆角常会形成障碍，从而使轴上的圆角半径受限制，为此可采用凹切圆槽（见图 12-15a）或肩环（见图 12-15b）等结构。

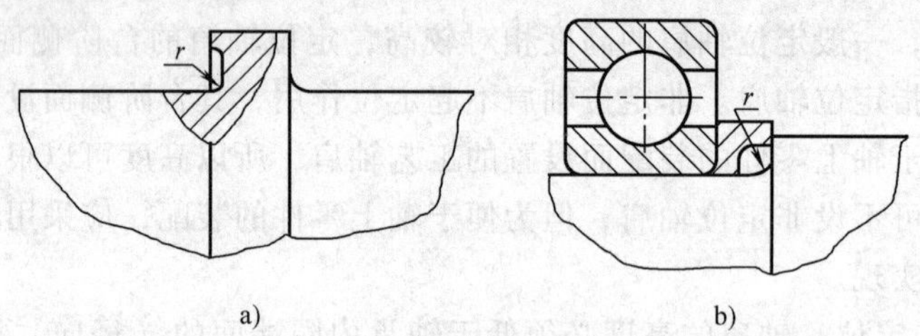

图 12-15 过度圆角处理方法

a）凹切圆槽 b）肩环

4）应力集中通常是产生疲劳裂纹的主要原因。为了提高轴的疲劳强度，在结构上、加工工艺上应注意尽量避免在轴上安排和设置易严重产生应力集中的结构，如螺纹、横孔、凹槽、锥坑等。无法避免时，要采取一定的措施减缓应力集中，如适当加大轴肩处圆角半径、设置卸载槽等。

12.3 轴的强度计算

前述轴的工作能力主要取决于其强度和刚度，所以轴的设计计算应是强度和刚度的计算。通常在初步完成轴的结构设计后进行强度设计，对于不同受载情况和应力性质的轴，应采用不同的计算方法。一般传动轴按抗扭强度计算，心轴按抗弯强度计算，转轴按扭弯合成强度计算。

12.3.1　传动轴的强度计算

传动轴工作时主要是受转矩作用，一般只按扭强度计算即可。由材料力学知，圆截面轴的抗扭强度条件为

$$\tau_T = \frac{T}{W_T} = \frac{9.55\times10^6 P}{0.2d^3 n} \leqslant [\tau]_T \tag{12-1}$$

计算轴的直径时，式（12-1）可以写成

$$d \geqslant \sqrt[3]{\frac{9055\times10^6}{0.2[\tau]_T}}\sqrt[3]{\frac{P}{n}} = C\sqrt[3]{\frac{P}{n}} \tag{12-2}$$

式中，τ_T 为轴的扭应力（MPa）；T 为轴传递的转矩（N · mm）；W_T 为轴的抗扭截面系数（mm^3）；P 为传递的功率（kW）；n 为轴的转速（r/min）；d 为轴的直径（mm）；$[\tau]_T$ 为轴材料的许用扭应力（MPa）；C 为与轴材料有关的系数，见表 12-2。

表 12-2　常用材料的 [τ] 值和 C 值

轴的材料	Q235，20	35	45	40Cr，35SiMn，42SiMn
$[\tau]$/MPa	12 ~ 20	20 ~ 30	30 ~ 40	40 ~ 52
C	158 ~ 134	134 ~ 118	118 ~ 106	106 ~ 97

注：1. 当弯矩作用相对于转矩很小或只传递转矩时，$[\tau]$取较大值，C 取较小值；反之，$[\tau]$取较小值，C 取较大值。

2. 当用 35SiMn 钢时，$[\tau]$ 取较小值，C 取较大值。

按式（12-2）求得的直径值为原始直径值，其没有考虑轴上的键槽等结构对轴强度的削弱。一般情况下，开一个键槽，轴径应增大 5%；开两个键槽，增大 10%，最后取标准直径值。

例 12.1　某开式齿轮传动，已知主动轴输入功率 $P=10$kW，转速 $n_1=350$r/min，传动比 $i=4.5$，轴的材料均采用 45 钢调质处理。试为该结构初步估算主、从动轴的最小直径（忽略转动装置中的摩擦损失）。

解：1）计算从动轴的转速。

$$n_2 = \frac{n_1}{i} = \frac{350}{4.5}\text{r/min} = 77.78\text{r/min}$$

2）求主、从动轴的计算直径。根据轴的材料并考虑弯矩的影响，查表 12-2，取 $C=118$，由式（12-2）知，该传动主、从动轴的最小直径分别为

$$d_1 \geqslant C\sqrt[3]{\frac{P}{n_1}} = 118\sqrt[3]{\frac{10}{350}}\text{mm} = 36.07\text{mm}$$

$$d_2 \geqslant C\sqrt[3]{\frac{P}{n_2}} = 118\sqrt[3]{\frac{10}{77.78}}\text{mm} = 59.56\text{mm}$$

计入键槽的影响，则

$$d_1 = 1.05\times36.07\text{mm} = 37.87\text{mm}$$

$$d_2 = 1.05\times59.56\text{mm} = 62.54\text{mm}$$

3）取标准直径。d_1、d_2 分别为转矩的输入和输出端轴径，均属有配合要求的轴段，查《机械设计手册》，取标准直径为 $d_1=38$ mm，$d_2=63$mm。

12.3.2 心轴的强度计算

心轴在工作时只承受弯矩，在一般情况下，作用在轴上的载荷方向不变，故心轴的抗弯强度条件为

$$\sigma_W = \frac{M}{W} = \frac{M}{0.1d^3} \leqslant [\sigma_{-1}]_b \tag{12-3}$$

$$d \geqslant \sqrt[3]{\frac{M}{0.1[\sigma_{-1}]_b}} \tag{12-4}$$

式中，d 为轴的计算直径（mm）；M 为作用在轴上的弯矩（N·mm）；W 为轴的抗弯截面系数（mm^3）；$[\sigma_{-1}]_b$ 为轴材料的许用弯曲应力（MPa）。轴固定时，若载荷长期作用，取静应力状态下的许用弯曲应力 $[\sigma_{+1}]_b$；若载荷时有时无，取脉动循环的许用弯曲应力 $[\sigma_0]_b$；轴转动时，取对称循环的许用弯曲应力 $[\sigma_{-1}]_b$。$[\sigma_{+1}]_b$、$[\sigma_0]_b$、$[\sigma_{-1}]_b$ 取值见表 12-3。

表 12-3 轴的许用弯曲应力 （单位：MPa）

材料	$[\sigma_b]$	$[\sigma_{+1}]_b$	$[\sigma_0]_b$	$[\sigma_{-1}]_b$
碳素钢	400	130	70	40
	500	170	75	45
	600	200	95	55
	700	230	110	65
合金钢	800	270	130	75
	900	300	140	80
	1000	330	150	90
铸钢	400	100	50	30
	500	120	70	40

12.3.3 转轴的强度计算

在转轴的设计中，常常先用传动轴的强度计算式（12-2）作出轴径的初步估算值，然后进行转轴的结构设计。在转轴的结构设计初步完成之后，轴的支点位置及轴上所受载荷的大小、方向和作用点均为已知，此时即可求出轴的支承反力，画出弯矩图和转矩图，并由此确定一个或几个危险断面，再应用第三强度理论所建立的圆轴弯曲和扭转组合时的强度条件，得

$$\sigma_e = \frac{M_e}{W} = \frac{\sqrt{M^2 + (\alpha T)^2}}{0.1d^3} \leqslant [\sigma_{-1}]_b \tag{12-5}$$

式中，σ_e 为当量应力（N/mm^2）；M_e 为当量弯矩（N·mm）；M 为合成弯矩，$M_e = \sqrt{M_H^2 + M_V^2}$；$M_H$、$M_V$ 为分别为计算剖面上的水平面内的弯矩和垂直面内的弯矩（N·mm）；T（或 M_T）为计算剖面上的转矩（或扭矩）（N·mm）；W 为抗弯截面系数（mm^3），$W = \frac{\pi d^3}{32} \approx 0.1d^3$；$d$ 为轴计算剖面直径（mm）；$[\sigma_{-1}]_b$ 为轴的许用弯曲应力（MPa），查表 12-3；α 为根据扭剪应力 τ 变化性质而定的校正系数，τ 按对称循环变化时，取 $\alpha = 1$；τ 按脉动

循环变化时，取 $\alpha=0.6$。

若改写式（12-5）可得计算直径形式

$$d \geqslant \sqrt[3]{\frac{M_e}{0.1[\sigma_{-1}]_b}} \tag{12-6}$$

例 12.2　图 12-16 所示为一直齿圆柱齿轮减速器的传动简图。已知传递功率 $P=44\text{kW}$，从动齿轮的转速 $n_2=600\text{r/min}$，分度圆直径 $d_2=320\text{mm}$，轮毂长度为 80mm，采用深沟球轴承（详见第 13 章）。试设计从动齿轮的轴的结构及尺寸。

解： 1）选择轴的材料。选用 45 钢并正火处理，由表 12-3 查得 $\sigma_b=600\text{MPa}$。

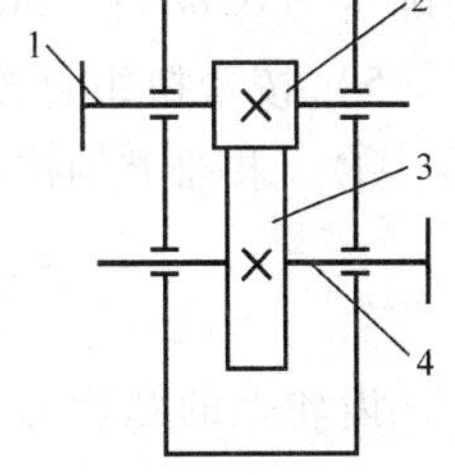

图 12-16　减速器传动简图

1—输入轴　2—主动齿轮

3—从动齿轮　4—输出轴

2）按扭转强度计算轴外伸端的直径（即最小直径）。根据轴的材料并考虑弯矩的影响，查表 12-2，取 $C=120$，由式（12-2）知，该传动主、从动轴的最小直径为

$$d \geqslant C\sqrt[3]{\frac{P}{n}} = 120\sqrt[3]{\frac{44}{600}}\text{mm} = 50.2\text{mm}$$

因此处开有单个键槽，则将轴径增大 5%，即

$$d = 50.2\text{mm} \times 105\% = 52.7\text{mm}$$

查标准手册选取 $d=56\text{mm}$。

3）轴的结构设计。进行轴的结构设计时，绘制轴的结构草图和确定轴各部分的尺寸应相互交替进行。

① 确定轴上零件的位置和固定方法。根据单级减速器结构，齿轮装在两个轴承的中间，轴承装在箱体上。齿轮用轴环和套筒作轴向固定，用平键和过盈配合作周向固定；左端轴承用轴环和有过盈的过渡配合固定；右端轴承用套筒和有过盈的过渡配合固定。输出端的联轴器用平键周向固定，用轴肩作轴向固定。

② 确定轴的各段直径。根据外伸端直径 $d=56\text{mm}$，按工艺和强度要求将轴制成阶梯形取通过轴承盖部分的直径为 $\phi=63\text{mm}$（见图 12-17），轴颈直径为 $\phi=65\text{mm}$（滚动轴承内

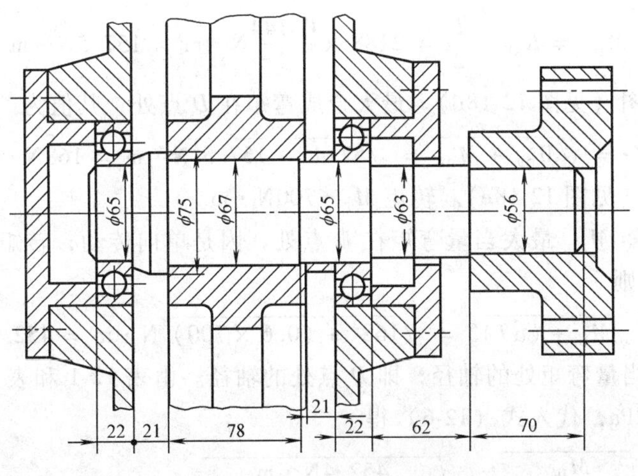

图 12-17　轴结构草图

径标准系列，详见第 13 章），轴头直径为 $\phi=67\text{mm}$。查《机械设计手册》（标准直径系列），轴环直径为 $\phi=75\text{mm}$，宽度取 7mm。根据题意，轴承型号为 6213（深沟球轴承），考虑轴承的装拆，将左端轴承轴肩高度取为 3.5mm，即此处轴径为 $\phi=72\text{mm}$。

4）确定轴的各段长度。根据齿轮轮毂长度 80mm，取轴头长为 78mm，以保证套筒与轮毂端面贴紧。6213 轴承由轴承表可得其宽度为 23mm，因此取轴颈长度为 22mm。根据齿轮与箱体保持一定间隙的要求和轴承润滑条件，取轴环宽度为 21mm，套筒长度为 21mm（外径也取 72mm）。由结构草图 12-17 可知，跨距 $L=144\text{mm}$。$\phi63\text{mm}$ 处长度根据减速器箱体结构确定为 62mm；$\phi56$ 处长度根据联轴器型号定为 70mm。

5）按弯扭组合校核轴的强度。

① 求轴上的作用力。绘制轴的空间受力图（见图 12-18）。从动轮上的转矩 T 为

$$T = 9550\frac{P}{n_2} = 9550\frac{44}{600}\text{N}\cdot\text{m} = 700\text{N}\cdot\text{m}$$

齿轮上的圆周力 F_{t2} 为

$$F_{t2} = \frac{2000T}{d_2} = \frac{2000\times700}{320}\text{N} = 4375\text{N}$$

齿轮上的径向力 F_{r2} 为

$$F_{r2} = F_{t2}\tan20^\circ = 4375\times0.364\text{N} = 1593\text{N}$$

② 作垂直平面内的弯矩图（见图 12-18b）。支点反力为

$$R_{AV} = R_{BV} = \frac{F_{r2}}{2} = \frac{1593}{2} = 797(\text{N})$$

D 点处垂直平面的弯矩

$$M_{DV} = R_{AV}\cdot\frac{L}{2} = 797\times\frac{0.144}{2}\text{N}\cdot\text{m} = 57.4\text{N}\cdot\text{m}$$

③ 水平面弯矩图（见图 12-18c）。支点反力为

$$R_{AH} = R_{BH} = \frac{F_{t2}}{2} = \frac{4375}{2}\text{N} = 2188\text{N}$$

D 点处水平面的弯矩

$$M_{DH} = R_{AH}\cdot\frac{L}{2} = 2188\times\frac{0.144}{2}\text{N}\cdot\text{m} = 157.5\text{N}\cdot\text{m}$$

④ 合成弯矩图（见图 12-18d）。最大合成弯矩在 D 点处，其值为

$$M_D = \sqrt{M_{DV}^2 + M_{DH}^2} = \sqrt{57.4^2 + 157.5^2}\text{N}\cdot\text{m} = 168\text{N}\cdot\text{m}$$

⑤ 作转矩图（见图 12-18e）。转矩 $M_T=700\text{N}\cdot\text{m}$。

⑥ 求当量弯矩 M_e。最大当量弯矩在 D 点处，因是单向传动，转矩可认为按脉动循环变化，故 $\alpha=0.6$，则

$$M_{De} = \sqrt{M_D^2 + (\alpha T)^2} = \sqrt{168^2 + (0.6\times700)^2}\text{N}\cdot\text{m} = 452.4\text{N}\cdot\text{m}$$

⑦ 确定最大当量弯矩处的轴径，即 D 点处的轴径。由表 12-1 和表 12-3 查得许用弯曲应力 $[\sigma_{-1}]_b=55\text{MPa}$，代入式（12-6）得

$$d \geqslant \sqrt[3]{\frac{M_{De}}{0.1[\sigma_{-1}]_b}} = \sqrt[3]{\frac{452.4\text{N}\cdot\text{m}}{0.1\times55\times10^6\text{N/m}^2}} = 0.0435\text{m} = 43.5\text{mm}$$

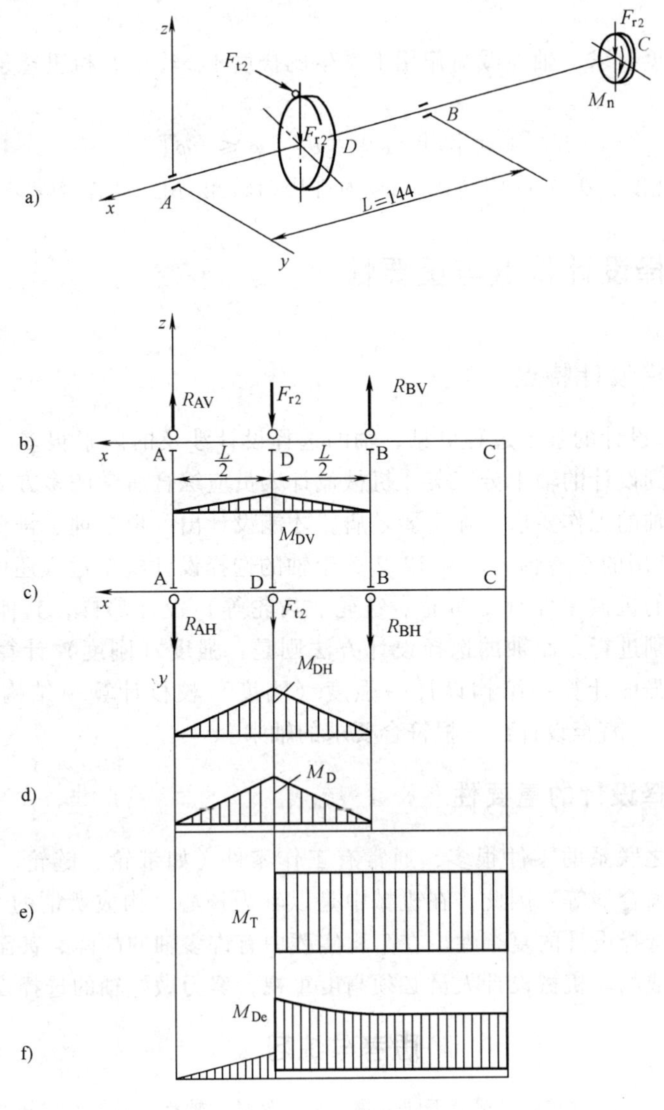

图 12-18　轴受力分析

此处有一键槽，将直径增大 5%，即

$$d = 43.5 \times 1.05\text{mm} = 45.675\text{mm} < 67\text{mm}$$

实际 D 点处的直径为 67mm，强度足够。但因考虑到外伸端直径 ϕ56mm 处的强度余量不大，故不宜将 D 点处的直径减小，所以仍取为 67mm，这样对轴的刚度也有好处。

6）绘制轴的工作图（略）。

12.4　轴的刚度校核

有的轴除了要满足强度要求外，还提出了变形不应过大的要求。这就需要进行刚度计算。由材料力学知，轴的刚度包括弯曲刚度和扭转刚度。弯曲刚度主要影响旋转零件及轴承的工作；扭转刚度则会影响机器的工作精度及旋转零件上载荷分布的均匀性，它们对轴的振动也有影响。

为使轴满足刚度要求，轴在载荷作用下产生的挠度 y、转角 θ 和扭转角 φ 应小于相应的许用值，即

$$y \leqslant [y] \quad \theta \leqslant [\theta] \quad \varphi \leqslant [\varphi] \tag{12-7}$$

式中，$[y]$为许用挠度，$[\theta]$为许用转角，$[\varphi]$为许用扭转角，由工程结构要求提出。

12.5　轴的选择设计特点与重要性

12.5.1　轴的选择设计特点

1）由轴的选择设计的整个过程可见，轴的选择设计涉及的因素很多。有许多要求是相互矛盾的，很难做到设计的轴十分完美。机械设计人员应综合所学的多方面知识，全面仔细分析研究，根据该轴的工作要求，抓主要矛盾，才能设计出一根合理、符合要求的轴。

2）机械中最常用的是转轴，由例 12.2 关于轴的选择设计整个过程还可以看到，轴的选择设计方法不像别的机械零件（如带轮、链轮、齿轮等）设计那样，其他机械零件的结构设计和强度计算分别进行，而轴的选择设计方法则是：强度（刚度）计算与结构设计交叉进行。其过程是：强度计算→结构设计→强度（刚度）校核计算→结构调整设计→强度（刚度）校核计算……直至设计出一根符合要求的轴来。

12.5.2　轴的选择设计的重要性

轴在机械中与之联系的零件很多，通常有工作零件（如带轮、链轮、齿轮等）、轴承、键、销、联轴器、离合器等。因此，在机械中是以轴为核心，构成所谓的“轴系”。正是由于此关系，造成轴选择设计的复杂性。在工程实践中有许多轴的故障，甚至断裂，是由于轴的选择设计不当造成的。机械设计人员必须高度重视，努力做好轴的选择设计工作。

思考与练习

12.1　轴的用途是什么？轴按所受载荷不同分哪三种？怎样的轴称为心轴？怎样的轴称为传动轴？怎样的轴称为转轴？常见的轴大多属于哪一种？

12.2　轴通常是由什么材料制成的？需要进行何种热处理？

12.3　轴上零件的轴向固定方法有哪些？各有何特点？

12.4　怎样选取轴上各段的直径和长度？

12.5　轴的结构设计应从哪几方面考虑？

12.6　图 12-19 所示轴的结构是否合理？为什么？应如何改进？

12.7　齿轮减速器的输出轴如图 12-20 所示，试指出图中轴的结构设计有哪些错误，并加以改正。

12.8　常用的提高轴的强度和刚度的措施有哪些？

12.9　试校核某搅拌器上轴的强度。已知：轴的直径 $d=45\text{mm}$，材料是 45 钢，转速为 100r/min，传递的功率为 4.5kW。

12.10　试计算某梁料生产用高压釜上搅拌轴的直径。该轴由电动机经蜗轮减速机带动，电动机功率为 4.5kW，转速为 1450r/min，该搅拌轴的功率为 3.2kW，转速为 80r/min。

12.11　已知图 12-20 示轴传递的功率 $P=7\text{kW}$，转速 $n=85\text{r/min}$，齿轮分度圆直径 $d=150\text{mm}$，齿轮宽

度 $B=160\text{mm}$，试设计此轴。

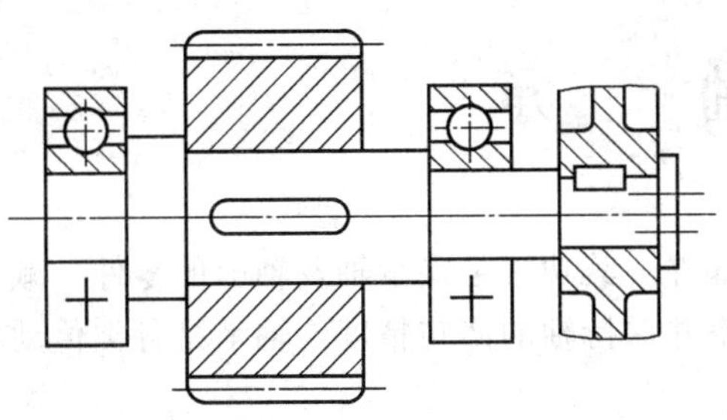

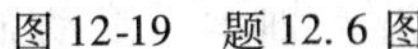

图 12-19　题 12.6 图

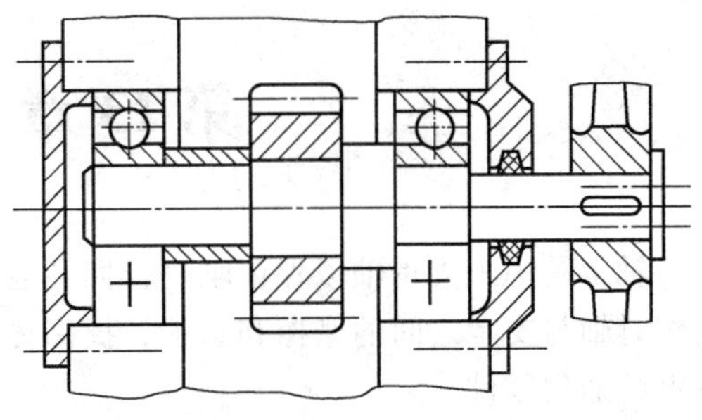

图 12-20　题 12.7 图

12.12　单级圆柱齿轮减速器，已知齿轮的齿数 $z_1=20$，$z_2=45$，主动轴的转速 $n_1=960\text{r/min}$，传递的功率 $N=5.5\text{kW}$，两轴的材料为 45 钢。试确定两轴的最小直径。

12.13　已知减速器输入轴上各零件的相对位置如图 12-21 所示，齿轮的模数 $m=2\text{mm}$，齿数 $z=30$，传递功率 $N=15\text{kW}$，转速 $n=1450\text{r/min}$。试设计这根轴（如轴颈直径取 $\phi30\text{mm}$，选用 206 轴承，轴承宽度 $B=16\text{mm}$；或轴颈直径取 $\phi40\text{mm}$，选用 208 轴承，轴承宽度 $B=18\text{mm}$）。

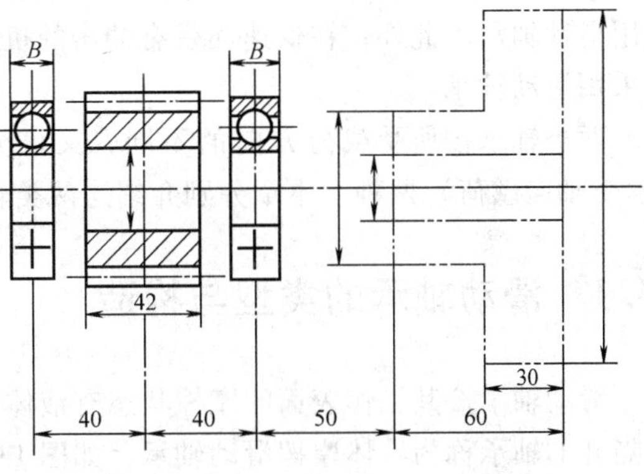

图 12-21　题 12.13 图

12.14　某单级斜齿圆柱齿轮减速器，经初步结构设计，确定输出轴的结构和尺寸如图 12-22a 所示，空间受力如图 12-22b 所示。已知轴上齿轮分度圆直径 $d=280\text{mm}$，作用在齿轮上的切向力 $F_t=5500\text{N}$，径向力 $F_r=2072\text{N}$，轴向力 $F_a=1474\text{N}$，传动不逆转，轴的材料为 45 钢，调质处理。试校核轴的强度。

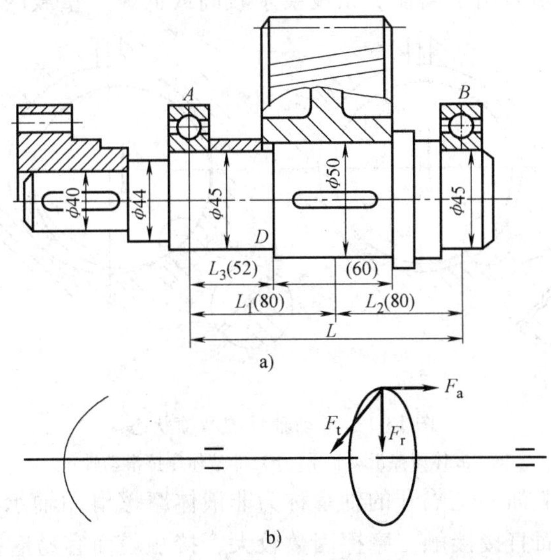

图 12-22　题 12.14 图

a）结构简图　b）空间受力图

第 13 章　轴　承

轴承是用来支承轴以保证轴进行回转运动的部件。其功用是支承轴及轴上的零件，减少工作时轴与支承之间的摩擦和磨损，提高传动效率并保持轴的回转精度。轴承是各类传动设备上的通用零件。

根据工作时的摩擦性质，轴承分为两大类：滚动轴承和滑动轴承。滚动轴承的优点很多，在一般机器中得到广泛应用，但是在高速、高精度、重载、结构上要求剖分等场合下，滑动轴承就体现出它的优异性能。因而在汽轮机、离心式压缩机、内燃机、大型电动机中多采用滑动轴承。此外，在低速而带有冲击的机器中，如水泥搅拌机、滚筒清砂机、破碎机等也采用滑动轴承。

两类轴承按所受载荷方向的不同，又可分为向心轴承（承受径向载荷）和推力轴承（承受轴向载荷）两种。本章分别介绍这两类轴承的基本内容。

13.1　滑动轴承的类型与构造

滑动轴承按其工作表面的摩擦状态有液体摩擦和非液体摩擦之分。摩擦表面完全被润滑油隔开的轴承称为液体摩擦滑动轴承，如图 13-1a 所示。这种轴承的摩擦阻力仅来自润滑油的内部摩擦，所以摩擦因数很小。由于工作时轴承与轴颈不直接接触，因此避免了磨损。但是，要求轴承必须满足特定的工作条件，还要有较高的制造精度，才能形成液体摩擦，因此轴承结构复杂。这种轴承多用于高速、精度要求较高或低速、重载的场合。

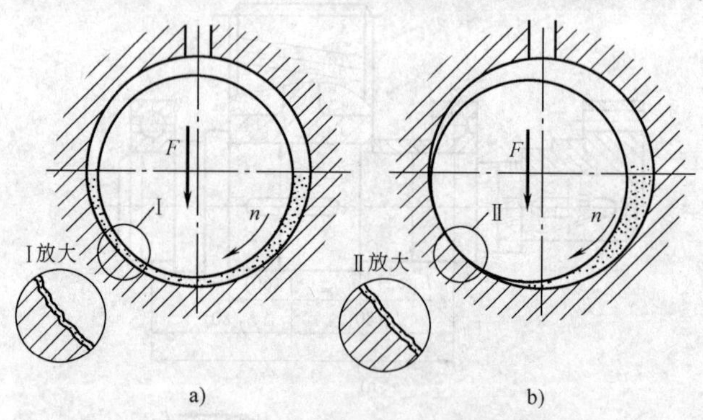

图 13-1　滑动轴承的摩擦状态

a）液体摩擦滑动轴承　b）非液体摩擦滑动轴承

摩擦表面不能被润滑油完全隔开的轴承称为非液体摩擦滑动轴承，如图 13-1b 所示。这种轴承工作时与轴颈表面直接接触，摩擦因数较大，接触表面容易磨损，但结构简单，制造精度要求较低，因此加工成本较低。这类轴承一般用于转速、载荷不大和精度要求不高的场合，这也是工程上通常使用的情况，因而应用较广泛。本书只研究介绍非液体摩擦滑动轴承。

13.1.1　向心滑动轴承

滑动轴承一般是由轴瓦、壳体、连接零件及附属的润滑、密封等装置组成。常用的非液体摩擦滑动轴承的类型与构造如下。

1. 整体式滑动轴承

典型的整体式向心滑动轴承如图 13-2 所示，系由轴承座和轴瓦构成，安装时可用螺栓将轴承座固定在机架上。最简单的整体式滑动轴承就是直接在机架上加工出座孔，并在孔中装入套筒状轴瓦。

整体式滑动轴承的特点是结构简单，刚性好；但装拆轴时必须通过轴端，因而不够方便，磨损后无法调整轴瓦与轴颈间的间隙。这种轴承多用于轻载、低速，不重要的工作场合。该轴承可按标准选用。

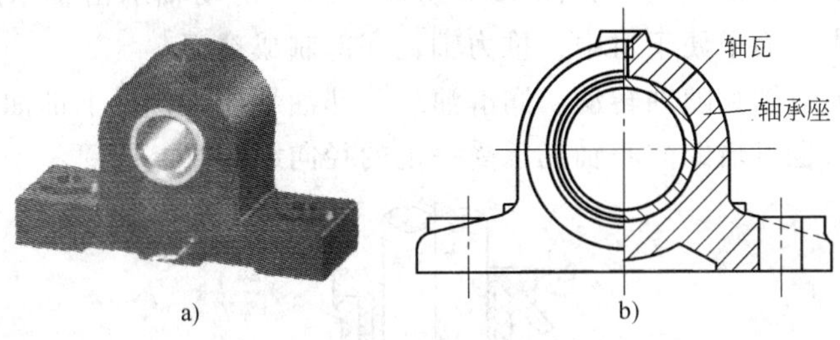

图 13-2　整体式向心滑动轴承

2. 剖分式向心滑动轴承

图 13-3 所示为剖分式向心滑动轴承，其剖分面常做成阶梯形，以便安装时定位和防止工作时窜动。在轴承盖和轴承座的剖分面间留有不大的间隙，当轴瓦磨损使轴颈与轴瓦出现较大间隙后，适当取出剖分面间的垫片，就可调整轴承间隙。这种轴承的结构比整体式轴承复杂。该轴承也按标准选用。

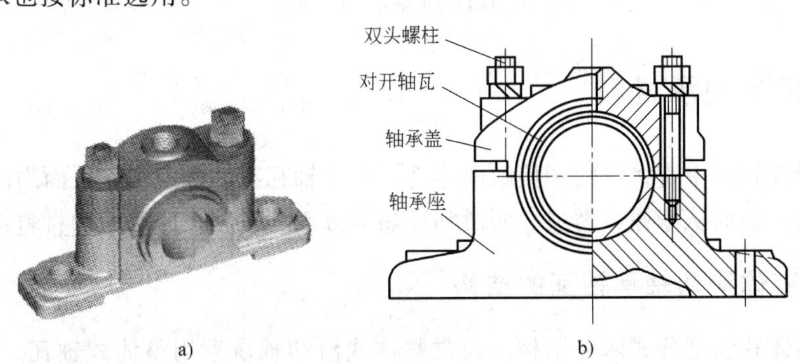

图 13-3　剖分式滑动轴承典型结构

3. 自动调心式滑动轴承

当轴承宽度较大（宽径比大于 1.5）时，由于轴受力变形或轴承工艺和装配原因引起轴承孔倾斜，使轴瓦两端与轴颈局部接触（见图 13-4a），导致轴瓦两端急剧磨损，这时可考虑采用自动调心式滑动轴承（见图 13-4b）。这种轴承的轴瓦与轴承座以球面接触，能自动调整轴瓦位置，使其轴线与轴颈一致，从而保证轴颈和轴瓦的均匀接触，避免过快地磨损。该轴承简称调心轴承。

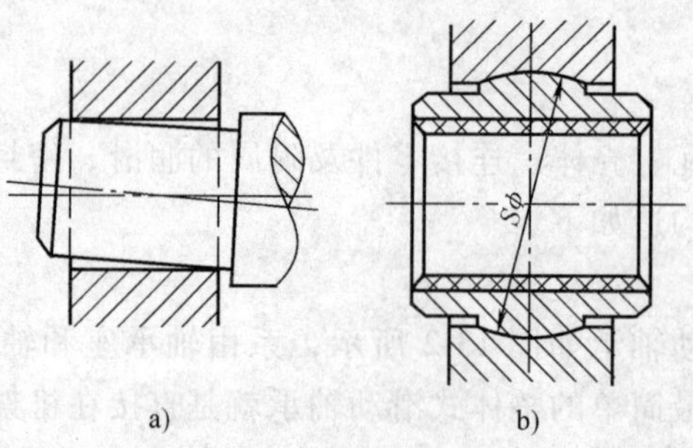

图 13-4 自动调心式滑动轴承

13.1.2 推力滑动轴承

推力轴承用来承受轴向载荷。如图 13-5 所示，推力滑动轴承由轴承座、衬套、向心轴瓦和推力轴瓦等组成。为了便于对中，推力轴瓦底部制成球面。

销钉用于防止推力轴瓦随轴转动。润滑油从下部油管注入，从上部油管导出。这种轴承主要承受轴向载荷，也可借助向心轴瓦承受一定的径向载荷。

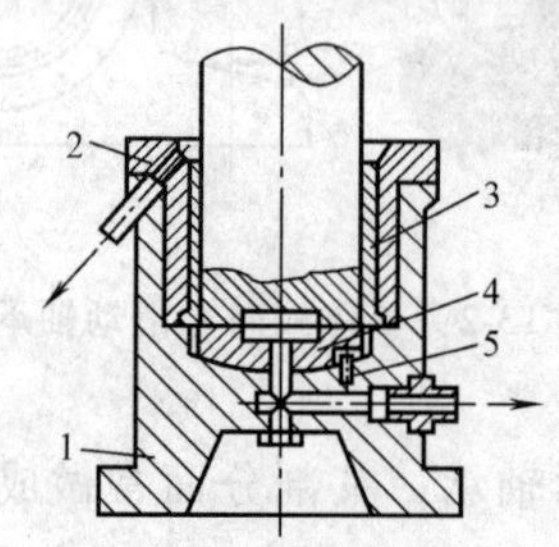

图 13-5 推力滑动轴承

1—轴承座 2—衬套 3—向心轴瓦

4—环状推力轴瓦 5—销钉

13.2 轴瓦及轴承材料

轴瓦是滑动轴承中直接与轴颈接触的零件。由于轴瓦与轴颈的工作表面之间具有一定的相对滑动速度，因而从摩擦、磨损、润滑和导热等方面都对轴瓦的结构和材料提出了要求。

13.2.1 非液体滑动轴承轴瓦的结构

轴瓦有整体式和剖分式两种结构。通常整体式滑动轴承采用整体式轴瓦，如图 13-6 所示，这种轴瓦亦称为轴套。整体式轴瓦又分为光滑轴套（见图 13-6a）和带纵向油槽轴套（见图 13-6b）两种。

剖分式轴承的轴瓦由上、下两半组成，如图 13-7 所示。轴瓦上制有油孔与油沟，以便于给轴承注润滑油，润滑油通过油孔和油沟分散于轴颈上，使摩擦表面得到润滑。油孔与油沟的位置应设置在不承受载荷的区域内。剖分式轴瓦的油沟形式如图 13-8 所示。为了使润滑油能均匀分布在整个轴颈上，油沟应有足够的长度，通常可按轴瓦长度的 80% 取值。

为提高轴承的耐磨性和使用寿命，对于重要轴承，还在轴瓦的内表面浇铸（或堆焊）

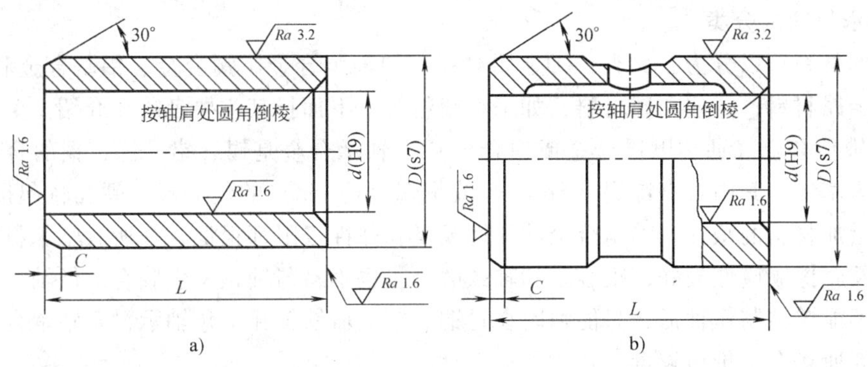

图 13-6　整体式轴瓦

a）光滑轴套　b）带纵向油槽轴套

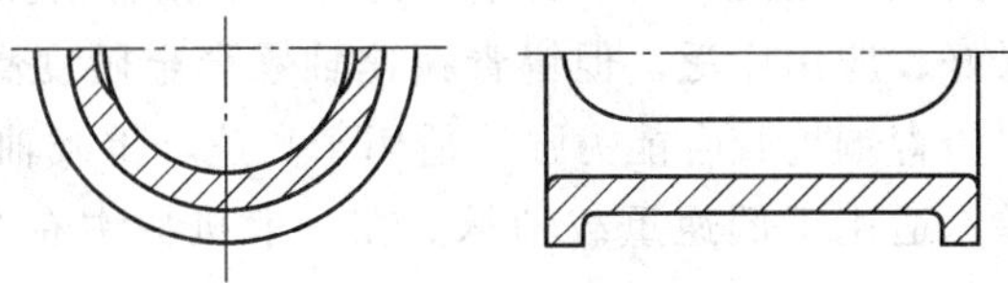

图 13-7　剖分式轴瓦

一层耐磨性能好的衬里，称为轴承衬。轴承衬的厚度可根据使用要求的不同选取不同的值。为了保证轴承衬与轴瓦结合牢固，一般在轴瓦的内表面要预制燕尾槽（见图 13-9a）或螺旋槽（见图 13-9b）。

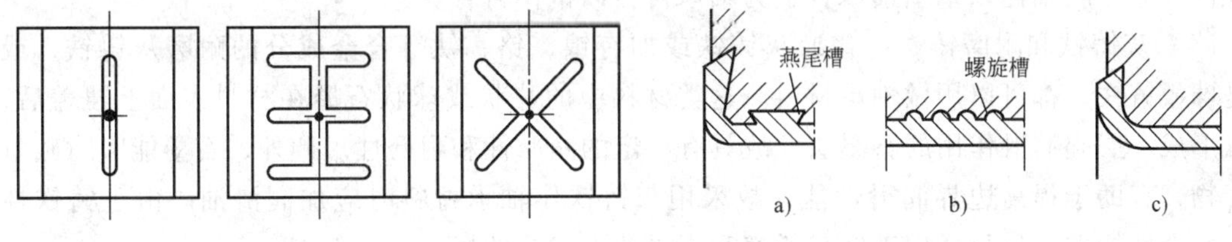

图 13-8　油沟形式　　　图 13-9　轴承衬与轴瓦的接合形状

13.2.2　轴承材料

轴承材料指的是轴瓦与轴承衬所采用的材料。

1. 对轴承材料的性能要求

1）良好的减摩性、耐磨性和抗胶合性。好的减摩性是指材料副具有小的摩擦因数。耐磨性是指材料的抗磨性能（通常以磨损率表示）。抗胶合性是指材料的耐热性和抗粘附性。

2）良好的摩擦顺应性、嵌入性和磨合性。摩擦顺应性是指材料通过表层弹塑性变形来补偿轴承滑动表面初始配合不良的能力。嵌入性是指材料容纳硬质颗粒嵌入，从而减轻轴承滑动表面发生刮伤或磨粒磨损的性能。磨合性是指轴瓦与轴颈表面经过短期轻载运转后，易于形成相互吻合的表面粗糙度。

3）足够的强度和抗腐蚀能力。

4）良好的导热性、工艺性、经济性等。

应该指出的是：没有一种轴承材料全面具备上述性能，因而必须针对各种具体的情况，仔细进行分析后合理选用。

2. 轴承材料的分类

常用的材料可以分为三大类：①金属材料，如轴承合金、铜合金、铝基合金和铸铁等；②多孔质金属材料；③非金属材料，如工程塑料等。下面择其主要者略作介绍。

（1）轴承合金（通称巴氏合金或白合金）　轴承合金是锡、铅、锑、铜的合金，它以锡或铅作为基体，其内含有锑锡（Sb-Sn）或铜锡（Cu-Sn）的硬晶粒。硬晶粒起抗磨作用，软基体则增加材料的塑性。轴承合金的弹性模量和弹性极限都很低，在所有轴承材料中，它的嵌入性及摩擦顺应性最好，很容易和轴颈磨合，也不易与轴颈发生胶合。但轴承合金的强度很低，不能单独制作轴瓦，只能粘附在青铜、钢或铸铁轴瓦上作轴承衬。轴承合金适用于重载、中高速场合，价格较贵。

（2）铜合金　铜合金具有较高的强度，较好的减摩性和耐磨性。由于青铜的减摩性和耐磨性比黄铜好，故青铜是最常用的材料。青铜有锡青铜、铅青铜和铝青铜等几种，其中锡青铜的减摩性和耐磨性最好，应用广泛。但锡青铜比轴承合金硬度高，磨合性及嵌入性差，适用于重载及中速场合。铅青铜抗胶合能力强，适用于高速、重载轴承。铝青铜的强度及硬度较高，抗胶合能力较差，适用于低速重载轴承。在一般机械中有50%的滑动轴承采用青铜材料。

（3）铝基轴承合金　铝基轴承合金在许多国家获得了广泛的应用。它有相当好的耐腐蚀性和较高的疲劳强度，摩擦性也较好。这些品质使铝基轴承合金在部分领域取代了较贵的轴承合金和青铜。铝基轴承合金可以制成单金属零件（如轴套、轴承等），也可以制成双金属零件，双金属轴瓦以铝基轴承合金为轴承衬，以钢作衬背。

（4）灰铸铁和耐磨铸铁　普通灰铸铁或加有镍、铬、钛等合金成分的耐磨灰铸铁，或者是球墨铸铁，都可以用做轴承材料。这类材料中的片状或球状石墨在材料表面上覆盖后，可以形成一层起润滑作用的石墨层，故具有一定的减摩性和耐磨性。此外，石墨能吸附碳氢化合物，有助于提高边界润滑性能，故采用灰铸铁作轴承材料时应加润滑油。由于铸铁性脆、磨合性能差，故只适用于轻载低速和不受冲击载荷的场合。

（5）多孔质金属材料　多孔质金属材料也称为粉末冶金材料。它具有多孔组织，采取措施使轴承所有细孔都充满润滑油的称为含油轴承，因此它具有自润滑性能。常用的含油轴承材料有多孔铁（铁-石墨）与多孔青铜（青铜-石墨）两种。

（6）非金属材料　非金属材料中应用最广的是各种塑料，如酚醛树脂、尼龙、聚四氟乙烯等。

常用金属轴瓦材料的使用性能见表13-1。

表13-1　常用金属轴瓦材料的使用性能

材料及其代号	[p]/MPa		[pv]/(MPa·m/s)	HBW		最高工作温度/℃	轴颈硬度
				金属型	砂型		
铸锡锑轴承合金 ZSnSb11Cu6	平稳	25	20	27		150	150HBW
	冲击	20	15				
铸铅锑轴承合金 ZPbSb6Sn16Cu	15		10	30		150	150HBW
铸锡青铜 ZCuSn10P1	15		15	90	80	280	45HRC
铸锡锌铅青铜 ZCuSn5Pb5Zn5	8		10	65	60	280	45HRC
铸铝青铜 ZCuAl10Fe3	15		12	110	100	280	45HRC

13.3　非液体摩擦滑动轴承的计算

非液体摩擦滑动轴承的主要失效形式是磨损和胶合。为了防止轴承失效，应使轴颈和轴瓦的接触表面之间保持一层边界润滑油膜。影响油膜存在的因素很多，如载荷大小、温度高低、滑动速度、润滑剂品种以及润滑方式等。到目前为止，对此还没有一种比较完善的计算方法。工程上，这类轴承常以维持边界油膜不遭破坏作为设计的最低要求，采用简化的条件性计算。其计算准则如下：

1）限制轴承压强 p。p 值过大，润滑油膜不易形成和保持。

2）限制轴承的 pv 值。由于轴承的发热量与其单位面积上的摩擦功耗成正比，摩擦因数 f 可以认为是常数，因而限制 pv 值也就限制了轴承的温升。

3）限制滑动速度 v。对压强较小的轴承，即使 p 和 pv 值都在允许范围内，也可能由于 v 值过高而使磨损过快。

13.3.1　向心滑动轴承的校核计算

1. 校核压强 p

图 13-10 所示为向心滑动轴承的简图。轴承压强 p 定义式为

$$p = \frac{F}{dB} \leqslant [p] \tag{13-1}$$

式中，F 为径向载荷（N）；B 为轴承宽度（mm）；d 为轴颈直径（mm）；$[p]$ 为轴瓦材料的许用压强（MPa），见表 13-1。

2. 校核 pv 值

$$pv = \frac{F}{dB} \cdot \frac{\pi dn}{60 \times 1000} = \frac{Fn}{19100B} \leqslant [pv] \tag{13-2}$$

式中，v 为轴颈的圆周速度（m/s）；n 为轴的转速（r/min）；$[pv]$ 为 pv 的许用值（MPa · m/s），见表 13-1。

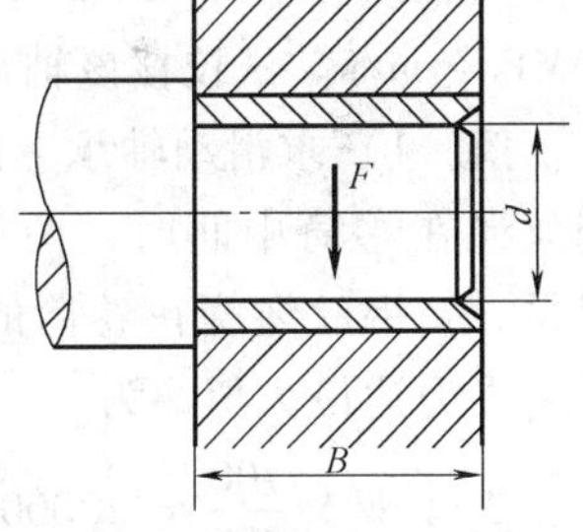

图 13-10　向心滑动轴承

3. 校核速度 v

$$v = \frac{\pi dn}{60 \times 1000} = \frac{dn}{19100} \leqslant [v] \tag{13-3}$$

式中，$[v]$ 为许用圆周速度（m/s）；d 为轴颈直径（mm）；n 为轴的转速（r/min）。

当以上校核结果不能满足要求时，可改变轴瓦的材料或适当增大轴承的宽度 B。

对低速或间歇工作的轴承，只需进行压强 p 的校核。

向心滑动轴承可按使用要求和工作条件及轴颈直径 d，从机械设计手册中选取轴承的类型和型号，然后对其进行校核计算。

13.3.2　推力滑动轴承的校核计算

1. 校核压强 p

推力轴承应满足

$$p = \frac{F}{\frac{\pi}{4}(d_2^2 - d_1^2)z} \leqslant [p] \tag{13-4}$$

式中，z 为轴环数；d_2 为轴环外径；d_1 为环状支撑面内径。

2. 校核 *pv* 值

$$pv_m \leqslant [pv] \tag{13-5}$$

轴环的平均速度

$$v_m = \frac{\pi d_m n}{60 \times 1000}$$

平均直径

$$d_m = \frac{d_1 + d_2}{2}$$

推力轴承的 $[p]$ 和 $[pv]$ 值由表 13-1 查取。对于多环推力轴承，由于制造和装配误差使各支承面上所受的载荷分布不均，$[p]$ 和 $[pv]$ 值应减小 20%～40%。

为了保证轴的旋转精度并使载荷分布尽可能均匀，必须合理地选择轴颈与轴承孔的配合，一般采用 H7/f7、H8/f8 配合，要求较低的轴承可采用 H9/f9、H11/f11 配合。轴颈与轴承孔的圆度一般取直径公差的 1/2～1/3；表面粗糙度值 Ra 一般取 6.3μm、3.2μm、1.6μm、0.8μm、0.4μm，常用的 Ra 值是 3.2μm、1.6μm、0.8μm。

例 13.1　试按非液体摩擦状态设计电动绞车中卷筒两端的滑动轴承。钢丝绳拉力 $W = 20\text{kN}$，卷筒转速为 30r/min，结构尺寸如图 13-11 所示。已知其轴颈直径 $d = 50\text{mm}$，$[p] = 10\text{MPa}$，$[pv] = 10\text{MPa} \cdot \text{m/s}$。试校核该轴承。

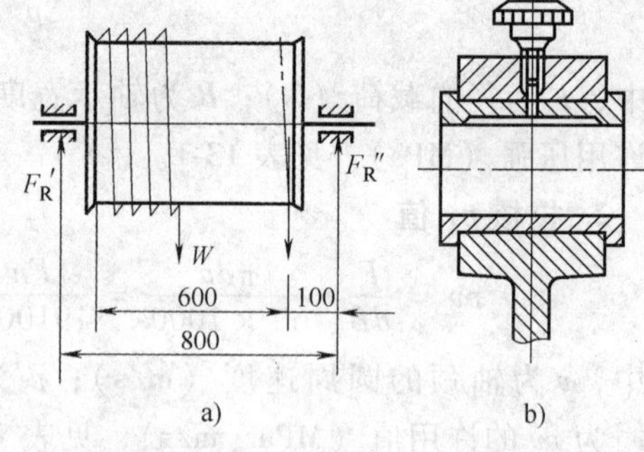

图 13-11　电动绞车滑动轴承

解　1）求滑动轴承上的最大径向载荷 F。当钢丝绳在卷筒中间时，两端滑动轴承受力相等。但是，当钢丝绳绕在卷筒的边缘时，一侧滑动轴承上受力达最大值，为

$$F = W \times \frac{700}{800} = 20000 \times \frac{7}{8}\text{N} = 17500\text{N}$$

2）取宽径比 $B/d = 1.2$，则

$$B = 1.2 \times 50\text{mm} = 60\text{mm}$$

3）计算压强 p

$$p = \frac{F}{Bd} = \frac{17500}{60 \times 50}\text{MPa} = 5.83\text{MPa}$$

4）计算 pv 值

$$pv = \frac{Fn}{19100B} = \frac{17500 \times 30}{19100 \times 60}\text{MPa} \cdot \text{m/s} = 0.45\text{MPa} \cdot \text{m/s}$$

根据上述计算可知，选用铸锰黄铜（ZCuZn38Mn2Pb2）作为轴瓦的材料，其强度足够。

13.4 滑动轴承的润滑和润滑装置

滑动轴承润滑的目的主要是减少摩擦，降低磨损，提高传动效率，同时还有散热冷却、缓冲吸振、密封和防锈的作用。

13.4.1 润滑剂及其选择

润滑剂分为润滑油、润滑脂和固体润滑剂三类。常用的润滑剂是润滑油和润滑脂。

1. 润滑油

润滑油是滑动轴承中应用最广的润滑剂，目前使用的润滑油多位矿物油。润滑油最重要的性能是粘度，它也是选择润滑油的主要依据。粘度标志着液体流动的内摩擦性能，粘度越大，内摩擦阻力越大，液体的流动性越差。

润滑油的选择应考虑轴承的载荷、速度、工作情况以及摩擦表面的状况等条件。对于载荷大、温度高的轴承，宜选择粘度大的润滑油；反之，宜选用粘度小的润滑油。

2. 润滑脂

润滑脂是在润滑油中添加稠化剂（如钙、钠、铝、锂等金属）后形成的胶状润滑剂。因为它稠度大，不宜流失，所以承载能力较大，但它的物理、化学性质不如润滑油稳定，摩擦功耗也大，故不宜在温度变化大或高速条件下使用（一般在轴承相对滑动速度低于1~2m/s时或不变注油的场合使用）。

目前使用最多的是钙基润滑脂，它有耐水性，常用于60℃以下的各种机械设备中的轴承润滑。钠基润滑脂可用于115~145℃以下，但抗水性较差。锂基润滑脂性能优良，抗水性好，在-20~150℃范围内广泛使用，可以代替钙基、钠基润滑脂。

13.4.2 润滑方法和润滑装置

为了保证轴承良好的润滑状态，除了合理选择润滑剂之外，合理选择润滑方法和润滑装置也是十分重要的。

常用的润滑方法如下：

1）手工润滑。这种润滑方式适用于低速、轻载场合。所用的润滑装置有注油孔及注油杯（见图13-12）。图13-13所示为润滑脂用的油杯，定期旋转杯盖，使空腔体积减小而将润滑脂注入轴承内，它只能间歇润滑。

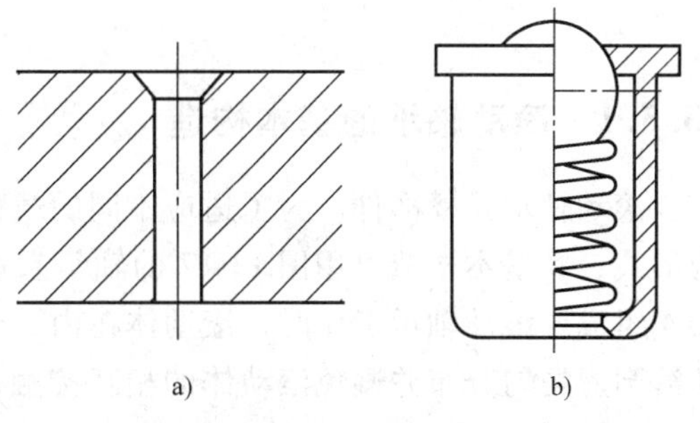

图13-12 注油孔和注油杯

2）滴油润滑。这种方式只适用于润滑油。常用的装置有针阀式油杯（见图13-14）和油芯式油杯（见图13-15）。前者当需供油时，将手柄立起，提起针阀，油就通过油孔自动流入；后者则利用毛细管虹吸原理，由油芯把润滑油不断引滴入轴承。

3）油环润滑。图13-16所示为油环润滑。在轴颈上装一油环，油环下部浸入油池中，当轴颈旋转时，靠摩擦力带动油环旋转，把油带入轴承。

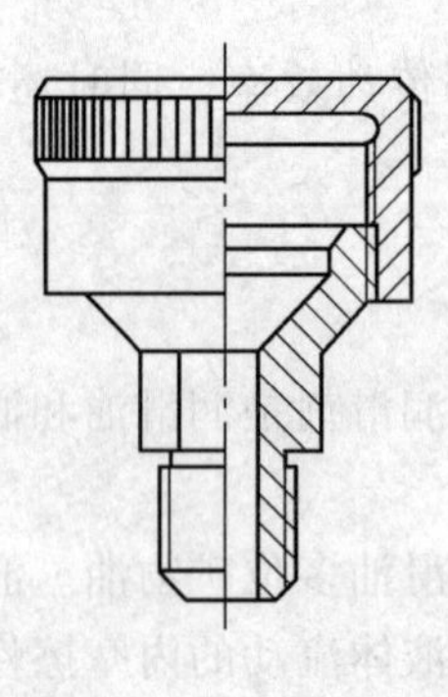
图 13-13　油杯

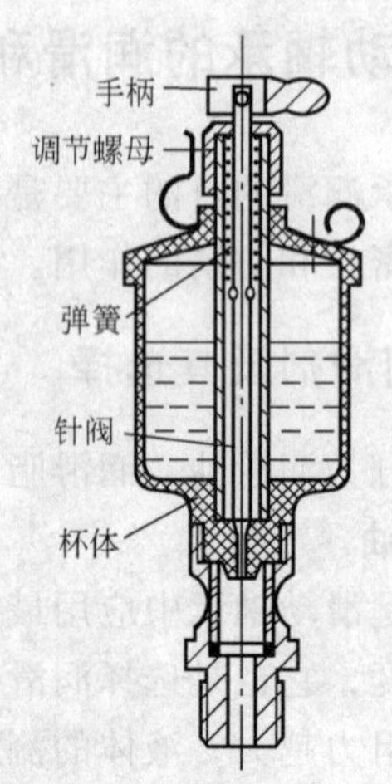

图 13-14　针阀式油杯

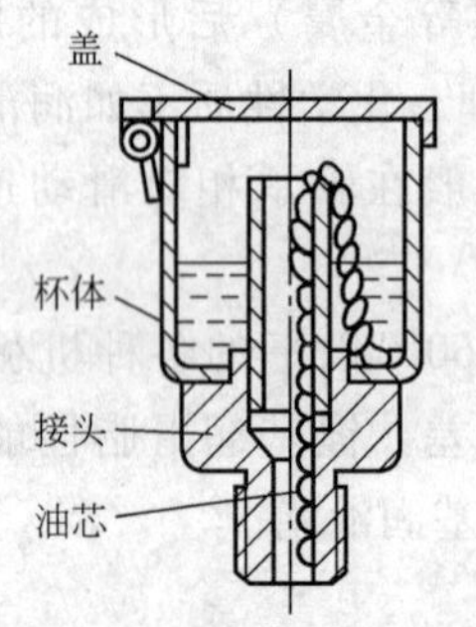

图 13-15　油芯式油杯

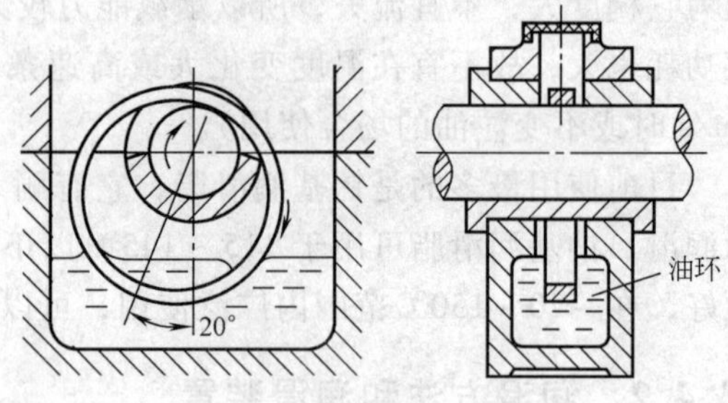

图 13-16　油环润滑

13.5　滚动轴承的基本构造和类型

13.5.1　滚动轴承的基本构造

滚动轴承是标准件。为了适应不同的载荷、转速要求及使用条件等，滚动轴承有多种结构形式，其基本构造可用图 13-17 的轴承来说明。它是由外圈 1、内圈 2、滚动体 3 和保持架 4 组成。滚动轴承工作时，滚动体在内、外圈滚道上滚动，保持架把滚动体彼此隔开，使其沿圆周均匀分布并避免滚动体的相互接触，减少摩擦和磨损。外圈和轴承座或机座配合，内圈和轴颈配合。通常工作时是内圈随轴颈旋转，外圈不转；有时也可以是外圈旋转而内圈不转；或者两者以不同的速度和方向相对转动。少数轴承可以没有保持架，也可以没有外圈或内圈，但不能没有滚动体，否则就不称其为滚动轴承了。常见的滚动体形状如图 13-18 所示。

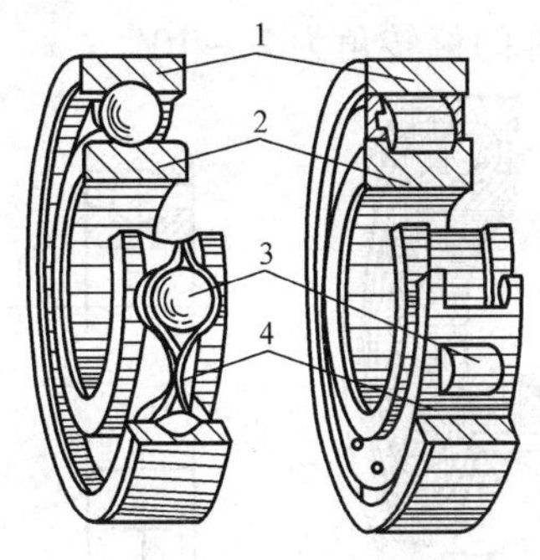

图 13-17　滚动轴承的构造

1—外圈　2—内圈　3—滚动体　4—保持架

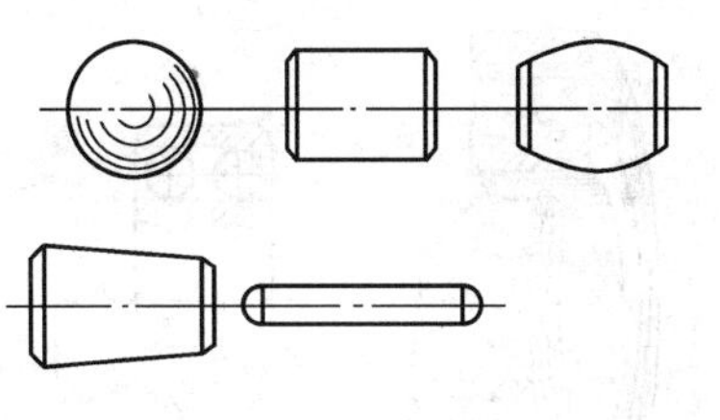

图 13-18　滚动体的种类

13.5.2　常用滚动轴承的类型和应用

滚动轴承的类型很多，分类方法也很多。下面介绍常用的两种分类方法。

第一种分类法：按其承受载荷的作用方向，可分为径向接触轴承、向心角接触轴承和轴向接触轴承。

1. 径向接触轴承

这类轴承主要用于承受径向载荷，包括深沟球轴承、圆柱滚子轴承和调心球轴承等。

1）深沟球轴承。如图 13-19 所示，主要用手承受径向载荷，也能承受一定的轴向载荷。高速时可代替推力球轴承承受不大的纯轴向载荷。轴承内、外圈轴线允许的偏转角为 2′～10′。

2）圆柱滚子轴承。如图 13-20 所示，轴承内、外圈沿轴向可作相对移动，能承受大的径向载荷，但不能承受轴向载荷。内、外圈轴线允许的偏转角很小（≤2′～4′）。

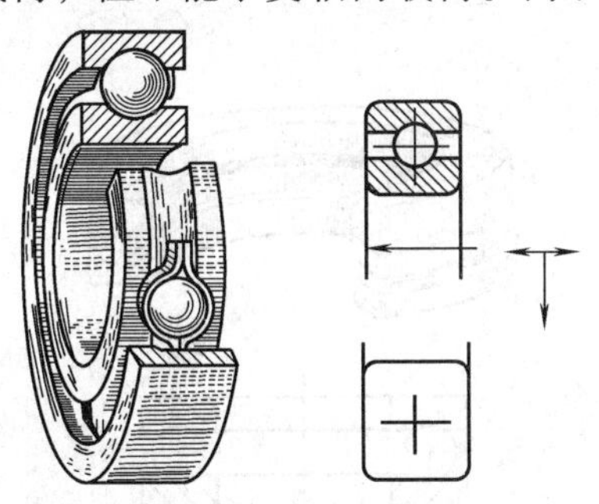

图 13-19　深沟球轴承

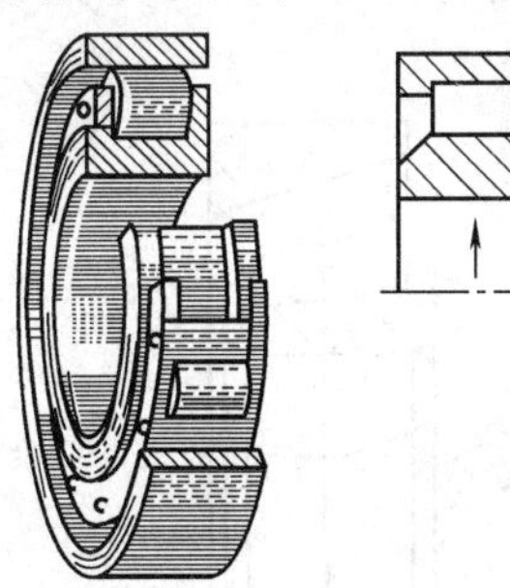

图 13-20　圆柱滚子轴承

3）调心球轴承。如图 13-21 所示，轴承外圈滚道是以轴承中点为中心的球面，故能自动调心。允许内、外圈轴线的偏转角较大（≤2°～3°），能承受径向载荷和较小的轴向载荷。

2. 向心角接触轴承

这类轴承能同时承受径向与单向轴向载荷，包括角接触球轴承、圆锥滚子轴承等。

1）角接触球轴承。它能同时承受径向和单向轴向载荷，也能承受纯轴向载荷。其接触角 α（作用于滚动体上的载荷方向线与轴承径向平面间的夹角）有 15°、25°和 40°三种，如图 13-22 所示。接触角越大，承受轴向载荷的能力越强。轴承应成对使用、反向安装，通常分别装在两个支点上。轴承间隙可调，内、外圈轴线允许的偏转角为 2′~10′。

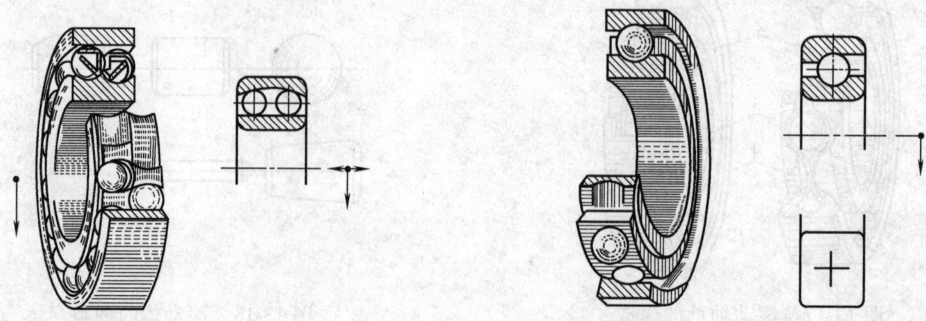

图 13-21　调心球轴承　　　　图 13-22　角接触球轴承

2）圆锥滚子轴承。如图 13-23 所示，轴承能同时承受较大的径向和单向轴向载荷。内、外圈沿轴向可以分离，故轴承的装拆方便，轴承间隙可调。轴承应成对使用、反向安装，内、外圈轴线允许的偏转角 <2′。

3. 轴向接触轴承

轴承只能承受轴向载荷。图 13-24 所示为仅能承受单向轴向载荷的推力球轴承。轴承两个套圈的内孔直径不同，直径较小的套圈紧配在轴颈上，称为轴圈；直径较大的套圈安放在机座上，称为座圈。由于套圈上的滚道深度浅，当转速较高时，滚动体的离心力大，轴承对滚动体的约束力就不够，故允许的工作转速较低。

第二种分类法：按滚动体形状可分为球轴承和滚子轴承两大类。

1）球轴承。球状滚动体与内、外圈滚道为点接触，故承载能力、耐冲击能力低，但极限转速较高，价格便宜。

2）滚子轴承。滚动体与内、外圈滚道为线接触，承载能力、耐冲击能力较高，但极限转速低，价格较贵。

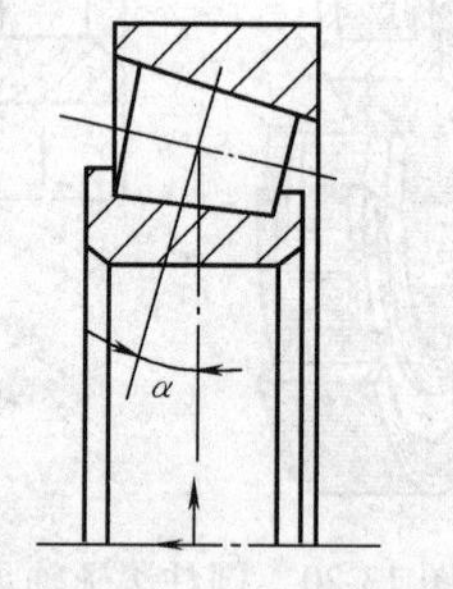

图 13-23　圆锥滚子轴承

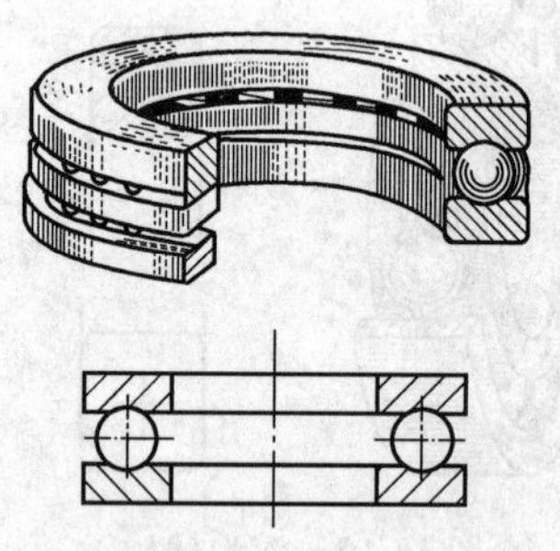

图 13-24　推力球轴承

13.5.3　滚动轴承的代号

滚动轴承的种类很多，而各类轴承又有不同结构、尺寸和公差等级等，为了表征各类轴承的不同特点，便于组织生产、管理、选择和使用，国家标准规定了滚动轴承代号的表示方法，滚动轴承代号由数字和字母所组成。

国家标准 GB/T 272—1993 中规定滚动轴承的代号由三个部分组成，其基本表达方式见表 13-2。

表 13-2　滚动轴承的代号

前置代号	基本代号				后置代号
字母	类型代号	宽度代号	直径系列代号	内径代号	字母，数字
	数字或字母	一位数字	一位数字	二位数字	

基本代号表示轴承的基本类型、结构和尺寸，是轴承代号的基础。除滚针轴承外，基本代号由轴承类型代号、尺寸系列代号及内径代号构成。

前置、后置代号是轴承在结构形状、尺寸、公差、技术要求等有改变时，在基本代号左右添加的补充代号，一般轴承无需作此说明时，可以部分或全部省略。

1. 基本代号

（1）类型代号　类型代号由基本代号右起第五位数字或字母表示，见表 13-3。

表 13-3　滚动轴承的基本类型及特性

轴承类型及代号	实物图及结构简图	承载方向	主要特性和应用
调心球轴承 1	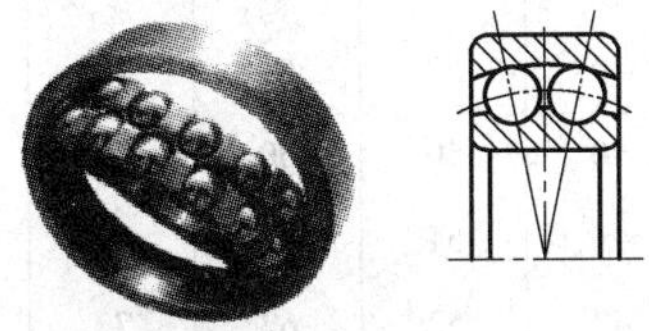	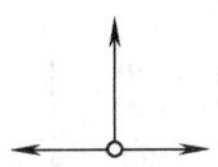	主要承受径向载荷，同时也能承受少量的轴向载荷。因为外圈滚道表面是以轴承中点为中心的球面，故能自动调心
调心滚子轴承 2	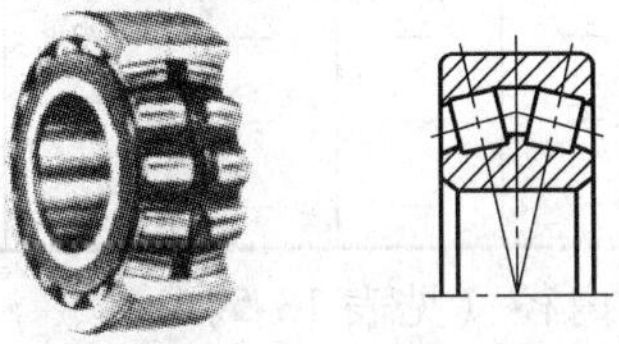		能承受很大的径向载荷和少量轴向载荷。承载能力大，具有自动调心性能
推力调心滚子轴承 2	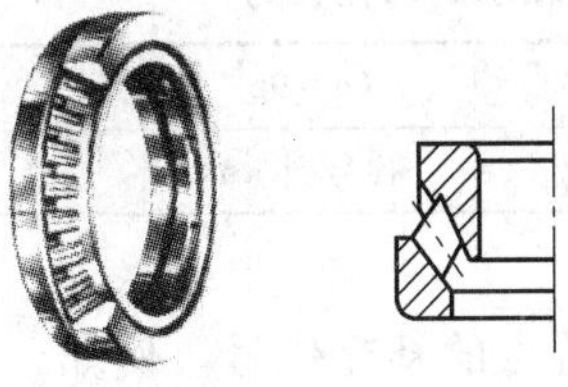	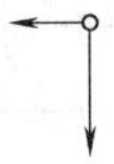	滚道是球面形的，能适应两道轴线间的角偏差及角运动。具有可分离部件，故该轴承为可分离型
圆锥滚子轴承 3	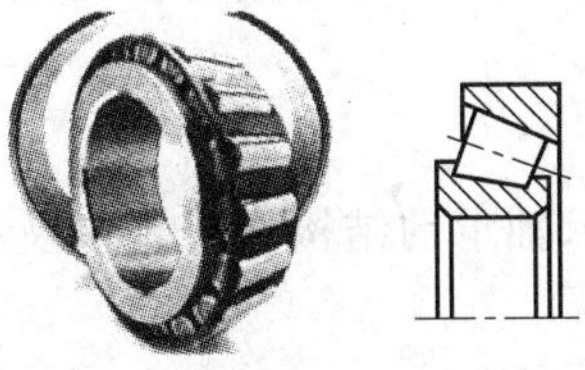	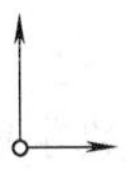	能同时承受较大的径向、轴向联合载荷，因母线接触，承载能力大于角接触球轴承。内、外圈可分离，装拆方便，成对使用
推力球轴承 5	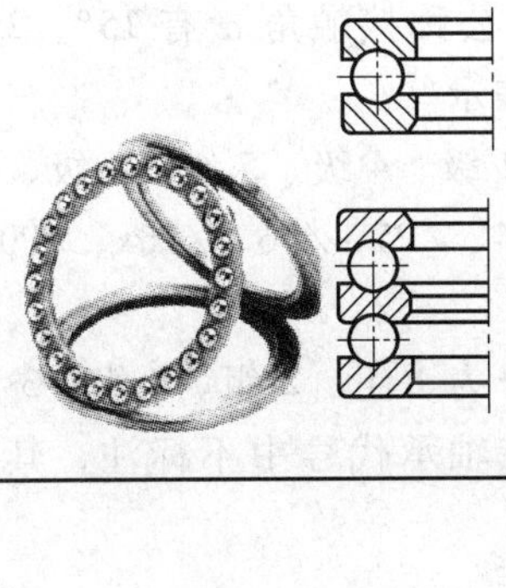		只能承受轴向载荷，而且载荷作用线必须与轴线相重合，不允许有角偏位。有两种类型： 单列——承受单向推力 双列——承受双向推力 高速时，因滚动体离心力大，球与保持架摩擦发热严重，寿命较低，可用于轴向载荷大、转速不高之处

(2) 尺寸系列代号　尺寸系列是轴承的直径系列尺寸和宽（高）度系列尺寸的总称。其代号由轴承的直径系列代号（基本代号右起第三位数字）和宽（高）度系列代号（右起第四位数字）组合而成。直径系列代号表示同一类型内径相同的轴承有几个不同外径和宽度。宽度系列代号表示内、外径相同的同一类型轴承宽（或高）度的变化。

各类轴承对应的尺寸系列代号见表 13-4。

表 13-4　轴承宽（高）度系列和直径系列代号

直径系列代号	向心轴承								推力轴承			
	宽度系列代号								高度系列代号			
	8	0	1	2	3	4	5	6	7	9	1	2
	尺寸系列代号											
7	—	—	17	—	37	—	—	—	—	—	—	—
8	—	08	18	28	38	48	58	68	—	—	—	—
9	—	09	19	29	39	49	59	69	—	—	—	—
0	—	00	10	20	30	40	50	60	70	90	10	—
1	—	01	11	21	31	41	51	61	71	91	11	—
2	82	02	12	22	32	42	52	62	72	92	12	22
3	83	03	13	23	33	—	—	—	73	93	13	23
4	—	04	—	24	—	—	—	—	74	94	14	24
5	—	—	—	—	—	—	—	—	—	95	—	—

(3) 内径代号用两位数字来表示轴承的内径（见表 13-5）

表 13-5　滚动轴承的内径代号

内径代号	00	01	02	03	04 ~ 96	/22，/28，/32
轴承内径/mm	10	12	15	17	代号数 ×5	22，28，32

2. 前置代号

前置代号是用以说明成套轴承的分部件特点的补充代号。例如，K 表示滚子和保持架组件，L 表示可分离轴承的内圈或外圈。一般轴承无前置代号。需要时请查阅 GB/T 272—1993。

3. 后置代号

后置代号用字母或字母加数字的组合表示轴承的结构、公差以及材料特殊要求等。后置代号的内容很多，下面介绍几种常用的代号。

1) 内部结构代号。内部结构代号表示同一类型轴承的不同内部结构，用字母在后置代号左起第一位表示。例如，角接触球轴承的公称接触角 α 有 15°、25°和 40°，分别用 C 、CA 和 B 表示；同一类型轴承的加强型用 E 表示。

2) 公差等级代号。轴承的公差等级为 2 级、4 级、5 级、6 级、6x 级（仅适用于圆锥滚子轴承）和 0 级，其代号分别为/P2、/P4、/P5、/P6、/P6x、/P0，其精度等级依次降低。0 级为普通级，在轴承代号中不标注。

3) 游隙代号。常用轴承径向游隙系列分为 1 组、2 组、0 组、3 组、4 组、5 组，径向游隙依次增大；其中 0 组为基本游隙组，在轴承代号中不标注，其余组别的代号分别为

/C1、/C2、/C3、/C4、/C5。

后置代号中的其他内容不再介绍，可参见 GB/T 272—1993。

对于常用的、结构上没有特殊要求的轴承，轴承代号由类型代号、尺寸系列代号、内径代号和公差等级代号组成，并按上述顺序自左向右依次排列。

例 13.2　试说明代号为 6203、30310 的滚动轴承的意义。

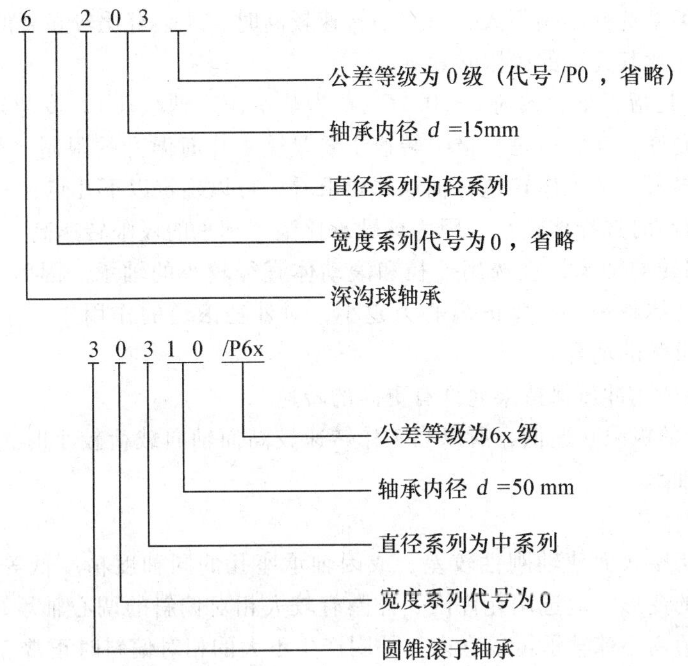

13.6　滚动轴承的选择计算

滚动轴承是一种高度标准化的部件，它的选择可分成如下两个步骤进行：

1）按工件条件确定滚动轴承的类型。

2）根据设计要求选择轴承的尺寸。

13.6.1　滚动轴承的类型选择

滚动轴承的类型很多，因此选用轴承首先是选择类型。而选择类型必须依据各类轴承的特性，同时，还要考虑下面几个方面的因素。

1. 轴承所受的载荷

轴承所受载荷的大小、方向和性质是选择轴承类型的主要依据。

受纯径向载荷时，应选用向心轴承（如 60000、N0000、NU0000 型等）。受纯轴向载荷应选用推力轴承（如 50000 型）。对于同时承受径向载荷 R 和轴向载荷 A 的轴承，应根据两者（A/R）的比值来确定：若 A 相对于 R 较小时，可选用深沟球轴承（60000 型）、接触角不大的角接触球轴承（70000C 型）或圆锥滚子轴承（30000 型）；当 R 相对较大时，可选用接触角较大的角接触球轴承（70000AC 型或 70000C 型）；当 A 比 R 大很多时，则应考虑采用向心轴承和推力轴承的组合结构，以分别承受径向载荷和轴向载荷。

在同样外廓尺寸的条件下，滚子轴承比球轴承的承载能力和抗冲击能力要大。故载荷较大、有振动和冲击时，应优先选用滚子轴承。反之，轻载和要求旋转精度较高的场合应选择球轴承。

同一轴上两处支承的径向载荷相差较大时，也可以选用不同类型的轴承。

2. 轴承的转速

一般转速对类型选择影响不大，只有当转速较高时，才会有比较显著的影响。所以在选择轴承类型时应注意其允许的极限转速 $n_{\lim}$。

极限转速 $n_{\lim}$是指当量动载荷 $P \leqslant 0.1C$（C 为基本额定动载荷），冷却条件正常，且为0级公差时的最大允许转速。但是，极限转速主要是受工作时温升的限制，所以 $n_{\lim}$ 值并不是一个不可超越的界限。从工作转速对轴承的要求看，可以确定以下几点：

1）当转速较高时选择球轴承，因为球轴承比滚子轴承的极限转速高。

2）对高速回转的轴承，宜选用外径和滚动体直径较小的轴承。因为当轴承内径相同，外径越小，则滚动体越小，产生的离心力越小，对外径滚道的作用也越小。外径较大的轴承，宜用于低速重载的场合。

3）实体保持架比冲压保持架允许有更高的转速。

4）推力轴承的极限转速低，所以当工作转速较高而轴向载荷较小时，可以采用角接触球轴承或深沟球轴承。

3. 调心性能

对于因支点跨距大而使轴刚性较差、或因轴承座孔的同轴度精度低等原因而使轴挠曲时，为了适应轴的变形，应选用允许内、外圈有较大相对偏斜的调心轴承，例如，10000 系列和 20000 系列的调心球轴承可以在内、外圈产生不大的相对偏斜时正常工作。

在使用调心轴承的轴上，一般不宜使用其他类型的轴承，以免受其影响而失去了调心作用。

滚子轴承对轴线的偏斜最敏感，调心性能差。在轴的刚度和轴承座的支撑刚度较低的情况下，应尽可能避免使用。

4. 拆装方便等其他因素

选择轴承类型时，还应考虑到轴承装拆的方便性、安装空间尺寸的限制以及经济性问题。例如，在轴承的径向尺寸受到限制的时候，就应选择同一类型、相同内径轴承中外径较小的轴承，或考虑选用滚针轴承。

在轴承座没有剖分面而必须沿轴向安装和拆卸时，应优先选择内、外圈可分离的轴承。

球轴承比滚子轴承便宜，在能满足需要的情况下应优先选用球轴承。

同型号不同公差等级的轴承价格相差很大，故对高精度轴承应慎重选用。

5. 刚度要求

滚子轴承的刚度比球轴承大。要求轴承刚度大时，应优先选用滚子轴承。

6. 经济性

在满足使用要求的前提下，尽量选用价格低廉的轴承，以降低成本。一般普通结构的轴承比特殊结构的轴承便宜，球轴承比滚子轴承便宜，精度低的轴承比精度高的轴承便宜。

7. 选择滚动轴承类型时要注意的问题

选择轴承类型时，除了考虑前述的原则外，还应当注意以下三个问题：

1）成对使用圆锥滚子轴承（30000 型）和角接触球轴承（70000 型）。这两类轴承成对使用的目的是抵消轴承的部分内部轴向力。

2）成对使用自动调心轴承（10000 型、20000 型）。在轴的一个支点采用自动调心轴承，则在轴的另一个支点上也采用自动调心轴承，否则轴承就不能起调心作用。

3）多支点细长轴。对于多支点上的细长轴，各支点都应采用自动调心轴承。这主要是考虑轴的各支点上的轴承孔与轴的同轴度精度不易保证，否则轴容易被卡住。

13.6.2　滚动轴承的尺寸选择

选择轴承的类型之后，还要选定轴承的尺寸（即具体型号）。轴承尺寸选择的基本计算准则是根据其失效形式建立的。所以首先必须了解滚动轴承的失效形式。

1. 滚动轴承的受力分析、失效形式及计算准则

（1）滚动轴承的受力情况分析　如图 13-25 所示的向心球轴承，在径向载荷 F_r 作用下，由于各接触点上产生弹性变形，使轴承内圈中心相对于外圈中心下沉一距离 δ_0。显然，上半圈滚动体不受载荷，下半圈滚动体各接触点所承受的载荷是不同的，处于 F_r 作用线最下方的滚动体受力最大，而邻近的各滚动体受载逐渐减小。

轴承工作时，由于轴承承载区内各位置上滚动体承受的载荷大小是不同的，因而各位置的滚动体与内、外圈之间的接触应力是不同的。轴承在运转时，滚动体与内、外圈的相对位置也不断变化。实验证明，滚动轴承各元件受载后所产生的应力都是脉动循环变化的接触应力。

（2）滚动轴承的失效形式

1）疲劳点蚀。轴承运转时，在载荷作用下，经过长时间周期性脉动循环接触应力的作用，就会在内、外圈滚道表面上或滚动体表面上产生疲劳点蚀。从而引起噪声和振动，旋转精度明显降低，使轴承不能正常工作。

2）塑性变形。对于转速很低或作间歇转动的轴承，在很大的静载荷或冲击载荷作用下，会使轴承的滚动体和滚道接触处的局部应力超过材料的屈服极限，使轴承元件表面出现塑性变形（凹坑），导致轴承丧失工作能力。

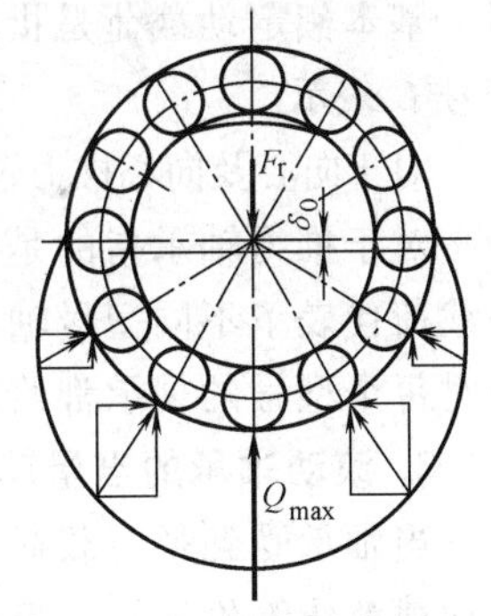

图 13-25　滚动轴承的受力分析

3）磨损。润滑不良或杂物和灰尘的侵入都会引起轴承早期磨损，从而使轴承旋转精度降低、噪声增大、温度升高，最终导致轴承失效。

此外，由于设计、安装、使用中某些非正常的原因，可能导致轴承的破裂、保持架损坏及回火、腐蚀等现象，使轴承失效。

（3）滚动轴承的计算准则　由于滚动轴承的正常失效形式是点蚀破坏，所以对于一般转速的轴承，轴承的计算准则就是以防止点蚀引起的过早失效而进行疲劳点蚀计算，在轴承计算中称为寿命计算。

对于不转动、摆动或转速低的轴承，要求控制塑性变形，应做静强度计算。而以磨损为主要失效形式的轴承，由于影响因素复杂，目前还没有相应的计算方法，只能采取适当的预防措施。

2. 滚动轴承的基本额定寿命和基本额定动载荷

(1) 寿命　轴承中任一元件首次出现疲劳点蚀破坏前经历的总转数，或在恒定转速下的总工件小时数称为轴承的寿命。

(2) 可靠度　在同一条件下运转的一组近于相同的轴承能达到或超过某一规定寿命的百分率，称为轴承寿命的可靠度。

(3) 基本额定寿命　由于制造精度、材料的差异，即使是同样的材料、同样的尺寸以及同一批生产出来的轴承，在完全相同的条件下工作，它们的寿命也不相同，也会产生很大的差异，甚至相差达到几十倍。因此对于轴承的寿命计算就需要采用概率和数理统计的方法来进行处理，即在一定可靠度下的寿命。

同一型号的轴承，在可靠度要求不同时，其寿命也不同：可靠度要求高时，其寿命较短；可靠度要求低时，其寿命较长。为了便于统一，考虑到一般机器的使用条件及可靠性要求，国家标准规定了基本额定寿命。

基本额定寿命是指一组在相同条件下运转的近于相同的轴承，按有10%的轴承发生点蚀破坏，而其余90%的轴承未发生点蚀破坏前的转数 L_{10}（以 10^6r 为单位）或工作小时数 L_{10h}。也就是说，以轴承的基本额定寿命为计算依据时，轴承的失效概率为10%，而可靠度为90%。

(4) 基本额定动载荷　轴承的寿命与所受载荷的大小有关，工作载荷越大，产生的接触应力越大，从而发生点蚀破坏前所能经受的应力变化次数也就越少，折合成轴承能够旋转的次数也就越少，轴承的寿命也就越短。为了在计算时有一个基准，就引入了基本额定动载荷的概念。

基本额定动载荷是指轴承的基本额定寿命恰好为 10^6r 时，轴承所能承受的载荷值，用符号 C 表示。

对于向心及向心推力轴承指的是纯径向载荷，称为径向基本额定动载荷，用符号 C_r 表示。

对于推力轴承指的是轴向载荷，称为轴向基本额定动载荷，用符号 C_a 表示。基本额定动载荷代表了不同型号轴承的承载特性。已经通过大量的实验和理论分析得到，在轴承样本中对每个型号的轴承都给出了基本额定动载荷，在使用时可以直接查取。

3. 滚动轴承的当量动载荷

当轴承受到径向载荷 F_r 和轴向载荷 F_a 的复合作用时，为了计算轴承寿命进能与基本额定动载荷作等价比较，需要将实际工作载荷转化为等效的当量动载荷 P。当量动载荷 P 的含义是轴承在当量动载荷作用下的寿命与在实际工作载荷条件下的寿命相等。

当量动载荷 P 的计算公式是

$$P = f_p(XF_r + YF_a) \tag{13-6}$$

式中，f_p 为载荷系数，是考虑机器工作时振动、冲击对轴承寿命影响的系数，见表13-6；X 为径向载荷系数，Y 为轴向载荷系数（见表13-7）；F_r 为径向载荷，F_a 为轴向载荷。

在轴承的寿命计算公式中引入所有载荷 P 都是指的当量动载荷。

表 13-6　载荷系数 f_p

载荷性质	举例	f_p
无冲击或轻微冲击	电动机、汽轮机、通风机、水泵	1.0~1.2
中等冲击	机床、车辆、内燃机、冶金机械、起重机械、减速器	1.2~1.8
强大冲击	轧钢机、破碎机、钻探机、剪床	1.8~3.0

表 13-7　当量载荷系数 X、Y

轴承类型			F_a/C_{0r} ①	e ③	单列轴承				双列轴承（或成对安装单列轴承）			
					$F_a/F_r \leqslant e$		$F_a/F_r > e$		$F_a/F_r \leqslant e$		$F_a/F_r > e$	
名　称	类型代号				X	Y	X	Y	X	Y	X	Y
调心球轴承	1		—	$1.5\tan\alpha$ ②					1	$0.42\cot\alpha$ ②	0.65	$0.65\cot\alpha$ ②
调心滚子轴承	2		—	$1.5\tan\alpha$ ②					1	$0.45\cot\alpha$ ②	0.67	$0.67\cot\alpha$ ②
圆锥滚子轴承	3		—	$1.5\tan\alpha$ ②	1	0	0.4	$0.4\cot\alpha$ ②	1	$0.45\cot\alpha$ ②	0.67	$0.67\cot\alpha$ ②
深沟球轴承	6		0.014	0.19				2.30				2.3
			0.028	0.22				1.99				1.99
			0.056	0.26				1.71				1.71
			0.084	0.28				1.55				1.55
			0.11	0.30	1	0	0.56	1.45	1	0	0.56	1.45
			0.17	0.34				1.31				1.31
			0.28	0.38				1.15				1.15
			0.42	0.42				1.04				1.04
			0.56	0.44				1.00				1.00
角接触球轴承	7	$\alpha=15°$	0.015	0.38				1.47		1.65		2.39
			0.029	0.40				1.40		1.57		2.28
			0.058	0.43				1.30		1.46		2.11
			0.087	0.46				1.23		1.38		2.00
			0.12	0.47	1	0	0.44	1.19	1	1.34	0.72	1.93
			0.17	0.50				1.12		1.26		1.82
			0.29	0.55				1.02		1.14		1.66
			0.44	0.56				1.00		1.12		1.63
			0.58	0.56				1.00		1.12		1.63
		$\alpha=25°$	—	0.68	1	0	0.41	0.87	1	0.92	0.67	1.41

① C_{0r} 为径向基本额定静载荷，由产品目录查出。

② 具体数值按不同型号轴承由产品目录或有关手册查出。

③ e 为判别轴向载荷 F_a 对当量动载荷 P 影响程度的参数。

4. 滚动轴承的寿命计算公式

在轴承的设计计算时会出现如下两种情况：

1）对于具有基本额定动载荷 C 的轴承，当它所受的载荷 P（计算值）等于 C 时，其基本额定寿命就是 10^6r。但是，当 $P \neq C$ 时，轴承的寿命是多少？

2）如果我们知道轴承应该承受的载荷 P，而且要求轴承的寿命为 L，那么我们应如何选择轴承？

大量实验证明，滚动轴承所承受的载荷 P 与寿命 L 的关系如图 13-26 所示。

其曲线方程是

$$P^{\varepsilon} L_{10} = 常数$$

式中，P 为当量动载荷（kN）；L_{10} 为基本额定寿命（10^6r）；ε 为寿命系数，对于球轴承，$\varepsilon =$

3，对于滚子轴承，$\varepsilon=10/3$。

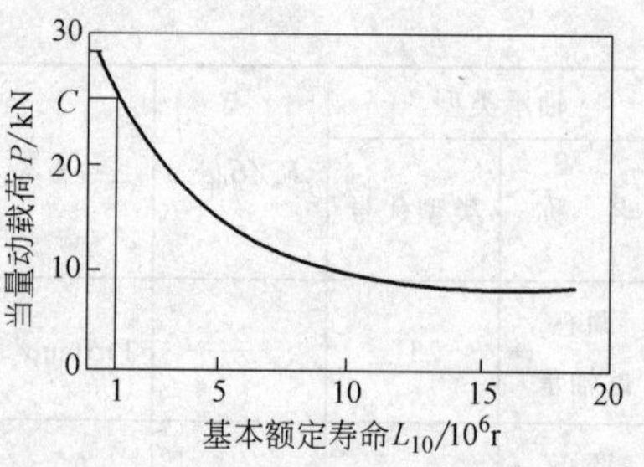

图 13-26　滚动轴承的 P-L 曲线

由手册查得的基本额定动载荷 C 是以 $L_{10}=1$、可靠度为 90% 为依据的。由此可得出滚动轴承的寿命计算公式为

$$P^{\varepsilon}L_{10}=C^{\varepsilon}\cdot 1$$

也就是

$$L_{10}=\left(\frac{C}{P}\right)^{\varepsilon} \tag{13-7}$$

为了工程上的使用方便性，多用给定转速 n 下的工作小时数表示寿命，则为

$$L_{10\mathrm{h}}=\frac{10^6}{60n}\left(\frac{C}{P}\right)^{\varepsilon} \tag{13-8}$$

如果已知载荷为 P，转速为 n，要求轴承的预期寿命为 L_{h}'时，则由式(13-9)求相应的计算额定动载荷 C'，它与所选用轴承型号的 C 值必须满足下式要求：

$$C\geqslant C'=P\sqrt[\varepsilon]{\frac{60nL_{\mathrm{h}}'}{10^6}} \tag{13-9}$$

在轴承标准和样本中所得到的基本额定动载荷是在一般工作环境下而言的，如果工作在高温情况下，这些数值必须进行修正，也就是要乘上温度系数 f_{t} 予以修正，求得在高温工况条件下的基本额定动载荷：

$$C_{\mathrm{t}}=f_{\mathrm{t}}C \tag{13-10}$$

自然，上面所讲述的公式发生相应的变化。得到

$$L_{\mathrm{h}}=\frac{10^6}{60n}\left(\frac{f_{\mathrm{t}}C}{P}\right)^{\varepsilon} \tag{13-11}$$

$$C=\frac{P}{f_{\mathrm{t}}}\sqrt[\varepsilon]{\frac{60nL_{\mathrm{h}}'}{10^6}} \tag{13-12}$$

f_{t} 的具体数值见表 13-8。

表 13-8　温度系数 f_{t}

轴承工作温度/℃	≤120	125	150	175	200	225	250	300	350
温度系数 f_{t}	1	0.95	0.9	0.85	0.8	0.75	0.7	0.6	0.5

5. 向心推力轴承的轴向载荷计算

对于向心推力轴承而言，在承受径向载荷时，要派生出轴向力。为了求解这类轴承的当量动载荷，必须进一步研究其轴向载荷的计算方法。

向心推力轴承在工作时，通常都是成对使用的。其安装方式有两种情况，如图 13-27 所示。

图 13-27a 所示为外圈窄边相对，称为正装，轴的实际支点偏向两支点内侧。图 13-27b 所示为外圈窄边相背，称为反装，轴的实际支点偏向两支点外侧。简化计算时可近似认为支点在轴承宽度的中点处。

因此在计算轴承所受的轴向载荷时，不但要考虑 F_{r} 与 F_{a} 的作用，还要考虑安装方式的影响。

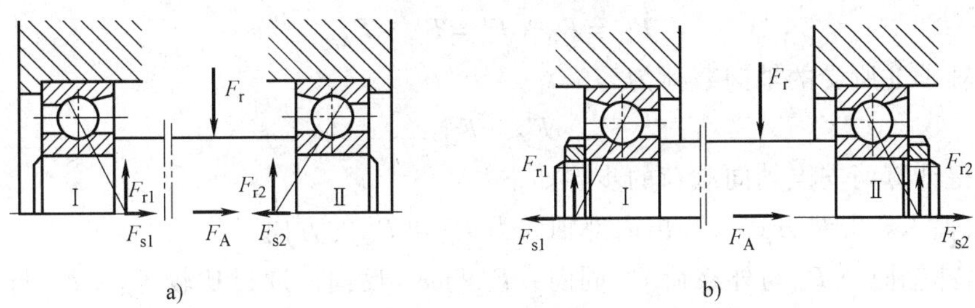

图 13-27　向心推力轴承的载荷分析

a) 正装（面对面）　b) 反装（背靠背）

下面以一对角接触球轴承支承的斜齿轮轴为例，分析轴承上所承受的轴向载荷，如图 13-28 所示。

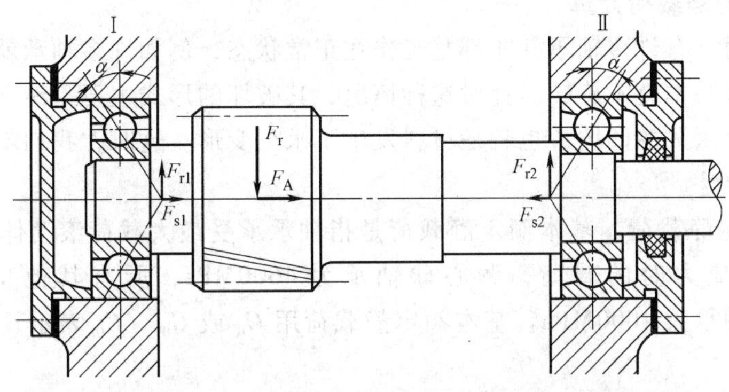

图 13-28　角接触球（或圆锥滚子）轴承的轴向载荷

当 $F_{s1}+F_A>F_{s2}$ 时，如图 13-29a 所示，轴将有向右移动的趋势，轴承Ⅱ被端盖顶住而压紧。轴承Ⅱ上将受到平衡力的作用，而轴承Ⅰ则处于放松状态。轴与轴承组件处于平衡状态，则

$$F_{s1}+F_A=F_{s2}+F'_{s2}，即\ F'_{s2}=F_{s1}+F_A-F_{s2}$$

轴承Ⅱ除受内部轴向力 F_{s2} 的作用外，还受到轴向平衡力 F'_{s2} 的作用，而轴承Ⅰ仅受自身的内部轴向力 F_{s1} 的作用，则压紧端轴承Ⅱ所受的轴向载荷为

$$F_{a2}=F_{s2}+F'_{s2}=F_{s1}+F_A$$

放松端轴承Ⅰ所受的轴向载荷为

$$F_{a1}=F_{s1}$$

若时 $F_{s1}+F_A<F_{s2}$，如图 13-29b 所示，轴将有向左移动的趋势，左端轴承Ⅰ被压紧，而右端轴承Ⅱ被放松。

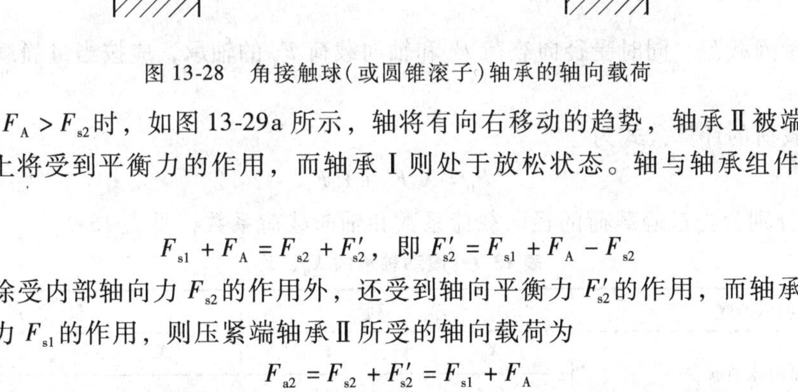

图 13-29　轴向力示意图

a) $F_{s1}+F_A>F_{s2}$　b) $F_{s1}+F_A<F_{s2}$

压紧端轴承Ⅰ所受的轴向载荷为

$$F_{a1}=F_{s1}+F'_{s1}=F_{s2}-F_A$$

放松端轴承Ⅱ所受的轴向载荷为

$$F_{a2}=F_{s2}$$

由此可得计算两支点轴向载荷的步骤如下：

1）根据轴承和安装方式，画出内部轴向力 F_{s1} 和 F_{s2} 的方向。

2）设内部轴向力 F_{s1} 与外载荷 F_A 同向，F_{s2} 与 F_A 反向。通过比较 $F_{s1}+F_A$ 与 F_{s2} 的大小判断轴的移动趋势及轴承的压紧及放松端。

3）压紧端的轴向载荷 F_a 等于除去压紧端本身的内部轴向力外所有轴向力的代数和，以向压紧方向为正。

4）放松端的轴向载荷 F_a 等于放松端本身的内部轴向力 F_s。

6. 滚动轴承的静载荷计算

在实际工作时，有许多轴承并非都是工作在正常状态，例如许多轴承就工作在低速重载工况下，甚至有些基本就不旋转。针对这种情况，其破坏的形式主要是滚动体接触表面上接触应力过大而产生永久的凹坑，也就是材料发生了永久变形。这时，我们就需要按照轴承静强度来选择轴承尺寸。

（1）基本额定静载荷　基本额定静载荷是指轴承承受最大载荷滚动体与滚道接触中心处引起以下接触应力时的载荷，调心球轴承为4600MPa，所有其他型号的球轴承为4200MPa，滚子轴承为4000MPa。基本额定静载荷用 C_0 或 C_{0r}、C_{0a} 表示，具体值可查阅轴承标准。

（2）当量静载荷　同时受径向载荷 F_r 和轴向载荷 F_a 的轴承，应按当量静载荷进行分析计算。

当量静载荷的计算公式为

$$P_0=X_0F_a+Y_0F_r \tag{13-13}$$

X_0、Y_0 分别为当量静载荷的径向载荷系数和轴向载荷系数，见表13-9。

表13-9　滚动轴承的 X_0、Y_0

轴承类型		单列		双列	
		X_0	Y_0	X_0	Y_0
深沟球轴承		0.6	0.5	0.6	0.5
角接触球轴承	$\alpha=15°$	0.5	0.46	1	0.92
	$\alpha=20°$		0.42		0.84
	$\alpha=25°$		0.38		0.76
	$\alpha=30°$		0.33		0.66
	$\alpha=35°$		0.29		0.58
	$\alpha=40°$		0.26		0.52
	$\alpha=45°$		0.22		0.44
调心球轴承	$\alpha\neq0$	0.5	$0.22\cot\alpha$	1	$0.44\cot\alpha$
调心滚子轴承	$\alpha\neq0$	0.5	$0.22\cot\alpha$	1	$0.44\cot\alpha$
圆锥滚子轴承		0.5	$0.22\cot\alpha$	1	$0.44\cot\alpha$

$\alpha=0°$的向心滚子轴承为

$$P_0=F_r \tag{13-14}$$

向心球轴承和 $\alpha\neq0°$的向心滚子轴承为

$$P_0=X_0F_a+Y_0F_r$$
$$P_0=F_r \tag{13-15}$$

$\alpha=90°$的推力轴承为

$$P_0=F_a \tag{13-16}$$

$\alpha\neq90°$的推力轴承为

$$P_0=F_a+2.3\tan\alpha F_r \tag{13-17}$$

（3）静载荷计算　按静载荷选择轴承的公式为

$$C_0\geqslant S_0P_0 \tag{13-18}$$

式中，S_0 为轴承静载荷强度安全系数，见表 13-10；P_0 为当量静载荷。

表 13-10　滚动轴承的静载荷强度安全系数

使用要求或载荷性质		S_0
旋转轴承	正常使用	0.8～1.2
	对回转精度和运转平稳性要求较低、没有冲击和振动	0.5～0.8
	对回转精度和运转平稳性要求较高	1.5～2.5
	承受较大振动和冲击	1.2～2.5
静止轴承（静止、缓慢摆动、极低速旋转）	不需经常旋转的轴承、一般载荷	0.5
	不需经常旋转的轴承、有冲击载荷或载荷分布不均（例如水坝闸门 $S_0\geqslant1$，吊桥 $S_0\geqslant1.5$）	1～1.5

注：1. 推力调心滚子轴承无论旋转与否均取 $S_0\geqslant2$；对旋转轴承，滚子轴承比球轴承的 S_0 值取得高，一般均不小于 1。
2. 与轴承配合部位的座体刚度较低时应取较高的安全系数，反之取较低的值。

例 13.3　根据工作条件决定选用 6300（300）系列的深沟球轴承。轴承载荷 $R=5000\text{N}$，$A=2500\text{N}$，轴承转速 $n=1000\text{r/min}$，运转时有轻微冲击，预期计算寿命 $L_h'=5000\text{h}$，装轴承处的轴径直径可在 50～60mm 内选择，试选择球轴承型号。

解： 1）求比值。$A/R=2500/5000=0.5$。根据表（教材），深沟球轴承的最大 e 值为 0.44，故此时 $A/R>e$。

2）初步计算当量动载荷 P，由式 $P=f_p(XR+YA)$，查表得，$X=0.56$，Y 值需在已知型号和基本额定静载荷 C_0 后才能求出。现暂时选一平均值，取 $Y=1.5$，并由表取 $f_p=1.1$，则

$$P=1.1\times(0.56\times5000+1.5\times2500)\text{N}=7205\text{N}$$

3）根据寿命计算公式可以求轴承应具有的基本额定动载荷值：

$$C=P\sqrt[3]{\frac{60nL_h'}{10^6}}=7205\times\sqrt[3]{\frac{60\times1000\times5000}{10^6}}\text{N}=48233\text{N}$$

4）根据轴承样本，选择 $C=55200\text{N}$ 的 6311（311）轴承，该轴承的 $C_0=41800\text{N}$。验算如下：

①　$A/C_0=2500/41800=0.0598$，按表，此时 Y 值在 1.6～1.8 之间。用线性插值法求 Y 值为

$$Y=1.8+\frac{1.6-1.8}{0.07-0.04}\times(0.0598-0.04)=1.668$$

故 $X=0.56$，$Y=1.668$。

② 计算当量载荷。

$$P=1.1\times(0.56\times5000+1.668\times2500)\text{N}=7667\text{N}$$

③ 验算 6311 轴承的寿命。

$$L_h=\frac{10^6}{60n}\left(\frac{C}{P}\right)^{\varepsilon}=\frac{10^6}{60\times1000}\left(\frac{55200}{7667}\right)^3\text{h}=6220\text{h}>5000\text{h}$$

故所选轴承能够满足设计要求。

13.7 滚动轴承的润滑和密封

根据滚动轴承的实际工作条件选择合适的润滑方式并设计可靠的密封结构，是保证滚动轴承正常工作的重要条件，对滚动轴承的使用寿命有着重要的影响。

保证良好的润滑是维护保养轴承的主要手段。润滑可以降低摩擦阻力，减轻磨损。同时，还具有降低接触应力、缓冲吸振及防腐蚀等作用。

常用滚动轴承的润滑剂为润滑脂和润滑油两种。具体选择可按速度因数 dn 来决定，参考表 13-11 选择。

表 13-11 各种润滑方式下轴承允许的 *dn* 值 （单位：mm · r/min）

轴承类型	脂润滑	油润滑			
		油浴、飞溅润滑	滴油润滑	压力循环、喷油润滑	油雾润滑
深沟球轴承	160000	250000	400000	600000	>600000
调心球轴承	160000	250000	400000		
角接触球轴承	160000	250000	400000	600000	>600000
圆柱滚子轴承	120000	250000	400000	600000	
圆锥滚子轴承	100000	160000	230000	300000	
调心滚子轴承	80000	120000		250000	
推力球轴承	40000	60000	120000	150000	

一般情况下，滚动轴承使用的是润滑脂，它可以形成强度较高的油膜，承受较大的载荷，缓冲和吸振能力好，粘附力强，可以防水，不需要经常更换和补充，且密封结构简单。在轴径圆周速度 $v<4\sim5\text{m/s}$ 时适用。滚动轴承的装脂量为轴承内部空间的 1/3 ~ 2/3。

润滑油的内摩擦力小，便于散热冷却，适用于高速机械。速度越高，油的粘度应该越小。当转速不超过 10000r/min 时，可以采用简单的浸油法。高于 10000r/min 时，搅油损失增大，引起油液和轴承严重发热，应该采用滴油、喷油或喷雾法。

选用润滑油时，根据工作温度和 dn 值由图 13-30 选出润滑油应具有的粘度值，然后根据粘度值从润滑油产品目录中选出相应的润滑油牌号。

常用的油润滑方式如下：

（1）油浴润滑　如图 13-31 所示，轴承局部浸入润滑油中，油面不得高于最低滚动体中心。该方法简单易行，适用于中、低速轴承的润滑。

（2）飞溅润滑　这是一般闭式齿轮传动装置中轴承常用的润滑方法。利用转动的齿轮把润滑油甩到箱体的四周内壁上，然后通过沟槽把油引到轴承中。

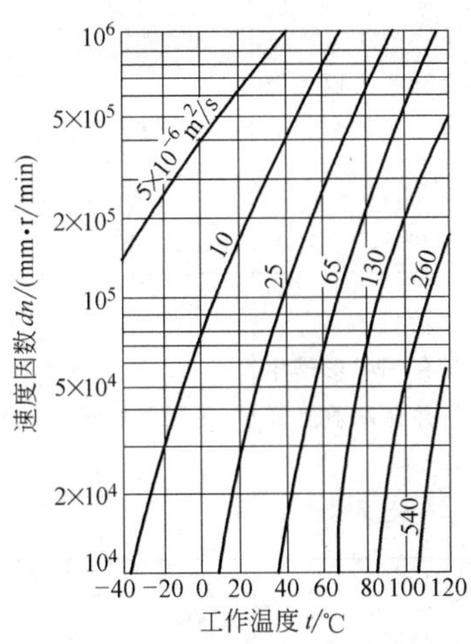

图 13-30　滚动轴承润滑油粘度的选择

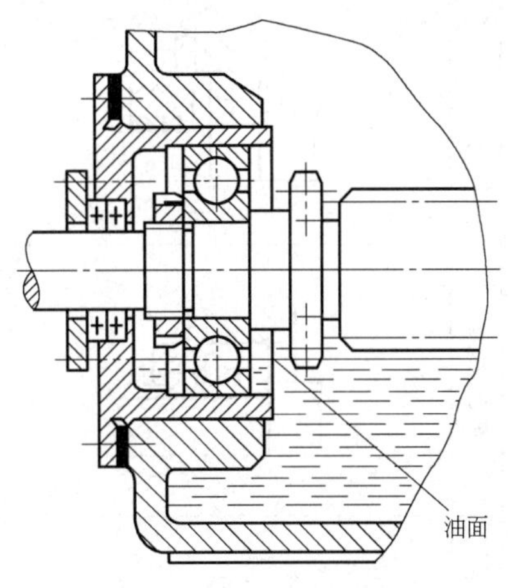

图 13-31　油浴润滑

（3）喷油润滑　利用油泵将润滑油增压，通过油管或油孔，经喷嘴将润滑油对准轴承内圈与滚动体间的位置喷射，从而润滑轴承。这种方法适用于转速高、载荷大、要求润滑可靠的轴承。

（4）油雾润滑　油的雾化需采用专门的油雾发生器，如图 13-32 所示。油雾润滑有益于轴承冷却，供油量可以精确调节，适用于高速、高温轴承部件的润滑。使用时应注意避免油雾外逸而污染环境。

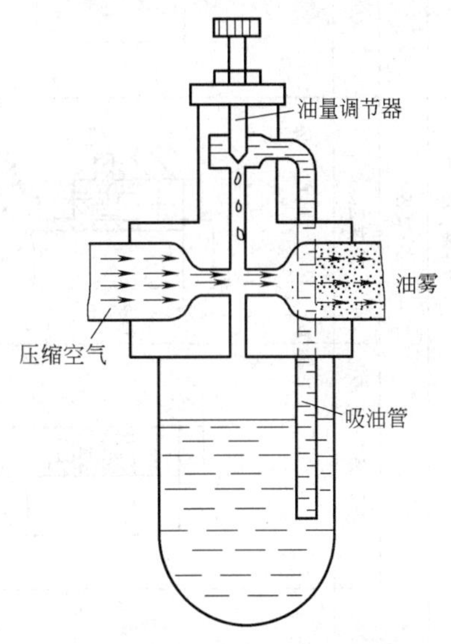

图 13-32　油雾发生器

为了保持良好的润滑效果及工作环境，防止润滑油泄出，阻止灰尘、杂物及水分的侵入，必须设计可靠的滚动轴承的密封结构。滚动轴承密封装置的选择与润滑的种类、工作环境和温度、密封表面的圆周速度等因素有关。滚动轴承的密封分接触式密封、非接触式密封和组合式密封等。各种密封装置的结构、特点及应用见表 13-12。

表 13-12　密封装置的类型、特点及应用

密封形式			简　图	特　点	应用范围
非接触式	间隙式	缝隙式		一般间隙为 0.1 ~ 0.3mm，间隙越小、间隙宽度越长，密封效果越好	适用于环境比较干净的脂润滑

（续）

密封形式			简　图	特　点	应用范围
非接触式	间隙式	油沟式		在端盖配合面上开3个以上宽3～4mm、深4～5mm的沟槽，并在其中填充脂	适用于脂润滑，速度不限
		W形间隙		在轴或轴套上开有“W”形槽用来甩回渗漏的油，并在端盖上开回油孔（槽）	适用于油润滑，速度不限
	迷宫式	轴向迷宫		轴向迷宫曲路由轴套和端盖的轴向间隙组成。端盖剖分。曲路沿轴向展开，径向尺寸紧凑	适用于比较脏的工作环境，如金属切削机床的工作端
		径向迷宫		径向迷宫曲路由轴套和端盖的径向间隙组成。曲路沿径向展开，装拆方便	与轴向迷宫应用相同，但较轴向迷宫用得更广
		组合迷宫式		组合迷宫曲路由两组“Γ”形垫圈组成，占用空间小，成本低，组数越多密封效果越好	适用于成批生产的条件，可用于油或脂密封
	挡油盘		60°　h　1～2　h=2～3　a=6～9　a	挡油盘随轴一起转动，转速越高密封效果越好	适用于防止轴承中的油泄出，又可防止外部油流冲击或杂质侵入
	挡油环			挡油环随轴一起转动。转速越高密封效果越好	适用于脂密封，也可防止油侵入

（续）

密封形式			简　图	特　点	应用范围
接触式	毛毡密封	单毡圈	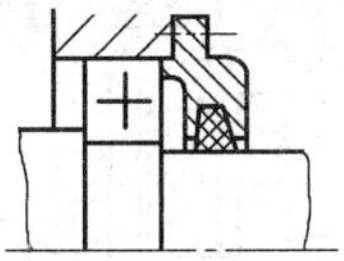	用羊毛毡填充槽中，使毡圈与轴表面经常摩擦以实现密封	适用于干净、干燥环境的脂密封，一般接触处的圆周速度不大于 4～5m/s，抛光轴可达 7～8m/s
		双毡圈	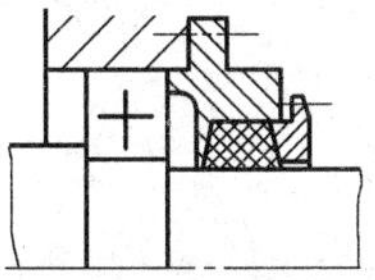	毛毡圈可间歇调紧，密封效果更好，而且拆换毛毡方便	同单毡圈密封的应用情况
	皮碗密封	密封唇向里	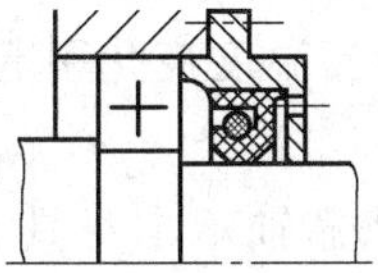	皮碗用弹簧圈把密封唇紧箍在轴上，密封唇朝向轴承，防止油泄出	适用于油润滑密封，滑动速度不大于 7m/s，工作温度不大于 100℃

13.8　滚动轴承的组合设计

为了保证轴承的正常工作，除了合理的选择轴承的类型和尺寸外，我们还必须正确进行轴承的组合设计，正确地解决轴承的轴向固定、配合、紧固、调整和装拆等问题。在具体进行设计时应该主要考虑下面几个方面的问题。

13.8.1　滚动轴承的轴向定位

机器中的轴及某些轴上零件是由轴承支承的，轴承轴向位置是否确定，将直接影响轴及轴上零件在工作中的正确位置。因此，滚动轴承必须有可靠的轴向定位。滚动轴承常见的轴向定位方式有两端固定和一端固定、一端游动两种。

1. 两端固定

每个支点限制一个方向的轴向移动。如图 13-33a 所示，两个支点都利用轴肩顶住轴承的内圈，用轴承盖压住外圈，从而限制了轴承和轴的双向移动。可用调整垫片调整轴承盖与轴承座孔之间的游隙。

这种支承形式结构简单，适用于工作温度变化不大的短轴（跨距≤350mm）。考虑到轴受热后会伸长，一般在轴承端盖与轴承外圈端面间留有补偿间隙，其值 $a=0.2\sim0.4$mm。也可由轴承游隙来补偿，如图 13-33a 下半部所示。当采用角接触球轴承或圆锥滚子轴承时，轴的热伸长量只能由轴承的游隙补偿。间隙 a 和轴承游隙的大小可用垫片或图 13-33b 中所示的调整螺钉等来调节。

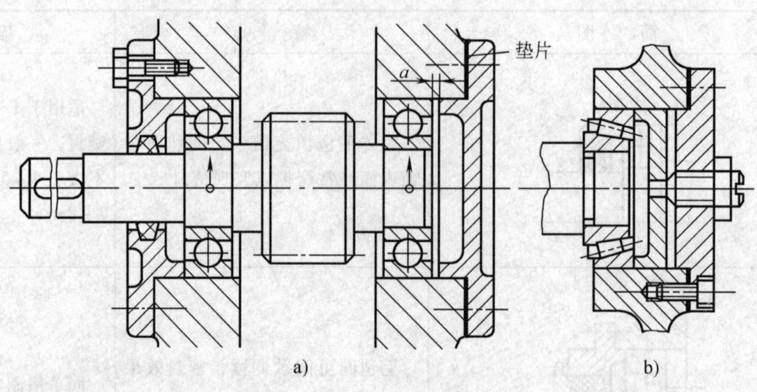

图 13-33 两端固定支承

2. 一端固定、一端游动

使一个支点的轴承双向定位来限制轴的双向移动，而另一个支点的轴承做成游动的，如图 13-34a 所示。这种方式适用于温度变化较大的环境中，当温度变化引起轴伸长量较大时，轴承可产生轴向移动，也用在长轴或多支点的轴上。

选用圆柱滚子轴承作为游动支承时(见图 13-34b)，依靠轴承本身具有内、外圈可分离的特性达到游动目的。这种固定方式适用于工作温度较高的长轴(跨距 $L>350$mm)。

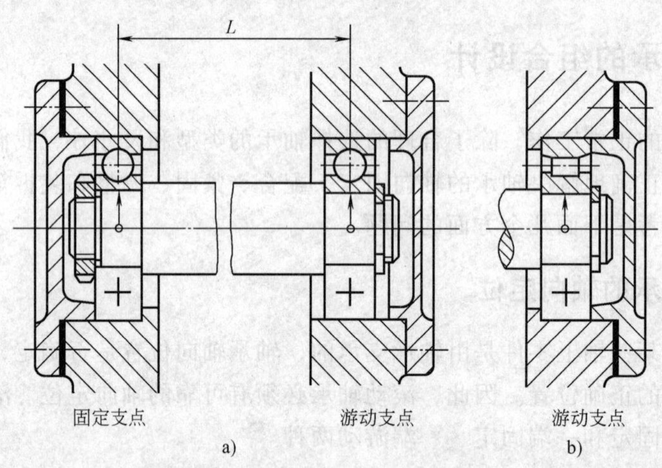

图 13-34 一端固定、一端游动支承

13.8.2 滚动轴承的轴向固定

1. 内圈固定

图 13-35 所示为轴承内圈轴向固定的常用方法。轴承内圈的一端常用轴肩定位固定，另一端则可采用轴用弹性挡圈(见图 13-35a)、轴端挡圈(见图 13-35b)、圆螺母和止动垫圈(见图 13-35c)，以及止动垫圈和圆螺母(见图 13-35d)等定位形式。

为保证定位可靠，轴肩圆角半径必须小于轴承的圆角半径。

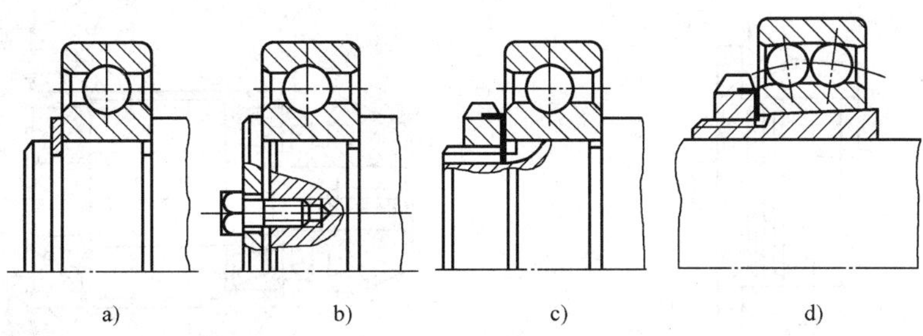

图 13-35　轴承内圈固定的几种常用结构形式

2. 外圈固定

图 13-36 所示为轴承外圈轴向固定的常用方法。外圈在轴承孔中的轴向位置常用座孔的台肩(见图 13-36a)、轴承盖(见图 13-36c)、止动环(见图 13-36d)、孔用弹性挡圈(见图 13-36e)、螺纹环(见图 13-36g)和套杯套环(见图 13-36i)等结构固定。

轴向固定可以是单向固定也可以是双向固定。

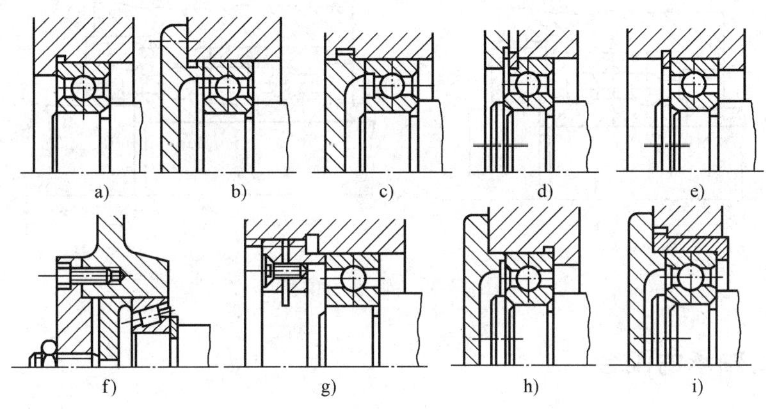

图 13-36　外圈轴向锁紧方法

13.8.3　滚动轴承组合的调整

1. 轴承游隙的调整

滚动轴承的游动间隙在装进机器时是可调整的，称为可调游隙轴承。游隙的大小对轴承旋转精度、寿命、效率、噪声和温升影响很大。可用螺钉推动压盖以调整游隙，如图 13-37 所示，或靠增减轴承盖与轴承座间的垫片以调整游隙。

2. 轴向组合位置的调整

有时为使轴上零件在安装时能得到准确位置，要求轴承及轴的轴向位置可以调整。例如，为使两锥齿轮的锥顶重合于一点，要求它们必须能进行轴向调整。图 13-38 所示为小锥齿轮轴的调整结构，垫片 1 就是用来调整滚动轴承及轴的轴向位置的，垫片 2 是调整轴承游隙的。

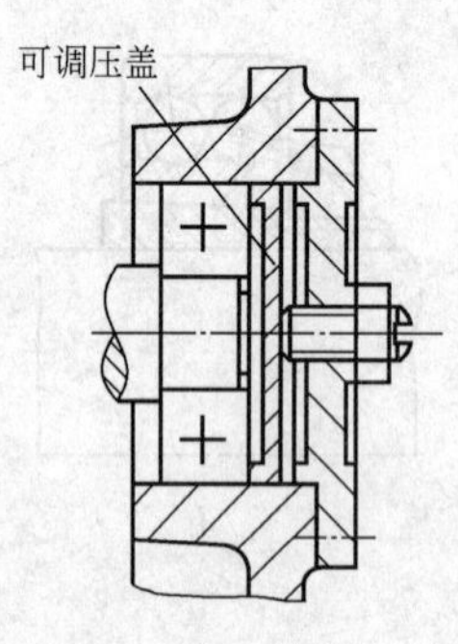

图 13-37　轴承间隙调整的结构

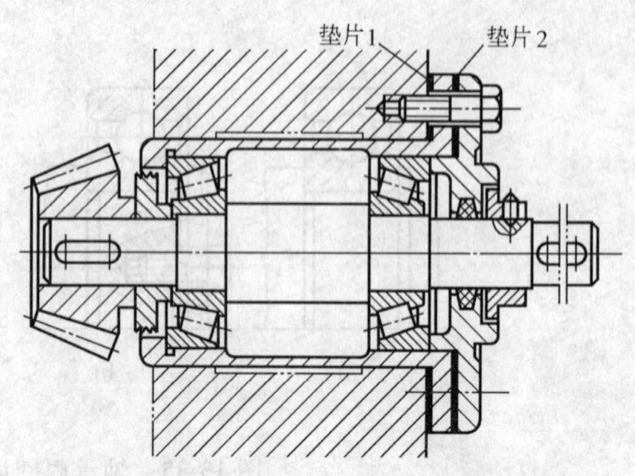

图 13-38　锥齿轮轴承组合轴向位置的调整

3. 轴承的预紧

为了提高轴的旋转精度和刚度，对于游隙可调的轴承，在安装时将轴承的游隙消除并使其受到一定的轴向作用，这种方法称为轴承的预紧。预紧方法很多，如通过夹紧一对磨窄了的轴承外圈来预紧，如图 13-39a 所示；在一对轴承中间装入长度不等的套筒进行预紧，如图 13-39b 所示。

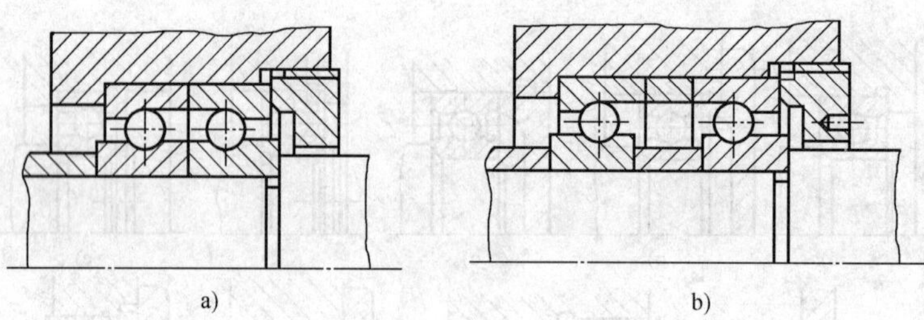

图 13-39　轴承的预紧

13.8.4　滚动轴承的配合

滚动轴承的配合是指轴承内圈与轴颈、轴承外圈与轴承座孔的配合。由于滚动轴承是标准件，选择配合时应以它为基准件，故内圈与轴颈的配合采用基孔制，外圈与轴承座孔的配合采用基轴制。工作时，通常内圈随轴一起转动，故其与轴颈的配合要紧，通常取偏紧的过渡配合。外圈不转动，其与轴承座孔的配合常采取较松的过渡配合，但具体需根据轴承工作载荷的大小、性质、转速高低等确定。滚动轴承配合的极限与配合可查阅有关手册。

13.8.5　滚动轴承的装拆

在轴承组合设计时，应考虑到轴承安装和拆卸的便利及在装拆过程中不损坏轴承。由于内圈与轴颈配合较紧，在安装时，对中、小型轴承常用冷压法，可在内、外圈端面加垫后用手锤轻轻打入，如图 13-40 所示；对尺寸较大的轴承可采用冷压法，用压力机压入，或用热套法，即把轴承放在油里加热至 80 ~ 100℃，然后取出套装在轴颈上。

轴承的拆卸需用专用拆卸工具如图 13-41 所示。为使拆卸工具鸭嘴头钩住内圈，应限制轴肩高度。

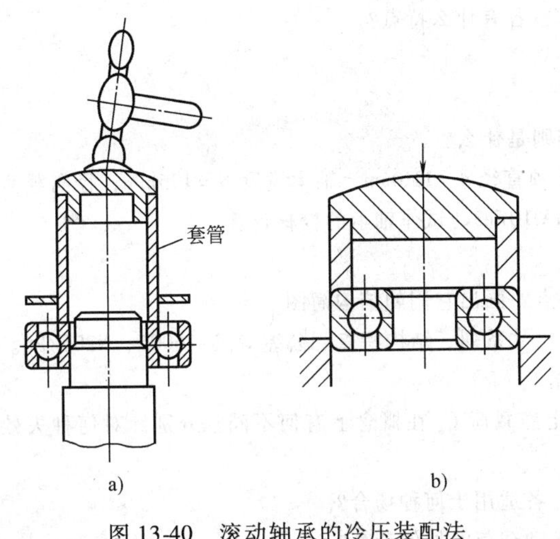

图 13-40　滚动轴承的冷压装配法

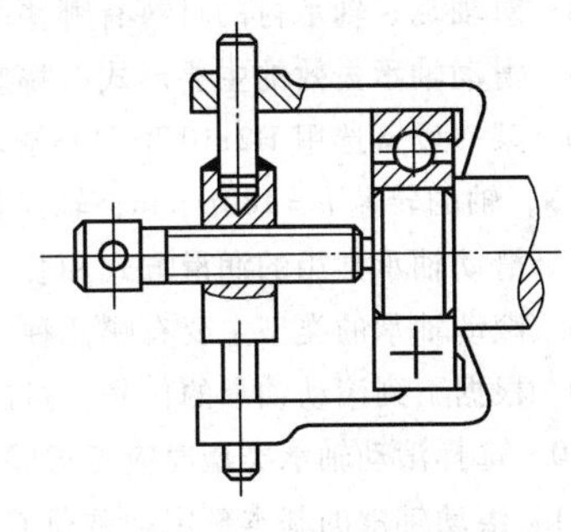

图 13-41　滚动轴承的专用拆卸工具

13.9　滚动轴承与滑动轴承的比较

在设计机器轴承部件时，首先遇到的问题是采用滚动轴承还是滑动轴承的问题。因此，全面比较和了解两种轴承的性能，有助于正确地选用轴承。滚动轴承与滑动轴承的性能比较见表 13-13。

表 13-13　滚动轴承与滑动轴承性能的比较

比较项目		滚动轴承	滑动轴承		
			非液体轴承	液体轴承	
				动压式	静压式
效率		0.95～0.99	0.94～0.98	0.995～0.999（或更高）	
起动摩擦阻力		小	较大	较大	小
旋转精度		较高	较低	较高	可以很高
适用工作速度、寿命、噪声		低、中速，寿命较短，噪声大	低速，寿命较长，无噪声	中、高速，寿命长，无噪声	任何速度，寿命长，无噪声
抗冲击、振动能力		低	较低	高	高
外廓尺寸	径向	大	小	小	小
	轴向	小	大	大	大
维护		脂润滑时，维护方便，不需经常照管	需定期补充润滑油	油质要清洁	油质要清洁，需经常维护供油系统
其他		一般是大量供应的标准件	一般要自行加工，要耗用有色金属		

思考与练习

13.1　滑动轴承的摩擦状态有哪几种？它们的主要区别如何？

13.2 常用的非液体摩擦滑动轴承有哪几种结构？各有什么特点？

13.3 对轴瓦上的油沟有什么要求？

13.4 对轴瓦、轴承衬的材料有哪些基本要求？

13.5 滑动轴承失效的主要形式有哪些？计算准则是什么？

13.6 某一设备选用 H2110 型向心滑动轴承，轴颈直径 $d=110\text{mm}$，轴承宽度 $B=125\text{mm}$；径向载荷 $F_r=146000\text{N}$，轴的转速 $n=180\text{r/min}$，轴瓦材料为 ZCuAl10Fe3，试作轴承的校核计算。

13.7 滑动轴承常用的润滑方式和装置有哪些？

13.8 滚动轴承的类型主要有哪几种？各有何特点？画出它们的结构简图。

13.9 根据下列滚动轴承的代号，指出其类型、尺寸系列、结构特点、公差等级：6005、N205/P6。

13.10 选择滚动轴承类型时应考虑哪些基本因素？

13.11 滚动轴承的基本额定动载荷 C 与基本额定静载荷 C_a 在概念上有何不同？分别针对何种失效形式？

13.12 滚动轴承支承结构的基本型式有哪几种？各适用于何种场合？

13.13 何谓滚动轴承的基本额定寿命？何谓当量动载荷？如何计算？

13.14 滚动轴承失效的主要形式有哪些？计算准则是什么？

13.15 滚动轴承寿命计算中载荷系数及温度系数，有何意义？静载荷计算时要考虑这两个系数吗？

13.16 在进行滚动轴承组合设计时应考虑哪些问题？

13.17 试说明角接触轴承内部轴向力 F_a 产生的原因及其方向的判断方法。

13.18 为什么两端固定式轴向固定适用于工作温度不高的短轴，而一端固定、一端游动式则适用于工作温度高的长轴？

13.19 为什么说轴承预紧能增加支承的刚度和提高旋转精度？

13.20 为什么角接触轴承通常要成对使用？

13.21 列举工厂中滚动轴承与滑动轴承的实际应用（到工厂实习时注意观察）。

13.22 轴承常用的密封装置有哪些，各适用于什么场合？

13.23 一深沟球轴承受径向载荷 $F_r=7500\text{N}$，转速 $n=2000\text{r/min}$，预期寿命 $[L_h]=4000\text{h}$，中等冲击，温度小于100℃。试计算轴承应有的径向额定动载荷 C_r 值。

13.24 30208 轴承基本额定动载荷 $C_r=63000\text{N}$。1）若当量动载荷 $P=6200\text{N}$，工作转速 $n=750\text{r/min}$，试计算轴承寿命 L_{10h}；2）若工作转速 $n=960\text{r/min}$，轴承的预期寿命 $[L_h]=10000\text{h}$，求允许的最大当量动载荷。

13.25 直齿轮轴组件用一对深沟球轴承支承，轴颈 $d=35\text{mm}$，转速 $n=1450\text{r/min}$，每个轴承受径向载荷 $F_r=2100\text{N}$，载荷平稳，预期寿命 $[L_h]=8000\text{h}$，试选择轴承型号。

13.26 滚动轴承与滑动轴承各有什么特点？

第14章　其他常见的零、部件

机械设备中其他常见的零件和部件还有联轴器、离合器、制动器、销和弹簧等。联轴器和离合器主要用来联接两轴或轴与回转零件，使其一同回转并传递转矩。用联轴器联接的两轴，在运转时不能分离，只有停车后经过拆卸才能分离。而离合器则在机器运转中根据工作需要能随时使两轴分离或接合。图14-1所示是它们的应用实例。4是齿轮减速器，其作用是将电动机1的高速回转变成卷筒6的低速回转。减速器的输入轴通过联轴器2与电动机1的轴联接起来。为了便于操作，减速器的输出轴通过离合器5与卷筒6的轴联接。当电动机连续回转时，可以随时控制卷筒的启停。而制动器的主要功能是用来停止运动部件的运转。联轴器、离合器、弹簧都是机器中的常用部（或零）件。本章主要介绍它们的类型、结构、特点、适用场合及选择方法，为今后选用类似部件提供基础。

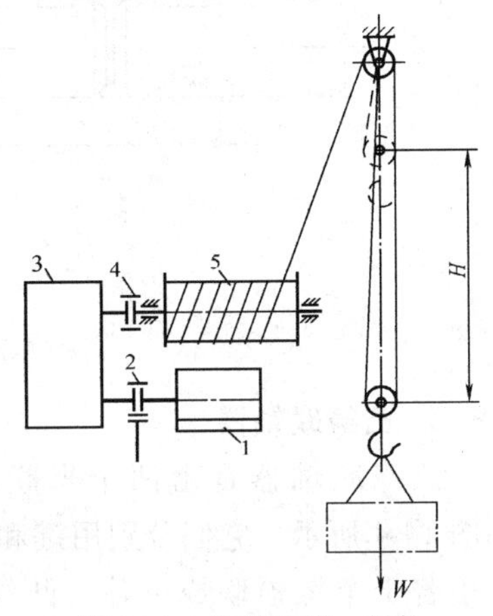

图14-1　常见的零、部件
1—电动机　2—联轴器　3—齿轮减速器
4—离合器　5—卷筒

14.1　联轴器

联轴器联接的两根轴一般要求同轴线，但有时也允许两根轴之间存在一定的偏移。图14-2所示为两轴可能偏移的情况。图14-2a所示为轴向位移 x，图14-2b所示为径向位移 y，图14-2c所示为角位移 α，也可发生三者的综合位移（见图14-2d）。因此，要求联轴器的结构具有适应和补偿上述各种偏移的能力，避免引起过大的附加载荷。

根据被联接两轴的偏移情况，联轴器可分为刚性和可移式两种。前者要求在安装和运转时两轴线严格对中，而后者则允许两轴线间有一定的偏移。

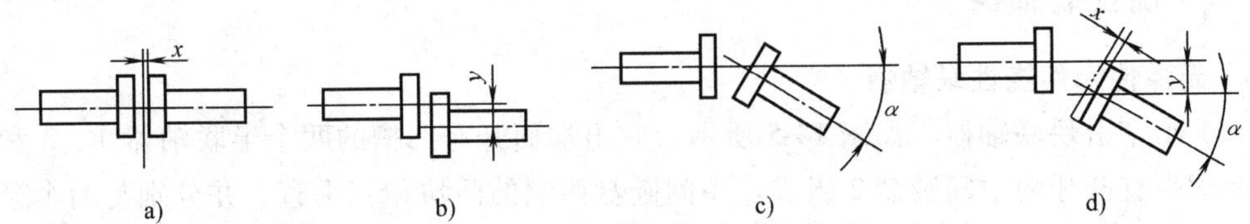

图14-2　两轴可能偏移的情况
a）轴向位移 x　b）径向位移 y　c）角位移 α　d）综合位移

14.1.1　刚性联轴器

刚性联轴器结构比较简单，一般用铸铁制成，常用的有凸缘式、套筒式及夹壳式等。

1. 套筒联轴器

如图 14-3 所示，套筒联轴器是由套筒和联接件（键或销）组成的。套筒联轴器结构简单，径向尺寸小，但不能起缓冲和吸振作用，对中要求高。常用于两轴间同轴度精度高，载荷比较平稳，无冲击的场合。

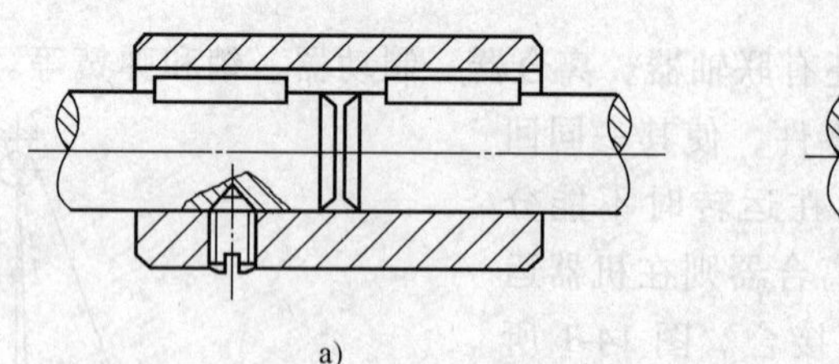

a)

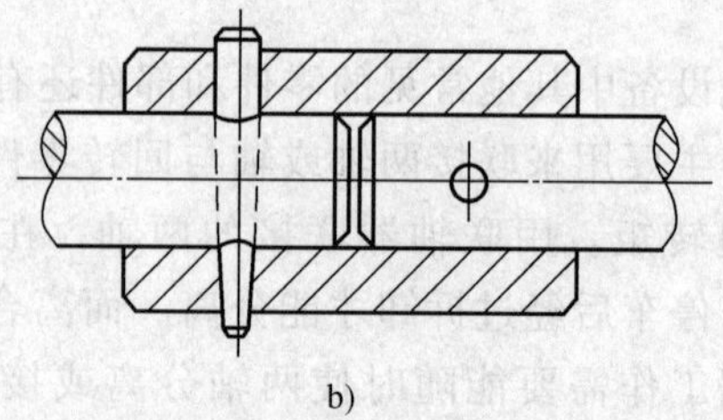

b)

图 14-3　套筒联轴器

a）单键联接的套筒联轴器　b）销联接的套筒联轴器

2. 凸缘联轴器

凸缘联轴器是由两个半联轴器组成，如图 14-4 所示，它们分别用键和轴相联接，并用若干个螺栓联成一体。凸缘联轴器的结构已经标准化。

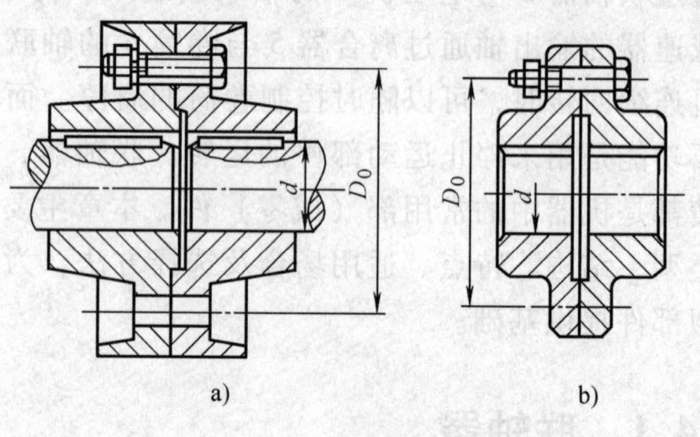

a)　b)

图 14-4　凸缘联轴器

a）半联轴器用键和轴相联接

b）铰制孔螺栓对中

按对中方法不同，有两种结构。一种是利用两个半联轴器的凸肩与凹槽的相互配合来保证两轴同心（见图 14-4a），另一种则是用铰制孔螺栓对中（见图 14-4b）。前者对中精度高，但装拆时要使轴作轴向移动；后者当要求两轴结合或分离时，只要装上或卸下螺栓即可，故装拆时较方便，但制造较麻烦。

凸缘联轴器的结构简单，使用方便，刚性好，能传递较大的转矩，但对两轴安装要求精度较高，径向尺寸大，不能缓冲减振。通常用于振动不大，速度较低，两轴能很好地对中的场合。

14.1.2　挠性联轴器

1. 无弹性元件挠性联轴器

（1）十字滑块联轴器　如图 14-5 所示，它由端面开有凹槽的两个半联轴器 1、3 和一个两端面均带有凸牙的中间圆盘 2 组成。中间圆盘两端的凸块相互垂直，并分别与两个半联轴器的凹槽互相嵌合，而凸块的中线通过圆盘中心。两个半联轴器分别装在主动轴和从动轴上。运转时，如果两轴线不同心或偏斜，中间圆盘的凸块将在半联轴器的凹槽内移动，以补偿两轴的相对位移。因此，凹槽和凸块的工作面要求有较高的硬度（46～50HRC）并加润滑剂。当转速较高时，中间圆盘的偏心将会产生较大的离心力，加速工作面的磨损，并给轴和轴承带来较大的附加载荷，故只适用于低速的场合。它允许的径向位移 $y \leqslant 0.04d$（d 为轴径），角位移 $\alpha \leqslant 30'$。

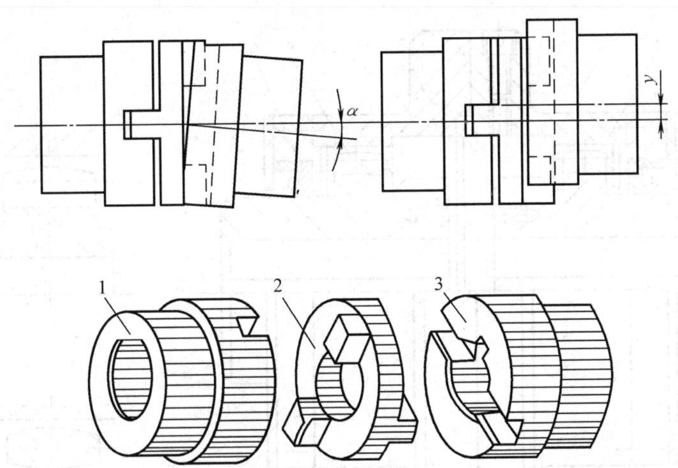

图 14-5　十字滑块联轴器

（2）万向联轴器　图 14-6a 所示为万向联轴器的结构简图。它主要由两个分别固定在主、从动轴上的叉形接头 1、2 和一个十字形零件（称十字头）3 组成。这种联轴器允许两轴间有较大的夹角 α（最大可达 35°～45°），且机器工作时即使夹角发生改变仍可正常传动，但 α 过大会使传动效率显著降低。

这种联轴器的缺点是当主动轴角速度 ω_1 为常数，从动轴的角速度 ω_2 并不是常数，而是在一定范围内变化，这在传动中会引起附加载荷。所以常将两个万向联轴器成对使用，如图 14-6b 所示。但安装时应注意必须保证中间轴上两端的叉形接头在同一平面内，且应使主、从动轴与中间轴的夹角相等，这样才可保证 $\omega_1 = \omega_2$。

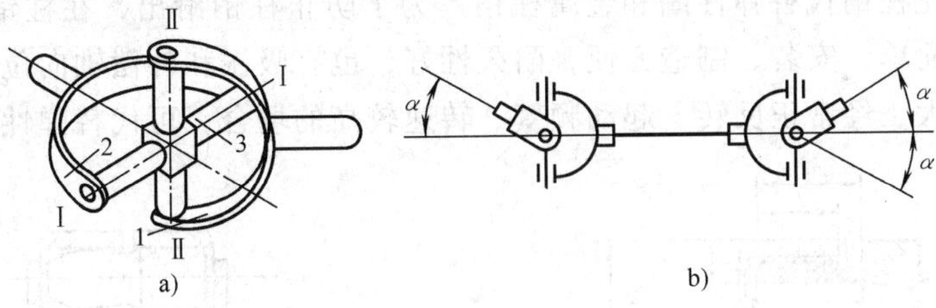

图 14-6　万向联轴器

1、2—叉形接头　3—十字头

（3）齿式联轴器　齿式联轴器是无弹性元件联轴器中应用较广泛的一种，它是利用内外齿啮合来实现两半联轴器的联接。如图 14-7a 所示，它由两个具有内齿的外壳 2、3 和两个外齿的半联轴器 1、4 组成。2、3 间用螺栓 5 联成一体，两半联轴器分别装在主动轴和从动轴上，外壳与半联轴器通过内、外齿的相互啮合而相联。工作时，靠啮合的轮齿传递转矩，轮齿的齿廓常采用压力角 $\alpha = 20°$ 的渐开线齿廓，轮齿间留有较大的齿侧间隙，外齿轮的齿顶做成球面，球面中心位于轴线上，如图 14-7b 所示，故能补偿两轴的综合位移。当齿轮联轴器的轴径为 18～560mm 时，允许的径向位移 $y = 0.4 \sim 6.3$mm，角位移 $\alpha \leqslant 30'$。

这种联轴器能传递较大的转矩，但结构较复杂，制造较困难，在重型机器和起重设备中应用较广。

2. 有弹性元件挠性联轴器

（1）弹性圈柱销联轴器　如图 14-8 所示，它的结构与凸缘联轴器相似，只是用套有弹

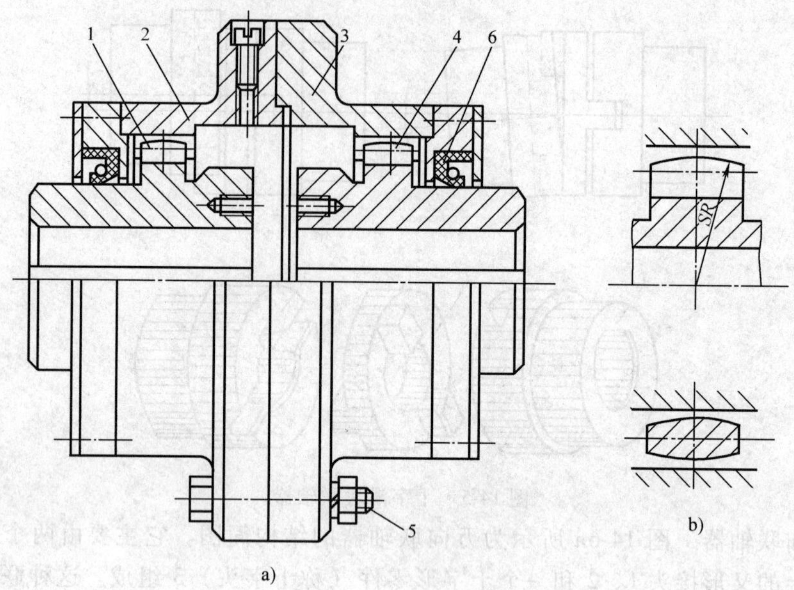

图 14-7　齿式联轴器

1、4—半联轴器　2、3—外壳　5—螺栓　6—密封圈

性圈的柱销代替了联接螺栓。这种联轴器能吸收振动和补偿较大的轴向位移，允许的角位移 $\alpha \leqslant 40'$，径向位移 $y \leqslant 0.14 \sim 0.20\text{mm}$。它多用于经常正反转，起动频繁，转速较高的场合。

（2）尼龙柱销联轴器　如图 14-9 所示，这种联轴器可以看成为弹性圈柱销联轴器演化而成。即采用尼龙柱销代替弹性圈和金属柱销。为了防止柱销滑出，在柱销两端配置挡圈。这种联轴器结构简单，安装、制造方便，耐久性好，也有吸振和补偿轴向位移的功能。常用于轴向窜动量较大、经常正反转、起动频繁、转速较高的场合，可代替弹性圈柱销联轴器。

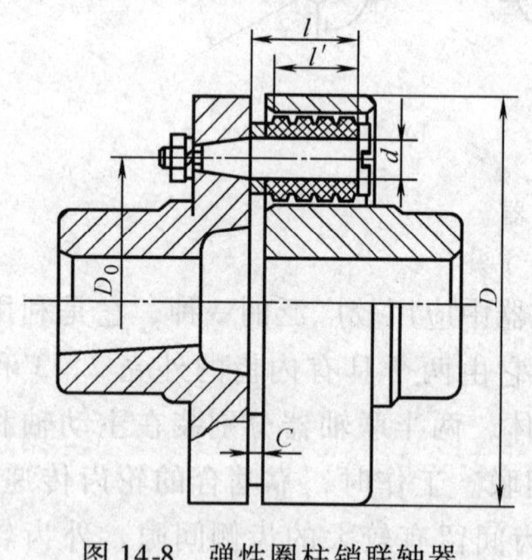

图 14-8　弹性圈柱销联轴器

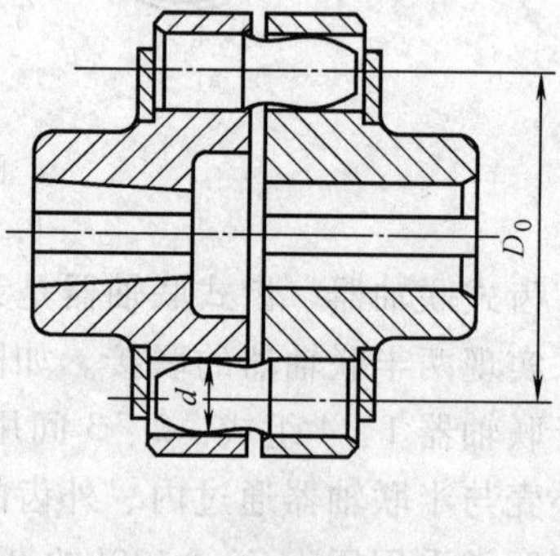

图 14-9　尼龙柱销联轴器

14.1.3　联轴器的选择

1. 类型选择

根据机器设备的工作条件和使用要求，首先选择联轴器的类型。表 14-1 可供选择类型时参考。

表 14-1　各种类型联轴器的特点

<table>
<tr><th rowspan="2">刚性联轴器</th><th colspan="2">挠性联轴器</th></tr>
<tr><th>无弹性元件</th><th>有弹性元件</th></tr>
<tr><td colspan="2">1）传递转矩大
2）运转可靠
3）工作寿命长
4）对冲击载荷敏感</td><td rowspan="2">1）具有缓冲性和吸振性，适于频繁起动和正反转的工作场合
2）弹性元件比较薄弱，不适于低速和大转矩
3）安装误差和相对位移会加快元件的损坏</td></tr>
<tr><td>要求安装精度和回转构件刚度高</td><td>能不同程度地补偿安装误差和相对位移</td></tr>
</table>

2. 联轴器的型号选择

联轴器的类型确定后，应根据轴端直径、转矩大小、转速、空间尺寸等要求确定联轴器型号。具体步骤如下：

1）计算名义转矩 T。

$$T = 9550P/n$$

式中，P 为传递功率（kW）；n 为轴的转速（r/min）；T 为名义转矩（N · m）。

2）计算转矩 T_C。

$$T_C = KT$$

式中，K 为工作情况系数，由表 14-2 查取。

表 14-2　联轴器和离合器的工作情况系数 K

原动机	工作机	K
电动机	带式运输机、鼓风机、连续运转的金属切削机床	1.25 ~ 1.5
	链式运输机、刮板运输机、螺旋运输机、离心泵、木工机床	1.5 ~ 2.0
	往复运动的金属切削机床	1.5 ~ 2.5
	往复式泵、往复式压缩机、球磨机、破碎机、冲剪机锤、起重机、升降机、轧钢机	2.0 ~ 3.0 3.0 ~ 4.0
汽轮机	发电机、离心机、鼓风机	1.2 ~ 1.5
往复式发动机	发电机	1.5 ~ 2.0
	离心泵	3 ~ 4
	往复式工作机	4 ~ 5

3）选择联轴器型号。根据轴端直径、转速 n、计算转矩 T_C 等参数，查手册标准，选择适当型号。所选型号应满足

$$T_C \leqslant [T] \tag{14-1}$$

$$n \leqslant [n] \tag{14-2}$$

式中，$[T]$为许用最大转矩（N · m）；$[n]$ 为许用最高转速（r/min）；$[T]$与$[n]$可由《机械设计手册》或标准中查得。

例 14.1　选择图 14-1 中减速器与电动机轴之间的联轴器。已知：电动机功率 P = 7.5kW，转速 n_1 = 720r/min，电动机轴直径 d_1 = 42mm。工作机为卷扬机。

解： 1）选择 HL 型弹性柱销联轴器（GB/T 5014—2003）。

2）由表 14-2，取工作情况系数 K = 1.3。

$$T_C = KT = K \times 9550P/n = 1.3 \times 9550 \times 7.5/720\text{N} \cdot \text{m} = 129.3\text{N} \cdot \text{m}$$

3）根据电动机轴直径 $d_1 = 42\text{mm}$，查标准，选用联轴器型号为 HL3。

其许用最大转矩 $[T] = 630\text{N} \cdot \text{m}$，许用最高转速 $[n] = 5000\text{r/min}$，均满足要求。

14.2　离合器

离合器用于各种机械的主、从动轴之间的接合和分离，并传递运动和动力。除了用于机械的起动、停止换向和变速之外，它还可用于对机械条件的过载保护。对离合器的基本要求是：分离和接合迅速、平稳，耐磨性好，散热性好，结构简单，调整维护方便，尺寸小。常用的离合器有牙嵌式和摩擦式两大类。

14.2.1　牙嵌式离合器

牙嵌式离合器由两个端面上带牙的半离合器组成(见图 14-10)，一个半离合器固定在主动轴上，另一个用导向键或花键与从动轴联接，通过操作环使其轴向移动，实现离合器的分离和接合。主动轴端的半离合器上固定一个对中环以实现两轴的对中，从动轴可以在环上自由转动。

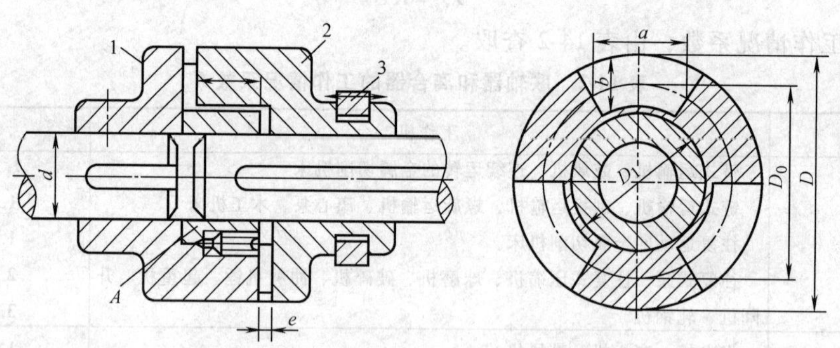

图 14-10　牙嵌式离合器

1、2—半离合器　3—操作环

牙嵌式离合器依靠相互嵌合的牙来传递运动和转矩。常用的牙形有矩形、梯形、锯齿形、三角形等(见图 14-11)。其中梯形牙强度较高，传递转矩较大，离合较容易，并能自动补偿牙因磨损后产生的间隙而减小冲击，应用最广。

牙嵌式离合器尚未标准化，但主要尺寸可从手册中查出，必要时可以进行牙的强度校核和耐磨性计算。

14.2.2　摩擦式离合器

1. 单盘摩擦式离合器

如图 14-12 所示，它主要由主摩擦盘 1 和从摩擦盘 2 组成。依靠施加于操作环 3 上的外力 F_Q 使两盘之间产生摩擦力，从而传递转矩。这种离合器结构简单，传递转矩大时两盘直径很大，主要用于直径不便限制的地方。

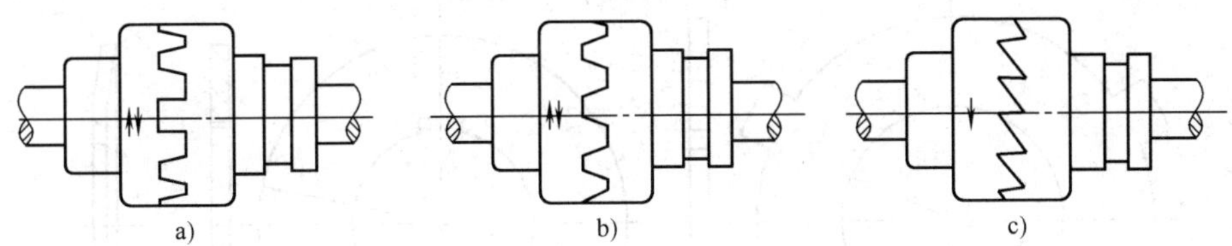

图 14-11 牙嵌式离合器的牙形

2. 多片摩擦式离合器

如图 14-13 所示，多片摩擦式离合器有两组摩擦片，外片的外齿与主动轴鼓轮内齿相嵌合。孔壁不与任何零件接触，故外片可随主动轴一起转动，在轴向力作用下可以移动。内片的凹槽与从动轴上套筒外缘凸齿相接合，故内片可随从动轴一起转动，并可轴向移动，另外套筒上开有三个纵向槽来安置可绕销轴转动的曲壁压杆。当滑环左移时，曲臂压杆通过压板将所有内外片压紧在调节螺母下，离合器即进入接合状态。调节螺母来调节摩擦片之间的压力。内片可以作成碟形(见图 14-14)，受压时可被压平而与外片贴紧；脱开时由于内片的弹力作用可以迅速与外片分离。

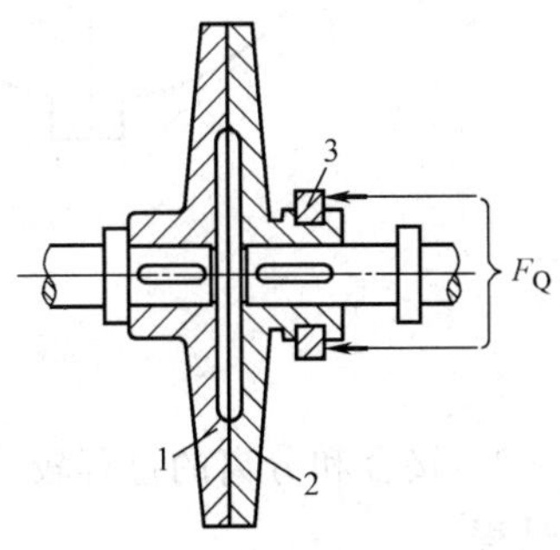

图 14-12 单盘摩擦式离合器
1—主摩擦盘 2—从摩擦盘
3—操作环

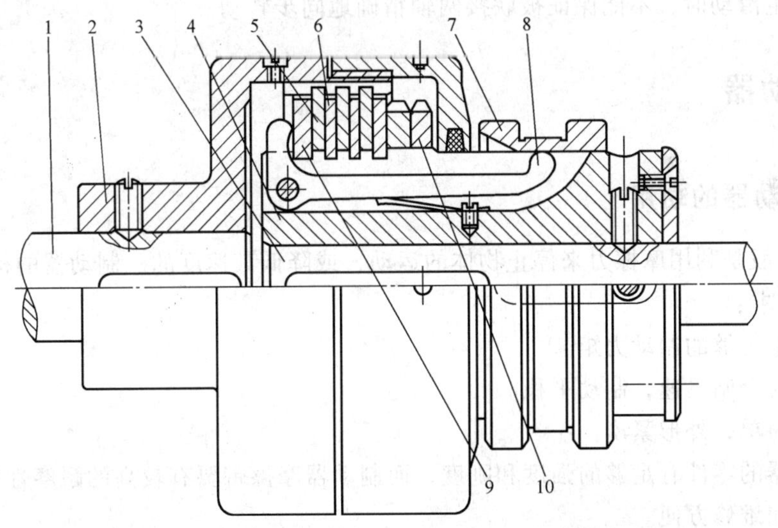

图 14-13 多片摩擦式离合器
1—主动轴 2—鼓轮 3—从动轴 4—套筒 5—外片 6—内片
7—滑环 8—曲臂压杆 9—压板 10—调节螺母

多片摩擦式离合器的优点是结构紧凑，径向尺寸小而承载能力大，联接平稳. 因此适用的载荷范围大，在机床和一些变速箱中得到广泛应用。其缺点是片数多，结构复杂。离合动作缓慢，发热、磨损较严重。

与牙嵌式离合器比较，摩擦式离合器的优点如下：

1) 可以在被联接两轴转速相差较大时接合。

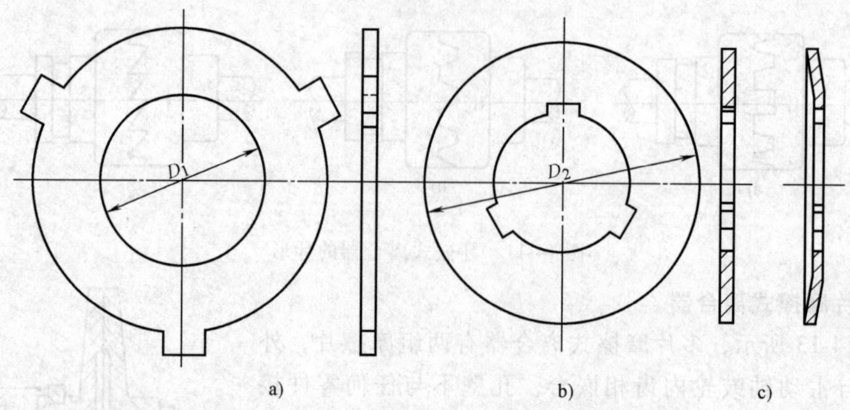

图 14-14 内外片结构

a)外片 b)内片 c)碟形内片

2）接合和分离的过程较平稳，可以用改变摩擦面上压紧力大小的方法调节从动轴的加速过程。

3）过载时的打滑可避免其他零件损坏。

其缺点如下：

1）结构较复杂，成本较高。

2）当产生滑动时，不能保证被联接两轴精确地同步转动。

14.3 制动器

14.3.1 制动器的功用

制动器一般是利用摩擦力来停止物体的运动，或降低其速度的。制动器的构造和性能必须满足以下要求：

1）能产生足够的制动力矩。

2）松闸与合闸迅速，制动平稳。

3）构造简单，外形紧凑。

4）制动器的零件有足够的强度和刚度，而制动器摩擦带要有较高的耐磨性和耐热性。

5）调整和维修方便。

14.3.2 几种典型的制动器

按制动零件的结构特征，制动器可分为外抱块式、内涨式和闸带式等。

1. 外抱块式制动器

图 14-15 所示为外抱块式制动器示意图。主弹簧 3 通过制动臂 4 使闸瓦块 2 压紧在制动轮 1 上，使制动器经常处于闭合(制动)状态。当松闸器 6 通入电流时，利用电磁作用把顶柱顶起，通过推杆 5 推动制动臂 4，使闸瓦块 2 与制动器松脱。

瓦块的材料可用铸铁，也可在铸铁上覆以皮革或石棉带，瓦块磨损时可调节推杆 5 的长度。

上述通电时松闸，断电时制动的过程，称为常闭式。常闭式比较安全，因此在起重运输机械等设备中应用较广。松闸器亦可设计成通电时制动，断电时松闸，则成为常开式。常开式制动器适用于车辆的制动。电磁外抱式制动器制动和开启迅速，尺寸小，质量轻，易于调整瓦块间隙，更换瓦块和电磁铁也很方便。但制动时冲击大，电能消耗也大，不宜用于制动力矩大和需要频繁起动的场合。

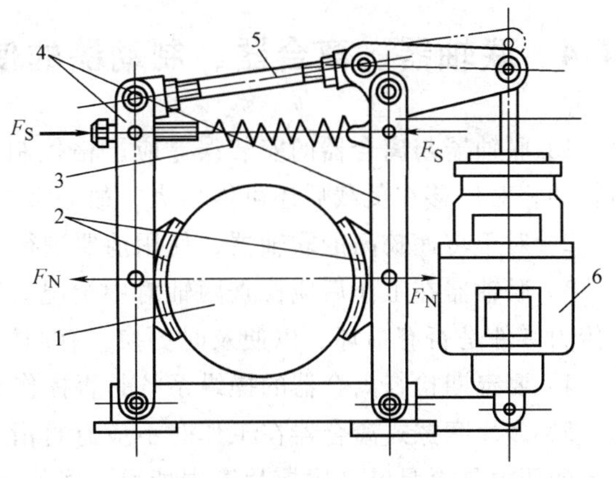

图 4-15　外抱块式制动器

1—制动轮　2—闸瓦块　3—主弹簧　4—制动臂　5—推杆　6—松闸器

2. 内涨式制动器

图 14-16 所示为内涨式制动器工作简图。两个制动蹄 2、7 分别通过两个销轴 1、8 与机架铰接，制动蹄表面装有摩擦片 3，制动轮 6 与需制动的轴固连。当压力油进入双向作用的泵 4 后，推动左右两个活塞，克服弹簧 5 的作用使制动蹄 2、7 压紧制动轮 6，从而使制动轮(或轴)制动。油路卸压后，弹簧 5 的拉力使两制动蹄与制动轮分离而松闸。这种制动器结构紧凑，广泛应用于各种车辆以及结构尺寸受限制的机械中。

3. 闸带式制动器

闸带式制动器如图 14-17 所示。当 F_Q 力作用时，利用杠杆机构收紧闸带而抱住制动轮，靠带和轮间的摩擦力达到制动的目的。闸带式制动器结构简单，径向尺寸小，但制动力矩不大。为了增加摩擦作用，闸带材料一般为钢带上覆以石棉或夹铁纱帆布。

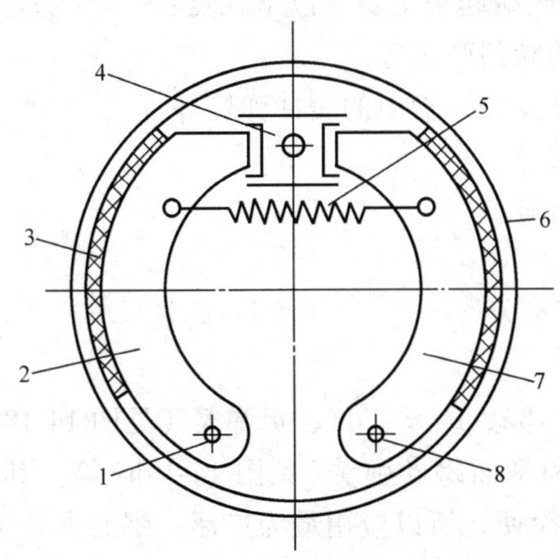

图 14-16　内涨式制动器

1、8—销轴　2、7—制动蹄　3—摩擦片　4—泵　5—弹簧　6—制动轮

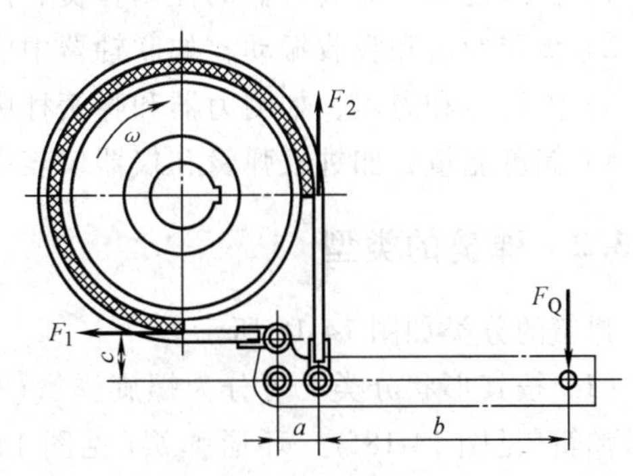

图 14-17　闸带式制动器

14.4　联轴器、离合器、制动器的使用和维护

1）联轴器与离合器的安装误差应严格控制，对于刚性联轴器更应该注意。由于所联接两轴的相对位移在负载后还可能增大，故通常要求安装误差不大于许用补偿量的二分之一。

2）对于转速较高的联轴器，使用前要进行动平衡试验。

3）联轴器在工作后应检查两轴对中情况。其相对位移不应大于许用补偿量。要定期检查传力零件是否有损坏，以便及时更换。有润滑要求的，要定期检查润滑情况。

4）要定期检查离合器的操纵系统是否操作灵活，工作可靠。

5）多片摩擦式离合器在工作时不应有打滑或分离不彻底现象。要经常检查作用在摩擦片上的压力是否足够和摩擦片磨损情况，回位弹簧是否灵敏，主，从动片之间的侧隙要经常注意调整。

6）制动器往往显机械设备中重要的安全装置，与安全生产密切相关。要经常检查其工作状况，制动器全部传动系统的动作要灵敏，要按时向转动部件注油润滑，经常调整弹簧弹力、合理调整松开状态时制动瓦块与制动轮的间隙。

14.5　弹簧

14.5.1　弹簧的功用

弹簧是一种弹性元件，它是利用材料的弹性和结构特点，通过变形和储存能量来进行工作的。与多数零件不同，对弹簧的主要要求是弹性好，能多次重复地随外载荷的大小作相应的弹性变形，卸载后又能恢复原状。

在很多机构和机器中都应用弹簧。弹簧的功用归纳起来主要有以下几点：

1）控制运动，如离合器的控制弹簧、内燃机的阀门弹簧等。

2）缓和冲击和吸收振动，如联轴器中的吸振弹簧和车辆中的缓冲弹簧等。

3）测量力和力矩，如测力器和弹簧秤中的弹簧等。

4）储蓄能量，如钟表弹簧和仪器仪表中的弹簧等。

14.5.2　弹簧的类型

弹簧的分类如图 14-18 所示。

（1）按其形状分类　可分为螺旋弹簧(见图 14-18a、b、c、d)、板弹簧（见图 14-18e)、碟形弹簧(见图 14-18f)、环形弹簧(见图 14-18g)和平面蜗卷弹簧(见图 14-18h)等。其中，螺旋弹簧是用弹簧丝依螺旋线卷绕而成。由于制造简便，所以应用最为广泛。螺旋弹簧按外形可分为圆柱形弹簧(见图 14-18a、b、d)、圆锥形弹簧(见图 14-18c)等。

（2）按受载情况分类　可分为拉伸弹簧(见图 14-18a)、压缩弹簧(见图 14-18b、c)和扭转弹簧（见图 14-18d)。板弹簧(见图 14-18e)是由许多长度不同的钢板迭合而成的，常用做车辆的减振装置。碟形弹簧和环形弹簧都是压缩弹簧，刚性大，能承受大的冲击载荷，并具有良好的吸振能力，常用做缓冲弹簧。

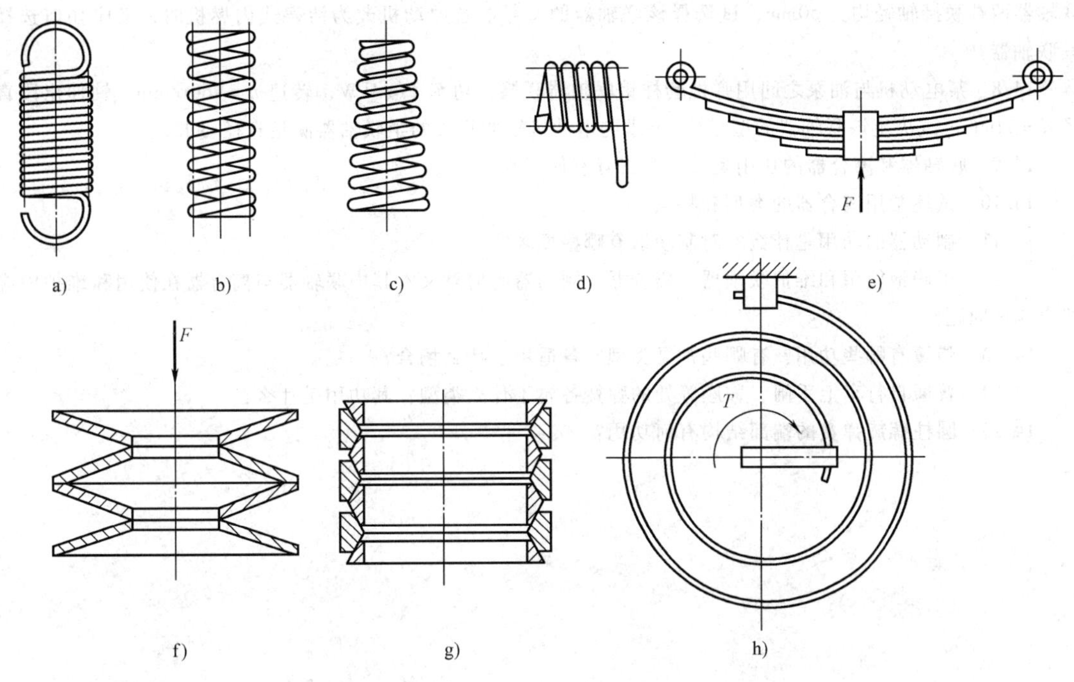

图 14-18　弹簧的类型

14.5.3　弹簧的常用材料

弹簧工作时常常承受交变或冲击载荷，为了使弹簧能够可靠地工作，弹簧材料必须具有较高的弹性极限和疲劳极限，足够的韧性和塑性，以及良好的热处理性能。弹簧的常用材料有碳素弹簧钢、合金弹簧钢和弹簧用不锈钢等。

碳素弹簧钢价格便宜，供应充足，应用最广，缺点是弹性极限低，多次重复变形后易失去弹性，不适合在高于120℃的温度下工作。弹簧丝直径大于12mm 时，热处理中不易淬透，所以选择弹簧材料，应充分考虑弹簧的工作条件、功用、重要性和经济性等因素，一般优先采用碳素弹簧钢丝。

至于圆柱螺旋弹簧的设计计算，一般来说较为复杂，牵涉知识较多，需学习相关专著才能解决。

思考与练习

14.1　机械设备中常见的零件和部件有哪些？

14.2　两轴轴线的偏移形式有哪几种。

14.3　常用的联轴器有哪些类型？它们的特点和使用条件如何？列举你所知道的应用实例。

14.4　凸缘联轴器两种对中方法的特点各是什么？

14.5　无弹性元件联轴器与弹性联轴器在补偿位移的方式上有何不同？

14.6　某电动机与油泵之间用弹性套柱销联轴器联接，功率 $P=75\text{kW}$，转速 $n=970\text{r/min}$，两轴直径均为 42mm，试选择联轴器的型号。

14.7 某离心式水泵采用弹性柱销联轴器联接，原动机为电动机，传递功率 38kW，转速为 300r/min，联轴器两端联接轴径均为 50mm，试选择该联轴器的型号。若原动机改为活塞式内燃机时，又应如何选择其联轴器？

14.8 某电动机与油泵之间用弹性套柱销联轴器联接，功率 $P=4\mathrm{kW}$，转速 $n=960\mathrm{r/min}$，轴伸出段直径 $d=32\mathrm{mm}$，试决定该联轴器的型号（只要求与电动机轴伸联接的半联轴器满足直径要求）。

14.9 联轴器和离合器的功用是什么？二者有何区别？

14.10 试述常用离合器的类型和特点。

14.11 制动器的功用是什么？对制动器有哪些要求？

14.12 正确地使用和维护联轴器、离合器、制动器有何意义？其中联轴器与离合器在使用和维护中应注意哪些问题？

14.13 弹簧有哪些功用？有哪些常见类型？各适用于什么场合？

14.14 普通自行车上手闸、鞍座等处的弹簧各属于什么类型？其功用是什么？

14.15 圆柱螺旋弹簧的端部结构有何功用？

参 考 文 献

[1] 王文中，杨洪林，袁国兴．机械基础[M]．北京：机械工业出版社，2005.

[2] 王宪伦，苏德胜．机械设计基础[M]．北京：化学工业出版社，2009.

[3] 陈立德．机械设计基础[M]．3版．北京：高等教育出版社，2007.

[4] 杨可桢，程光蕴，李仲生．机械设计基础[M]．5版．北京：高等教育出版社，2006.

[5] 黄平，朱文坚．机械设计基础[M]．广州：华南理工大学出版社，2006.

[6] 沈乐年，刘向锋．机械设计基础[M]．北京：清华大学出版社，1997

[7] 周福义，杨世明．机械基础[M]．北京：中国纺织工业出版社，2004.

[8] 陈长生．机械基础[M]．2版．北京：机械工业出版社，2010.

[9] 邓昭铭，张莹．机械设计基础[M]．2版．北京：高等教育出版社，2000.

[10] 曾宗福．机械基础[M]．2版．北京：化学工业出版社，2007.

[11] 王中发．机械设计[M]．北京：北京理工大学出版社，2007.

[12] 徐灏．机械设计手册[M]．2版．北京：机械工业出版社，2003.

[13] 李秀珍．机械设计基础[M]．4版．北京：机械工业出版社，2005.

[14] 黄森彬．机械设计基础[M]．2版．北京：高等教育出版社，2008.

[15] 蔡晓君．化工设备机械基础应用教程[M]．北京：机械工业出版社，2011.